中国科协学科发展研究系列报告

中国科学技术协会／主编

冶金工程技术学科发展报告

—— REPORT ON ADVANCES IN ——
METALLURGICAL ENGINEERING AND TECHNOLOGY

中国金属学会／编著

中国科学技术出版社

·北京·

图书在版编目（CIP）数据

2018—2019 冶金工程技术学科发展报告 / 中国科学技术协会主编；中国金属学会编著 . —北京：中国科学技术出版社，2020.7

（中国科协学科发展研究系列报告）

ISBN 978-7-5046-8547-6

Ⅰ.①2… Ⅱ.①中… ②中… Ⅲ.①冶金工业—学科发展—研究报告—中国—2018—2019 Ⅳ.① TF-12

中国版本图书馆 CIP 数据核字（2020）第 036891 号

策划编辑	秦德继　许　慧
责任编辑	许　慧
装帧设计	中文天地
责任校对	邓雪梅
责任印制	李晓霖

出　　版	中国科学技术出版社
发　　行	中国科学技术出版社有限公司发行部
地　　址	北京市海淀区中关村南大街16号
邮　　编	100081
发行电话	010-62173865
传　　真	010-62179148
网　　址	http：//www.cspbooks.com.cn

开　　本	787mm×1092mm　1/16
字　　数	460千字
印　　张	20.25
版　　次	2020年7月第1版
印　　次	2020年7月第1次印刷
印　　刷	河北鑫兆源印刷有限公司
书　　号	ISBN 978-7-5046-8547-6 / TF·26
定　　价	107.00元

2018—2019

冶金工程技术
学科发展报告

首席科学家 殷瑞钰

专 家 组（按姓氏笔画排序）

干 勇	马衍伟	王 立	王一德	王天义
王国栋	王昭东	王新华	王新江	王镇武
仇圣桃	尹忠俊	冯根生	吕学伟	朱 荣
朱仁良	朱苗勇	任忠鸣	刘宏民	刘国勇
刘征建	闫柏军	闫晓强	许家彦	孙文强
孙彦广	阳建宏	杜 涛	杜 斌	李 洋
李 谦	李文秀	李龙男	李光强	李洪波
杨 荃	杨天钧	邹宗树	沙永志	沈峰满
宋仁伯	张 杰	张延玲	张寿荣	张欣欣
张建良	张春霞	张家芸	张福明	陈其安
陈登福	林晨光	周国治	郑文华	郑险峰
赵 沛	柳学全	郦秀萍	姜周华	洪及鄙

姚同路	秦　勤	贾成厂	徐安军	徐金梧
郭占成	郭汉杰	唐　荻	黄　导	曹建国
康永林	董艳伍	焦克新	储满生	曾加庆
温燕明	蔡九菊	谭俊强	翟玉春	

学术秘书组	倪伟明	丁　波	董树勇	罗光敏	李东迟
	李宇宁				

序
FOREWORD

当今世界正经历百年未有之大变局。受新冠肺炎疫情严重影响，世界经济明显衰退，经济全球化遭遇逆流，地缘政治风险上升，国际环境日益复杂。全球科技创新正以前所未有的力量驱动经济社会的发展，促进产业的变革与新生。

2020 年 5 月，习近平总书记在给科技工作者代表的回信中指出，"创新是引领发展的第一动力，科技是战胜困难的有力武器，希望全国科技工作者弘扬优良传统，坚定创新自信，着力攻克关键核心技术，促进产学研深度融合，勇于攀登科技高峰，为把我国建设成为世界科技强国作出新的更大的贡献"。习近平总书记的指示寄托了对科技工作者的厚望，指明了科技创新的前进方向。

中国科协作为科学共同体的主要力量，密切联系广大科技工作者，以推动科技创新为己任，瞄准世界科技前沿和共同关切，着力打造重大科学问题难题研判、科学技术服务可持续发展研判和学科发展研判三大品牌，形成高质量建议与可持续有效机制，全面提升学术引领能力。2006 年，中国科协以推进学术建设和科技创新为目的，创立了学科发展研究项目，组织所属全国学会发挥各自优势，聚集全国高质量学术资源，凝聚专家学者的智慧，依托科研教学单位支持，持续开展学科发展研究，形成了具有重要学术价值和影响力的学科发展研究系列成果，不仅受到国内外科技界的广泛关注，而且得到国家有关决策部门的高度重视，为国家制定科技发展规划、谋划科技创新战略布局、制定学科发展路线图、设置科研机构、培养科技人才等提供了重要参考。

2018 年，中国科协组织中国力学学会、中国化学会、中国心理学会、中国指挥与控制学会、中国农学会等 31 个全国学会，分别就力学、化学、心理学、指挥与控制、农学等 31 个学科或领域的学科态势、基础理论探索、重要技术创新成果、学术影响、国际合作、人才队伍建设等进行了深入研究分析，参与项目研究和报告编写的专家学者不辞辛劳，深入调研，潜心研究，广集资料，提炼精华，编写了 31 卷学科发展报告以及 1 卷综合报告。综观这些学科发展报告，既有关于学科发展前沿与趋势的概观介绍，也有关于学科近期热点的分析论述，兼顾了科研工作者和决策制定者的需要；细观这些学科发展报告，从中可以窥见：基础理论研究得到空前重视，科技热点研究成果中更多地显示了中国力量，诸多科研课题密切结合国家经济发展需求和民生需求，创新技术应用领域日渐丰富，以青年科技骨干领衔的研究团队成果更为凸显，旧的科研体制机制的藩篱开始打破，科学道德建设受到普遍重视，研究机构布局趋于平衡合理，学科建设与科研人员队伍建设同步发展等。

在《中国科协学科发展研究系列报告（2018—2019）》付梓之际，衷心地感谢参与本期研究项目的中国科协所属全国学会以及有关科研、教学单位，感谢所有参与项目研究与编写出版的同志们。同时，也真诚地希望有更多的科技工作者关注学科发展研究，为本项目持续开展、不断提升质量和充分利用成果建言献策。

中国科学技术协会

2020 年 7 月于北京

前言
PREFACE

　　钢铁冶金工程是国民经济建设的基础行业之一，为机械、能源、化工、交通、建筑、航空航天、国防军工等各行各业提供所需的材料产品。随着冶金新技术、新设备、新工艺的出现以及冶金工程流程学理论和实践推广应用，钢铁产品将向更洁净和更高性能方向发展，达到资源、能源的高效利用及环境保护和钢铁行业的绿色、可持续发展。

　　本报告是在中国科协统一部署和领导下，依据《中国科协学科发展工程项目管理实施办法》（2018年修订）的规定，侧重近五年冶金工程技术学科的发展研究编写的。其内容只涉及钢铁相关的冶金工程技术，有色金属冶金等不包括在本报告内。

　　本报告分综合报告和专题报告两部分。综合报告对近年来冶金工程技术学科在投入产出、学科研究重点成果、学科平台建设等方面的主要成绩、存在的问题和不足以及我国冶金技术在国际上所处的水平进行了综述和分析，并对本学科的发展趋势进行了研判。专题报告部分，根据行业发展的形势变化以及学科发展情况，与《2012—2013冶金工程技术学科发展报告》相比，除保留冶金物理化学、冶金反应工程、冶金热能工程、钢铁冶金（炼铁、炼钢）、轧制、冶金机械及自动化、冶金流程工程学等分学科外，冶金原料开采与矿物加工工程改为重点研究废钢铁，删除了冶金工厂设计，增加了冶金技术的内容，包括粉末冶金、真空冶金、电磁冶金，并对冶金工程学科近年来的新进展进行了综述，与国际领先水平相比较，剖析冶金工程技术学科发展目标和前景，提出研究方向、发展对策和建议，供政府、企业、高校及研究院所的冶金科技工作者参考。

　　共有60余位冶金行业的专家学者参加了综合报告和专题报告的研究和撰写，首席科学家殷瑞钰院士和相关专家分别对综合报告和各专题报告进行了评审和修改。诚挚地向为本报告研究做出贡献的所有专家表示谢意！

本报告可以为国家有关部门和冶金科技工作者提供我国冶金工程技术的新理论、新成果、新技术以及与国外的对比差距，我国今后的发展方向和对策等有关信息和观点，供大家参考。

　　由于项目研究时间较紧，学科发展进程把握不够全面，不当之处，敬请读者不吝批评指正。

中国金属学会

2019 年 10 月

序 / 中国科学技术协会

前言 / 中国金属学会

综合报告

冶金工程技术学科发展研究 / 003

  1. 引言 / 003

  2. 冶金工程技术学科发展现状 / 007

  3. 冶金工程技术学科国内外比较分析 / 029

  4. 冶金工程技术学科趋势及展望 / 034

  参考文献 / 040

专题报告

冶金物理化学分学科发展研究 / 045

冶金反应工程分学科发展研究 / 062

冶金原料与预处理分学科（废钢铁）

  发展研究 / 091

冶金热能工程分学科发展研究 / 114

冶金技术分学科（粉末冶金）发展研究 / 139

冶金技术分学科（真空冶金）发展研究 / 149

冶金技术分学科（电磁冶金）发展研究 / 162

钢铁冶金分学科（炼铁）发展研究 / 176

钢铁冶金分学科（炼钢）发展研究 / 195

轧制分学科发展研究 / 209

冶金机械及自动化分学科（冶金机械）

  发展研究 / 227

冶金机械及自动化分学科（冶金自动化）

  发展研究 / 256

冶金流程工程学分学科发展研究 / 267

ABSTRACTS

Comprehensive Report

Report on Metallurgical Engineering and Technology / 287

Reports on Special Topics

Report on Advances in Physical Chemistry of Metallurgy / 290

Report on Advances in Metallurgical Reaction Engineering / 291

Report on Advances in Waste Steel / 293

Report on Advances in Metallurgical Thermal Energy Engineering / 294

Report on Advances in Powder Metallurgy / 296

Report on Advances in Vacuum Metallurgy / 297

Report on Advances in Electromagnetic Metallurgy / 298

Report on Advances in Ironmaking Metallurgy / 299

Report on Advances in Steelmaking Metallurgy / 301

Report on Advances in Rolling Science / 302

Report on Advances in Metallurgical Machinery / 303

Report on Advances in Metallurgical Automation / 305

Report on Advances in Metallurgical Process Engineering / 305

索引 / 308

综合报告

冶金工程技术学科发展研究

1. 引 言

冶金工程技术学科是工程技术学科中一个重要学科，是推动冶金和材料行业发展的基础和保证。主要研究从矿石等资源中提取金属或化合物，并制成具有良好使用性能和经济价值的各类材料，包括钢铁冶金和有色金属冶金两大类，本报告主要涉及钢铁冶金部分。

我国现代冶金技术是从"一五"计划开始实现快速发展的，在苏联对我国工业领域的 156 个援助项目中有鞍钢三大工程以及建设武钢、包钢两大基地等多个钢铁技术项目。当时很多冶金科技人员从苏联等地回国参与建设，发展了侧吹碱性转炉、铝镁砖等技术。1957 年，我国钢产量突破 500 万 t，达到 535 万 t。"一五"时期，鞍钢、武钢、包钢等钢铁基地的兴建，标志着我国钢铁工业发展史上新纪元的开始，成为我国钢铁工业第一个黄金时期。20 世纪 60 年代，又依靠自己力量开展"三线建设"，建设攀枝花、酒泉钢铁厂等。总体地看，当时我国钢铁工业仍处于技术落后的状态。

20 世纪 70 年代，武钢 1700mm 工程的引进建设带来了现代化板带生产技术。改革开放后，通过成套引进日本先进技术和管理方法，1985 年宝钢建成投产，为我国冶金技术现代化提供了模板，展示了从冶金技术、冶金装备、钢铁产品，到生产流程、节约能源、环境保护、管理模式的现代化理念，对我国冶金技术后续的大规模引进和消化吸收创新起到了巨大的示范效应。

20 世纪 80 年代末，我国钢铁工业开始了连铸这一颠覆性技术的实验、开发和推广应用，提出了"以连铸为中心"的生产技术方针，通过"以连铸为中心，炼钢为基础，设备为保证"促进了连铸机按期达产，通过"炼钢 – 炉外处理 – 连铸三位一体"推动连铸比提高，为全连铸钢厂的普遍建设积累了技术储备。随着连铸技术的发展，转炉潜力得以发挥，转炉炼钢产能成倍提高，同时高炉喷吹煤粉和高炉长寿技术得以开发应用，高炉利用系数明显提高，使炼铁产量可以和炼钢－连铸的增产相适应，同时降低了成本和能耗。这在很大程度上又促进了连轧技术的快速发展，引进和自主开发棒材连轧机、高速线材轧机、型钢连轧机、钢管连轧机和板带连轧机成为 20 世纪 90 年代和 21 世纪初我国轧制领域的最大技术进步。同期，大型高炉、铁水预处理、大中型转炉（复合吹炼、煤气回收等）、二次精炼、超高功率电炉、热送热装、连轧技术等一大批先进技术和装备得到发展，一些新的冶金理论研究成果得以产出。淘汰了一批落后工艺、装备，包括混铁炉、平炉、侧吹转炉、"老三段"电炉、模铸、初轧机、开坯机、推钢式加热炉、横列式轧机、叠轧机等。20 世纪 80—90 年代是在引进、吸收国际先进技术的基础上，我国钢铁工业进行技术结构调整、生产效率提高、生产流程结构升级的过程。我国粗钢产量于 1996 年首次突破年产 1 亿 t，成为世界第一产钢大国，出现了一批全连铸钢厂，到 2000 年，全国连铸比达到了 87.3%，平炉钢基本被淘汰，整体技术水平达到当时世界钢铁行业的平均水平。

进入 21 世纪，现代钢铁企业在发展进程中，提出了要在基础科学、技术科学基础上解决更大尺度、更高层次的复杂性、集成性工程科学问题。1993 年起，中国工程院院士殷瑞钰进行了"冶金流程工程学"探索性研究，在 2004 年出版了《冶金流程工程学》专著，2011 年出版了英文版，2012 年该书日译本出版。2013 年，殷瑞钰院士又出版了新作《冶金流程集成理论与方法》，2016 年出版了其英文版。这两本书是我国独创的关于冶金流程工程理论的重要著作，把钢铁生产流程中相关的物质流、能量流以及循环过程所涉及的有关要素－功能－结构－效率问题上升到工程科学的层次上来认识、研究，形成冶金流程工程学。应用这些理论，指导了首钢京唐钢铁公司、重庆钢铁公司等新一代大型钢铁生产流程的设计、建设和运行，完成了沙钢和唐钢等原有生产流程中"界面技术"的优化和改造。

在基础科学研究方面，冶金工程技术学科分别在冶金热力学、冶金动力学、冶金熔体和溶液理论、冶金与能源电化学、资源与环境物理化学等多个分支学科，提出一些创新理论、观点及应用成果，包括：

1）建立了 $CaO-MgO-Al_2O_3-SiO_2$ 四元渣复杂熔渣体系中 Al_2O_3 熔渣体系电导率预测模型，提出氧离子含量的计算方法。

2）提出了具有普适性的气固相反应动力学模型，可定量预测各因素（温度、气压、颗粒尺寸等）对等温／变温反应速率的影响。

3）测定了电渣炉渣精炼条件即 1600℃、低氧分压下，渣中二价及三价铬氧化物的活度系数。并对金属熔体（包括含稀土的熔体）热力学性质进行了实验研究。

4）研究并提出了利用高钛高炉渣合成钙钛矿、制备 Ti-Si 和 Ti-Al 合金，以及熔盐高效分解高钛高炉渣获得纳米二氧化钛的方法；提出以亚熔盐提供高化学活性和高活度的负氧离子的碱金属高浓度离子介质处理钒渣，可提高钒回收率，实现钒铬同步提取的尾渣综合利用技术。

5）研究得到铝酸盐型高炉渣体系性质与结构的关系；得到了钛渣体系中关于 CaO、MgO 和 TiO$_2$ 对于各性质的影响规律，提出了以镁代钙、以铝替硅的全钒钛磁铁矿高炉冶炼新工艺。

6）在基于衡算的物料平衡热平衡模型，基于宏观动力学对反应器过程进程进行表征的动力学模型，和用流动模式及其组合对实际反应器与理想反应器的偏差进行表征的流动模型等方面都取得了明显进展。

在冶金技术研究方面，也取得高速发展和新的成绩，既从单体设备、单项技术、单工序的技术开发和应用研究，又从系统集成和交叉学科集成的技术研发方面发力，主要成就如下。

1）提出了新一代钢铁生产流程新理念，并用于建设和改造钢厂，强调新一代钢铁联合企业应具有高效率、低成本洁净钢产品制造，能源高效转换和回收利用，大宗社会废弃物消纳、处理和再资源化这三个功能。自主设计、建设、运行、管理了鲅鱼圈，曹妃甸和湛江等新一代钢铁联合企业。

2）冶金装备实现了大型化、连续化、自动化直至智能化，我国完全掌握了 5500m^3 级特大型高炉、300t 转炉、200t 级电炉、Φ1000mm 断面圆坯连铸机、特大方矩型连铸机、特厚板坯连铸机、2250mm 宽带钢连轧机组、5m 中厚板生产机组、120m/s 高线轧机等操作运行，及部分大型装备的自主设计、制造。

3）综合利用选矿各种新工艺技术，进行优化组合，解决了我国低品位、难选矿的综合利用。对于鞍山式磁铁矿和赤铁矿，磁铁矿铁品位可达 68%，回收率达 80%；赤铁矿铁品位达 66%，回收率达 70%。

4）取得了一整套覆盖特大型高炉工艺理论、设计体系、核心装备、智能控制的技术成果，可保持 1250℃持续高风温，大型高炉寿命接近 20 年。

5）在剖析和优化炼钢各工序流程的基础上进行系统技术集成，提出了高效、低成本洁净钢生产系统技术。

6）新一代控轧控冷技术全面推广应用至热轧板带、中厚板、热轧线棒材、热轧钢筋、H 型钢、钢管等产品，对提高钢材强韧性、节约合金用、提高生产效率、降低能耗做出了巨大贡献。

7）引进 / 自主开发了薄带铸轧、薄板坯无头 / 半无头轧制技术，以及棒材直接轧制和无头轧制技术等，大力促进紧凑流程工艺与装备技术的发展。

8）开发了高铁用钢轨、车轮、车轴用钢，超超临界火电机组、核电机组、水电机组用钢，高牌号取向和无取向硅钢，轴承钢，第三代汽车钢，高强度建筑用钢，双相不锈钢，军工用钢等关键品种，支撑了北京鸟巢、北京大兴国际机场、川藏铁路、港珠澳大桥、蛟龙号载人潜水器、C919 大飞机、CAP1400 核电机组以及航母、海洋平台、高铁、汽车等国家重大工程和重大项目的需要。

　　自 1996 年，我国已连续 22 年占据世界第一产钢大国地位。2005 年，我国一举扭转了钢铁贸易净进口的局面，实现了钢材进出口基本平衡，并在随后几年一跃成为世界最大钢材出口国。2013 年粗钢产量为 7.79 亿 t，2018 年粗钢产量增长至 9.28 亿 t，年均增长 3.19%，占世界钢产量的 51.3%。钢材品种、质量、性能不断提高，已能基本满足国民经济快速发展的需要，大部分企业具备较强的竞争力。但总体上与世界先进钢铁企业比还存在一定差距。近年来我国钢铁行业在环境保护、节能减排、智能制造方面取得了长足进步，特别是干熄焦、高炉干法除尘、转炉干法除尘技术的引进、研发、推广；高炉渣、转炉渣以及含铁粉尘的加工处理和综合利用；焦炉煤气、高炉煤气、转炉煤气以及各类蒸气的回收利用和自发电技术得到推广。在能量流网络概念的引导下，一大批钢厂开始建设能源管控中心，进一步提高了能源使用效率。2018 年，我国可比能耗降到 492.01kgce/t，比 2013 年降低 12.89%；吨钢综合能耗降到 544.32kgce/t，比 2013 年降低 8.22%，与国际先进水平的差距大大缩小。中国钢铁工业协会统计的重点钢铁企业吨钢耗新水由 8.6t 下降到 2.75t，水重复利用率由 94.3% 提高到 97.88%。同时，钢渣、高炉渣、含铁尘泥利用率分别达到 97.92%、98.1%、99.65%。另一方面，钢铁行业主要污染物排放指标大幅度降低。2005—2018 年，中国钢铁工业协会重点统计钢铁企业吨钢二氧化硫排放量由 2.83kg 下降到 0.53kg，削减幅度高达 81.3%；吨钢烟粉尘排放量由 2.18kg 下降到 0.56kg，削减幅度为 74.3%。2017 年 8 月，工信部发布了第一批绿色制造体系示范企业名单，共有 201 家企业被评为绿色工厂，其中包括 17 家钢铁企业。可见，我国节能减排取得了突出成就，但与国际先进水平相比还有差距，比如日本新日铁 2009 年吨钢 SO_2 排放为 0.44kg/t，德国蒂森钢铁集团 2009 年吨钢烟粉尘排放为 0.42kg/t，韩国浦项 2009 年吨钢烟粉尘排放为 0.14kg/t。尤其在氢还原炼铁、CCS（二氧化碳捕获和封存）、CCU（二氧化碳捕集和利用）、低温冶金技术等革新技术的前期研究和开发上差距较大。我国在冶金单工序机器人、冶金生产过程控制、冶金生产管控和企业管理信息化方面的智能化建设中取得了快速发展，特别是宝武、鞍钢、太钢等 9 家列入工业和信息化部智能制造试点示范企业，取得了显著成效。2018 年，中国钢铁工业协会会员单位的钢铁主业人员人均产钢量达 741.38t，比 2013 年增长 50.67%；全部从业人员人均产钢量 467.19t，比 2013 年增长 45.50%。信息化、数字化与智能化技术的进步是提高劳动生产率的重要手段。

　　包括中国金属学会在内的国内主要学术机构积极推动国内外冶金学术交流，即使在国际金融危机和钢铁工业低利润周期时期，我国冶金学术交流仍很活跃，并有力地推动了我国冶金学科的技术进步。近些年来，冶金科技书籍的出版和期刊优化也受到各方越来越多的重视，冶金企业、科研院所和高校高度重视自主创新能力的提升，既重视国外专利专有技术的消化、吸收、再创新，更重视自主专利技术的申报和专有技术的研发，以及创新方法的推广应用。在我国冶金科技工作者的集体努力下，2014—2019 年，冶金领域科技成果中有 25 项获国家发明奖和国家科技进步奖，产生 82 项冶金科技进步一等奖以上的大奖。其中"压水堆核电站核岛主设备材料技术研究与应用""微细粒复杂难选红磁混合铁矿选矿技术开发及 2200 万 t/a 装备集成""薄带连铸连轧工艺、装备与控制工程化技术集成及产品研发""超大容积顶装焦炉技术与装备的开发及应用""汽车轻量化用吉帕级钢板稳定制造技术与应用示范""宽幅超薄精密不锈带钢工艺技术及系列产品开发"分别获"中国钢铁工业协会、中国金属学会冶金科学技术奖"2014 年、2016 年、2017 年、2018 年和 2019 年年度特等奖。

我国冶金技术已整体达到国际先进水平，部分处于领先地位，钢铁行业亦然成为最具国际竞争力的产业，在全球具有举足轻重的影响力。

2. 冶金工程技术学科发展现状

2.1 冶金工程技术学科的主要成绩

冶金领域主动贯彻落实国家创新驱动发展战略和高质量发展战略，加大在资金、人才、项目、科研机构等方面的科技投入，尤其是 2016—2018 年钢铁行业整体效益显著改善，行业创新积极性明显提高，各钢铁企业和科研院所围绕国家战略需求和产业转型升级要求加大科技创新投入，总体研发投入强度和研发经费总额逐年递增。据《中国科技统计年鉴》统计显示，2013—2017 年，高校 R&D 投入中，冶金学科涉及的材料、矿山工程、冶金工程领域，课题数、投入人数和经费分别增长 22.23%、12.17%、11.74%。黑色金属冶炼及压延加工企业的 R&D 占主营业务收入还较低（约 0.7%），但投入项目、人员、经费近年有所增加（表 1）。据中国钢铁工业协会的统计，全行业研发经费支出由 2015 年的 561.23 亿元增长到 2017 年的 638.75 亿元，占营业收入比重由 0.89% 增长到 0.95%（表 2）。

表 1　高等学校 R&D 课题数、投入人数和经费的情况

项目	年度	2017	2016	2015	2014	2013	2012	2011	2010	2009	2008
R&D 课题数（项）	材料	26739	25180	22612	20783	19077	17579	17298	15656	13692	12547
	矿山工程	7878	7219	6993	7055	7372	7396	7806	6121	6345	6785
	冶金工程	2649	2156	1963	1910	1822	1966	1578	1870	1524	1481

续表

项目 \ 年度		2017	2016	2015	2014	2013	2012	2011	2010	2009	2008
R&D 投入人数（人/年）	材料	13341	12806	11724	11321	10495	9828	10227	9868	9748	9861
	矿山工程	3472	3359	3111	3243	3655	3472	3667	3235	3566	3584
	冶金工程	1266	1114	1100	1053	1254	1191	951	1365	1364	1065
R&D 经费（万元）	材料	493439	450219	422531	385370	334371	307613	318738	207524	230052	203531
	矿山工程	116182	101741	121668	116655	136134	151069	164294	109716	98753	92275
	冶金工程	89110	59897	46325	45536	77080	95348	30001	45963	39425	37705

表 2　按行业分，黑色金属冶炼及压延加工工业（企业情况）
（2011 年后，只反映规模以上企业）

项目 \ 年度	2017 规模以上	2016 规模以上	2015 规模以上	2014 规模以上	2013 规模以上	2012 规模以上	2011 规模以上	2010 规模以上	2010 大中型	2009 规模以上	2009 大中型	2008 规模以上
企业数		8499	9541	10363	11010	10880	6743	—	1184	7667	1108	7881
有研发机构企业数	1166	1119	1063	1065	1025	939	630	—	261	326	240	298
有 R&D 活动企业数	1697	1501	1343	1297	1174	975	503	—	269	449	271	640
R&D 人数	132496	129726	137758	157520	148418	145131	112747	—	97598	89700	86857	168087
R&D 全时当量（人/年）	92831	91291	95674	114220	107190	100753	81788	—	68282	62453	60363	—
R&D 经费支出（万元）	6387463	5377121	5612273	6420463	6330374	6278473	5126475	—	4021200	3117999	3054462	6585616

续表

项目 \ 年度	2017 规模以上	2016 规模以上	2015 规模以上	2014 规模以上	2013 规模以上	2012 规模以上	2011 规模以上	2010 规模以上	2010 大中型	2009 规模以上	2009 大中型	2008 规模以上
R&D 项目	10738	8911	8608	9871	9767	10101	7514	—	6510	5640	5287	
项目人员折合全时当量（人年）	85485	79197	81826	102986	95694	89640	98995	—	83713	68157	66044	
经费（万元）	6372368	4899436	5052010	5475560	5363743	5473631	4318181	—	3554246	2609186	2556092	
企业办研发机构数	1354	1268	1237	1269	1191	1116	489	—	344	436	348	392
机构人员	64256	59697	64901	68318	75247	76071	55445	—	54951	51166	49628	41314
机构经费（万元）	2842832	2279097	2307761	3739376	2932029	2835615	1951839	—	1825031	1452091	1422757	1816363
引进技术经费（万元）	79040	109822	192397	264436	347126	368708	564414	—	418592	546593	545817	698771
消化吸收经费（万元）	22366	27768	70043	98401	169462	135182	226740	—	296019	311336	311161	213089
技术改造经费（万元）	2952109	2685873	3577000	4878928	5566461	6619177	8438384	—	8714488	10424841	10228133	12939979

根据世界知识产权组织（WIPO）发布的《世界知识产权指标年度报告》（WIPI），2017 年我国专利申请量达 138 万件，同比增长 14.2%，在当年全世界 317 万件专利申请中占 43.5%，排名世界第一。按国际专利标准分类与本学科关联度最大是三类，一是黑色冶金，二是冶金学、合金、有色金属，三是金属加工、涂料、防腐防锈（表 3）。2013—2017 年，这三类专利的受理数、授权数、有效数分别增长 28.53%、63.25%、88.51%。

表3　冶金学科有关专利的申请、授权和有效专利情况

项目 \ 年度		2017	2016	2015	2014	2013	2012	2011	2010	2009	2008
黑色冶金	受理数	6145	6048	6645	5392	5475	5123	3661	3033	2013	1729
	授权数	3730	3888	4015	3577	3351	2959	2421	1863	1307	802
	有效数	20078	18786	17069	14779	12427	9930	7538	5503	3696	——
冶金学合金有色金属	受理数	10644	10968	10327	8808	7682	6337	4811	2716	2744	2501
	授权数	6304	5379	4717	3007	2753	2650	2114	1697	1505	1075
	有效数	26550	21860	17876	14260	12140	10038	7940	6327	4744	
金属加工涂料防腐防锈	受理数	8491	8347	8257	6651	6511	5673	4225	3539	2114	2299
	授权数	4525	4174	3971	3045	2814	2845	2323	1764	1470	809
	有效数	21660	18699	16200	13592	11657	9589	7326	5439	3779	——

　　从发表论文看，与本学科关联较大的有材料科学、矿山工程、冶金（和金属学）三个学科，在国外主要检索工具中SCI、EI和CPCI-S收录的科技论文在2013—2016年分别增长6.98%、154.04%、89.54%，其中与本学科最相关的冶金、金属学方面的论文年均增长超过17%（表4）。

表4　国外主要检索工具收录我国科技论文分布

项目 \ 年度		2016	2015	2014	2013	2012	2011	2010	2009	2008
材料科学	SCI篇数	21993	20060	17879	16272	13242	12512	8653	6860	7516
	占位	5	5	5	5	5	4	4	5	4
	EI篇数	20354	17682	15997	16483	11411	12579	11442	9094	8917
	占位	2	3	2	1	1	1	4	5	2
	CPCI-S篇数	2398	714	7855	9070	15125	14391	8063	2256	3323
	占位	8	8	2	2	1	1	3	4	3
矿山工程	SCI篇数	377	539	408	131	85	99	77	72	28
	占位	35	33	34	37	36	36	34	33	34
	EI篇数	1036	830	532	423	299	230	217	391	786
	占位	21	21	24	25	26	28	24	23	20

续表

项目＼年度		2016	2015	2014	2013	2012	2011	2010	2009	2008
矿山工程	CPCI-S 篇数占位	2	53	374	3	3	305	51	1	211
		35	26	15	34	36	15	30	32	21
冶金、金属学	SCI 篇数占位	1676	1949	1966	1840	1098	3665	1516	1226	1143
		22	20	20	18	16	10	14	17	16
	EI 篇数占位	7896	7456	5852	3121	2445	2058	1264	1096	3141
		13	11	21	15	15	16	18	15	11
	CPCI-S 篇数占位	28		65	104	266	210	349	322	396
		31	32	21	20	19	18	22	16	18

近年来我国在冶金学科的基本理论、生产工艺和设备、实验研究、设计方法、环境保护及资源综合利用、智能制造方面取得显著进步，使我国冶金学科整体处于国际先进水平，部分处于领先地位。

2.1.1 钢铁制造流程理论不断深化，应用指导效应不断显现

殷瑞钰院士开创了冶金流程工程学，强调新一代钢铁联合企业应具有"三个功能"：高效率、低成本的洁净钢产品制造功能，能源高效转换和回收利用功能，大宗社会废弃物的消纳、处理和再资源化功能。以此为指导，我国自主设计、建设、运行了一批新一代钢铁联合企业，特别是鲅鱼圈、曹妃甸和湛江等沿海钢厂，是我国冶金技术自主集成创新的重要代表。体现了我国钢厂自主设计的理论与方法创新，体现了冶金工艺装置的国产化水平，体现了建设技术的创新，体现了钢厂生产运行水平和管理水平的提高。在这批新建沿海大厂的设计、建设过程中，钢厂的三个功能定位得到了拓展。殷瑞钰院士以耗散结构理论为基础，提出了冶金流程动态运行过程中耗散结构的工程化模型，并指出了制造流程的本构特征。宝钢湛江钢铁基地建设中，将冶金流程集成理论的原理与现代信息科学紧密结合，对钢铁制造流程中能源流、物质流、铁素流、排放流、时间流等多项"流"的系统进行全面的研究，采用细胞自动机仿真模型方案、ActiveX 组件技术、可视化技术，以及各系统的设计优化方法、模型、工具和信息化平台，形成了比较完整的钢铁制造流程系统集成优化技术方法体系。

2.1.2 冶金学科基础理论和应用基础理论取得重大突破

在钢铁材料研究上，研究发现间隙原子在合金中存在一种名为"有序间隙原子复合体"（ordered interstitial complexes）的新的存在状态，这种介于常规随机间隙原子和陶瓷相之间的新的间隙原子结构能够同时提高合金的强度和塑性。实验对 TiZrHfNb 高熵合金

（HEAs）模型材料进行有限的氧掺杂，使其拉伸强度提高了 48.5% 左右，同时延展性增强了 95.2%。这一合金强韧化手段为难以通过调节层错能或调控相变实现强韧化的合金体系提供了一种同时提高强度和塑性的新途径，为研究者重新认识间隙强化和有序强化并设计出高强度高韧性金属材料提供了新思路。研究团队基于其提出的通过高密度纳米沉淀和降低晶格错配的强韧化合金设计理念，开发了超强韧的高密度有序 Ni（Al，Fe）纳米颗粒强化高性能新型马氏体时效钢，其中不含高成本的 Co、Ti 等合金元素。

创新性地提出通过提高位错密度可以同时实现提高强度和延展性的新强韧机理，研发了基于现有简单化学成分的中锰钢（10% 锰，0.47% 碳，2% 铝，0.7% 钒），通过引入大量可移动位错，使其屈服强度达到 2.2GPa、均匀延伸率达 16%。

提出了多相（multiphase）、亚稳（metastable）和多尺度（multiscale）相结合的新型组织调控理论，通过 M3 组织控制裂纹形成与裂纹扩展，提高了裂纹的形核功与扩展功，在高强度水平下，有效提高了塑性和/或韧性。形成第三代汽车钢和第三代低合金钢的原型钢生产与应用技术。在 M3 组织调控理论指导下，开发了第三代汽车钢。在抗拉强度为 600 ~ 1500MPa 级别时，强塑积不小于 30GPa%，较第一代汽车钢翻番。屈服强度700MPa 以上的第三代低合金钢板卷，断后伸长率不小于 25%，屈强比不大于 80%。

2.1.3 绿色采矿和低品位难选矿综合利用达世界先进（领先）水平

我国铁矿储量以贫矿为主，贫矿储量约占总储量的 80%，而且矿床类型多、矿石类型复杂，近年在低品位难选矿的采选技术、矿山绿色智能开采技术上达世界先进（或领先）水平。鞍山式磁铁矿和赤铁矿采用弱磁选–强磁选–反浮选或磁选–重选–反浮选联合流程，磁铁矿铁品位达 68%，回收率 80%，赤铁矿铁品位 66%，回收率 70%，SiO_2 < 4%，其技术成果在国内获得了更多的推广应用。攀枝花钒钛磁铁矿和承德钒钛磁铁矿，采用磁选、重选、浮选–电选及强磁–浮选联合流程，回收钒钛矿中的铁、钒、钛。开发出 V_2O_5、V_2O_3、VFe、VN 合金、含氮钒铁、钒电池等产品和相关工艺技术。菱铁矿经特殊处理后可使精矿铁品位达 61%，成本达可经济开采的水平。

湖北黄梅铁矿采用新开发的干式均匀制粉技术，将流态化技术应用于细颗粒铁矿石磁化焙烧，固气两相接触面积提高 3000 倍以上，反应速度提高 100 倍以上，建成 60 万 t/a 闪速（流态化）磁化焙烧产业化工程，处理原矿品位 32.52% 菱褐铁混合矿，获得自熔性铁精矿品位 57.52%、回收率 90.24%、SiO_2 含量 4.76%。

白云鄂博西矿采用多型号采矿设备联合作业，多种采矿工艺组合实施，实现了高效剥岩、精准采矿，回采率达 97.7%；采用弱磁选–强磁选–反浮选–中磁选–筛分等分品种分流程的新工艺，充分利用了铁品位 15% ~ 23% 的各种低品位难选矿，实现了白云石型氧化矿与云母、闪石型氧化矿的高效分选；开发出大型深锥浓缩机和通过两级浓缩形成高浓度膏体尾矿排放的新工艺，底流浓度达 72% 以上，实现了高寒干旱地区大型铁矿床绿色高效开发。

提出了过渡期地下诱导冒落法开采挂帮矿体、露天延深开采坑底矿体的楔形转接过渡模式，包括挂帮矿体地下诱导工程的布置形式与诱导冒落参数的确定方法、露天坑底延深开采境界的确定原则与细部优化方法、露天地下同时生产的安全保障措施与高效开采技术，应用于海南铁矿等多座矿山，解决了过渡期露天、地下生产相互干扰问题。

2.1.4　高炉炼铁技术在理论、原料利用、高风温、高炉长寿上均取得长足进步

通过多年研究和实践，我国取得了一整套覆盖特大型高炉工艺理论、设计体系、核心装备、智能控制的技术成果，在高炉的大型化、集约化进程中收获了经济效益和环保效益。提出煤炭资源在炼铁系统中质能转化基础理论、现代高炉最佳镁铝比理论体系和现代高炉最佳镁铝比冶炼技术，提出无（或少）过热冷却体系＋留住渣皮的技术理念，结合科学的高炉炉型设计、耐火材料选择和布置，冷却系统匹配等优秀设计，使我国有些大型高炉寿命接近 20 年。采用我国自主研发的顶燃式热风炉技术及空气、煤气双预热，以及热风炉围管、阀门保温、保养技术及高炉优化操作等技术，使我国完全掌握大型高炉保持 1250℃持续高风温的技术。

2.1.5　高效低成本高品质炼钢技术已达国际先进水平

随着对炼钢效率、成本、产品品质和污染排放的要求越来越高，我国炼钢技术提高很快，已跻身国际先进行列。提出了从铁水预处理、转炉炼钢到连铸更高效、更低成本的洁净钢生产系统技术，研究并应用了机械搅拌铁水脱硫装置、高效底吹搅拌技术、多相渣脱磷技术、高效 RH 精炼技术、高拉速连铸技术、结晶器电磁搅拌技术和高端特殊钢夹杂物控制技术等，使生产冶炼周期不超过 25min，转炉终点 $[S+P] \leqslant 150 \times 10^{-6}$，终点 $[O]$ $\leqslant 350 \times 10^{-6}$，终点成分控制精度 $[C] \leqslant \pm 0.01\%$，温度 $\leqslant \pm 10℃$，命中率 $\geqslant 90\%$，自动化炼钢率 $\geqslant 90\%$。

炼钢生产过程绿色化方面，有学者提出将 CO_2（二氧化碳）资源化应用于炼钢的方法。研究揭示了 CO_2 用于炼钢的物理化学本质，发现喷吹 CO_2 不仅可抑制烟尘产生，且与有些元素反应能生成 CO，可强化熔池搅拌，降低钢液磷、氮、氧含量，实现 CO_2 资源化利用。

高废钢比炼钢也是近年的突出特点，大多数钢企已开始了在铁 – 钢流程的各个环节添加废钢的尝试，各种降低热量损失、废钢预热的技术不断提出并得到应用，使有些钢企转炉冶炼废钢比增加至 30% 以上。

2.1.6　多种先进冶金技术得到快速发展

我国近年来在电磁冶金学、真空冶金学、粉末冶金技术方面取得了不少技术的突破和先进技术的应用。近期研究发现，稳态磁场能够改变金属凝固过程中的过冷度，部分金属及合金会增大过冷度，Bi 等金属会降低过冷度；在静磁场下凝固金属中存在热电磁力效应，产生热电磁对流和热电磁应力，从而影响凝固过程。近年来，电磁在连铸、加热、热处理等领域得到越来越多的应用。

真空熔炼装备通过自主开发实现了大型化，国内于 2015 年自主设计制造的 13t 真空

感应炉已投入生产，技术水平不断向国外先进的真空感应炉靠近。VD 精炼技术和装备、RH 成套关键设备、VOD、AOD 技术等已处于国际先进水平。采用电炉和真空炉外精炼技术，可使超高强度不锈钢中氧含量 $< 5 \times 10^{-6}$，氮含量 $< 8 \times 10^{-6}$，硫含量 $< 7 \times 10^{-6}$，磷含量 $< 25 \times 10^{-6}$，夹杂物接近 0 级水平。

粉末冶金技术获得了高速发展，我国已成为全球最大的钢铁粉末生产和消耗地区，并在凭借钨资源优势的硬质合金研究和制造技术，以及金属注射成形（MIM）和增材制造（3D 打印）技术方面取得了显著进步。

2.1.7 薄板坯连铸连轧技术及其产品达到国际领先水平，双辊薄带铸轧技术取得新进展

薄板坯连铸连轧技术、双辊薄带铸轧技术是简约高效的钢铁制造流程研究热点，我国建设了 CSP、ISP、CONROLL、QSP、FTSR、ESP、CEM 等先进产线，技术和装备水平得到了全面快速的发展，解决了铸坯厚度、结晶器形式、衔接技术、轧机配置、高速飞剪等一系列问题。到 2018 年已拥有 17 条（32 流）作业线，成为全球薄板坯连铸连轧产线最多、产出最多、产品开发繁多的国家。同时，薄带连铸技术在宝钢的自主研发下，得到了工程化水平上的突破。

武钢 CSP 实现了合金高强钢、无取向硅钢、取向硅钢（HiB）等高级品种钢的稳定、高效生产。生产的合金弹簧钢 T［O］降至 14×10^{-6}，铸坯中心［C］偏析由 1.08 降至 1.04，带状评级 ≤ 1 级，品种钢裂纹改判率由 0.68% 降至 0.14%，新型漏钢预报系统报警准确率达到 95.8%，品种钢漏钢率由 0.25% 降至 0.08%。开发了中、高牌号硅钢 50WW600CSP 和 50WW470CSP，和传统厚板坯工艺相比，P1.5/50 降低 0.24W/kg，B50（T）提高 0.027，完全消除瓦楞状缺陷，连铸机拉速 4m/min，连浇炉数 13 ~ 15 炉，产品合格率 > 96%，HiB 率 > 95%。

山东日照钢铁于 2015 年引进建成世界第二条、国内第一条超薄带 ESP 生产线，板坯宽度 1200mm、1250mm、1500mm，厚度 95 ~ 110mm，拉速 5 ~ 6m/s，最薄轧出 0.6mm 超薄规格，截至 2018 年年底已经建成 4 条生产线。

宝钢于 2012 年开始自主设计、建设我国第一条 50 万 t/a 薄带铸轧生产线，解决了从钢水冶炼、凝固、轧制、冷却、卷取到钢材组织、性能、质量控制等一系列工艺技术难题，在关键性的基础理论、设备、工艺、材料和适应性钢种开发上积极开拓、部分领域超越国外同行。

沙钢引进、建设的 CASTRIP 双辊薄带铸轧技术的产线长度仅约 50m，铸带厚度 1.4 ~ 2.1mm，宽度 < 1680mm；成品厚度 0.7 ~ 1.9mm，宽度 < 1590mm；超薄带产品厚度偏差 ±20μm，宽度偏差 0 ~ +5mm。2018 年年初首次轧制卷成卷，月产量已超 3.7 万 t。其能耗是厚板坯流程的 16%，薄板坯流程的 32%；排放是厚板坯流程的 25%，薄板坯流程的 44%。

2.1.8　研制出具有国际水平的钢铁产品

通过从材料体系到制造和后处理技术的系列研究，一大批高端钢铁产品不断研发成功，有力支撑了制造业强国建设的高端用材国产化。时速 250km、350km 高速动车组轮、轴、转向架材料顺利完成运行考核，厚度 0.02mm、宽度 640mm 宽幅超薄不锈钢精密带钢实物质量水平达到国际领先，轴承钢冶金质量（$[O] \leqslant 5 \times 10^{-6}$、$[Ti] \leqslant 10 \times 10^{-6}$ 和 $[Ca] \leqslant 2 \times 10^{-6}$）与接触疲劳性能已达到或超过国外超纯净钢水平，解决了我国缺乏长寿命高可靠轴承材料的问题。薄规格超低损耗高性能取向硅钢总体达到国际领先水平。CAP1400 压水堆、高温堆国家重大专项示范工程用 N06625-2、690、C276 等合金板、管、棒、带系列耐蚀合金材料，AP1000 反应堆用 C 型钢、H 型钢和方型钢，ITER 计划用矩形钢、L 型钢，我国核聚变试验堆用 T 型钢等，超超临界汽轮机叶片用 $10Cr_{11}Co_3W_3NiMoVNbNB$、$1Cr_{12}Ni_3Mo_2VN$、$X_{20}Cr_{13}$、$X_{22}CrMoV_{12-1}$、$PH_{13-8}Mo$ 扁钢，总体达到国际领先水平。高性能冷轧淬火延性钢 QP1500、2000MPa 级热成型钢汽车板实现全球首发，1.0、1.2、1.3、1.4、1.5、1.7GPa 级别冷轧和镀锌特超高强度钢板，高性能和低成本的 DP 钢、高弯曲性能和高抗延迟开裂的 M 和 CP 钢、冲压性能优越的 QP 和 TWIP 钢，实现了第三代汽车用钢的系列化。

同时一批高端产品达到了国际先进水平，包括国内工程应用单盘长度最长（3563m）截面最大（$290mm^2$）的大跨越输电导线承载用超高强度级别钢芯 G4A-290-37/3.14mm，超大跨径悬索桥用 1960MPa 主缆钢丝，锯片用 9SiCr（最薄 1.5mm）和 TS90CHM 热带，8000m 超深井钻探和 2000m 超长水平定向穿越用 NC52 钻杆，系列高强度高抗 SSC 油井管，大型水电站用 780MPa 级压力钢管用钢，极地和高寒地区 -60℃ 使用环境用低温 H 型钢，NM600 级别的系列耐磨钢板，高强韧、耐大气腐蚀、耐海洋环境腐蚀等系列桥梁钢，厚度 > $30\mu m$、叠片系数高于 0.92 的非晶带材等。

近五年间，累计有 625 项钢材产品实物质量达到国际同类产品水平，41 项钢材产品达到国际先进水平。

2.1.9　冶金装备大型化、连续化、自动化达到国际先进水平

目前世界上最现代化、最大型的冶金装备几乎都集中在我国，而且经过引进消化和自主创新，我国已具备了 $4000m^3$ 及 $5000m^3$ 级特大型高炉及配套特大型焦化、烧结、球团设备的自主设计、制造、建设能力。我国 $4000m^3$ 以上高炉有 25 座，其中 $5000m^3$ 以上的有 7 座。我国高炉平均炉容达到 $1047m^3$，其中 $1000 \sim 2000m^3$ 的高炉产能约占到总量的 35.8%。

自主研发的 300t 转炉、200 吨级电炉和 13t 真空感应炉等，以及 $\Phi1000mm$ 断面圆坯连铸机、特大方矩型连铸机、特厚板坯连铸机、400t 矿用汽车和大型模锻设备等也达到国际先进水平。轧钢设备的进步也十分显著：2000mm 以下宽带钢连轧机组、4000mm 以下中厚板生产机组、100m/s 以上高线轧机、连轧管机组、大型热镀锌机组和彩涂机组可完全

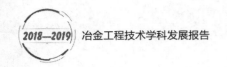

由我国自主设计、建设和运行。

2.1.10 处于国际先进水平的新一代控轧控冷技术拓展了应用领域

我国自主研发的新一代控轧控冷技术已经全面推广应用至热轧板带、中厚板、热轧线棒材、热轧钢筋、H 型钢等，最近宝钢 PQF460 无缝钢管在线冷却装备及其形变 / 相变一体化在线组织调控技术的研发取得了明显成效。生产显示，冷却后温度控制精度高、冷却均匀、钢管管形良好，能耗降低 20%，吨钢平均制造成本降低 200 元以上。为资源节约、节能减排的钢铁产品制造提供了新的技术手段，达到国际先进水平。其通过在奥氏体区间适于变形的温度区间内完成连续大变形和应变的积累，得到硬化奥氏体；在轧后立即进行超快冷，使轧件迅速通过奥氏体相区，保持轧件奥氏体硬化状态；在奥氏体向铁素体相变的动态相变点终止冷却；后续依照钢材组织和性能的需要进行冷却路径的控制。简言之，通过采用适当控轧＋超快速冷却＋接近相变点温度停止冷却＋后续冷却路径控制来实现钢材性能的提升。可节约合金用量 30% 或提高钢材强度 100 ~ 200MPa，大幅度提高冲击韧性，节约钢材使用量 5% ~ 10%，有的产品可提高生产效率 35%，工序节能 10% ~ 15%。

2.1.11 推进超低排放改造，绿色冶金技术发展水平大幅提高

近年来，我国实施了全球最严格的环保标准，广大钢铁企业围绕焦化、烧结（球团）、炼铁、炼钢、轧钢等五大重点工序，积极开展烟气多污染物超低排放技术、高温烟气循环分级净化和利用技术、钢铁废弃物综合利用技术及一些关键环境保护和节能减排技术的研究，一批节能环保技术和指标，已达世界先进水平，为推动钢铁行业绿色发展，助力打赢蓝天保卫战做出了积极的贡献。尤其是干熄焦、高炉干法除尘、转炉干法除尘技术的引进、研发、推广；高炉渣、转炉渣以及含铁粉尘的加工处理和综合利用；焦炉煤气、高炉煤气、转炉煤气以及各类蒸气的回收利用和自发电技术得到推广等。大部分钢企建立了能源和水处理管控中心，绝大多数钢厂"消灭"了渣山；新水消耗、污水排放减少了 80%以上；焦炉和烧结烟气脱硫脱硝、烧结脱硫、综合污水回用深度脱盐等技术初步得到推广；在环境影响敏感区、环境承载力薄弱的钢铁产能集中区，封闭式环保原料场已全部完成改建，铁路运输逐渐取代公路运输，以减少物流过程中的无组织排放。

"十二五"期间，钢铁行业开始执行 GB16297—2012《钢铁烧结、球团工业大气污染物排放标准》，颗粒物、二氧化硫、氮氧化物排放标准加严的同时，开始关注二噁英等非常规污染物，基于半干法的钢铁烧结 / 球团烟气多污染物协同控制技术成为主流趋势。"十三五"以来，钢铁行业全流程超低排放成为发展趋势。我国钢铁行业大气污染治理已实现从"单工序"向"全流程"过渡，控制技术也已实现从"单一污染物控制"向"多污染物协同控制"的技术升级。基于该"多污染物协同控制"和"全过程耦合"的技术理念，开发了"选择性烟气循环技术""半干法脱硫耦合中低温 SCR 脱硝技术""活性炭法一体化技术""臭氧氧化硫硝协同吸收技术""高炉炉料结构优化的硫硝源头减排技术"等新型技术涵盖了烧结、球团、焦炉、高炉等多个工序，为钢铁行业超低排放改造提供强有

力的技术支撑。据中国钢铁工业协会统计，与 2005 年相比，2018 年重点统计钢铁企业平均吨钢综合能耗由 694kg 标煤降至 555kg 标煤，焦炉煤气、高炉煤气回收利用率分别提高了 3.4 个百分点、7.8 个百分点，吨钢转炉煤气回收量由 32.8m^3 提高到 106m^3；重点统计钢铁企业吨钢耗新水由 8.6t 下降到 2.75t，水重复利用率由 94.3% 提高到 97.88%。同时，通过持续开发推广冶金渣资源化利用技术，构建起完整的"资源—产品—再生资源"循环经济产业链，2018 年钢渣、高炉渣、含铁尘泥利用率分别达到 97.92%、98.1%、99.65%。钢铁行业主要污染物排放指标大幅度降低，2005—2018 年，中国钢铁工业协会重点统计钢铁企业吨钢二氧化硫排放量由 2.83kg 下降到 0.53kg，削减幅度高达 81.3%；吨钢烟粉尘排放量由 2.18kg 下降到 0.56kg，削减幅度为 74.3%。工业和信息化部于 2016 年开始开展绿色制造体系建设，2017 年、2018 年共推出 3 批名单，共有 45 家钢铁企业进入名单。

1）开展活性炭法烟气多污染物协同高效净化技术的基础理论和关键技术攻关，核心装备研制及系统集成应用，研发了分层整体错流吸附及预酸化 – 分段分级喷氨强化脱硝技术，研发了 SO$_2$ 富集资源化利用和 NOx、二噁英的无害化分解技术，余氨循环利用及废水零排放技术。

2）针对烧结及电厂烟气的综合治理，开发形成了一体式微细粉尘电凝聚技术与装备成套技术，典型工序滤料评价与选用技术标准，燃煤电厂烟气脱汞技术，烧结二噁英源头和过程综合控制成套技术，冷轧工序异味污染特征及治理技术，酸再生机组减少大气污染物排放的系列设备优化与控制技术。实现 PM$_{2.5}$ 减排 52%、烟尘总排放减少 22.6%，脱汞效率 90% 以上，二噁英排放 ≤ 0.5ng TEQ/Nm^3，冷轧酸再生机组正常运行的颗粒物及 HCl 排放量分别下降 37% 和 38%，实现颗粒物及 HCl ≤ 15mg/Nm^3，排放浓度低于国标限值的 50% 以下。

3）针对焦炉排放烟气温度约 180℃、高氮、含黏性杂质等特征，研发了 180℃低温脱硝催化剂，实现了含硫条件下脱硝效率大于 90%；发明了相关粉体材料和获得高强度低温域蜂窝催化剂成型技术工艺，开发了除尘 – 脱硝 – 原位再生一体化装备。

4）针对不锈钢生产过程混酸废液处理存在的难题，采用高温热水解技术对废酸进行再生，金属氟化物水解再生为金属氧化物和氢氟酸，金属硝酸盐水解为金属氧化物和氮氧化物，氮氧化物再通过转化为硝酸进行回收，从而实现金属氧化物的资源化全回收，硝酸回收率相对于常规喷雾焙烧工艺提高约 10%，SCR 脱硝后外排尾气 NOx 浓度 ≤ 100mg/Nm^3，降低能耗约 400kJ/L 废酸。

5）针对钢铁行业低热值煤气利用率低的难题，开发出高温超高压中间一次再热煤气发电技术，机组容量最小可至 30MW。对于 65MW 机组，发电效率达 37% 以上，较中温中压效率提升 40% 以上，高温高压提升 15% 以上，度电煤气单耗 3.05Nm^3。

2.1.12 智能制造技术的研究和应用得到快速推进

钢铁制造信息化、数字化与制造技术融合发展，智能制造已成为两化深度融合的主攻方向。随着大数据、工业互联、人工智能等新兴技术发展，我国在冶金生产过程控制、冶金生产管控和企业管理信息化方面的智能制造都提前进行了布局和研究，取得了快速发展，基本处于国际先进水平。高炉、烧结及焦化协同智能系统和热风炉智能燃烧控制、炼钢和连铸的自动化和协同操作、轧制工序智能化控制、能源整体优化管理控制系统、产供销协同管理等领域都进行了自主研究开发与推广应用，开发了基于工业大数据的全流程工序质量数据在线分析和控制系统，通过动态质量设计，优化改善现场的制造工艺，提高产品质量。

山东钢铁日照公司设计开发了技术架构先进、多技术手段协同、信息共享、计算工具齐备、各工序有机衔接的钢铁流程工序界面一体化平台，提出了原燃料、铁钢、钢轧、冷热轧、成品及其集成的"五点一线"框架，包括优化排产方法、工序界面接口技术、智能综合调度系统、全流程物流智能管控系统、智能钢卷库等。冶金自动化研究设计院在传统能源管理系统的基础上，自主开发了能源数据库平台，突出了数据管理与模型优化等特点，具有数据广谱性强、资源灵活配置等特点。模型充分与工艺结合，通过机理模型与数据模型有机的配置，在实时控制、能源精细化管理等方面具有明显优势。

近五年来，钢铁行业两化融合持续深入推进，两化融合指数 2019 年达到 53.6，关键工序数控化率 70.9%，生产设备数字化率 49.8%，总体处于重化工业领先水平。据工业和信息化部信息，2015—2018 年钢铁行业已经打造出 9 家智能制造试点示范企业，宝武、鞍钢、太钢、南钢、华菱、河钢等企业在智能车间、智慧矿山、大规模定制等应用领域取得显著成果。

2.1.13 冶金前沿技术

我国宝武、中核集团和清华大学三方启动了共同研究核能技术与冶金制造技术如何协同以及创新技术链与产业链的可行性工作，将结合钢铁产业的发展需求，将核能技术与钢铁冶炼和煤化工工艺耦合，实现二氧化碳的超低排放。目前，我国已建成并运行 10 兆瓦高温气冷实验堆，20 万千瓦高温气冷堆商业示范电站预计将于 2020 年建成投产。

河钢集团计划利用世界最先进的制氢和氢还原技术，研发、建设全球首例 120 万 t 规模的氢冶金示范工程。项目将从分布式绿色能源、低成本制氢、焦炉煤气净化、气体自重整、氢冶金、成品热送、二氧化碳分离等全流程进行创新研发，探索出一条世界钢铁工业发展低碳、甚至"零碳"经济的最佳途径，从改变能源消耗结构入手，解决钢铁冶金过程产生的环境污染和碳排放问题。

2.1.14 冶金企业技术创新能力大幅提高

冶金企业普遍建立的技术中心或研究院，试验仪器、实验装备逐渐完备，重点钢铁企业都建设了中试平台。宝武依托"国家硅钢工程技术研究中心"，建设了全流程多功能硅钢中试平台，研制出覆盖硅钢全流程的中试工艺设备，创建了全流程、多功能硅钢中试平台；自主开发出取向硅钢微观组织五大前沿分析技术，形成了微观组织演变和抑制剂控制理论体系；利用该平台对关键设备进行多功能开发，自主集成了与高端产品相配套的武钢三、四硅钢工程。鞍钢自主设计、组建了炼钢工艺技术研发平台，该平台集转炉、LF 炉、铸造、新工艺与热模拟技术于一体，装配顶底复吹、直流加热、炉气在线分析及喷吹混合气体等炼钢工艺操作模块。可以该平台为基础开展探索性预研，提高了研发效率，大幅降低了研发成本及风险。

2.1.15 在学术交流、期刊专著、研发成果和人才培养等方面取得了明显进步

（1）学术交流活跃，并逐渐引导国际交流走向中国

近年来，我国在取得冶金技术快速发展的背景下，学术交流越来越踊跃，对于技术的创新和推广应用起到了引领、促进和普及的作用。2014—2018 年由中国金属学会主办的国内外学术交流 440 次，同比 2009—2013 年增长近三分之一，其中国际学术交流 31 次。

在国内举办了第十届环太平洋先进材料与工艺国际会议、第七届钢铁模拟及仿真国际会议、2018 年国际薄板坯连铸连轧学术研讨会、2018 世界粉末冶金大会、2016/2018 国际冶金及材料分析测试学术报告会暨展览会（CCATM'2016/2018 & ICASI'）、2018 国际耐火材料学术会议。并且瞄准国际冶金学科发展现状，结合我国冶金学科的发展需求，中国金属学会在我国创办了 2018 年可持续发展炼钢技术国际研讨会（CSST2018）、第一届国际汽车用钢大会、第三届高锰钢国际会议等具有国际影响力的学术交流活动，提升了我国冶金技术的国际地位。

（2）近年来冶金期刊获得中国科协项目支持，学术影响持续上升

中国金属学会共主办和主管 16 个期刊，其中核心期刊 12 个。自 2016 年起，中国科协贯彻"中国科学技术协会事业发展'十三五'规划（2016—2020）"，实施我国科技期刊国际影响力提升计划，打造 50 种在学科国际排名靠前的英文期刊，支持 20 种英文期刊取得世界先进水平。中国金属学会主办的《材料科学与技术（英文版）》和《金属学报（英文版）》获得 2016/2017/2018 年中国科技期刊国际影响力提升计划项目资助，通过自身能力的提升、专家队伍的国际化，以及与国际顶级期刊的交流学习，获得了快速发展。汤森路透（Thomson Reuters）期刊引证报告（Journal Citation Reports，JCR）显示，《材料科学与技术（英文版）》（JMST）和《金属学报（英文版）》2018 年 JCR 影响因子分别达到了 5.04 和 1.828。JMST 入选"2018 年度中国最具国际影响力学术期刊"和"世界影响力 Q1 期刊"。

《钢铁》《中国冶金》《金属学报（中文版）》获得中国科协中文精品期刊支持项目支持。《金属学报（中文版）》荣获第三届全国"百强报刊"称号，获得"2018 中国最具国际影响力学术期刊"称号。

（3）涌现出一批行业贡献突出的研发成果和学科带头人

近年来我国冶金理论、工艺、装备和管理上都有长足的进步，取得了重大技术突破，培养、涌现出一大批优秀的冶金科技工作者。

宝山钢铁股份有限公司、中国钢研科技集团有限公司、扬州诚德钢管有限公司、攀钢

集团成都钢钒有限公司、哈尔滨锅炉厂有限责任公司、西安热工研究院有限公司、山西太钢不锈钢股份有限公司合作完成的"600℃超超临界火电机组钢管创新研制与应用"，中冶焦耐工程技术有限公司、北京科技大学、鞍山钢铁集团有限公司联合完成的"清洁高效炼焦技术与装备的开发及应用"，分别获得了2014年度、2018年度的国家科学技术进步一等奖；2014—2018年，共有24个冶金（钢铁类）项目获得国家科学技术进步二等奖，13个冶金（钢铁类）项目获得国家技术发明二等奖（表5）。

表5　钢铁冶金领域获国家发明奖和国家科技进步奖数量

年度	国家发明奖		国家科技进步奖		
	一等	二等	特等	一等	二等
2018	/	4	/	1	3
2017	/	4	/	/	5
2016	/	3	/	/	6
2015	/	3	/	/	3
2014	/	2	/	1	7

2014—2019年共有467项突出成果获得中国钢铁工业协会、中国金属学会冶金科技奖，其中有6项被授予特等奖、74项获一等奖、139项获二等奖、248项获三等奖（表6）。

表6　中国钢铁工业协会、中国金属学会冶金科技奖获奖项目数量

年度	2019	2018	2017	2016	2015	2014	总计
获奖总数	84	86	78	62	78	79	467
特等	1	1	1	1	/	2	6
一等	14	15	15	10	12	8	74
二等	24	23	22	19	25	26	139
三等	45	47	40	32	41	43	248

2015—2019年，刘正东、王运敏、唐立新、李卫、毛新平、谢建新、丁烈云、邵安林等当选中国工程院院士，张跃等当选中国科学院院士。百余人获得国家级人才称号或中国金属学会冶金青年科技奖，这些专家现已成长为各自领域的学科带头人和学科创新者。

（4）双一流学科建设成效逐渐显现，科技创新体系更加完备

我国在实施"985""211"工程后，于2015年国务院推出"统筹推进世界一流大学和

一流学科建设总体方案"，并于 2017 年教育部正式公布世界一流大学和世界一流学科（简称"双一流"）建设高校及建设学科名单，北京科技大学、中南大学和东北大学的"材料科学与工程、冶金工程、矿业工程"名列其中。部分省市也相继开展了国内一流学科建设项目，比如昆明理工大学、辽宁科技大学、安徽工业大学的冶金工程学科分别入选云南省、辽宁省、安徽省一流学科建设项目。

北京科技大学面向冶金行业转型升级，以"全流程、长链条、大学科"思想主动改造和升级传统学科，积极推进冶金工程学科与能源、环境、信息及自动化等学科的交叉融合和集群发展，围绕冶金全流程的智能化、信息化、绿色化、国际化，建立以"冶金 +"为特点的冶金工程学科体系，在拔尖创新人才培养、高素质师资队伍建设、科学研究和社会服务、国际合作与交流、传承创新优秀文化等方面及学科整体实力均有明显提升。2018年度共有 7 项冶金类科研成果获得国家科学技术奖励。

中南大学冶金工程学科通过"双一流"建设，在重大科研成果、产学研合作、重大成果转化、高层次人才培养等取得了显著成绩，培养了多名长江学者、国家杰出青年、国家优秀青年、"万人计划"领军人才、"千人计划"，2017 年度、2018 年度分别有 2 项、5 项冶金类科研成果获得国家科学技术奖励。2018 年新增单项金额过亿元的成果转让项目 3 项。

东北大学开展双一流建设以来，学科整体进入 ESI 全球排名前 1‰，获国家科技奖励6 项（4 项牵头 2 项参加），2018 年 SCI 论文数量为 2011 年的 3.6 倍，SCI 学科影响因子前 1/10 的期刊论文数量为 2011 年的 7.3 倍，所研发推出的关键技术为世界最大水电机组、首套 AP1000 核电主管道、C919 工程 8 万 t 模锻压机支座、港珠澳跨海大桥、境外最大有色投资项目——巴布亚新几内亚瑞木镍钴项目，以及国内外上百家企业和生产线做出了重要支撑作用。

在主要冶金高校得到国家和地方大力支持，获得快速发展的同时，冶金领域的国家重点实验室、企业类国家重点实验室、国家工程研究中心、企业技术中心、企业研究院等的组织和运行机制、项目和资金支持、科研人员梯队、国内外交流平台建设、实验装备等也都进步显著，形成了完整的科技创新体系和宝贵的创新人力资源。从数量上看，钢铁行业已建有国家重点实验室 20 个，国家工程研究中心 14 个，国家工程实验室 5 个，国家企业技术中心 42 个，重点企业科技机构 218 个；组建了上下游产学研用协同的国家产业技术创新战略试点联盟 4 个，重点培育联盟 1 个，钢铁行业产业技术创新战略试点联盟 4 个，重点培育联盟 2 个。

2.2 冶金工程技术学科二级学科的主要成就

2.2.1 冶金物理化学主要进展

1）在复杂熔渣体系物理性能研究中，以 $CaO-MgO-Al_2O_3-SiO_2$ 四元渣为主要对象，建立了含 Al_2O_3 熔渣体系电导率预测模型，提出计算氧离子含量的方法。在冶金熔体的热物理性质及传输参数研究中，取得了高铝高炉渣、含钛高炉渣物理化学性质及结构研究的突破：得到铝酸盐型高炉渣体系性质与结构的关系，在高铝含量下存在一个成分区间满足高炉操作的对炉渣物理化学性质的要求，即技术上存在高炉造渣制度由硅酸盐型向铝酸盐型转变的可行性，将为我国未来在高炉上大规模使用高铝原料提供科学依据；系统、全面地研究得出了钛渣体系中关于 CaO、MgO 和 TiO_2 对于各性质的影响规律，提出了以镁代钙、以铝替硅的全钒钛磁铁矿高炉冶炼新工艺，该研究将有助于把高炉冶炼中钒钛磁铁矿配比从 75% 提高到 90% 以上。另外，含铬熔体黏度测试获得了 $CaO–SiO_2–Al_2O_3–CrO/Cr_2O_3$ 等渣系在不同温度、不同 Cr 存在形态（Cr^{2+}/Cr^{3+}）、不同冷却制度（Cr 的析出结晶行为不同）下的黏度及结构特征，并对含铬熔渣的流变行为深度解析。

2）在冶金反应过程热力学方面，开始了熔渣中过渡族氧化物组元热力学研究，测定了电渣炉渣精炼条件（1600℃、低氧分压）下，渣中二价及三价铬氧化物的活度系数。对金属熔体（包括含稀土的熔体）热力学性质进行了实验研究，如研究液态镍基合金 K4169 中 Bi 的挥发热力学及硅基四元合金热力学。中外专家合作进行炉渣脱硫能力、脱磷能力和相关熔渣相图的研究，提出多相脱磷渣（液相渣 –2CaO·SiO_2）技术。

3）在冶金反应过程动力学方面，提出气固相反应动力学新模型，对材料（如镁碳砖、AlN 等）的高温氧化动力学预报具有普适性，可定量预测各因素（温度、气压、颗粒尺寸等）对等温/变温反应速率的影响。

4）在资源和环境物理化学方面，针对攀枝花钛铁矿的综合利用，提出利用高钛高炉渣合成钙钛矿、制备 Ti-Si 和 Ti-Al 合金，以及熔盐高效分解高钛高炉渣获得纳米二氧化钛的方法；在炼钢炉渣的综合利用方面，研究了转炉渣中含铁物相的析出行为及磁选回收技术，得出钢渣中铁品位达 21.3% 时，磁选收得率可达 89%。提出不锈钢精炼渣的硅热法处理工艺，使渣中的三氧化二铬还原为金属铬，得到铁铬硅三元合金，与所得的还原渣分离。再用烧结法加上两步热处理方式处理还原渣，得到微晶玻璃，实现了不锈钢渣的无害化高附加值的利用。

5）在计算冶金物理化学方面，对中间包中的传质、夹杂物行为的研究，钢包精炼、连铸过程中的凝固与传热及电磁冶金过程氧传递的模拟计算都有新突破。

2.2.2 冶金反应工程学主要进展

1）反应器数值模拟及解析方面，国内近几年在基于衡算的物料平衡热平衡模型，基于宏观动力学对反应器过程进程进行表征的动力学模型，和用流动模式及其组合对实际反应器与理想反应器的偏差进行表征的流动模型等方面都取得了明显进展，包括：铁矿石烧结过程二维瞬态（三维稳态）数值模拟，高炉全炉数值模拟，转炉氧气射流、射流与熔池的相互作用、液滴形成、熔池混合、精炼过程动力学模型等数值模拟，连铸中间包和结晶器（包括二冷段）数值模拟。反应器解析在国内的发展主要为：对具有明显分区特征的炼铁反应器（例如高炉和 COREX 熔化气化炉）开发了分区的物料平衡热平衡模型；对入口和出口参数非集总的铁矿石烧结反应器，开发了包括输入输出参数集总化的物料平衡热平衡模型；铁水预处理、转炉炼钢、钢包精炼等间歇式反应器和作为连续式反应器的还原竖炉等反应器过程机理解析和动力学模型的研究进展显著；提出了基于物理现象的带有非等容全混槽串联的组合模型，实现了对实际流动的准确表征；基于流体流动特性，比较了RTD曲线处理中经典组合方法与萨海（Sahai）修改方法之间的差异，给出了单入口多出口反应器RTD曲线的分析方法。

2）在工艺技术开发与工程放大方面，开展了钢液连铸过程钢液流动与凝固冷却传热的耦合数值模拟研究，借此优化板坯连铸、方坯连铸、异形坯连铸的关键设备结构参数和工艺控制参数；开发了电渣重熔三维非稳态多物理场耦合数学模型，揭示了电渣重熔过程中电流、焦耳热、电磁力、流动、温度、凝固的相互关系以及宏观偏析的演化规律；通过研究钛精矿磨矿工艺对矿物性质的影响规律，建立包含流变特性、导电特性、融化特性、氧势、表面性质等参数的高钛渣高温性质数据库，研究电炉冶炼钛渣过程中的物理化学和钛渣凝固过程的物相转变及晶粒长大规律，从而优化电炉冶炼钛渣的生产工艺。

2.2.3 冶金原料与预处理（废钢铁加工利用）主要进展

1）我国废钢铁学科发展相对较晚，基本上是在21世纪后才开始对废钢性质、废钢处理，以及对废钢铁在熔池中的行为、反应规律、熔化机理、快速分拣、二噁英治理等进行科学研究。

2）对于废钢铁在熔池中熔化行为规律的研究，一是通过废钢熔化热模试验，得到废钢熔化速度、试棒中心升温速度，以及熔池中液体金属与钢棒表面间的对流换热系数和渗碳过程中的传质系数；二是对电炉熔池中不同规格尺寸废钢的熔化行为规律进行数值模拟计算与研究。

3）通过开发废钢加入技术、铁水罐废钢预热技术、转炉高废钢比冶炼工艺技术、转炉热补偿技术等，使转炉冶炼综合废钢比最高达33%，钢铁料消耗吨钢降至800kg以下，炼钢成本大幅降低。

4）二噁英治理技术方面，已从控制并减少二噁英的生成量、二噁英脱除技术两方面入手开展了研究。

5）国内已开展了废钢快速分拣技术、加工处理技术的研究，比如将LIBS技术应用于航空废铝的快速识别与分拣的技术装备研制，以及火焰切割、剪切加工、破碎加工、打包压块、落锤加工等设备都实现了国产化。

6）在废钢中残存元素的处理上进行了一些探索性的研究，提出了铵盐脱铜法和反过滤脱铜法，试验中的渣化法可使铁与铜、锡、砷、锑、铋等元素分离率达到90%左右。

2.2.4 冶金热能工程学科主要进展

1）系统节能理论和技术。本学科服务对象从过去的单体设备扩展到生产工序（厂）、联合企业、整个冶金工业，把节能视野从能源扩大到非能源。系统节能理论和技术在钢铁企业得到全面普及和应用，并逐步推广到石化、建材等工业。

2）深入研究钢铁企业"能量流"的运行规律和"能量流网络"的优化，以及能量流和物质流的相互关系和协同优化，包括能量流生产、回收、净化、存储、分配、使用和管网建设，上下工序之间"界面技术"的开发与应用，使相邻工序实现"热衔接"。钢铁生产过程余热余能的高效回收、转换与梯级利用。有40多家企业已建企业级能源管控中心，促进能量流网络优化和动态控制，达到综合节能和系统节能的效果。

3）冶金余热余能的高效转换、回收和利用，不仅要看回收热量的多少，还要看回收过程有效能的损失，要坚持"按质回收，温度对口，阶梯使用"。我国66台烧结机已配余热回收或发电；高炉煤气干法除尘余压发电（TRT）有597套，大于1000M3高炉TRT普及率达98%；焦炉干式熄焦（CDQ）投产或在建159套，钢铁企业CDQ普及率85%，其中采用高温、高压CDQ占80%左右；转炉煤气除尘及余热回收，国内采用第四代OG法除尘和LT干法除尘，干法除尘已达40余套；焦炉荒煤气显热回收、焦炉煤调湿工艺、副产煤气综合利用，已突破焦炉煤气和转炉煤气制甲醇，制液化天然气等资源节约和综合利用技术。钢渣处理开发了热焖、加压热焖、热泼、滚筒、风淬等多种处理技术。

4）东北大学利用冶金热能工程学在工业领域率先开展"工业生态学"研究，提出"源头治理"是治本，"末端治理"是治标。把物质的减量化和保护生态环境的视野扩展到产品的整个生命周期，即从产品的设计、原料的获得、产品的生产、产品的使用，一直到产品使用报废后的回收等各个环节都要符合生态环境的要求。

2.2.5 炼铁主要进展

1）高风温技术。高风温是现代高炉的主要技术特征。为此研发了适合1280℃送风温度的热风炉结构和操作参数。采用双预热技术，使燃烧单一高炉煤气的热风炉拱顶温度达1400℃，并采用缩小拱顶温度与送风温度差的具体技术。优化热风管道系统结构，合理设置管道波纹补偿器和拉杆。防止炉壳产生晶间应力腐蚀。使高炉风温保持（1280±20℃）水平。

2）高炉长寿技术。采用合理操作炉型。严把耐火材料（特别是碳砖及碳素捣打料）质量和施工质量，完善监测手段，特别要加强高炉薄弱环节的监测，严格控制炉料中碱金属和锌负荷，精心操作，科学护炉。

3）低温冶金技术理论和应用。微细铁矿粉具有纳米晶粒，有助于提高还原气体的利用率，细粒度与催化剂及改善冶金反应传输条件的反应器相结合，能够提高低温反应速度，此项工艺在红土镍矿、钒钛磁铁矿等矿种的低温还原实验室研究中取得成功，正在开发工业性试验。

4）非高炉炼铁的理论和工艺。宝钢COREX–3000经4年多实践，在稳定生产、降低成本、提高铁水合格率上都有很大进步，但目前综合技术经济指标仍比不上高炉，转底炉处理冶金污泥及含锌粉尘取得较好效果，国内也在试验煤制气–竖炉还原技术。

2.2.6 炼钢主要进展

1）铁水脱硫预处理。铁水脱硫预处理工艺目前采用喷吹法和机械搅拌法（包括 KR 法等）两种方法。新建钢厂更多采用机械搅拌式铁水预脱硫。由于铁水和炉渣搅拌强度大，效率高，硫含量可降到 ≤ 0.001% 以下，脱硫后颗粒状炉渣易于扒除，回硫少，生产优质钢种时可不经过 LF 钢包精炼，显著降低生产成本，提高生产效率。我国在采用机械搅拌法中，除吸收日本 KR 法技术的优点外，在脱硫剂种类和搅拌器结构上有所创新。

2）转炉双联脱磷＋脱碳炼钢工艺技术。首钢京唐公司在国内首先采用了包括转炉预脱磷和脱硅，处理后铁水在另一转炉在少渣条件下进行脱碳吹炼的新工艺流程。与传统炼钢工艺相比：①炼钢石灰消耗和炉渣生成量大幅度降低；②炼钢周期可缩短至 30min 以内；③炼钢过程控制稳定性提高，出钢下渣少，钢水质量提高；④生产中高碳含量钢时，可以添加 Mn 矿进行直接合金化；⑤冶炼钢水中［S］、［P］含量可稳定地控制在 0.007% 以下；⑥脱碳转炉一次命中率大幅度提高。2 座 300t 脱磷转炉和 3 座 300t 脱碳转炉配合，炼钢周期缩短至 30min 内。

3）"留渣＋双渣"少渣炼钢工艺技术。在转炉冶炼前期较低温度时进行脱磷操作，在温度上升至对脱磷不利之前将炉渣部分倒出，然后加入新渣料进行第二阶段脱碳吹炼，结束后出钢，将液态炉渣留下并固化，装入废钢、铁水进行下一炉吹炼。由于上炉炉渣为下炉利用，因而显著降低石灰消耗和排放的渣量。在首钢、武钢、沙钢、三明多家钢铁公司应用后取得了显著效果。

4）RH 真空精炼装备和工艺技术。近几年来，RH 装置国产化迅速占据主导地位，满足了品种优化和质量提高的要求，并使投资大幅度下降。我国新建 RH 精炼装置在提高真空抽气能力、钢水循环速率、缩短精炼周期、保证冶金效果等高效真空精炼系统技术方面已处于国际领先行列。重钢建成世界上第一台采用机械真空泵的 RH 装置，在大幅节能、提高系统稳定性和优化冶金效果上都具有一定优势，并推广到其他钢厂和 VD 工艺。

5）超低氧特殊钢夹杂物控制技术。轴承钢、齿轮钢、弹簧钢等高品质特钢要求 T［O］控制在（4 ～ 8）×10^{-6} 超低氧含量范围，以提高抗疲劳性能等。采用铝脱氧、高碱度精炼渣、RH 真空精炼，严格保护浇注等工艺，实现超低氧特钢中非金属夹杂物微米尺寸、球状及较低熔点的控制。

6）恒拉速连铸技术。研究证明，拉速变动会改变结晶器内钢水流动状态，造成保护渣卷入、非金属夹杂物增多、拉漏等问题。通过提高炼钢-精炼-连铸协同生产组织水平，严格控制钢水到达连铸平台时间和温度，加强设备检修维护，减少拉漏预报系统误报率等措施，大幅度减少了连铸过程拉速变动。该技术首先是在武钢研发成功，效果明显。在首钢也得到较好应用，以首钢迁钢公司为例，四台板坯铸机恒拉速率（采用规程规定拉速时间 / 全部浇铸时间 ×100）达到 93% 以上，年拉漏次数 ≤ 1 次，并显著提高了汽车钢板、家电板、电工钢板表面品质。

7）高拉速板坯连铸技术。首钢京唐公司与北京科技大学合作，采用高拉速连铸结晶器保护渣、优化结晶器铜板结构加强冷却、采用 FC 结晶器（电磁制动）、加强冷却防止铸坯鼓肚，浇铸 237mm 厚铸坯拉速达到 2.3m/min，生产冷轧薄板表面品质未受到影响。连铸浇铸周期由 40 ~ 50min 减少至 32min 左右。

8）"炼钢 – 精炼 – 连铸"快节奏层流式运行技术。首钢京唐公司炼钢厂采用 KR 脱硫、转炉脱磷 – 转炉脱碳炼钢、大循环速率 RH 精炼、高拉速连铸层流式生产组织模式，取得了很好结果，最高拉速达到 2.3m/min，转炉、精炼、连铸周期均 ≤ 32min。

9）电炉炼钢技术。我国电炉钢产量已超过 6000 万 t/a，与世界技术发展方向相同也取得了显著进步，主要成绩有：引进和国产 100 ~ 200t 级大型电炉（含高阻抗电炉）已在多个钢厂和重型机械制造厂投入使用；集束射流氧枪已在国内电炉生产中占据主导地位；电炉系统信息技术研究和应用取得较大进展，包括电极调节、供电曲线监测和优化；电炉顶底复合吹炼技术的装备取得显著进展，底吹元件寿命已达 7000 炉以上。

2.2.7　轧制学科主要进展

1）轧制塑性变形理论。随着近年计算机和信息技术的快速发展，以三维有限元法（FEM）为代表的轧制过程大型数值模拟分析方法得到了迅速发展，有限元法作为一种有效的数值计算方法已经被广泛应用于轧制过程数值模拟分析。在轧制过程三维变形分析和组织性能分析理论方面，包括板带轧制变形分析和型钢轧制变形分析取得较好效果。基于弹性轧辊建立三维热力耦合有限元仿真模型，不仅可以模拟轧件的变形和温度变化，同时可以模拟轧辊的受力、变形及温度变化。其结果有助于加深对连轧过程的认识，有助于轧辊孔型的设计和工艺规程的制定。在全轧制热力耦合计算结果基础上，对大型 H 型钢冷却后残余应力进行仿真分析，可得到轧后 H 型钢残余应力分布。

2）基于全流程监测与控制技术的板形控制理论。采用智能控制方法与现代控制的互相结合。如自适应的模糊神经网络控制，专家系统的最优化控制等都能取得良好的控制效果，生产中通过先进控制手段与工艺参数的合理匹配，能获得理想的板形。鞍钢 1780 生产线采用了世界上比较先进的 PC 交叉轧机的凸度控制技术，通过改变轧辊交叉角度，使凸度控制能力得到大幅度提高。宝钢梅钢 1420 冷轧机将金属三维变形模型、辊系弹性变形模型以及轧辊热变形与磨损模型等进行有机的耦合集成，建立基于轧制机理的严密准确的板形数学模型，将影响冷轧板形的轧制工艺、轧机设备和轧件材料三方面的因素有机地联系起来，可以准确地进行冷连轧机板形预报与板形在线预设定。

3）细晶粒钢轧制理论与工艺。主要的成就包括：铁素体 + 珠光体碳素钢采用强力轧制、形变诱导铁素体相变以及形变和相变耦合的组织细化理论和技术；奥氏体再结晶和未再结晶控制轧制结合加速冷却控制的晶粒细化理论和技术；过冷奥氏体热变形的低碳钢组织细化—形变强化相变理论和技术；薄板坯连铸连轧流程（TSCR）的奥氏体再结晶细化 + 冷却路径控制的低碳钢组织细化与强化理论与技术；低（超低）碳微合金贝氏体钢中温转变组织细化的 TMCP+RPC 理论与技术。在这些理论与技术研究的推动下，在长材、板带材和中厚板的强度升级，以及新产品开发中发挥出重大的作用和取得显著的效果。

4）基于超快冷的 TMCP 技术。基本原理是：在奥氏体区，在适于变形的温度区间完成连续大变形和应变积累，得到硬化的奥氏体；轧后立即进行超快冷，使轧件迅速通过奥氏体相区，保持轧件奥氏体硬化状态；在奥氏体向铁素体相变的动态相变点终止冷却；后续依照材料组织和性能的需要进行冷却路径的控制。关键组织调控技术包括晶粒细化控制技术、相间析出与铁素体晶内析出控制技术、铁素体晶内析出的热轧＋冷轧全程控制技术、含 Nb 钢析出控制技术、贝氏体相变控制技术、在线热处理取代（或部分取代）离线热处理技术、双相钢与复相钢冷却路径控制技术、高强钢冷却过程中相变与板形控制技术、厚板与超厚板高质量高效率轧制技术等。

5）薄板坯半无头轧制。主要技术进步与创新包括：建立了高效灵活的半无头轧制生产组织模式和系统，保证了长短坯轧制的高效、灵活切换；开发出超长连铸坯温度均匀化控制模型和系统及相关工艺技术（长连铸坯表面头尾温差 ≤ 20℃）；开发出适应半无头轧制的辊缝润滑系统和技术；建立全流程的半无头轧制系统集成技术。实现 269m 超长连铸坯连续稳定轧制成 7 个切分卷、成品板最薄 0.77mm、厚度 < 2.0mm 薄规格比例及"一切三"以上轧制占半无头轧制产量的比例分别 > 96% 和 > 92%。

6）薄板坯连铸连轧工艺、产品开发与组织性能控制。我国目前有薄板坯连铸连轧生产线 13 条，年产量约 3300 万 t。近期研究了各种微合金元素，在薄板坯连铸连轧各工序的固溶析出规律，组织演变规律和强化机理，并在生产技术和产品应用上取得一些成果。涟钢和北京科技大学合作采用 Ti-Nb 微合金化开发出屈服强度 600 ~ 700MPa 的低碳高强度结构用钢及 700MPa 低碳贝氏体高强度工程机械用钢。武钢和北京科技大学合作，开发出 700MPa 级厚度 1.2 ~ 1.4mm 高强度薄规格板带钢，实现以热带冷。

2.2.8 冶金机械及自动化主要进展

1）在板形控制理论及技术方面。开拓研究板形自动控制的系统拓扑设计、板形控制策略、板形模式识别等，形成以板形调控功效为核心的板形控制技术，提出了基于实测带钢板形的板形前馈控制方法和板形闭环反馈解耦控制新方法，将人工神经网络方法、模糊推理、预测控制理论等先进方法应用于板形控制，建立具有多机架参与前馈和反馈并重，可实现控制目标与控制手段的双解耦，基于先进自动控制理论的新一代冷轧板形平坦度与边降的自动控制方法、模型和系统，发展了板形控制理论。

2）板形表面缺陷在线监测方法与系统。北京科技大学自主研发了基于快速图像处理技术的连铸坯、热轧板带、冷轧板带表面缺陷在线检测方法和监测系统。针对热轧板表面状况复杂的特点，采用形态滤波和神经网络等方法，开发了热轧钢板表面缺陷的监测与识别算法，解决了水、氧化铁皮与光照不均引起的误判问题，使缺陷检出率和识别率达国际先进指标。

3）大型冶金设备集成创新。我国自主研发 400t 大型矿用车、京唐 5500m^3 高炉、500m^2 大型烧结机、大型连铸机（大型圆坯、矩形坯、超厚板坯、大断面异型坯），大型模锻设备实现国产化，干式真空泵在 RH 和 VD 真空处理工艺中应用，自主研发集成酸洗冷轧机组及酸洗镀锌生产线、PQF 三辊连轧管机组等。

4）生产过程自动控制方面。把工艺知识、数学模型、专家经验和智能技术结合起来，应用于炼铁、炼钢、连铸和轧钢等典型工位的过程控制和过程优化，如 550m^2 烧结机智能闭环控制、高炉操作平台专家系统、电弧炉炼钢能量优化利用技术、迁钢 210t 转炉炼钢自动化成套技术、宝钢 1880 热轧关键工艺及模型技术自主开发与集成、冷轧机板形控制核心技术等。

5）生产管理控制方面。目前大中型钢铁生产企业中已普遍实施了 MES（制造执行系统），通过信息化促进生产计划调整、物流跟踪质量管理控制、设备维护水平的提升，减少工艺衔接间能耗。钢铁企业建立能源管控中心，通过信息技术、自动化技术实现电力、燃气、动力、水等能源介质的监控，能源和生产一体化平衡调配。

6）企业信息化方面。基于互联网和工业以太网的 ERP（企业资源计划）、CRM（客户关系管理）和 SCM（供应链管理）等成功应用，在更好满足客户要求、精细控制生产成本等方面发挥了显著作用。

2.2.9 冶金流程工程学主要进展

1）研究冶金流程动态运行的物理本质，指出流程动态运行的三要素：即"流""流程网络"和"流程程序"。钢铁制造流程属于耗散结构和自组织过程，为描述流程物质流的整体行为，提出物质量（Q）、温度（T）、时间（t）三个基本变量，通过综合调控这些基本参量来实现物质流的衔接、匹配、连续和稳定。

2）为了揭示时间因子在流程动态协调运行中的作用，将时间因子作为流程系统动态运行过程中的目标函数来研究，会有效促进不同操作方式的复杂生产流程实现稳定、连续 / 准连续运行。提出了流程动态运行过程中对时间因素的各种表现形式：时间点、时间域、时间序、时间位、时间周期等，有助于流程整体动态运行的编程。

3）流程动态运行过程的研究认识到，相关的、异质的工序间协调和优化具有重要意义，为此引进一系列界面技术的概念和方法，例如，高炉和转炉之间的"一罐到底"技术。提出指导钢厂制造流程运行优化的"炉机对应"原则、"能耗最小"原则、"拉速决定流量原则"和"连浇"原则，同时引入流程组织和控制的动态 Gantt 图，分别对应流程系统运行的有序性、稳定性、高效性和连续性。

4）在钢铁制造流程中同时存在物质流以及能量流网络以及相关运行程序，要正确认识钢厂中物质流和能量流的动态 – 有序、协调 – 高效运行，促进能源转变效率提高，减少流程能量耗散和有害物质的排放，必须建立全流程性的能量流网络的概念，并指出应建立能源管控中心，起到实时动态调整的作用。

5）流程宏观运行动力学机制和运行规则研究。提出了流程设计、生产运行过程中较为完整的规则体系，即间歇运行的工序、装置要适应服从准连续/连续运行工序、装置动态运行需要；准连续/连续运行的工序、装置要引导规范间歇运行的工序、装置的运行行为以及运行程序；低温连续运行的工序、装置服从高温连续运行的工序、装置的运行需要；在串联–并联流程结构中，要尽可能多地实现"层流式"运行；上下游工序装置之间的能力匹配对应和紧凑布局是"层流式"运行的基础；制造流程整体运行一般应建立起推力源–缓冲器–拉力源的宏观运行力学机制。

6）钢铁厂动态精准设计理论和方法研究。指出工程设计应体现诸多技术要素，技术单元在流程整体协同运行中的动态集成，以确保工程系统运行过程中整体有序性和稳定性，实现达产快、运行稳定有效、过程耗散优化。为此，应该研究、开发动态精准的设计理论和方法。

7）现代钢厂功能拓展和循环经济。通过对钢厂生产流程动态运行物理本质的研究，揭示出钢厂应具有钢铁产品制造功能、能源高效转换功能和社会大宗废弃物消纳处理和再资源化三项功能。研究了节能、清洁生产和钢铁工业绿色制造问题，提出钢厂环境问题要通过节能、清洁生产–绿色制造过程逐步实现环境友好，展望了钢铁企业有关生态工业链及未来在循环经济社会中的角色。

3. 冶金工程技术学科国内外比较分析

3.1 学科总体上达到国际先进水平，部分领域处于领先水平

1）在冶金熔体与溶液理论研究上总体达到国际前沿水平，在多元溶液（含熔体）热力学及热物理性质模型基础上，又提出对硅铝酸盐中不同类型氧离子浓度的计算方法，并据此预报了含多种氧化物的复杂硅铝酸盐熔渣的黏度与电导及其两者定量关系。澳大利亚、瑞典、德国学者也分别随之开展了与金属铁处于平衡条件下含铁氧化物熔渣的黏度、泡沫渣的表观黏度、多元熔渣黏度预报模型等。另外，在连铸保护渣及精炼渣的结构与性质研究、熔渣中过渡族元素氧化物组元热力学性质与相关相平衡实验研究、洁净钢生产过程相关物理化学研究、冶金电化学等领域，研究水平已达国际前沿。我国在高合金熔体、硅基熔体热力学性质及熔盐热物理性质的高温实验研究方面有了新的起色；对于气固反应动力学，提出了基于真实物理图像的气固反应动力学模型（RPP 模型）；将不可逆热力学引入冶金过程，从一个新的角度研究和分析过程的动力学等。这些都是我国冶金物理化学研究不同于国外的新特色。

2）国内冶金反应工程学科在等温形核机制和形核长大机制反应类型，非等温形核长大机制的反应、拟合等温和非等温动力学参数、准确预报非等温反应动力学上处于国际领先水平，而在原位实验和反应初期机理的实验分析技术上国外比较领先。在反应器数值模

拟及解析上，不仅没有任何一种数值模拟软件是中国制造，而且大多数数值模拟的起步和早期研究基本上是国外的文献。但是，在应用数值模拟对冶金反应器进行研究方面，包括铁矿石烧结过程、各种炼铁反应器、炼钢转炉、钢水精炼反应器、钢水精炼反应器等的数值模拟，以及传统的物料平衡热平衡模型、表征反应器过程进程的动力学模型、反应器流动和混合模型处于国际一流水平。北京科技大学开发的电渣重熔过程数学模型考虑了电磁、渣金流动与传热对电渣锭生长过程中溶质偏析的影响，同时引入微观组织结构参数，建立了糊状区各向异性渗透系数，体现了电渣锭定向凝固的特点，该模型处于国际先进水平。

3）我国对废钢铁的研究重视不够，废钢回收 – 处理 – 应用体系相对粗放，专业化研究机构缺失，研究基础薄弱，整体水平不如美国、日本等发达国家。钢铁（尾）渣利用方面，近年来呈技术多样化发展趋势，钢渣加工处理技术有压热闷、滚筒处理、风吹水淬技术等，钢渣制粉工艺有立磨、辊压加球磨和卧辊磨等。

4）在冶金热能工程学上，我国学者较早提出钢铁制造流程的物质流、能量流、信息流及其协调优化思想，我国钢铁企业已建和在建能源管控中心超过 90 个，部分已进入在线决策和优化运行。节能减排设备和技术的普及率和运行效果都有显著提高，各项技术经济指标明显改善，整体处于国际先进水平。

5）在真空冶金领域的重要进展包括 3 ~ 6t 及以上大型真空感应炉、真空电渣重熔炉、基于熔滴控制真空自耗设备、RH 精炼技术以及大型机械泵在真空炉外精炼装置上的应用，这些装备和工艺推动了我国真空冶金技术达到国际先进水平。

6）我国电磁冶金学处于国际先进水平，不少的研究工作具有开创性。在磁致过冷理论、热电磁力细化凝固组织技术、磁场增强电渣重熔技术、磁场影响溶质扩散机理、磁场下 3D 打印技术研究方面处于国际领先地位。在国际上率先提出磁场可改变金属凝固温度的观点，发现强磁场下金属的凝固点降低，即过冷度增大现象；建立起凝固中热电磁流体力学基本关系式，发现磁场对热电磁流动的影响存在临界值，且临界值随尺度降低而增大，首次通过实验发现热电磁力可折断枝晶，促进等轴晶生成，细化晶粒。另外，我国在中间包电磁场应用技术、磁场热处理技术、多模式电磁场控制冶金熔体流动技术等方面处于国际先进水平。

7）在炼铁方面，近年我国在铁矿石烧结理论、球团矿固结机理、基于煤的镜质组反射率的炼焦配煤理论、基于碱金属催化的焦炭溶损劣化机制、基于燃烧动力学的氧煤高效燃烧机制、基于煤粉性能的配煤理论等基础理论研究领域取得了重大进展，在超厚料层烧结技术、捣固焦技术、特大型高炉高效低耗设计和生产技术、高炉长寿技术、熔融还原技术等领域跻身于世界先进行列。高炉煤气采用干法除尘技术和设备已在我国得到普及，配合 TRT 发电，取得节能减排的较好效果。高炉长寿化技术，通过设计合理内型，采用无过热冷却体系和软水密闭循环冷却技术，优化高炉炉缸炉底内衬结构和耐火材料，设置完善高炉自动监测和控制系统，在我国部分高炉实现了生产稳定顺行，高效长寿。我国已完全掌握单烧低热值高炉煤气达到风温 1250℃的整套技术。

8）在炼钢方面，我国已逐步建立起具有中国特色的高效率、低成本转炉洁净钢生产技术，总体上达到了国际先进水平。炼钢基础研究、高效铁水脱硫预处理技术、复吹转炉高效底吹冶炼工艺、高效 RH 精炼装置与工艺、炼钢烟气除尘技术、炼钢工艺过程系统模拟和优化技术、钢中非金属夹杂物控制技术，以及薄板坯连铸连轧技术等都达到国际先进水平。

9）在轧制学科上，我国已取得了部分领先的地位，包括细晶钢轧制理论及工艺控制技术、基于轧后超快冷的新一代 TMCP 技术理论开发和实际应用、重轨在线热处理技术、热轧板带材表面氧化铁皮控制技术、复杂断面型材数字化 / 智能化设计与高质量轧制技术、棒材多线切分轧制技术等，并在高强韧性汽车板制造技术、高性能高强度钢材轧制技术基础问题研究和生产技术、钢中夹杂物及析出物控制技术、热宽带钢无头轧制 / 半无头轧制技术、高精度轧制与在线检测技术、高性能取向 / 无取向电工钢制造技术、超超临界火电机组钢管制造技术、高性能厚规格海底管线钢及 LNG 储罐用超低温钢轧制技术、薄板及厚板复合轧制技术等领域处于国际先进水平。

10）在冶金机械与自动化上，我国在大型冶金设备装备和控制技术的集成创新，宽带钢热 / 冷连轧机产品质量在线监测技术、性能预测方法和质量诊断技术，热连轧机组机电液耦合振动抑制与系统解耦动态设计方法及技术，热轧板带钢和长材的控轧控冷、在线热处理和钢板及板坯轧后热处理装备技术及控制技术等领域，以及在过程控制技术、制造执行系统、能源管控系统、企业经营管理信息化等冶金自动化信息化技术方面总体处于国际先进水平，部分领域处于国际领先地位，比如：基于原创的新一代热连轧机同时控制不均匀变形和不均匀磨损的 ASR 非对称自补偿轧制原理，研制的宽带钢热连轧机 ASR 系列轧机机型和自由规程轧制板形控制关键核心技术与装备，具有不均匀变形凸度控制、边降控制和不均匀磨损控制等多重功能，在电工钢生产中，显著提高了带钢板形质量和轧机生产率，控制效果明显优于德国 CVC 和日本 K–WRS 等国际主流轧机机型。

11）在冶金流程工程学上，从能够查阅到的文献看，国外还没有正式提出"冶金流程工程学"方面的系统研究，我国在理论和实际应用上处于国际领先水平。具体到冶金厂设计上，我国有现代特大规模钢铁联合企业的设计和建设，以及将新装备、新工艺、新技术融为一体集成创新的优势，我国在钢铁厂整体设计以及全流程动态运行的实践经验和理论研究较为领先，并已开始对冶金厂动态 – 精准设计理论和设计方法进行改了探索研究。

3.2 存在不足与差距

在冶金基础理论和冶金技术上，我国离高质量发展的国家战略要求、离世界领先水平还有一定的差距，在高炉 – 转炉长流程、电炉短流程技术研究，烧结工序和焦化工序的节能环保技术，材料性能均匀性稳定性影响机理，冶金绿色化和智能化技术等领域有待进一步的技术研发。

1）在冶金热力学、动力学实验研究领域与国际先进水平仍有一定差距。冶金科学用于熔体热力学性质、冶金过程机理及动力学研究方面，我国与加拿大、澳大利亚、瑞典等国保持的国际先进水平差距仍较大。国际上近期对硫容的研究涉及铁水预处理及钢包精炼等，并注意到硫容概念的某种局限性，美国、韩国和加拿大学者对于脱磷过程物理化学进行了更为深入研究，这些领域在我国仍存在一定的差距。我国计算冶金物理化学所应用的计算工具，三传计算用的是英国、美国等国的软件，相图或热力学的计算用的是加拿大或欧盟的软件。我国缺少具有自主知识产权的相关软件产品。

2）在冶金反应工程学方面，冶金动力学的研究中，原位实验和反应初期机理的实验分析技术与国外差距较大，致使初期反应机制、反应具体细节机理尚不清楚；冶金熔体的热物理性质研究中，废钢熔化中传质现象的热模拟实验局限于实验室研究，实验规模与国外差距较大，国内在实际生产过程中进行转炉废钢熔化的热模拟试验研究还存在一定难度，导致构建的中小型废钢熔化评价体系不能完全评估生产中重型废钢，或者轻、重型废钢混装时的传质行为；反应器数值模拟及解析上，不仅没有任何一种数值模拟软件是中国制造，而且大多数数值模拟的起步和早期研究基本上是国外的文献，重点在铁矿石烧结过程数值模拟、高炉全炉数值模拟、转炉冶炼过程炉渣乳化/泡沫化等复杂过程机理模拟上，与世界先进水平相比还有明显的提升空间。

3）我国废钢铁学科与日本、美国、欧洲等钢铁强国相比，发展晚、研究少、人才缺、技术发展相对滞后，存在废钢铁产品标准体系不健全、加工设备机械化自动化程度低、社会废钢缺乏系统和有效的分类和统计等问题，缺乏对废钢本身性质和综合利用技术的基础研究。

4）在冶金热能工程学方面，我国近年来得到了快速发展，尽管在降低能源强度方面取得了不错的成绩，但与日本相比，我国重点钢铁企业吨钢可比能耗 2010 年高出 11.3%，2016 年高出 5.3%。我国重点钢铁企业焦化厂的干熄焦率已在 90% 以上，但采用高温高压锅炉的只约占 40%；生产和在建的烧结废气余热回收装置有 160 多套，只占烧结机总数（重点企业）的 30%，且大多数企业的烧结余热回收装置没有达到设计水平；高炉 TRT 发电量普遍偏低。钢铁生产过程余热余能回收利用的基础理论研究滞后，节能理论体系、能量系统分析方法及评价指标等尚不完善。

5）在粉末冶金方面，我国与国外先进水平相比有较大的差距，主要体现在粉末冶金原料的制备技术、粉末冶金精密成形技术、粉末冶金烧结技术，以及高性能、高精度、复杂粉末冶金零件的制造技术上。

6）在真空冶金方面，国产真空特种熔炼装备水平和技术亟待提高，在基础理论、机理研究和专业化技术队伍上存有差距。国内大型真空感应炉（VIM）设计和制造技术仍不够成熟，国外的大型 VIM 容量已达 30t（甚至 60t）；VOD 炉在过程监测和控制方面还有差距，国外通过对 VOD 冶炼过程的动态监测和控制，实现了生产工艺的优化、终点参数的准确预报，提高了真空处理的效率；AOD 精炼技术的差距，主要表现在我国的 AOD 精炼炉耐火材料和气体消耗量较大且炉龄短、粉尘灰利用率低。

7）电磁冶金技术方面，整体上在基础性模型化研究方面存在差距，具体技术上，在高效大尺寸电磁场约束和悬浮液态金属熔炼和成形技术研究、静磁感应加热技术研究、磁致塑性效应机理研究、电磁冶金数值模拟技术落后国际先进水平。

8）在炼铁方面，基础理论研究与日本、德国等炼铁技术先进国家仍有差距，如非高炉炼铁和冶金环保领域等。高炉焦比、燃料比方面差距较大，高炉平均燃料比较日本、欧洲高出 30 ~ 50kg/t，热风温度距离较理想的高风温（1280±20℃）差距 80 ~ 100℃。我国高炉长寿技术发展很不均衡，有创纪录的宝武 3 号高炉达到了近 19 年，但平均寿命仅为 5 ~ 10 年，与国外高炉相比差距较大。国内烧结机的漏风率达 50% 以上，相比发达国家 30% 的漏风率有不小的差距。高炉原燃料质量及评价体系还有待进一步改善。部分企业技术装备水平低，环保投入少，环境治理差，炉渣显热基本未回收。

9）在炼钢方面，国内炼钢工艺技术、装备制造和控制技术仍以"学习、跟随"为主，缺乏原始创新性工作；与高端关键钢材品种的生产技术有差距，很多高端产品仍依赖日本、韩国、德国、瑞典等国；国外钢企正在发展钢材"个性化""小订单""快交货"生产技术，运用大数据、人工智能、物联网等技术开发智能炼钢技术，以及进行炼钢固体废弃物"零排放"与循环利用技术研究与应用等，我国在这些方面还有较大差距。

10）在轧钢方面，热宽带钢无头轧制/半无头轧制技术在国际上已得到应用，如日本 JFE 热带无头轧制、韩国浦项中间坯剪切压合技术、意大利阿尔韦迪（Arvedi）薄板坯无头轧制技术，我国热连轧生产线还未开展这方面工作。日照钢铁 ESP 线、沙钢薄带铸轧技术等国际前沿的轧制技术，都是从国外引进的，我国在该领域的研究和工程开发都有很大差距。高精度轧制与在线检测技术在德国、瑞典、日本等国的先进钢铁企业已有大量成功的应用，国内处于跟随阶段，有些企业开始了开发工作。我国在高速棒材轧制技术、精密带钢轧制技术、离线及在线热处理技术、钢材组织性能精确预报及柔性轧制技术，以及极薄板、复合板、电工钢、不锈钢等产品技术上与国外领先水平比仍有差距。

11）在冶金机械及自动化方面，目前仍有超宽带热冷连轧机组、薄板坯连铸连轧机组、薄带铸轧关键设备、高速棒材和高速线材减定径机组、非高炉炼铁装备、板形仪和表面缺陷检测装置及其他多功能检测设备等装备及关键部件还主要依赖国外研发设计与引进。设备运维策略和备件采购计划等，仍以人工经验为主，对设备状态数据的深层分析能力偏弱，缺少全流程的智能分析工具和设备故障诊断与分析平台。与国外领先水平相比，炼铁、炼钢、轧钢等工艺过程模型对不同工况的适应性、优化控制精度稳定性、功能综合性和完整性方面，在 PCS 和 MES 紧密衔接、实现多工序多目标协同优化方面，在全流程质量在线监控和优化、基于数据的全流程产品质量自动分析方面，还需要进一步提升。

建立虚拟模型对象与实体物理对象的数字化镜像 – 信息物理系统方面的研究，我国远落后于国外。

4. 冶金工程技术学科趋势及展望

4.1 本学科发展面临的新形势

1）本学科发展面临资源、能源和环境的挑战。钢铁是 21 世纪最具创新潜力和可持续发展的材料之一，不仅在支撑我国国民经济快速发展和满足人民群众消费需求升级上具有重要作用，而且在推动我国经济绿色化进程中也发挥重要作用。钢铁面临着重大的发展挑战，首先是资源，2018 年我国铁资源的对外依存度达到 78%，世界矿山集中在三大巨头手中。我国自有铁矿贫矿多，贫矿出储量占总储量的 80%；而且多为多元素共生的复合矿石较多，矿体复杂。目前我国钢铁积蓄量超过 80 亿 t，社会废钢铁资源超过 2 亿 t/a。炼钢用 1t 废钢比生铁可节省 60% 能源、40% 新水，减少排放废气 86%、废水 76%、废渣 72%、固体排放物（含矿山部分的废石和尾矿）97%。废钢铁的循环利用，对生态环境的改善已显示出不可替代的重要作用。但 2018 年我国电炉钢比例仅为 9%，世界电炉钢比例约为 25%，其中美国约为 62%，欧盟约为 40%，日本也接近 30%。遇到的主要问题是电炉钢成本高于转炉钢，电炉炼钢发展受到限制，为此必须开发低成本绿色电炉冶金技术，合理有序推动电炉炼钢的发展。对于降低资源和能源消耗、减轻环境压力，发展我国循环经济具有重大的现实意义。其次是能源，我国主要以煤为主，且缺乏优质焦炭，因此排放问题将成为冶金学科中理论和技术研究的重要方向，成为我国钢铁工业未来发展的主要影响因素。最后是环境，习近平主席在巴黎气候变化大会上承诺"我国将在 2030 年左右二氧化碳排放达到峰值，并争取尽早实现"，为此我国实施高质量发展战略、绿色发展战略、打赢蓝天保卫战三年行动计划，并考虑征收碳排放税。由此可以看出，资源、能源、环境将成为冶金学科今后发展必须接受的挑战。

2）信息技术、人工智能、移动互联网、物联网、云计算、大数据的快速发展将给冶金学科的发展提供新的发展方向，特别是为冶金装备与自动化、冶金工艺研究、冶金材料性能预测预报以及冶金基础理论研究带来新的研究方法和新的进展，未来应充分发挥信息学科和冶金工程学科交叉、优势互补、互相促进的优势，推进冶金流程工程学的知识驱动和信息化的数据驱动的有效结合，从而带动整个冶金工程技术学科迈上新台阶，并使钢铁工业走向智能化。

3）低碳冶金等前沿学科迎来了行业内和行业外的高热度关注。随着国际社会对环境问题的不断关注，和资源紧张对节能降耗提出的紧迫要求，世界各国钢铁行业在冶金前沿技术方面都积极增加资金和人力投入强度，新技术不断涌现。日本 COURSE50 技术能有效开发利用焦炉排放的气体并部分替代高炉装入的焦炭，还原高炉中的铁矿石（氢还原炼铁），能减少 30% 的二氧化碳排放。该技术将在 2030 年左右实现应用。其以"3 个环保"（环保工艺、环保产品、环保解决方案）为基础，推动超革新技术如氢还原炼铁、CCS（二氧化碳捕获和封存）、CCU（二氧化碳捕集和利用）等技术的开发，计划最终在 2100 年实现"零碳钢"的目标。目前正在建设中型规模铁焦生产设备（产能为 300t/d）。

波士顿金属公司（Boston Metal）在 2019 年年初开始了波士顿金属熔融氧化物电解（MOE）生产铁合金技术的首次工业化规模部署。其利用电能将金属从原始氧化物转化为熔融金属产品，MOE 工艺是在麻省理工学院实验室发明基础上进行的规模扩大了 1000 倍以上的规模试验。

而安赛乐米塔尔欧洲公司宣布，到 2030 年将碳排放量减少 30%，2050 年实现碳中和的目标。其设计了三条路径：一是清洁电力炼钢，以清洁电力为能源进行氢炼钢，长期目标是直接电解炼钢；二是碳循环炼钢，利用可循环的碳能源，如废弃生物质来取代炼钢中的化石燃料，从而实现低排放炼钢；三是化石燃料碳捕集和存储，即保持当前的钢铁生产方式，但对二氧化碳进行捕集和存储或再利用，而不是排放到大气中。其正在或将要进行的技术研发项目包括五项：一是应用催化剂将收集的高炉煤气转化为生物乙醇，预计于 2020 年完成。二是 IGAR 项目，研究将高炉煤气中的二氧化碳转化为一种合成气体，再重新吹入高炉。以取代化石燃料还原铁矿石的技术。三是 Torero 项目，研究将废弃木材转化为生物煤，以取代化石燃料煤的技术，首个大型示范工厂预计将于 2020 年年底投入运行。四是利用氢还原铁矿石的技术开发。五是碳捕集和储存技术，整合突破性技术，降低从废气中捕集、净化和液化二氧化碳的成本。2020 年将开始建设一个碳捕集和储存试验厂，到 2021 年实现从炼钢过程排放的气体中每小时捕获 0.5t 二氧化碳。

4.2 冶金学科发展趋势

4.2.1 基础理论

1）冶金物理化学学科。未来五年应重点研究的方向：以大幅度减排二氧化碳为目的铁矿还原新理论、新方法研究；基于合金钢精炼需要，低氧分压下的含多价态金属氧化物（包括过渡族金属氧化物）的熔渣物理性质测量、接近实际生产条件下（如泡沫渣及多相平衡状态下等）的熔体物理性质及其相平衡与相图研究将是今后一段时期研究重点；高铝钢连铸保护渣及无氟连铸保护渣的结构、性质及连铸过程反应模型及成分变化的研究将得到进一步加强；我国贫、杂、多金属复合矿高效综合利用途径的探索；电化学方法在金属提取和合金制备中的应用；将冶金软科学与冶金物化结合进行的过程模拟和过程优化研究；冶金工业副产品及工业废弃物的高效回收和综合利用等。近年来，将物理现象与化学反应结合模拟过程逐渐成为一个发展趋势，使预报参与冶金反应体系中各相的化学成分成为可能，同时应用第一性原理计算熔体结构及性质的研究也将得到进一步发展。我国应加强这些方面的研究，争取在下一个五年能够从总体上缩小与国际领先水平的差距。

2）冶金反应工程。未来在开展采用不同的动力学方程构建针对具体反应的模型、更多采用原位观察和实验方式揭示反应机理、进一步完善含 Ti/V/Re/Cr/Nb 等元素的冶金熔体热物理性质基础数据库、强化高炉数学模型的实用性、研究转炉熔池内乳化发泡行为和熔池反应动力学、钢精炼过程气泡聚合破碎行为和夹杂物传输及去除行为等方面进行深入研究，将分子动力学、第一性原理、相场理论等引入反应工程学研究中，耦合微观、介观、宏观尺度的研究，开展冶金反应工程多尺度、跨学科研究。开展不同物理场下或多场耦合的非常规冶金的反应工程学研究，发展新的冶金方法并逐渐实现工程应用。

4.2.2 冶金工程技术

1）冶金原料与预处理。废钢铁作为钢铁生产的优势原料的理念越来越受到重视，废钢铁加工和应用将迎来很好的发展机会，下一步在继续研究转炉适度多用废钢铁的同时，需加强清洁绿色新型全废钢的电弧炉冶炼工艺的研究、开发和流程设计，加强电炉炼钢过程中粉尘、噪声、二噁英等环保监测技术、治理技术的研究。加强理论研究等基础性工作的开展及大专院校废钢铁回收加工相关学科的建立和人才培养，并设立专门的废钢加工利用工艺和装备的研发机构，加快相关成果产业化和推广应用。

2）冶金热能工程学。钢铁制造流程的物质流、能量流、信息流及其耦合优化，已经成为 21 世纪钢铁制造流程优化的时代命题，是冶金热能工程学科的研究热点，为此需继续深化其研究，开发新一轮节能理论、技术和管理体系。研究钢铁企业与其他行业和社会的生态链关系和构建方式，实现钢铁生产流程的能源转换功能和社会大宗废弃物处理及消纳功能。深入开展能源统计制度和方法研究，从终端产品能值指标、考虑原材料差异的能效评价等出发，寻找更合适的评价指标和评价方法，完善钢铁工业能耗评价指标体系。

3）粉末冶金需发展和完善先进的制备技术、精密成形技术、烧结技术、装备制造技术，建立后续加工与质量控制的工艺技术规范及标准，解决制约国内高性能、高精度、复杂粉末冶金零件发展的瓶颈问题。

（4）进一步开展真空冶金技术的应用基础研究，重点是真空下超纯熔炼理论、大尺寸铸锭凝固缺陷的形成机理和凝固组织的控制方法；设计和制造具有国际先进水平和自主知识产权的真空冶金系列新装备并推广应用，重点是开发 3t 以上大型真空感应炉、真空自耗炉装备以及智能化的检测与控制系统，工业规模的冷坩埚熔炼炉、真空凝壳炉、真空悬浮熔炼炉、电子束冷床炉和等离子冷床炉等特殊熔炼装备；加强真空冶金工艺技术的研发和工艺规范制定，重点是开发高温合金、精密合金、耐蚀合金、超高强度钢、特种不锈钢、高端模具钢等典型特种冶金产品的工艺技术和规范；发展大型镍基合金和 Φ1080mm 以上超高强度钢真空自耗铸锭的技术开发，满足大飞机用超高强度钢、燃气轮机用高温合金转子、700℃先进超超临界火电机组用高压锅炉管和转子等对大型自耗铸锭的需求。

5）电磁冶金学科发展的主要趋势是利用更强的磁场，多样化磁场模式，复合磁场，与温度场、流场、浓度场等协同，更广泛、更精细地应用于冶金过程，对钢铁材料的高质量发展提供更多支撑。重点是加强对多模式电磁场控制流动技术、高效大尺寸电磁约束成形与悬浮技术、电磁场控制合金凝固组织技术、静磁感应加热技术、静磁场下材料相变及其组织演变机理的理论研究、电磁场下 3D 打印技术、强磁场下金属凝固结晶机理、电磁净化精炼金属液技术的研究。

6）进一步加强炼铁技术基础理论研究，如针对劣质铁矿资源寻求新的造块工艺，研究高比例球团条件下高炉块状还原带、软熔带及滴落成渣物态演变规律，探究氢在炼铁领域应用的基础理论和氢冶金方式等，发展适合我国国情的非高炉生产工艺。在技术上，一是深入实施"精料方针"，重视烧结矿含铁原料间接还原性能和高温软熔性能研究，优化造块工艺参数匹配和焦炭质量，提高球团入炉比率，掌握大型带式焙烧机生产工艺和熔剂性球团生产工艺；二是研发新的工艺技术开发新型燃料，利用兰炭、提质煤等替代焦炭，缓解焦炭短缺的问题；三是提高煤气的热能和化学能利用率，提高高炉富氧率到 5% ~ 10%，优化高炉喷吹煤粉工艺，降低燃料比；四是结合高炉炉缸长寿、铜冷却壁、含钛物料护炉等技术，延长我国高炉平均寿命；五是推广高风温技术，将热风炉拱顶温度控制在（1380±20）℃，风温达到 1250℃；六是发展节能环保技术，包括攻克烧结机漏风率高的难题，实现全国平均漏风率 30% 以下，进一步提高烧结料层厚度到 1000mm，降低烧结矿燃耗，还要关注烧结、球团烟气污染物协同处理，含铁尘泥利用新工艺，高炉渣综合利用，炼铁过程低温余热回收等技术的开发；七是加强大数据与可视化技术研究及其在炼铁领域的应用。

7）在炼钢方面，加强高端关键钢材品种冶金技术的研发，重点在洁净度、宏观偏析、大型夹杂物、窄成分控制等关键技术方面取得突破；大幅降低转炉冶炼终点钢水［O］含量，攻克 RH 精炼吹氧脱碳、二次燃烧、喷粉脱硫等关键技术；开展全废钢电炉高效冶炼工艺技术和转炉高废钢比冶炼工艺研究，以及废钢中混杂元素（Cu、Sn 等）脱除与控制技术研究；加强炼钢、精炼、连铸关键工艺技术创新，包括长寿转炉底吹高效搅拌技术、高拉速连铸技术、连铸重压下技术、薄带铸轧、不同规格铸坯的同时连铸技术等；加大对电炉炼钢基础理论和大型化、高效化、绿色化技术的研究；加强固体废弃物基本"零排放"和新的节能环保技术的研究和推广应用；引入大数据、人工智能等技术，开展炼钢生产智能化技术研究。

8）在轧钢方面，绿色化、数字化、智能化轧制技术成为必然趋势，应着力建设多学科交叉融合的轧制学科创新体系，开展轧制塑性变形理论与冶金过程控制、连铸凝固理论的融合及一体化研究，轧制理论技术与现代材料科学、纳米技术、复合材料技术、表面技术、材料基因及材料多尺度设计、预测与控制等技术的融合研究，轧制理论技术与大数据、计算机技术、数值模拟、现代塑性力学、高精度检测与智能控制等技术的融合研究，研究材料设计制造与成形应用、综合考虑环境资源及可循环、全生命周期一体化的材料设计理论与制造技术，建立完整的钢材产品设计、生产和应用评价技术与体系，以及钢铁材料数据库与科学选材系统，为下游用户正确选材、合理用材提供理论与技术支撑。重点进行高性能高档钢材的基础科学问题与规律研究、超厚/超薄/超宽/复杂断面/特殊应用环境（超高温、超低温、耐腐蚀等）高性能高精度轧材成套系统制造技术、钢结构用超高强韧钢轧制技术、第三代汽车用钢轧制技术、结合超快速冷却控制的轧制/冷却与组织性能一体化控制理论与技术、钢材组织性能精确预报及柔性轧制技术、无头轧制/半无头轧制薄规格和超薄规格热带钢轧制相关的理论与技术等研究与技术推广应用。

9）在冶金机械及自动化方面，发展以先进装备、先进材料、先进工艺有机融合的冶金机械装备制造技术，重视工业机器人和智能机器人的制造和应用，如无人天车、智能转炉、智能连铸机、取样机器人、换辊机器人、自动喷号机器人、无人化仓储装备等。在冶金装备设计、制造、安装过程，采用数字化技术、云计算技术和大数据分析技术，实现冶金装备制造过程的智能化，并跟踪国外先进冶金装备技术和先进制造标准，应用先进的标准服务于冶金设备的制造和运维。围绕低能耗冶炼技术，节能高效轧制技术，全流程质量检测、预报和诊断技术，钢铁流程智能控制技术等，实现炼铁、炼钢、轧钢、后处理设备的进一步升级，追上国际领先水平。质量检测方面，应研制复杂背景下的金属表面三维缺陷在线检测技术，激光诱导击穿光谱的原料、钢液成分快速检测系统，激光和电磁超声的板带内部缺陷在线检测系统，二维X射线衍射的板带组织性能在线检测系统。将物联网、大数据、云计算、人工智能、运筹学等技术与钢铁流程设计、运行、管理、服务等各个环节深度融合，建立多层次多尺度信息物理模型（CPS），开发冶金全流程在线检测和连续监控系统，开发基于分层或分级的多个自治智能单元及其协同的钢铁复杂生产过程智能控制系统，开发通过企业资源计划管理层、生产执行管理层和过程控制层互联而实现物质流、能源流和信息流的三流合一的全流程动态有序优化运行系统，开发面向原燃料采购及运输、钢材生产加工、产品销售及物流的供应链全过程优化系统，逐步实现信息深度自感知、智慧优化自决策、精准控制自执行，提升智能制造能力成熟度。

10）冶金流程工程学方面，要继续完善学科建设，并推广大学冶金流程工程学教学，召开冶金流程和智能化香山科学会议，成立全国性冶金流程工程学术交流组织，以学术组织机构名义定期召开冶金流程工程学教学和科研学术研讨会。

各学科既要更加重视本学科发展的重点方向和研发水平，又要高度关注其他学科研发的方向、方法和新的进展。建立起开放而不是封闭的研发体系和机制。充分发挥多学科交叉、优势互补、互相启发、互相促进的优势。

4.3 冶金学科发展建议

针对我国冶金学科面临的资源、能源和环境挑战，人工智能、互联网、云计算、大数据的快速发展，冶金材料品种结构的调整、质量性能均匀性和稳定性的差距，以及低碳冶金等前沿技术的不断发展，未来冶金工程技术学科的发展要以绿色、智能、品种质量、人才和创新体系为着力点，重点做好以下工作：

1）加强冶金学科的绿色发展技术研究和理念培养。钢铁冶金企业绿色发展必须实践两个"转变"，即发展模式上，从传统资源消耗、环境负荷增加、单纯追求数量扩张的粗放型向节能减排、清洁生产、低碳发展的科学发展模式转变；在企业功能上从单纯钢铁产品制造向产品制造、能源高效转换和消纳社会废弃物的生态型钢铁流程转变；加强对产品全生命周期、全方位的管理，把设计、采购、生产、运输、营销和产品回收利用等有机地结合起来，尽量减少对环境的影响，符合绿色化的发展方向；利用国家新环保标准和节能减排的新要求，采取各种有效措施，淘汰落后产能、工艺和设备，加大节能减排新技术的研发和成熟技术的推广应用，加大国内铁矿、锰矿和焦炭资源科学勘探力度，提高资源综合利用水平；加快新一代钢铁流程工艺和装备的进一步深化集成创新和理论创新，大力开展直接还原和熔融还原、氢还原、凝固和加工、最优能耗结构和以钢厂为核心的生态工业园等一系列钢铁生产最优化的理论和技术研究；加强钢铁厂环保宣传，提出环境经营理念、绿色产品制造、环境友好技术和工艺创新观念，树立生态文明建设的好典型，改变社会上对冶金行业就是"高耗能、高污染"行业的旧观念，支持钢铁企业作为循环经济优先切入点和城市生态文明建设的积极推进者。

2）高度关注信息技术、人工智能、云计算、大数据、互联网技术快速发展给冶金工程技术学科和冶金生产带来的新机遇。在世界科技革命和产业变革中，充分发挥信息、数学和冶金工程技术学科交叉、优势叠加、互相促进的作用，使智能制造成为冶金领域实现高质量发展的着力点和突破口，依托工信部和各省市区从 2015 年开始实施的智能制造试点示范项目，开展冶金智能工厂的集成创新与应用示范，提升企业在资源配置、工艺优化、过程控制、产业链管理、质量控制与溯源、能源需求侧管理、节能减排及安全生产等方面的智能化水平。缩短我国与世界领先水平的差距，通过智能化进步实现冶金学科的整体跨越。

3）促进冶金学科与材料学科的融合，加大冶金科技投入，提升我国钢铁产品的品种和质量水平。加大对基础理论和应用技术研究的支持，特别是学科前沿技术和重点关键领域，以及学科综合性研究领域的支持，改善现有品种的质量和性能稳定性，开发新一代钢铁材料及其制备技术。坚持绿色环保的理念开发新的冶金产品，在关注产品的高性能、低成本外，还需关注产品本身生产的节能减排以及给下游行业使用过程所带来的节能减排效果。总体上我国冶金科技投入强度较低，2016 年，全行业研发投入占主营业务收入的比重为 0.87%，远低于发达国家 2.5% 以上的水平。2017 年中国钢铁工业协会发布的《中国钢铁工业转型升级战略和路径》研究报告提出，争取到 2025 年，企业研发投入强度达到2% 以上。

4）提高学科自主创新能力，完善行业科技创新体系和产业技术创新支撑体系建设，推进一流学科建设。国家应从政策上（税收、金融）法规上（知识产权、劳动就业、高级人才培养）制定鼓励创新、激发创新、营造创新环境；统筹协调行业发展战略以及科技、教育和人才规划，明确企业、科研院所、高校、社会组织、金融机构等各类创新主体的功能定位，在加强知识产权保护的基础上，探索共创共享的利益机制和开放而富有活力的创新生态系统，建立高水平的以企业为主体的产学研用协同创新战略联盟和技术研究平台，形成基础研发、应用开发、技术改进等多层次研发体系，突破行业重点原始创新和共性关键技术；加强冶金院校的高等教育，建立以"冶金＋"为特点的冶金工程学科体系，积极推进冶金工程学科与能源、环境、信息及自动化等学科的交叉融合和集群发展，培养冶金工程学科高素质师资队伍、高水平骨干科技人才和领军人才，为我国冶金一流学科建设提供人才及科技支撑。

5）积极推进冶金流程工程学研究。重点抓好冶金流程工程学与冶金工厂设计、生产运行以及智能制造、绿色制造体系设计的结合，以动态精准设计的理念构建我国冶金工厂设计创新理论和设计方法的完整体系，既重视在新厂建设中的应用，更应重视现有工厂改造和指导日常生产中的运用。冶金工程是一个复杂的、系统流程工程，要确保工程系统运行中动态有序性、高效协同性和稳定性。要注意现代钢厂功能的拓展优化，以适应我国循环经济和社会生活可持续发展的总体要求。

6）加强国际合作，关注国际冶金工程学科在各领域的研发热点和重点，特别是对行业和学科发展可能产生重要影响的研究方向和主要研究成果，发挥中国金属学会在国际交流、国际合作中的平台优势和专家资源，支持优势团队和技术带头人，引智引人与联合开发相结合，集中财力、物力、人力，加大对战略发展项目的投入强度，力争在重点方向上尽早取得突破。

目前，我国冶金工程技术学科已经处于国际先进水平，主要钢铁材料保证了国家重大项目的成功实施、国防军工的升级换代、人民生活的普遍需求，解决了有没有、够不够，甚至解决了不少好不好的问题，下一个目标是实现与日本、欧洲、美国等冶金科技先进水平的并行直至超越和引领。

参考文献

［1］殷瑞钰. 改革开放 40 年与中国钢铁工业技术进步［J］. 中国钢铁业，2019（1）：1.

［2］殷瑞钰. 冶金流程集成理论与方法［M］. 北京：冶金工业出版社，2013：14–16.

［3］王新华. 中国钢铁工业转型发展时期炼钢科技进步的展望［J］. 炼钢，2019，35（1）：1–11.

［4］李煜，余璐. 2017 年钢铁行业科技创新情况综述［J］. 中国钢铁业，2018（07）：14–16，25.

［5］世界钢铁协会. 钢铁统计年鉴 2018［EB/OL］. https://www.worldsteel.org/zh/steel–by–topic/ statistics/steel–statisticalyearbook–.html.

［6］中国钢铁工业年鉴编辑委员会. 中国钢铁工业年鉴 2015/2016/2017/2018/2019［M］. 中国钢铁工业年鉴编

辑部，2015/2016/2017/2018/2019.

［7］ International Energy Agency. Energy balance flows［EB/OL］.（2019.03.25）. http：//www.iea.org/Sankey/index.html.

［8］ 国务院. 国务院关于印发"十三五"控制温室气体排放工作方案的通知（国发〔2016〕61号）［EB/OL］. http：//www.gov.cn/zhengce/content/2016-11/04/content_5128619.htm，2016-11-04.

［9］ 赵沛. 碳排放是中国钢铁业未来不容忽视的问题［J］. 钢铁，2018，53（8）.

［10］ 四部门关于印发《原材料工业质量提升三年行动方案（2018—2020年）》的通知［EB/OL］. http：//www.miit.gov.cn/n1146295/n1146562/n1146650/c6452322/content.html，2018-10-25.

［11］ 国家统计局社会科技和文化产业统计司，科学技术部创新发展司. 中国科技统计年鉴—2015/2016/2017/2018［M］. 北京：中国统计出版社，2015/2016/2017/2018.

［12］ 殷瑞钰. 关于智能化钢厂的讨论——从物理系统一侧出发讨论钢厂智能化［J］. 钢铁，2017，52（6）.

［13］ Z.P.Lv，et al. Enhanced strength and ductility in a high-entropy alloy via ordered oxygen complexes［J］. Nature，2018，685.

［14］ B.B. He，B. Hu，H.W. Yen，et al. High dislocation density induced large ductility in deformed and partitioned steels［J］. Science，2017，357：1029-1032.

［15］ 朱荣，魏光升，董凯. 电弧炉炼钢绿色及智能化技术进展［A］. 第11届中国钢铁年会论文集［C］. 北京：中国金属学会，2017.

［16］ 朱荣，魏光升，唐天平. 电弧炉炼钢流程洁净化冶炼技术［J］. 炼钢，2018，34（1）.

［17］ 张剑君，毛新平，王春峰，等. 薄板坯连铸连轧炼钢高效生产技术进步与展望［J］. 钢铁，2019，54（5）：1-8.

［18］ 于勇，朱廷钰，刘霄龙. 中国钢铁行业重点工序烟气超低排放技术进展［J］. 钢铁，2019,54（09）：1-11.

［19］ 张京萍. 拥抱氢经济时代全球氢冶金技术研发亮点纷呈［N］. 世界金属导报，2019-11-26（F01）.

［20］ 软科世界一流学科排名2019-冶金工程［EB/OL］. http：//www.zuihaodaxue.com/ subject-ranking/metallurgical-engineering.html，2019-06-27.

［21］ 张利娜，李辉，程琳，等. 国外钢铁行业低碳技术发展概况［J］. 冶金经济与管理，2018（5）.

撰稿人：洪及鄙　丁　波

专题报告

冶金物理化学分学科发展研究

1. 引 言

冶金物理化学又称冶金过程物理化学，是将物理化学应用于冶金过程，以实验为基础产生的学科，是冶金工艺技术的理论基础。

为适应冶金工业发展的需求，启普曼（J. Chipman）、申克（H. Schenck）等在 20 世纪 30 年代创立了冶金物理化学学科，其发展对当时钢铁生产技术的进步起到了推动作用。其中申克教授在 1932 年出版的《炼钢物理化学概论》（*Introduction to the Physical Chemistry of Steelmaking*）是冶金过程物理化学第一本专著，对冶金过程物理化学学科的发展有重要的影响。

我国冶金物理化学学科由魏寿昆、邹元爔、陈新民、邵象华等老一代科学家在 20 世纪 50 年代创立。历经 60 余年的发展，已成为包括冶金熔体与溶液理论、冶金过程热力学、冶金过程动力学、冶金电化学等主要分支并具有重要国际影响的学科。由于计算机和计算技术的发展，促使计算冶金物理化学在 20 世纪末成为冶金物理化学一个新的分支；为了应对环境问题的严峻挑战，实现国民经济可持续发展的战略需求，资源与环境物理化学也逐渐发展成为我国冶金物化的一个新的分支。

2. 本学科国内发展现状

2.1 冶金熔体与溶液理论研究取得进展

2.1.1 复杂熔渣体系物理性质的测定与预报研究成绩突出

冶金熔体的物理性质包括密度、黏度、表面及界面张力、导热系数、电导率等。这些性质又取决于熔体的微观结构。其中，复杂熔渣体系的物理性质又影响金属及合金的熔炼和精炼过程。如熔渣的黏度与钢中夹杂物的上浮和分离、精炼反应的速度等密切相关；熔渣的电导率直接影响电渣重熔过程的电流效率和工艺参数的选取等。

近年来，我国学者对冶金熔体的研究主要集中于复杂熔渣体系的黏度、电导率及相关体系的结构方面。例如，对不同含钛氧化物熔渣的黏度进行了一系列的实验测定，还测定了含钒、铬及钛等多种变价金属氧化物炉渣的黏度。这些研究对钛磁铁矿的熔炼和高钛渣的综合利用具有实际意义；后者还与多种合金钢精炼有密切关系。还实验测定了含钛熔渣在不同氧分压下的电导率，这些信息对用电化学法进一步富集和提取熔渣中的钛氧化物具有实际应用价值。熔体的物理性质决定于其结构，在进行上述研究的同时，相关作者还采用了拉曼光谱（Raman）、核磁共振（NMR）及傅里叶红外光谱（FTIR）等近现代方法研究了相应熔渣体系的结构。

周国治院士曾提出新一代统一的溶液模型来计算完全互溶的溶液（包括熔体）的热力学性质，其后将此模型推广到预报溶液（包括熔体）的其他物理化学性质。21世纪初又提出了质量三角形模型预报了局部互熔熔体的物理化学性质。但是，鉴于实际应用中尚缺乏相应的二元系完整的物理化学性质数据，使得其应用受到一定的限制。针对这一情况，周国治院士与其团队提出了基于硅铝酸盐熔体（如高炉渣等）结构，计算其中氧离子含量、预报复杂熔渣体系黏度和电导率的新模型。首先以 $CaO-MgO-Al_2O_3-SiO_2$ 四元渣为主要对象，建立了首个能够成功预测含 Al_2O_3 熔渣体系电导率的模型。又定义了不同类型的氧离子来描述硅铝酸盐熔体的结构，提出计算氧离子含量的方法。基于不同类型的氧离子浓度的估算，用所建立的黏度模型预测了含 MgO、CaO、SrO、BaO、FeO、MnO、Li_2O、Na_2O、K_2O、Al_2O_3 和 SiO_2 熔渣体系黏度随成分和温度的变化关系。还建立了硅铝酸盐熔体电导率和黏度的定量关系。其后又拓展了模型中熔体的成分范围，将 CaF_2、TiO_2、Fe_2O_3、P_2O_5 也包括在内，即将高炉、氧气炼钢、钢包精炼及连铸保护渣都包括在内。

2.1.2 连铸保护渣和精炼渣结构及性质研究取得显著进展

除了钢水的内在质量及连铸的工艺外，连铸保护渣的性质对铸坯的质量起着关键性的作用。因此，连铸保护渣的研究一直得到国内外足够的重视。我国学者研究的重点集中在几个方面：以碱金属氧化物和/或三氧化二硼部分或全部替代氟化钙，开发无氟或低氟保护渣以降低环境污染，硅铝酸钙型（CAS）保护渣在高铝高强度钢（如 TRIP 及 TWIP）连铸中的应用，以及二氧化钛取代部分二氧化硅的保护渣用于钛稳定的不锈钢连铸的研究等。

2.1.3 熔渣中过渡族氧化物组元热力学性质与相关的相平衡研究取得进展

过渡族金属铌（Nb）与钒（V）和/或钛（Ti）等作为钢中的微合金化元素，能够细化钢的晶粒，提高钢的强度而不降低其韧性；金属铬（Cr）是提高材料抗蚀性的重要变价元素。数年前，我国有关的研究只集中于这类材料的组织和性能与这些元素含量间关系上。近年来，我国学者已经开始了相关熔渣的热力学研究。例如，测定了电渣炉渣精炼条件即 1600℃、低氧分压下，渣中二价及三价铬氧化物的活度系数；还曾在第九届国际熔渣、熔剂及熔盐学术会议上报告了含铌氧化物炉渣中相平衡研究的初步结果。

围绕攀枝花钒钛磁铁矿高炉冶炼过程产生的大量高钛渣，我国学者进行了一系列工作，主要为以黏度为主的物理性质和相关渣系的相图研究。

冶金熔体如熔渣、液态金属等的存在温度高，对耐火材料的侵蚀性大，离子型组元存在的价态与氧势的关系密切，这些都使其热力学实验研究十分困难。可喜的是近年来我国加大了在此研究领域的投入，取得了如上所述的代表性成果。

2.1.4 金属熔体热力学预报、熔锍及熔盐等的热力学及物理化学性质实验研究取得一定进展

自 20 世纪 50 年代至 21 世纪初，我国学者在金属熔体热力学性质领域曾进行大量卓有成效的研究，其中包括魏寿昆院士等在 70 年代关于钢液中氧活度的研究及关于铁液中砷活度及铁铌合金液中铌的活度等。这些研究分别对钢的精炼、铁水除砷及铌铁合金的熔炼起到重要指导作用。同期，钢铁研究总院、北京科技大学、东北大学等单位学者还研究了钢液及铁液中镧和铈等稀土元素的热力学性质，并指导了它们在钢和铸铁中的应用研究，有效改善相应材料的组织和性能。1990 年以前有关金属熔体物理化学性质的研究成果基本上收录于冶金专著、教材中。相应的数据大部分汇总于如 Thermo Calc 等合金材料计算软件中。

由于金属熔体的熔化温度比熔渣更高且极易氧化，对耐材的侵蚀性也很强，其实验研究比熔渣更困难，投入也要更大。鉴于这些原因，多年来我国对于金属熔体（包括含稀土的熔体）热力学性质研究主要集中在相关的预报模型领域，相关的实验研究则相对较少。可喜的是，近三四年来，此种情况有所改观。例如，2018 年报道了对液态镍基合金 K4169 中 Bi 的挥发热力学及硅基四元合金热力学的研究结果。

熔锍是重有色金属（如铜、镍等）火法提取冶金过程的主要中间产物。掌握熔锍相关物理化学性质、相平衡及相图等信息对实现重有色金属冶金生产过程优化控制十分重要。遗憾的是国内长期在此领域的投入不足，相关的研究有待加强。

氯化物熔体、氟化物熔体等是电化学冶金中的主要电池电解质材料。对于不同化学组成的熔盐体系的研究主要集中于以电导率为主的物理性质方面。这对于优化熔盐电解的工艺，提高电流效率非常重要。例如，在进行铝、钛、稀有金属、稀土和难熔金属的电化学提取的研究中，对相关的熔盐体系的电导率曾进行了一系列的研究。

2.2 冶金过程热力学及动力学研究水平有较大提高

金属的熔炼和精炼过程的热力学和动力学研究对制定合理的工艺，从而提高产品质量和生产效率至关重要。钢铁冶金中熔渣的脱磷能力（磷酸物容量或简称磷容）、脱硫能力（硫化物容量或简称硫容）关系着铁水和钢液的质量。洁净钢要求的硫、磷及氧含量很低，相应地对生产流程中熔炼和精炼环节中渣的物理化学性质要求也就更苛刻。虽然脱硫、脱

磷是经典问题，但这类问题的深度研究仍具理论意义和实用价值。在硫容研究方面，我国学者用气／液平衡热力学方法测定了 1550 ～ 1625℃ CaO–MgO–Al$_2$O$_3$–SiO$_2$–CrO$_x$ 渣的硫容。在氧气转炉炼钢脱磷方面，我国学者注意到多相脱磷渣（液相渣 –2CaO·SiO$_2$）技术的出现，研究了磷从液态渣到 2CaO·SiO$_2$ 固相中的传质动力学。此外，对高磷的鲕状赤铁矿在氢与甲烷混合气体还原过程中磷的行为进行研究，有利于合理地综合利用我国的这一铁矿资源。

洁净钢生产涉及的核心是夹杂物问题。钢液中夹杂物的生成、运动和去除是复杂的物理化学过程与很多因素有关，包括钢液和熔渣的物理化学性质、精炼和／或连铸的工艺、耐火材料的化学及相组成等多种因素。关于不同钢种在使用不同镇静剂及脱氧剂精炼条件下夹杂物的生成、相组成、相态、性状演变和去除，我国学者进行了大量的深入研究和讨论。相关论述的主要部分是炼钢学科分报告的内容。应指出，精炼过程中夹杂物的生成与去除的核心问题仍是钢液脱氧反应的热力学与动力学，而对钢液、渣相、气氛和耐火材料这种多组元多相体系中热力学平衡的研究特别是其中氧的平衡的研究，有助于更深入地研究和理解脱氧反应的热力学，有利于改进洁净钢的精炼工艺。可喜的是我国学者的研究已开始深入到这一层面。

还应指出，近五年来我国冶金动力学研究水平有明显的提高。举例来说，气液反应动力学曾是冶金动力学研究的一个难点，但是近来有所突破。例如，在多元高温合金熔体中溶质元素的挥发动力学等的研究取得了重要进展。此外，还将不可逆热力学引入冶金过程动力学研究。

2.3 冶金电化学研究取得明显进展

2.3.1 电化学法制备钛等金属的技术有创新

元素周期表中第 4、5 族金属及稀土金属等与氧的亲和力极强，要在很高的温度下才能用火法从氧化矿物中将它们还原出来，所以还原的能耗很高。碱金属、碱土金属的熔盐体系熔化温度远低于氧化矿物的还原熔炼温度。如果能在熔盐体系中通过电解沉积的方法获得金属或合金，会减少环境污染和能耗，故国内外科技人员极为重视熔盐电化学法提取稀有金属（如钛、锆、铪等）、稀土金属和直接制备其合金技术研发。朱鸿民教授与其团队曾提出将碳热还原与熔盐电解直接还原氧化物的 FFC 法结合，用钛精矿或高钛渣制备金属钛和钛合金的新技术，大大提高了电流效率和过程速率。近期，该团队又开发了以海绵钛为阳极、纯钛为阴极、在 900℃下 CaCl$_2$–TiCl$_2$ 混合熔盐中制备高纯金属钛的新技术。我国学者在用熔盐电解法获取其他稀贵或难熔金属、高纯金属、它们的合金及金属间化合物等方面也取得进展。例如，利用氯化锂与氯化钾共熔体为电解质在镍阴极上合成了镍－铱金属间化合物。又如，在多元氯化物与 AlF$_3$ 的共熔体中制备镁、铝、钇合金等。

2.3.2 新型能源 – 锂离子电池、铝离子电池的开发研制有突破

我国学者在应用冶金物理化学理论与实验技术，在绿色清洁能源如锂离子电池的研究方面也取得令人瞩目的成绩。包括正、负电极材料及电解质的改进，设计的优化等。近来，在铝离子电池的研究上取得突破。这些工作已显示出其低成本、高电流密度、充电快的优点，这些使铝离子电池有望成为可替代锂离子电池的新型清洁能源。

2.4 资源与环境物理化学研究发展较快

国内外资源与环境物理化学研究的重点：一是探求改进现有的冶金工艺技术路线的途径，使生产过程更高效、能耗更低、排放更少，或是开发新的工艺技术路线达到高效和清洁生产的目的；二是研究冶金和其他工业废弃物高效环保方式回收利用的技术和途径。一方面，鉴于我国铁矿资源多为贫矿和 / 或多金属复合矿，长期以来我国学者的研究多集中于攀枝花含钒钛磁铁矿和含稀土的内蒙古白云鄂博铁矿的综合利用领域。另一方面，开发从铬矿、钒矿等重金属矿获取这些重金属的化工产品的清洁生产流程也是研究的重点。

2.4.1 钛磁铁矿和高钛渣的综合利用研究获得持续发展

除了前述将碳热还原与熔盐电解的 FFC 法结合，用钛精矿或高钛渣制备金属钛和钛合金的技术外，近年来我国学者还在攀枝花钛铁矿的综合利用方面做了大量的研究。例如，提出了利用高钛高炉渣合成钙钛矿、制备 Ti-Si 和 Ti-Al 合金，以及熔盐高效分解高钛高炉渣获得纳米二氧化钛的方法，并研究这些过程的机理。

2.4.2 重金属矿开发利用的绿色过程研究取得较大进展

铬和钒等的金属矿的成分复杂，这类金属的提取过程产生的污染较大，用绿色过程处理这类金属矿物，清洁生产各种重金属产品多年来是以张懿院士为首的中科院过程工程湿法冶金生产技术国家工程实验室的研究目标。该团队从 1994 年起，用 20 年时间完成了亚熔盐铬盐清洁生产技术从实验室技术研发到万吨级产业化过程。新技术将资源利用率由原来的 20% 提高到 90% 以上；由传统工艺原来 1200℃ 的高温焙烧反应，转变为新技术的 300℃ 左右的亚熔盐新反应介质处理过程，节约了大量能源；反应介质近 100% 地再生循环利用。新技术产生的含铬铁渣，经脱铬后可生产脱硫剂产品。

作为上述铬盐清洁生产技术的延伸拓展，该团队与企业合作，开发了含铬钒矿的清洁处理技术，建成了钒铬分离清洁生产新技术的万吨级示范工程，进行铬与钒两种金属的萃取分离，同时得到合格产品，该项目获得 2013 年国家技术发明二等奖。

上述亚熔盐处理重金属矿，清洁生产重化工产品的技术又进一步延伸到我国中低品位铝土矿综合利用和解决赤泥污染难题；此项技术还已延伸到提出制备二氧化钛的优化工艺，以低碱耗、低成本处理钛铁矿或高钛渣，将其中的钛转化为钛酸盐中间体，并实现钛与 Ca、Mg、Fe 的分离。近五年来，该国家工程实验室在含铬的钒钛磁铁矿中综合提取金属元素 Cr、V、Ti 和 Fe，以及从成分复杂的镍红土矿中提取 Ni、Co、Mn 及 Mg 等金属元

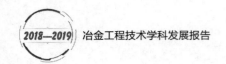

素的研究取得重要进展。

从其他低品位矿中提取有价金属的技术开发取得可喜进展。例如，我国南方多个省份的石煤矿中含有可利用的钒（含量 0.3～1.2mass%）的矿物成分。我国学者研究出加赤铁矿和碳粉进行还原焙烧，使含钒矿物转化为有磁性的尖晶石矿物（Fe_2VO_4），从而可用磁选法使其分离出来的富集和分离钒的新方法。新法钒的提取效率可达 90%，与传统的氧化焙烧法相比还大大降低了环境污染。

2.4.3 钢铁冶金炉渣综合利用研究发展较快

我国粗钢产量已超过 8 亿 t，达到世界总产量的一半，同时产生大量冶金渣及其他固体废弃物。目前，占钢产量接近 40% 的高炉渣因其化学成分与天然岩石和硅酸盐水泥相似，使其作为水泥等建筑材料原料的回收利用较充分；而占钢产量约四分之一的炼钢炉渣，因含游离氧化钙而具有不稳定性，加上成分复杂，其综合利用率仅达到五分之一左右。

目前，除了包括高钛渣在内的高炉渣的综合利用外，我国学者在炼钢炉渣的利用方面也开展了大量卓有成效的研究。其中包括对生产普碳钢的转炉渣中含铁物相的析出行为及磁选回收的研究，得出钢渣中铁品位达 21.3% 时，磁选收得率达 89%。此外，对转炉渣的脱磷方法及再利用等也进行了研究。尤其是在不锈钢精炼渣的综合利用研究方面也取得重要进展，提出硅热法处理不锈钢渣，使渣中的三氧化二铬还原为金属铬得到铁铬硅三元合金，与所得的还原渣分离。再用烧结法加上两步热处理方式处理还原渣，得到微晶玻璃，实现了不锈钢渣的无害化高附加值的利用。

2.4.4 废旧电子产品的综合利用研究发展较快

随着智能手机及电脑等电子产品的普及，废弃电子产品量大增。在这些电子产品中含不少有价金属，如镍、钴、锂和金银等，丢弃它们不仅造成资源浪费，还会引起严重的环境污染。安徽工业大学学者利用 Al_2O_3–FeO_x–SiO_2 三元渣系，从废弃智能手机中提取有价金属，得到含少量金和银的 Cu–Fe–Sn–Ni 合金，依据相关渣系与合金系相图的知识确定提取用渣的成分和温度等条件，这几种金属的提取率可以达到 95%。此外，从废弃电子产品中提取有价金属的技术发展较快。例如，用 MnO–SiO_2–Al_2O_3 渣系从废弃锂离子电池中得到 Co–Ni–Cu–Fe 合金，以及用冶金废渣从废弃镍氢电池中提取稀土金属等。

2.5 计算冶金物理化学取得一定进展

2.5.1 建立和发展了计算冶金物理化学的主要研究方向

计算冶金物理化学是将数学方法、计算机技术与物理化学原理结合，并应用于冶金物化研究，在 21 世纪初形成的一个新的学科分支。计算冶金物理化学解决问题的三个基本要素是数学模型（包括基本原理、定理和定律等）、必要的基本数据和计算机计算方法。经过一段时间的积累，计算冶金物理化学已形成了数个研究方向，并取得不同程度的进展，分述如下。

第一相图计算与热力学预报研究取得较大进展。基于热力学平衡体系的吉布斯自由能最小原理、计算机数据库技术和一些必要的热化学数据，可以进行合金或炉渣的相图计算；由相图信息可以计算体系的相关热力学性质。这部分与冶金热力学与动力学理论和计算研究高度交叉重叠。除了前述有关溶液热力学和物理性质计算的通用的理论模型外，我国计算物理化学在这一方向研究还取得其他一些进展。例如，先后提出了硅基熔体中组元活度的模型，及含磷、钒、钛的铁合金中组元活度模型，二者分别对太阳能电池板用硅的生产及高钛渣的综合利用具有指导意义。

第二为冶金反应器中的流动、传热、传质及反应动力学的预报，根据流体力学的质量、动量和能量守恒原理及冶金反应器的几何和操作等基本参数，可以计算中间包等冶金反应器中的流场和温度场，结合反应的热力学与动力学预报反应的进程，指导工艺操作等。近五年来，我国对中间包中的传质、夹杂物行为的研究，钢包精炼、连铸过程中的凝固与传热及电磁冶金过程氧传递的模拟和预报等都有新突破。

其余的方向一是将人工智能（AI）中的大数据与云计算技术应用于冶金过程，进行过程仿真及预报，指导过程的预报与控制；二是基于第一原理进行的体系物理化学性质预报、微观过程分析等。这两方面在我国尚较薄弱，处于发展的初期阶段，亟待加强。

3. 本学科国内外发展比较

3.1 冶金熔体与溶液理论研究总体上达到国际前沿水平

3.1.1 多元溶液和熔体热力学及热物理性质的预报研究处于国际先进水平

周国治院士提出的计算多元溶液（含熔体）热力学及热物理性质的新一代统一的溶液模型迄今未被超越，处于国际领先地位。在多年不断研究的基础上，其团队提出对硅铝酸盐中不同类型氧离子浓度的计算方法，并据此预报了含多种氧化物的复杂硅铝酸盐熔渣的黏度与电导率，确定了两者之间的定量关系，该项工作国际反响热烈，成果被国际知名学者K.C. 米尔斯（K.C.Mills）等引用。

国外对同一领域的研究同样十分重视。其中，有些实验研究更接近于生产条件。澳大利亚学者测定了与金属铁处于平衡条件下含铁氧化物熔渣的黏度；瑞典学者测定了泡沫渣的表观黏度等。多元熔渣黏度方面，实验及理论研究了以高炉渣型为主的熔渣黏度与结构的关系，德国学者以缔合溶液模型为基础建立了多元熔渣黏度预报模型，这些都属于前沿性质的研究。

3.1.2 连铸保护渣和精炼渣的结构和性质研究与国际前沿同步

在连铸保护渣及精炼渣的结构与性质方向的研究上，我国学者在选题及研究手段与方法方面与国际前沿同步。例如，普遍地使用了拉曼光谱等手段研究相关保护渣的微观结构及结晶特性；温度时间转变图（TTT）、连续冷却转变曲线图（CCT）及单一热电偶技术（SHTT）已成为各种不同的连铸保护渣结晶特性及热辐射性质研究的常用手段，还将分子动力学模拟（MD）方法用于 CAS 渣的研究，考察 Al_2O_3/SiO_2 比变化对渣结构的影响等。这些研究有利于解决在工业生产中控制渣成分的问题。可以说，在连铸保护渣研究领域，我国与韩国、加拿大和德国等国家同处于国际前沿位置。

3.1.3 熔渣中过渡族元素氧化物组元热力学性质与相关相平衡实验研究达国际前沿水平

该研究方向与合金钢精炼过程控制及产品质量密切相关，长期以来曾是国际同行尤其是日本和德国同行研究的热点之一，此种情况在 20 世纪末和 21 世纪初尤其突出。与此相反，近年来我国对此方向的研究倍加重视，加大了人力和经费的投入，经过八、九年的不懈努力，已见成效，研究水平已达国际前沿。

3.1.4 金属熔体、熔锍及熔盐的热力学及热物理性质实验研究难度大，国内近期工作有起色和亮点

金属在高温下易氧化。高温下，金属熔体、熔锍及熔盐对耐火材料侵蚀性大，加上对环境有不同程度的污染，这使得它们的高温实验难度很大，还使得相对于熔渣，金属熔体、熔锍及熔盐的热力学及热物理性质实验研究相对缺乏，其中尤以金属熔体和熔锍为甚。可喜的是，如前所述，由于相关材料发展的需求，我国在高合金熔体、硅基熔体热力学性质及熔盐热物理性质研究方面有起色，出现一些亮点。

3.2 我国冶金热力学与动力学研究接近国际前沿

3.2.1 炼钢及炼铁过程物理化学研究与国际先进水平差距缩小

在国际上，近期对硫容的研究涉及铁水预处理及钢包精炼等。特别是发现了氧势对含多价态金属氧化物组元熔渣的硫容的影响，并注意到了硫容概念的某种局限性，比较深入。美国、韩国和加拿大学者对于脱磷过程物理化学进行了更为深入的研究。在这些领域，我国虽然进步不小，但与西方和韩国等相比，仍有一定的差距。

3.2.2 洁净钢生产过程相关物理化学研究达到国际前沿水平

我国学者对含钢液、渣相、气氛和耐火材料这种多组元多相体系中热力学平衡的研究，已深入到对其中氧的平衡的研究。这有助于更深入地研究和理解脱氧反应的热力学，以及改进洁净钢的精炼工艺。与国外同类工作相比，处于国际前沿。

3.2.3 冶金动力学研究独具特色

对于气固反应动力学，提出了基于真实物理图像的气固反应动力学模型（RPP 模型）；又如，曾将不可逆热力学引入冶金过程，从一个新的角度研究和分析过程的动力学等。这些都成为我国冶金动力学研究的新特色。

3.3 冶金电化学研究总体上达到国际前沿水平

3.3.1 碳热还原与熔盐电解的 FFC 法结合，用钛精矿或高钛渣制备金属钛和钛合金的新技术达到国际先进水平

该法由北京科技大学朱鸿民教授于 2010 年提出，与 FFC 法相比，在电流效率和过程速率方面都有较大的提高，达到国际先进水平。

3.3.2 熔盐电解法的基础及应用研究成果达到国际前沿水平

在用熔盐电解法获取稀贵或难熔金属、高纯金属、它们的合金及金属间化合物等方面我国取得较多的成绩。此外，我国学者在绿色清洁能源铝离子电池开发及锂离子电池材料开发等方面也取得令人瞩目的成绩。

从含钛矿物及钛冶金中含钛副产物以绿色环保的方式经济有效地提取钛，多年来一直是我国冶金电化学研究的一个重点，在理论及应用方面均取得不少成果。

总体上看，我国在冶金电化学领域的几个主要研究方向的研究已达到国际前沿水平。

3.4 资源与环境物理化学总体上达到国际先进水平

近五年来我国资源与环境物理化学研究发展较快，已缩短与国际先进水平的差距。其中，由于矿产资源的特点所致，我国在钛铁矿和高钛渣的综合利用基础研究领域已处于国际前沿水平。在清洁利用金属铬、钒等矿物的基础研究与绿色生产流程开发方面处于国际先进水平。在废弃电子产品的回收利用研究领域我国同样达到先进水平。此外，在钢铁冶金废渣作为普通建筑材料的原料利用方面，从研究到生产，我国都达到国际先进水平。

我国仍存在两点主要的不足之处。首先，在将研究成果转化为先进的技术，以及将先进技术转化为生产力方面与国际先进水平尚存在一定差距。此外，就相关研究中的创新性而言，我国仍需加强。日本等国在此领域研究的创新性方面比较突出。例如，对于如何避免在处理不锈钢渣时生成的六价铬，以减少环境污染，有利于回收不锈钢渣作为建材的原料使用进行了研究；又如，用铝铁将 $SiO_2-Al_2O_3-CaO$ 渣中硅还原到铝铁中；此外，因为炼钢炉渣中含二价铁、氧化钙及二氧化硅等成分，已开始研究利用炼钢炉渣作为营养物质，以利于海藻等的生长，来修复岩石裸露于海水中的近海的生态环境等。

3.5 计算冶金物理化学与国际先进水平存在一定差距

与国外同类工作相比，我国在冶金熔体热力学性质预报方面处于国际先进水平；在不含复杂化学反应的冶金过程流场、温度场、电磁场及浓度场预报领域的研究方面已达到国际前沿水平。

对于含复杂物理化学反应的冶金过程模拟，我国与国际先进水平存在明显差距。此外，我国计算冶金物理化学所应用的计算工具，三传的计算用的是英国、美国等国的软件，相图或热力学的计算用的是加拿大或欧盟的软件。

在应用人工智能（AI）中的大数据与云计算技术应用于冶金过程、进行过程仿真及预报、指导过程的预报与控制方面，我国仍处于发展的萌芽阶段。

目前，我国计算冶金物理化学与国际先进水平仍存在一定差距。

3.6 冶金物理化学学科国内外发展比较总结

由于多年坚持不懈的努力，我国冶金物理化学学科近年来发展较快，取得显著的成绩。但各个学科分支的发展情况有所不同，在国际上所处地位也不尽相同。其中，资源与环境物理化学研究达到国际先进水平；冶金熔体与溶液理论、冶金热力学与动力学、冶金电化学几个分支的研究达到或接近国际前沿水平；计算冶金物理化学研究与国际先进水平尚存一定的差距。

总体上看，我国冶金物理化学学科发展已居于国际不同国家同类学科的前列。第一，我国冶金物化包含的学科分支比其他国家齐全，冶金物化学科点比其他国家数目多，人员也多，研究成果也较多。第二，主要分支的发展水平较高，多数处于国际先进或国际前沿水平，取得这样的成绩当然也与国家、地方及部门和单位的支持、重视，经费相对充足，国际与国内交流条件好等条件密不可分。

根据 2018 年 7 月的国际公认的评估机构对世界各国学科的排名，在冶金工程学科中，北京科技大学、中南大学、东北大学的冶金工程学科分列国际第 1、第 2 及第 5 位；而在全球冶金工程前 10 名中我国占了 5 名；前 20 名中我国占了 7 名，前 30 名中占了 9 名。这些说明了我国冶金工程学科在国际同类学科中的重要地位。冶金物化作为冶金工程的基础和三个并列的二级学科之一，同样占据国际同类学科前列的重要地位。

4. 本学科发展趋势与对策

4.1 本学科发展趋势

4.1.1 冶金熔体热物理和热力学性质研究将得到加强

（1）熔体物理性质研究

由于合金钢精炼过程控制的需要，低氧分压下的含多价态金属氧化物（包括过渡族金属氧化物）的熔渣物理性质测量将成为今后一段时期研究重点。此外，基于过程控制的需要，在接近实际生产条件下（如泡沫渣及多相平衡状态下等）的熔体物理性质也将是今后一段时期研究重点。

（2）熔体热力学、相平衡与相图研究

含过渡族金属氧化物的复杂熔渣热力学的研究将得到重视，以适应合金钢特别是低合金高强度钢研发和生产的需要。基于同样的理由，低氧分压下含过渡族金属氧化物（包含 TiO_2 或含稀土氧化物等）熔渣相平衡和相图也将是重点之一。此外，硅基及高 SiO_2 含量熔体热力学性质研究也将得到加强，以适应太阳能作为清洁能源发展的需要。

（3）高铝钢连铸保护渣及无氟连铸保护渣

这两类连铸保护渣的结构、性质及连铸过程反应模型及成分变化的研究将得到进一步加强。前者是高铝钢研发的需要，后者是为环境保护的要求。

4.1.2 镍合金、钛合金等非铁合金精炼物理化学、稀土提取物理化学研究将受到重视

镍合金、钛合金等虽需求量远不及钢铁材料大，但它们是航空、航天及国防事业中的重要材料，硅基合金是重要的光伏发电用材料，稀土是影响电子科技及国防事业发展重要元素。基于这些原因，目前国外对于镍合金、钛合金、硅基合金等精炼的物理化学，以及稀土提取物理化学十分重视，今后将有较快的发展。

4.1.3 铁矿还原新方法的研究将得到加强

在钢铁生产过程中高炉生产排放的二氧化碳占人类生产活动和生活总二氧化碳排放量的三分之二，为实现大幅度减排二氧化碳的目标，以美国为主的西方国家已经开始并将继续进行铁矿还原三种主要新方法的研究。

（1）悬浮炉气体还原法

利用悬浮状态下的铁矿粉被氢气、天然气或其他还原性气体快速还原的原理得到金属铁。此法效率高、速度快，可省去造块烧结等步骤，一般可减排二氧化碳 30% ~ 60%。

（2）熔融氧化物电解法还原

氧化铁与二氧化硅和氧化钙形成的熔渣，在 1600 ℃下电解，在阳极产生氧气，在阴极产生金属铁。此法还可以用于铬、钛、镍、锰等金属的生产。从原理上讲，用熔融氧化物电解法还原可以完全排除二氧化碳的产生。关键是电解所用的电能应是清洁的方法廉价获得的。该方法要付诸工业实践，还需要解决一系列基础研究层面上的问题，例如无碳电极的选择、电解池的效率和优化的设计等问题。

（3）氢还原

用氢作还原剂，还原的产物是金属和水，二氧化碳减排幅度最大。主要的问题是如何以经济、高效、无污染的方式获得氢气。因此，我国也启动了与此相关的研究，但由于全球变暖问题的挑战，这些将会得到进一步研究。

4.1.4 资源与环境物理化学将发展较快

（1）二氧化碳的分离、回收技术的相关基础研究

钢铁生产是工业生产中二氧化碳的排放大户，如果能用经济、高效的物理或 / 和化学的方法分离和回收排放的二氧化碳，可以实现它的再利用，并达到减排的效果。日本等国

正在并将继续进行此项研究。

（2）以炉渣为主的冶金固体副产物或废弃物及矿物资源深度利用的研究受重视

炉渣中含有氧化钙、二氧化硅、氧化锰、氧化铁等组分，为寻求经济、高效地深度利用炉渣中这些有价元素的方法一直是冶金物化研究的重点之一。例如用它们生产锰铁、硅铁，或用不锈钢的炼钢炉渣来获得铬铁等。

4.1.5 冶金电化学研究将发展较快

（1）电化学法制备金属及合金的基础和应用研究

电化学冶金可以避免传统的火法冶金所需的高温以及二氧化碳的高排放。如前所述，用熔盐电解法提取稀有金属和直接制备其合金的研究已广泛证明了其可行性。进一步的研究将主要集中于电极材料选择、电池的设计、提高电流效率的有效途径及卤素气体的回收等问题上，以期在绿色、高效、经济几个方面有所突破。

近期出现了电化学冶金中氧化物直接电解法研究受到重视的新动向，这一方面与很多金属的天然矿物为氧化矿及氧化矿直接电解释放出的是无污染的氧气有关，也与目前国际上对治理环境污染问题前所未有的高度重视有关，估计在今后很长一个时期里，氧化物直接电解法研究会是电化学冶金的另一个研究重点。

（2）新型电池及多种电化学传感器的开发与研究

目前锂离子电池作为清洁能源已经得到普遍应用，新型铝离子电池的开发也将向实用化发展。在今后，更加高效、廉价、便捷的电池仍是研究目标。

电化学传感器几乎是所有的过程工程，如冶金与材料制备过程、环境工程、化学工程等实现自动控制所必须。目前我国掌握的电化学传感器制造技术还远不能满足我国工农业、科技及国防发展需要。今后电化学传感器及相关的材料研究将会得到重视并发展较快。

4.1.6 计算冶金物理化学研究将发展较快

自 20 世纪 70 年代起，冶金过程模拟已经发展成为一个重要的学科方向。但主要还是应用计算流体力学软件模拟冶金过程中的物理现象。近年来，将物理现象与化学反应结合模拟过程逐渐成为一个发展趋势，并使得预报参与冶金反应体系中各相的化学成分成为可能。这同时也推动了预报软件的开发与改进，但由于过程控制及产品改进的需求，这一趋势还将延续。

量子化学中的分子动力学及密度泛函等属于第一性原理的计算方法已应用于材料结构研究。国内外学者已开始尝试应用第一性原理的方法计算材料的结构。分子动力学与蒙特卡洛法结合还曾用于研究铝电解过程中金属铝在电解质熔体中熔解损失的机理。随着高温技术的发展，高温冶金熔体的结构将陆续被揭示。应用第一性原理计算熔体结构及性质的研究也将得到进一步发展。

虽然人工智能领域的大数据和云计算技术在冶金领域的应用尚处于萌芽阶段，可以预期，随着这一技术的普及，在冶金物化领域的研究中也会得到应用与发展。

4.2　本学科的发展对策

上述研究的实现将使我国冶金物理化学的各个分支取得长足的进步，有利于实现我国冶金物化各分支全面达到国际领先水平，在21世纪中叶形成创新的理论体系并在国际上起到引领作用。未来，我国冶金物化将能够在理论层面为我国冶金工程实现绿色化、智能化和精准化制造奠定必要的基础。

为实现上述目标提出下列建议。

1）从多方面入手加大对于创新的鼓励力度，按照科学研究的规律做事，包括从鼓励科研课题立项的创新，以及允许课题研究中的不如预期甚至失败等。

2）研究的目标确定后，保证最擅长的团队得到最适合的项目。

3）由于研究的周期过长，应考虑到客观情况的变化，对目标做适当的调整。

4）制定科学的、符合实际的人才激励政策，包括人才引进、人才流动的政策。其中重要是符合实际的人才评估和业绩考核办法，鼓励创新、肯定实质性的成果。要考虑不同学科的不同特点，总之，人才的政策、成果的评估体系需要进一步科学化并提高可操作性，关心和改善中青年研究人员的科研条件。

5）提高冶金科学研究刊物论文质量。提高我国刊物的国际地位，扩大其影响，使其与我国冶金学科的国际地位相匹配。

此外，还要搞好国内学术交流，办好国际学术会议，进一步提高我国冶金学科的国际影响力。

参考文献

[1] Hu K, Lv X, Li S. Viscosity of TiO$_2$–FeO–Ti$_2$O$_3$–SiO$_2$–MgO–CaO–Al$_2$O$_3$ for High–Titania Slag Smelting Process[J]. Metallurgical & Materials Transactions B，2018，49（4）.

[2] Jiao K, Zhang J, Wang Z.. et al. Melting Features and Viscosity of TiO$_2$–Containing Primary Slag in a Blast Furnace [J]. High Temperature Materials and Processes，2018.

[3] 陈广玉，康嘉龙，吴世杰，等. TiO$_2$对炉渣黏度的影响 [J]. 内蒙古科技大学学报，2018，37（4）：338-342，372.

[4] Huang W, Chen M, Chen X, et al. Viscosity and Raman Spectroscopy of FeO–SiO$_2$–V$_2$O$_5$–TiO$_2$–Cr$_2$O$_5$. //TMS. The proceedings of the Tenth International Conference on Molten Slags, Fluxes and Salts, Molten 2016. Seattle USA, TMS，2016：455–464.

[5] Liu J, Zhang G, Wu Y, et al. Electrical conductivity and Electronic/Ionic Properties of TiO$_x$–CaO–SiO$_2$ Slags at Various Oxygen Potentials and Temperatures [J]. Metall. Mater.Trans. B，2016，47（1）：798–803.

[6] Chou K, Wei S. New General Solution Model [J]. Metall. Mater. Trans. B，1997，28（3）：439–445.

［7］ Zhang G., Chou K., Mills K. A Structurally Based Viscosity Model for Oxide Melts［J］. Metall. Mater. Trans B, 2014, 45（2）: 698–706.

［8］ Gao Q., Min Y., Jiang M. Temperature and Structure Dependence of Surface Tension of CaO–SiO$_2$–Na$_2$O–CaF$_2$ Mold Fluxes［J］. Metall. Mater. Trans. B, 2018, 49（3）: 1302–1310.

［9］ Zhang L, Wang W, Shao H. Review of non–reactive CaO–Al$_2$O$_3$–based mold fluxes for casting high–aluminum steel［J］. Journal of iron and Steel Research, 2019（4）: 336–344.

［10］ Wang Z., Shu Q., Chou K. Crystallization Kinetics and Structure of Mold Fluxes with SiO$_2$ Being Substituted by TiO$_2$ for Casting of Titanium–Stabilized Stainless Steel［J］. Metall. Mater. Trans B, 2013, 44（3）: 606–613.

［11］ Yan B., Li F., Wang H. *et al.* Study of Chromium Oxide Activities in EAF Slags［M］. Metall. Mater. Trans B, 2016, 47（1）: 37–46.

［12］ Li F., Sun., *et al.* Phase equilibria and liquidus surface of CaO–SiO$_2$–MgO（5 wt%）–Al$_2$O$_3$–TiO$_2$ slag system［J］. Ceramics International, 2019.

［13］ 北京科技大学. 魏寿昆院士百岁寿辰纪念文集［M］. 北京: 科学出版社, 2006: 6–14.

［14］ Han Q. Rare Earth, Alkaline Earth and Other Elements in Metallurgy［M］. Tokyo: Japan Technical Service, 1998.

［15］ Xue M. Critical assessment of three kinds of activity coefficients of carbon and related mixing thermodynamic functions of Fe–C binary melts based on atom–molecule coexistence theory［J］. Journal of Iron & Steel Research International, 2018, 25（2）: 1–19.

［16］ Marco W., Michael H., Eckhard F.. Estimation of the Temperature–Dependent Nitrogen Solubility in Stainless Fe–Cr–Mn–Ni–Si–C Steel Melts During Processing［J］. Metallurgical & Materials Transactions B, 2018, 49（2）: 581–589.

［17］ 李小辉, 李小亮, 陈波, 等. K4169 主四元熔体中 Bi 挥发热力学［M］. 2018 年全国冶金物理化学学术会议论文集. 武汉: 武汉科技大学, 2018: 31–37.

［18］ 杨帆, 周业强, 伍继君, 等. Si–Fe–Ca–Al 四元合金体系活度相互作用系数的实验测定［M］. 2018 年全国冶金物理化学学术会议论文集. 武汉: 武汉科技大学, 2018: 630–641.

［19］ Zhang G., Zheng W., Chou K. Influences of Na$_2$O and K$_2$O Additions on Electrical Conductivity of CaO–MgO–Al$_2$O$_3$–SiO$_2$ Melts［J］. Metall. Mater. Trans. B, 2017, 48（2）: 1134–1138.

［20］ Yan H., Yang J., Liu Z. *et al.* Determination of the Cryolite Ratio of KF–NaF–AlF$_3$ Electrolyte by Conductivity Method［J］. Metall. Mater. Trans. B, 2018, 49（4）: 2071–2076.

［21］ Sun Y., Wang H., Zhang Z.. Understanding the Relationship Between Structure and Thermophysical Properties of CaO–SiO$_2$–MgO–Al$_2$O$_3$ Molten Slags［J］. Metallurgical & Materials Transactions B, 2018, 49（2）: 677–687.

［22］ Duan S., Li C., Guo H., *et al.* Investigation of the kinetic mechanism of the demanganization reaction between carbon–saturated liquid iron and CaF$_2$–CaO–SiO$_2$–based slags［J］. International Journal of Minerals Metallurgy and Mat, 2018, 25（4）.

［23］ Cao Y., Zhang Y., Sun T.. Dephosphorization Behavior of High–Phosphorus Oolitic Hematite–Solid Waste Containing Carbon Briquettes during the Process of Direct Reduction–Magnetic Separation［J］. Metals,2018,8（11）.

［24］ Chen L., Malfliet A., Jones P T., *et al.* Influence of Al$_2$O$_3$ Level in CaO–SiO$_2$–MgO–Al$_2$O$_3$ Refining Slags on Slag/Magnesia–Doloma Refractory Interactions［J］. Metallurgical and Materials Transactions B, 2019, 50（4）: 1–8.

［25］ Zhang Y., Ren Y., Zhang L. Kinetic study on compositional variations of inclusions, steel and slag during refining process［J］. Metallurgical Research & Technology, 2018, 115（4）.

［26］ Sathiyakumar M., Mahata T., Hazra S. Low Carbon MgO–C Refractories for Clean Steel Making in Steel Ladles［J］. Steel & Metallurgy, 2018.

［27］ 李小亮, 陈波, 张孟殊, 等. 真空感应冶炼 K4169 熔体 Bi、Ag、Cu 挥发的动力学［M］. 2018 年全国冶金

物理化学学术会议论文集（CD 版）. 武汉：武汉科技大学，2018：63-69.

[28] 潜坤，陈波，杜战辉. K4169 四元熔体 真空感应冶炼脱氮动力学［M］. 2018 年全国冶金物理化学学术会议论文集（CD 版）. 武汉：武汉科技大学，2018：70-76.

[29] 翟玉春. 由可逆反应的平衡常数求反应级数. // 中国金属学会冶金过程物理化学分会. 2018 年全国冶金物理化学学术会议论文集（CD 版）. 武汉：武汉科技大学，2018：179-183.

[30] 任鑫明，马北越，张博文，等. 多孔钛及钛合金的研究进展［J］. 稀有金属与硬质合金，2018.

[31] 王飞，蔡鹏，张红亮. CaCl₂-Ca-CeO₂ 熔盐体系中搅拌桨结构的优化［J］. 有色金属：冶炼部分，2018（4）：55-59.

[32] Han W., Sheng Q., Zhang M. *et al*. The Electrochemical Formation of Ni-Tb Intermetallic Compounds on a Nickel Electrode in the LiCl-KCl Eutectic Melts［J］. Metall. Mater. Trans. B，2014，45（3）：929-935.

[33] Yumi Katasho, Kouji Yasuda, Toshiyuki Nohira. Electrochemical reduction behavior of simplified simulants of vitrified radioactive waste in molten CaCl₂［J］. Journal of Nuclear Materials，2018，503.

[34] Markéta Zukalová, Barbora Pitňa Lásková, Karel Mocek, *et al*. Electrochemical performance of sol-gel-made Na₂Ti₃O₇ anode material for Na-ion batteries［J］. Journal of Solid State Electrochemistry，2018，22（9）.

[35] 谢元，李俊华，王佳，等. 锂离子电池三元正极材料的研究进展［J］. 无机盐工业，2018，50（7）.

[36] Pan We，Wang Y，Zhang Y. A low-cost and dendrite-free rechargeable aluminium-ion battery with superior performance［J］. Journal of Materials Chemistry A，2019.

[37] Alexander Holland，R. D. McKerracher，Andrew Cruden. An aluminium battery operating with an aqueous electrolyte［J］. Journal of Applied Electrochemistry，2018，48（5）：1-8.

[38] Hu M.，Liu L. and Lv X.*et al*. Crystallization Behavior of Perovskite in the Synthesized High-Titanium-Bearing Blast Furnace Slag Using Confocal Scanning Laser Microscope［J］. Metall. Mater. Trans. B，2014，45（1）：76-85.

[39] 雷云，马文会. 一种利用含钛高炉渣制备 Ti-Si 合金和 Al-Ti 合金的方法［M］. 2018 年全国冶金物理化学学术会议论文集（CD 版）. 武汉：武汉科技大学，2018：767-768.

[40] 李鑫，于洪浩，张侯芳，等. 熔盐高效分解含钛高炉渣制备纳米二氧化钛［J］. 化工学报，2015，66（2）：827-833.

[41] Zhang Y M，Wang L N，Chen D S，*et al*. A method for recovery of iron，titanium，and vanadium from vanadium-bearing titanomagnetite［J］. International Journal of Minerals Metallurgy and Materials，2018，25（2）：131-144.

[42] Huang S，Zhou S，Xie F，*et al*. Extraction of Vanadium and Chromium from the Material Containing Chromium，Titanium and Vanadium［J］. 2018.

[43] 闫柏军，汪大亚，吴六顺，等. 含钒石煤中钒的富集与分离新方法［M］. 2018 年全国冶金物理化学学术会议论文集（CD 版）. 武汉：武汉科技大学，2018：923-933.

[44] 李志刚，胡晓军，张国华，等. 转炉钢渣含铁物相的析出行为及磁选回收研究［M］. 2018 年全国冶金物理化学学术会议论文集（CD 版）. 武汉：武汉科技大学，2018：784-789.

[45] 钟磊，廖直友，吴婷. 冶金物理化学在钢渣脱磷及在利用方面的应用［M］. 2018 年全国冶金物理化学学术会议论文集（CD 版）. 武汉：武汉科技大学，2018：19-824.

[46] 周雪麟，束奇峰. 不锈钢渣还原及再利用［M］. 2018 年全国冶金物理化学学术会议论文集（CD 版）. 武汉：武汉科技大学，2018：779-782.

[47] Fan Y.，Gu Y.，Xiao S. *et al*. Experimental Study on Smelting of Waste Smartphone PCBs Based on Al₂O₃-FeOₓ-SiO₂ Slag System. //TMS. The proceedings of the Tenth International Conference on Molten Slags，Fluxes and Salts，Molten 2016. Seattle USA，TMS，2016：202-210.

[48] Gao G.，He X.，Lou X.. A Citric Acid/Na₂S₂O₃ System for the Efficient Leaching of Valuable Metals from Spent Lithium-Ion Batteries［J］. JOM：the journal of the Minerals，Metals & Materials Society，2019.

[49] Yang X.. Critical assessment of three kinds of activity coefficients of carbon and related mixing thermodynamic

functions of Fe–C binary melts based on atom–molecule coexistence theory［J］. Journal of Iron & Steel Research International, 2018, 25（2）: 1–19.

［50］ Tomasz M., Marek W., Piotr W., *et al.* Modelling Research Technique of Noncmetallic Inclusions Distribution in Liquid Steel during Its Flow Through the Tundish Water Model［J］. Steel Research International, 2019.

［51］ Duan H., Zhang L., B. Thomas *et al.* Fluid Flow, Dissolution, and Mixing Phenomena in Argon–Stirred Steel Ladles［J］. Metall. Mater. Trans. B, 2018, 49（5）: 2722–2743.

［52］ Li S., Lan P., Zhang J.. Numerical Simulation of Turbulence Flow and Solidification in a Bloom Continuous Casting Mould with Electromagnetic Stirring［M］// CFD Modeling and Simulation in Materials Processing 2018. 2018.

［53］ Huang X. Li B., Liu Z. Three–Dimensional Mathematical Model of Oxygen Transport Behavior in Electroslag Remelting Process［J］. Metall. Mater.Trans. B, 2018, 49（2）: 709–722.

［54］ Chen M., Raghunath S. and Zhao B. Viscosity of SiO_2– "FeO" –Al_2O_3 System in Equilibrium with Metallic Fe［J］. Metall. Mater. Trans B, 2013, 44（4）: 820–827.

［55］ Martinsson J., Glaser B. and Du S. Study on Apparent Viscosity and Structure of Foaming Slag［J］. Metall. Mater. Trans B, 47（4）: 2710–2713.

［56］ V. M. B. Nunes, C. S. G. P. Queirós, M. J. V. Lourenço, *et al.* Viscosity of Industrially Important Zn–Al Alloys Part II: Alloys with Higher Contents of Al and Si［J］. International Journal of Thermophysics, 2018, 39（5）.

［57］ Kim M S, Kang Y B. Development of a multicomponent reaction rate model coupling thermodynamics and kinetics for reaction between high Mn–high Al steel and CaO–SiO_2 –type molten mold flux［J］. 2018, 61: 105–115.

［58］ A.M. Mirzayousef–Jadid, Klaus Schwerdtfeger. Redox Equilibria of Chromium in Calcium Silicate Base Melts［J］. 40（4）: 533–543.

［59］ Miaoyong Z, Wentao L, Weiling W, *et al.* Research Progress of Numerical Simulation in Steelmaking and Continuous Casting Processes［J］. Acta Metallurgica Sinica, 2018.

［60］ Manachin A., Shevchenko A.. Desulfurization of Hot Metal by the Injection of High–Quality Lime Powder［J］. Steel in Translation, 2018, 48（8）: 517–522.

［61］ Deepoo K., Kevin C. Ahlborg, Petrus Christiaan Pistorius. Development of a Reliable Kinetic Model for Ladle Refining［J］. Metallurgical and Materials Transactions B, 2019.

［62］ Allertz C., Selleby M. and Du S. The Effect of Oxygen Potential on the Sulfide Capacity for Slags Containing Multivalent Species［J］. Metall. Mater. Trans. B, 2016, 47（5）: 3039–3045.

［63］ Condo A., Shu Q; Du Si.. Capacities in the Al_2O_3–CaO–MgO–SiO_2 System.Steel Research International.2018, 89（8）: 1800061.

［64］ Mahmut A.. Upgrading of iron ores using microwave assisted magnetic separation followed by dephosphorization leaching［J］. Canadian Metallurgical Quarterly, 2019.

［65］ A. L. Petelin, L. A. Polulyakh, D. B. Makeev. Thermodynamic Justification of the Dephosphorization of Manganese Ores and Concentrates in a Reducing Atmosphere［J］. Russian Metallurgy, 2018, 2018（1）: 1–6.

［66］ O A Zambrano. A General Perspective of Fe–Mn–Al–C Steels［J］. Journal of Materials Science,2018,53（1）: 1–60.

［67］ N D Bakhteeva, E V Todorova, S V Kannykin, *et al.* Pulse photon processing of amorphous alloys of the system Al– Fe–Ni–La［J］. Journal of Physics Conference Series, 2018, 1134（1）: 012059.

［68］ Iatsyuk I V, Potanin A Y, Rupasov S I, *et al.* Kinetics and High–Temperature Oxidation Mechanism of Ceramic Materials in the ZrB_2 –SiC–$MoSi_2$, System［J］. 2018, 59（1）: 76–81.

［69］ 王锦霞, 谢宏伟, 翟玉春. 锌精矿浸出过程的不可逆过程热力学研究［J］. 中国稀土学报, 2012, 30: 55–58.

［70］ Ramkumar T., Selvakumar M., Mohanraj M., *et al.* Effect of TiB Addition on Corrosion Behavior of Titanium Composites under Neutral Chloride Solution［J］. Transactions – Indian Ceramic Society, 2019（416）: 1–6.

［71］ Li W., Xue X.. Effects of Boron Oxide Addition on Chromium Distribution and Emission of Hexavalent Chromium in

Stainless－steel Slag ［J］. Industrial & Engineering Chemistry Research，2018.

［72］ Gao T., Li Z., Zhang Y., *et al.* Evolution Behavior of γ－Al$_{3.5}$FeSi in Mg Melt and a Separation Method of Fe from Al－Si－Fe Alloys ［J］. 2018，31（1）：48－54.

［73］ Hidemi M., Yasuhito M., Yasuaki Doi, *et al.* Numerical investigation into the restoration of ocean environments using steelmaking slag ［J］. Marine Pollution Bulletin，2018，131（Pt A）：428－440.

［74］ Bambauer F., Wirtz S., Scherer V.. Transient DEM－CFD simulation of solid and fluid flow in a three dimensional blast furnace model ［J］. Powder Technology，2018，334.

［75］ Mariia I., Ivan S., Galina S., *et al.* Experimental study of phase equilibria in the Al$_2$O$_3$－MgO－TiO$_2$ system and thermodynamic assessment of the binary MgO－TiO$_2$ system ［J］. Journal of the American Ceramic Society，2018.

［76］ Ringdalen E. and Tangstad M. Softening and Melting of SiO$_2$, an Important Parameters for Parameters with Quartz in Si Production. //TMS. The proceedings of the Tenth International Conference on Molten Slags，Fluxes and Salts，Molten 2016. Seattle USA，TMS，2016：43－52.

［77］ Zheng D., Shi C., Li Z., *et al.* Effect of SiO$_2$ substitution with Al$_2$O$_3$ during high－Al TRIP steel casting on crystallization and structure of low－basicity CaO－SiO$_2$－based mold flux ［J］. Journal of Iron and Steel Research International，2019（Suppl. 1）.

［78］ Zhang，Wan－lin，Wang.. Review of non－reactive CaO－Al$_2$O$_3$－based mold fluxes for casting high－aluminum steel ［J］. Journal of Iron and Steel Research：2019（4）：336－344.

［79］ Zadi－Maad A.. The development of additive manufacturing technique for nickel－base alloys：a review ［C］// 2018.

［80］ 美国钢铁技术路线图研究项目，冶金工程技术学科方向预测及技术路线图（内部参考资料），中国金属学会编印，2016：13－23.

［81］ 严红燕，罗超，胡晓军，等. CO$_2$ 在钢铁工业资源利用现状 ［J］. 有色金属科学与工程，2018（6）：26－30.

撰稿人：张家芸　闫柏军

冶金反应工程分学科发展研究

1. 引　言

1.1　冶金反应工程学学科定义及研究对象

冶金反应工程学（metallurgical reaction engineering）是 20 世纪 60 年代以后逐步发展起来的，在冶金反应器内的流体流动、质量传递和热量传递以及冶金宏观动力学（简称三传一反）的研究基础上，借助于数学和物理模拟方法，以研究和解析冶金反应器和系统的操作过程规律为核心，以实现冶金反应器和系统的优化操作、优化设计和比例放大为目的的新兴工程学科。它以实际冶金反应过程为研究对象，研究伴随各类传递过程的冶金化学反应的规律，即冶金宏观动力学；同时为了解决工程问题，研究实现不同类型冶金反应的各类冶金反应器和系统的操作过程特征和规律，并把二者有机结合起来。简而言之，冶金反应工程学是研究冶金反应器及其内部各类传递过程与化学反应的学科，重点解析冶金反应器和系统的操作过程规律，最终实现冶金反应器和系统的优化操作、优化设计和比例放大，是设计开发新工艺新流程、优化完善既有流程的关键基础。

1.2　主要研究内容

（1）冶金反应宏观动力学

综合考察传质、流动状况下的冶金化学反应速度及机理，满足探讨冶金过程反应速率的需要。耦合冶金工艺条件下的传热、传质、化学反应及流体流动等宏观动力学行为是冶金反应工程的重要研究领域。

（2）冶金熔体的热物理性质及传输参数

在宏观动力学及各类传输现象的数值计算中，有两类与熔体相关的参数至关重要。一是由熔体结构所决定的热物理性质，如密度、黏度、扩散系数、表面张力、蒸气压、热导率、电阻率等，这一类数据和物质的本性有关，基础研究工作应该建立完善的数据库，能像热力学数据那样可供查阅应用；二是由熔体流动特征所决定的传输性质，如湍流黏度、传热系数、传质系数以及湍流模型中的湍动能的产生和耗散有关的系数等，这类系数应结合具体的流体流动状况、部分情况下需结合相似理论来确定。

（3）反应器数值模拟及解析

冶金反应器内，既包括以化学方式进行的熔炼或精炼过程，也包括以物理方式进行的熔化、凝固、挥发、相变等过程，同时涉及多种流体的流动及相关的传热、传质等现象。这类高温、多元、多相的复杂体系，鉴于实验及分析手段的局限，直观的实验研究所获得的信息是极为有限的。实践表明，借助于一定的数学物理模拟方法来对反应器进行模拟及解析是可靠的。尤其是当前现代数学及信息科学技术蓬勃发展，冶金学科充分吸收这些学科的最新成果，针对冶金反应器的数值模拟及解析也越来越科学、合理，并充分接近实际状况。

（4）新工艺新技术开发

冶金工业的发展离不开资源、能源和排放等与环境密切相关的条件，而环境容量不可能是无限的，所以必然会面临越来越多的压力和挑战，迫使冶金工作者需开发诸多的新工艺新技术以应对。新工艺新技术开发必将涉及新型反应器的设计、优化与工程放大，同时关乎多种单元操作之间的耦合与衔接，与此相关的模拟解析、冷态及热态实验等。有效运用这些方法和原理以较小的代价开发新工艺，属于冶金反应工程学的重点研究内容。

（5）工程放大

新工艺新技术的开发应用需要将实验室成果转化为工程技术，工程放大问题永远是工艺创新要解决的理论和技术问题。数学模拟可以用较低的代价研究工程放大作用，但又不能完全靠数学模拟解决工程放大问题。因为反应器内的过程既有化学的，又有传输现象的，而且各相的状态也缤纷多样。冶金反应器还需同时考虑物理现象和化学现象的放大，这是更复杂的问题，需要更多的创新研究。

（6）系统优化

冶金生产是多工序、多形态、多功能的复杂制造流程，各工序的功能不是固定不变的，工序间的衔接、匹配、协调，需要利用系统工程的思想整体指导以实现系统的多目标最优化。

1.3 学科发展历程

冶金反应工程学学科的创立与化学反应工程学的发展密切相关。20世纪50年代以前，化学工程由传统的化学动力学和化工单元操作发展到化学反应工程学的研究。1962年烈文斯彼尔（Levenspiel）发表了第一部关于化学反应工程（chemistry reaction engineering）的学术专著。

冶金是由自然界的矿石等原材料提取金属和制备合金材料的生产过程，已有几千年的历史。20 世纪 30 年代化学热力学引进冶金领域开始了冶金的科学化进程。但是，热力学只能解决过程的方向和限度，不描述反应进行的过程。传统的化学动力学是由分子运动和结构等微观概念出发研究化学反应进行的机理和速度的科学，其研究不能直接应用于实际冶金反应器，从而导致了研究伴随流动、传热和传质的实际反应进行速度的宏观反应动力学的诞生。在冶金的高温下，本征反应速率非常快，物质转化过程的速率往往取决于传质的速率，参照化学工程学科的发展，冶金学在 20 世纪 60 年代也形成了"三传一反"共性原理。

由物质转化的综合反应速度式，结合物料平衡、热量平衡及动量平衡建立的冶金过程数学模型是冶金反应工程学的关键性问题。早在 20 世纪 60 年代，冶金过程数学模型的研究已开始进行。1969 年召开了第一次冶金过程数学模型国际会议。1973 年召开了第一次钢铁冶金过程数学模型国际会议。鞭岩和森山昭合写的第一本命名为《冶金反应工程学》的专著于 1972 年问世，标志着冶金反应工程学学科的正式形成。1971 年赛凯伊（J.Szekely）和西梅利斯（N.J. Themelis）所著的《冶金过程中的速率现象》和 1979 年孙（H.Y. Sohn）和沃兹沃斯（M.E. Wadsworth）合写的《提取冶金过程的速率》二书，对火法及湿法冶金过程动力学做了较全面的论述。这些专门著作对冶金反应工程学的建立发展起了促进作用。20 世纪 80 年代以后，人们逐渐认识到冶金反应工程学对于流程设计以及过程控制的重要作用，该方面研究开始蓬勃发展。

我国著名冶金学家叶诸沛早在 20 世纪 50 年代就提出要应用传输理论来研究冶金过程的主张，70 年代以来郭慕荪等在许多方面开展了冶金反应工程学研究。中国科学院化工冶金研究所的蔡志鹏将鞭岩的《冶金反应工程学》一书译成中文。1982 年中国金属学会冶金过程物理化学学会内成立了冶金过程动力学学科组，1990 年正式改名为冶金反应工程学术委员会。进入 21 世纪，随着我国钢铁工业的迅猛发展，我国冶金反应工程学的研究与应用进入了一个蓬勃发展期。2006 年以后基本每年召开一次冶金反应工程学全国学术会议，几百位与会代表来自全国各大高校、科研院所以及大中型冶金企业。会议交流内容丰富，涉及钢铁生产过程、有色冶金、湿法冶金、电炉炼钢、炉外精炼、连铸与凝固、过程数值模拟及控制等各个方面的新进展、新成果。鉴于冶金反应工程学科的蓬勃发展及其对冶金工业的重要贡献，中国金属学会决定于 2014 年成立冶金反应工程二级分会。二级分会成立以来，各类学术交流活动更为活跃，参与人员及学科方向均有很大扩展，目前委员单位近 30 家，委员共计 45 位。

相比之下，欧美和日本等国因国家战略和产业调整及其他因素，冶金工业的发展基本趋于稳定甚至停滞期，从事冶金工程领域的研究和人才培养的队伍大幅度减少，从事冶金反应工程学研究的具有国际影响力的学者变得屈指可数，客观上为我国引领此领域的发展提供了契机。

2. 本学科国内发展现状

2.1 冶金动力学

冶金动力学方面，我国学者提出了冶金气–固相反应动力学新模型，可定量预测各因素（温度、气压、颗粒尺寸等）对等温 / 变温反应速率的影响。

气–固相反应是材料生产和使用过程中最重要的反应。但由于反应涉及时间分辨的动态非平衡物理化学过程，影响因素众多，使其机理的深入研究十分困难。目前国内的研究对其动力学规律的认识多停留在国外半个世纪之前提出来的抛物线模型、Jander 模型、JMAK 模型等上，计算结果也不甚理想。近期实验研究工作中多方面考察了各种因素的影响，理论上拟合等温和变温条件下的实验数据，得到具有明确物理意义的动力学参数，在储氢材料吸 / 放氢反应和金属氧化方面取得了一定的进展。优化了基于几何收缩的 Chou 模型和基于形核–长大–碰撞的 NI-JMAK 模型：在 Chou 模型中引入了化学驱动力、体积变化率两个因素，并成功应用于 La–Mg–Ni 体系、Mg 和 Mg_2Ni 等储氢材料吸氢过程分析和纯金属、合金镀层的氧化反应中。在 NI-JMAK 模型中引入形核自催化因素，通过引入 Beta 函数实现解析化，并成功应用于 $Mg(AlH_4)_2$ 储氢材料中。将动力学分析与结构分析、热力学分析等手段结合，探索了 $LiBH_4/Mg(AlH_4)_2$ 体系放氢与 $NaBH_4$ 光催化水解的机理。

2.2 冶金熔体的热物理性质及传输参数

2.2.1 高铝高炉渣物理化学性质及结构研究

我国存在大量低品位难处理铁矿，其中有接近 15 亿 t 的高铁铝土矿。考虑到今后铁矿石质量继续下降，高铝质铁矿将会成为未来钢铁生产的重要可利用资源，高炉渣中氧化铝含量会有不同程度的提高。近年来，高氧化铝含量对高炉渣物理化学性质和高炉操作的影响已经引起了部分冶金工作者的重视，但相对缺乏系统深入的研究。

重庆大学多金属矿绿色提取冶金研究组针对高铝质原料在高炉冶炼过程中（烧结、还原、软化、分离）的特殊性质，通过模拟实际高炉冶炼条件，研究了其还原行为、荷重软化行为、熔融滴落行为，并与原料的矿物特点建立关联性。对高铝炉渣的高温物理化学性质（流动性、密度、表面张力、硫容量）进行系统测试，采用光谱学表征（FT–IR、Raman）和分子动力学计算的方法获得炉渣的微观结构信息，阐明了铝酸盐型高炉渣体系性质与结构的关系，明确指出了在高铝含量下存在着一个成分区间满足高炉操作的对炉渣物理化学性质的要求。即今后技术上存在高炉造渣制度由硅酸盐型向铝酸盐型的转变的可行性，该研究将为我国未来在高炉上大规模使用高铝原料提供科学依据和技术支持。

2.2.2 含钛高炉渣物理化学性质

我国高炉冶炼高钛型钒钛磁铁矿的技术处于世界领先地位，但在钒钛矿高炉冶炼的理论和实践上依然需要进一步的研究工作。针对高钛高炉渣高温物理化学性质的缺失和由此决定的全钒钛磁铁矿冶炼基础研究的不足，重庆大学多金属矿绿色提取冶金研究组系统研究了高钛高炉渣的高温物化性质（流变特性、融化特性、表面性质、泡沫化行为等）。高钛高炉渣属于典型的"短渣"类型，一旦完全融化，比普通硅酸盐或铝酸盐体系的黏度低；在中性或氧化气氛下 TiO_2 能有效降低炉渣黏度，冶炼过程的炉渣变稠与 TiO_2 的过度还原有关。TiO_2 和 Ti_2O_3 都属于表面活性氧化物，因此钛渣极易产生泡沫化。由于钙钛矿的析出温度随着 TiO_2 含量的增加而增大，提出以氧化镁代替氧化钙的造渣制度，有效地降低了炉渣的溶化性温度。上述高温物性数据中，钛渣体系中关于 CaO、MgO 和 TiO_2 对于各性质的影响规律报道属于国际上最系统全面的，并对之前文献中相互矛盾的结论予以澄清。在此基础上，提出了以镁代钙，以铝替硅的全钒钛磁铁矿高炉冶炼新工艺。以镁代钙降低能有效炉渣融化性温度，以铝替硅可提高炉渣流动性。该工艺能有效降低炼铁的生产成本，有利于高钛高炉渣的进一步利用，提升企业竞争力。该研究将有助于把高炉冶炼中钒钛磁铁矿配比从 75% 提高到 90% 以上。

2.2.3 含铬熔体黏度测试及结构分析

铬是重要的合金元素，含铬熔渣／熔体的流变行为对于含铬金属材料的熔炼、精炼、甚至含铬固废的火法综合处理等工艺过程控制具有重要影响。然而与常规渣系相比，含 Cr 熔渣基础物性数据极为匮乏。一方面含铬熔渣熔点高（完全熔化通常需 1550 ~ 1800℃、甚至更高），常规测试仪难以满足；另一方面，Cr 在熔渣中存在 Cr^{2+} 和 Cr^{3+} 两种价态，目前尚无稳定的分析方法精确定量区分，试验难度较大。高温物性数据的缺乏限制了人们对含 Cr 熔渣物性与其结构之间关系的探索、进而也限制了关于含 Cr 渣系黏度预报模型的开发。

为了满足含铬熔渣黏度测试及结构分析需要，搭建了"多功能大范围黏度及流变行为测试系统"，配备多种测试探头（不同形状、不同材质），可在 1550 ~ 1700℃高温下、在完全封闭体系中完成测试，测试体系可有效控制氧势，尤其适用于含变价态金属（如 Cr、Ti 等）的炉渣黏度测试。目前获得了 $CaO–SiO_2–Al_2O_3–CrO/Cr_2O_3$ 等渣系在不同温度、不同 Cr 存在形态（Cr^{2+}/Cr^{3+}）、不同冷却制度（Cr 的析出结晶行为不同）下的黏度及结构特征，并对含铬熔渣的流变行为深度解析。

2.2.4 废钢熔化过程传输参数分析

在对废钢熔化过程进行热态模拟、数值模拟以及其中各类传输参数系统分析的基础上，提出了转炉炼钢工艺中小型废钢熔化评价新体系，可扩展传质无量纲关系式适用范围，并评估各因素（熔池温度、废钢尺寸、废钢碳含量、搅拌强度等）对传质系数的影响。

转炉炼钢工艺废钢熔化过程是传热和传质共同作用的结果，而传质是熔化过程中最重要的环节。由于转炉熔池铁水中碳含量远远高于所添加废钢的碳含量，故在熔池铁水 – 固体废钢界面存在碳浓度梯度，熔池中的碳不断扩散到固体废钢表面，使其熔点降低。当熔点低于熔池温度时发生熔化，此时传质控制熔化进程。但影响传质的因素众多，且与流动形式密切相关，导致实际流动过程中，多因素作用下传质系数的确定十分困难。目前，国内对传质系数的确定大多停留在单一因素对传质的影响上，未见各因素影响传质的评价体系，且传质无量纲关系式及其适用范围多停留在十年前国外提出的结果上。

基于前人研究，通过实验室热模拟结果，计算并拟合各因素下的传质无量纲关系，构建中小型废钢熔化评价体系，在废钢熔化中传质行为的阐述方面取得了一定进展。通过拟合得到自然对流和强制对流下的传质无量纲表达式，将自然对流条件下传质无量纲关系式的适用范围扩大到 240<Sc<400（前人研究中 Sc<200），强制对流条件下传质无量纲关系式的适用范围扩大到 260<Sc<400（前人研究中 Sc>800）。基于各因素下的实验室热模拟结果，结合数学建模方法（多因素分析、相关性分析等），得到各因素与传质系数的函数关系，确定各因素对传质系数的影响因子，成功构建中小型废钢熔化评价体系，为优化转炉炼钢工艺废钢熔化参数提供了基础数据。

2.3 反应器数值模拟及解析

2.3.1 反应器数值模拟综述

反应器过程解析是反应工程学的核心内容。由于直接对原型反应器进行研究困难，物理模拟和数值模拟是反应器解析的主要研究手段。又由于在经济性和能够获得微观信息两方面的优势，数值模拟已逐渐成为更加重要的研究手段。反应器数值模拟包括数值方法本身和应用数值方法对反应器进行模拟，这里主要是指后者。反应器解析的原始定义是指基于反应动力学和物料衡算的反应器内物料转化率的定量表征，这里所说反应器解析包括基于衡算的物料平衡热平衡模型，基于宏观动力学对反应器过程进程进行表征的动力学模型，和用流动模式及其组合对实际反应器与理想反应器的偏差进行表征的流动模型。国内近几年在这两方面都取得了明显的进展，尤其针对钢铁冶金流程各反应器的研究发展迅速。

反应器数值模拟可分为自编程模拟和应用商业软件模拟。得益于商业软件的普及，结合自编程应用商业软件的模拟已成为数值模拟的主流。国内的发展主要体现在以下几个方面。

（1）铁矿石烧结过程数值模拟取得进展

不仅能够传统烧结工艺进行一维瞬态（二维稳态）的数值模拟，而且发展到了二维瞬态（三维稳态）模拟，并实现了对带有烟气循环、气体燃料喷吹和富氧烧结等新工艺以及包括 NOx 和 SO_2 等污染物行为的模拟。

（2）各种炼铁反应器的数值模拟进展显著

首先是高炉的全炉数值模拟，由于难度较大，国内在这方面的研究起步虽然较晚，但进展显著。目前国内已有的研究主要集中在应用传统的多流体模型 CFD 方法。多流体 CFD 方法将固相做拟流体处理（设定其表观的流体物性参数），并需对风口回旋区作为边界条件设定（包括形状、尺寸、气流参数等）。由于软熔带的待求解问题，目前的商业

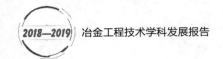

CFD 软件还不能直接对全炉进行模拟计算，已有的研究或是通过自编程，或是对商业 CFD 平台进行适当的二次开发，从而实现全炉模拟。

针对高炉（COREX 熔化气化炉）风口回旋区、布料等的局部过程，近年来国内基于 DEM 的数值模拟发展迅速。目前简化条件下（只考虑鼓风动能）风口回旋区的模拟手段已比较成熟。高炉布料的数值模拟也日臻完善，已有的模拟手段可考虑包括非球形真实颗粒、颗粒粒径分布以及逆向气流等的影响。

关于高炉炉缸，近几年的进展主要是基于高炉实测数据挖掘和料柱受力分析对炉缸死料柱状态进行更加精确的模拟表征（包括沉浮、形状、空隙分布等），进而使得采用传统 CFD 方法的炉缸流动、传热和侵蚀的数值模拟更加精确可靠。

另外，国内非高炉炼铁的发展也促进了相关反应器数值模拟的发展，包括 COREX 熔化气化炉、还原竖炉、熔融还原铁浴炉等。这些数值模拟研究也反过来为相关反应器的设计和操作优化提供了有力支撑。

（3）炼钢转炉相关的数值模拟进展显著

炼钢转炉是钢铁生产流程中最复杂因而数值模拟难度最大的反应器，目前还没有实现全炉全现象的数值模拟，但在氧气射流、射流与熔池的相互作用、液滴形成、熔池混合、精炼过程动力学模型等方面的数值模拟进展显著，也形成了一些具有高显示度的成果。

（4）钢水精炼反应器的数值模拟日臻成熟

所涉及的反应器主要是钢（铁水）包和真空循环（RH）系统。由于器内的过程和现象比较简单，此类反应器的数值模拟已比较成熟，能够实现反应器全现象（包括吹气和机械搅拌、喷粉乃至夹杂物运动行为等）和精炼过程动力学模型等方面的数值模拟。

（5）钢水连铸过程的数值模拟进展突出

钢水连铸所涉及的反应器包括中间包和结晶器（包括二冷段）。

中间包尽管是钢铁生产流程中最简单的反应器，但其作为冶金反应器的重要作用和中间包冶金技术（例如以稳定流动和去除夹杂物为目的的各种控流装置、长水口吹氩、漩流中间包等）的发展和应用，使得对中间包过程的数值模拟研究一直很活跃，除常规的控流装置优化外，也取得了一些高显示度的新成果，例如长水口吹氩微气泡、钢水漩流和夹杂物运动行为的模拟和表征等。

对包括二冷段的结晶器反应器，为适应诸如水口吹氩、结晶器电磁搅拌和制动、铸坯动态压下和电磁搅拌等新技术发展和应用的需要，也得益于 CFD 和凝固模拟商业软件的发展，近年来连铸过程的数值模拟进展突出，形成了诸多具有高显示度的成果，例如作为离散相的气泡和夹杂物运动行为的模拟表征、结晶器内保护渣分布与气隙分布的表征、结晶器内电磁–流场–温度场耦合的模拟、铸坯元素偏析和中心疏松形成机理的解析与控制、铸坯枝晶演变行为的模拟等。

反应器解析在国内的发展主要体现在以下几个方面。

（1）传统的物料平衡热平衡模型有新进展

反应器整体的物料平衡热平衡模型已比较成熟。新进展之一是对具有明显分区特征的炼铁反应器（例如高炉和 COREX 熔化气化炉）开发了分区的物料平衡热平衡模型。另一进展是对入口和出口参数非集总的铁矿石烧结反应器，开发了包括输入输出参数集总化的物料平衡热平衡模型。

（2）表征反应器过程进程的动力学模型进展显著

广义地讲，全反应器全现象的数值模拟可以归纳出反应器的动力学模型，但目前对钢铁冶金反应器来说还难以实现，因此这里的动力学模型是指基于用表观宏观动力学参数计算反应器过程进程的动力学模型。也是得益于数值模拟和物理实验技术的发展，使得包括传输参数在内的宏观动力学参数的确定更加细致和准确，促进了过程机理解析和动力学模型的发展。这方面的进展主要体现在铁水预处理、转炉炼钢、钢包精炼等间歇式反应器和作为连续式反应器的还原竖炉。

（3）反应器流动和混合模型进展突出

长期以来一直是使用带有死区的活塞流与全混流串联的简单组合模型来表征连续式反应器（例如连铸中间包和还原竖炉）的流动，但一直存在 RTD 的响应时间不等于峰值时间的问题。新提出的基于物理现象的带有非等容全混槽串联的组合模型解决了这一问题，实现了对实际流动的准确表征。另一突出进展是基于流体流动特性，比较了 RTD 曲线处理方法中经典组合方法与 Sahai 修改方法之间的差异，并从流体流量和示踪剂质量守恒出发，给出了单入口多出口反应器 RTD 曲线的分析方法。

2.3.2　高炉反应器数值模拟及解析

高炉炉内的反应过程是一个多相态、非常物性的动态传热传质耦合反应过程，需要借助数学模拟深化认识炉内现象。近年来，我国炼铁工作者应用计算流体力学、数值传热学等理论，建立了从低级到高级、从局部到整体、从实验研究到生产实控的高炉多相态多维数学模型，如煤粉燃烧与风口回旋区模型、炉顶布料模型、炉底炉缸侵蚀模型、渣铁流动模型、炉型管理模型、煤气流分布模型等，并应用该类数学模型指导高炉生产操作。

此外，我国炼铁工作者还将高炉数值模拟应用于低碳炼铁新工艺研发。储满生应用多流体高炉数学模型模拟风口喷吹焦炉煤气操作，深度解析了喷吹焦炉煤气对高炉冶炼过程的影响，准确预测了炉内主要现象和生产操作指标的变化，为高炉风口喷吹焦炉煤气技术改进合理的上下部调剂制度和操作制度提供参考和依据。同时，基于数值模拟研究，将焦炉煤气喷吹、碳铁复合炉料、炉顶煤气循环、高富氧冶炼优化匹配，形成了新一代低碳高炉炼铁技术。

2.3.3　炼钢与连铸部分

（1）揭示顶底复吹转炉熔池内气液两相流动行为

通过考虑氧射流的可压缩性对模型进行了改进，研究学者采用可压缩模型描述四孔喷头顶吹超音速射流行为，并耦合 VOF 和 DPM 模型描述顶底复吹转炉内的气液两相流行为的数学模型，考察了底部喷嘴数量、布置、底吹流量及顶吹参数对熔池内气液两相流行为、混合效率及炉衬冲刷的影响。

（2）阐明钢包吹氩气泡诱导湍流现象和机理

在 Euler 模型中，研究学者首次综合考虑了钢包内液体脉动造成的气泡扩散现象，以及气泡上浮诱导所产生的液体湍流现象；考察了气液相间曳力、升力、虚拟质量力对气液两相流的影响。研究发现气液相间湍流扩散力 FTD 决定着气液两相区分布形状和局部气含率预测的准确性，模型预测的局部气含率及其分布形状均与实测结果吻合良好。气泡诱导湍流对熔池内液体速度和液体湍动能有着显著的影响，当湍流转化系数在 0.8 ~ 0.9，曳力系数选取 Kolev 模型时，模型预测的液体速度和湍动能与实测结果吻合良好。

（3）揭示钢包精炼过程中夹杂物行为和机理

在钢包强湍流区域，夹杂物尺寸大于 Kolmogorov 微尺寸时会出现随机脉动。为此，研究学者提出了夹杂物湍流随机运动模型，并分别建立了夹杂物－夹杂物、夹杂物－气泡随机碰撞速率及夹杂物随机上浮速率模型，同时建立气泡尾涡捕获夹杂物模型，并考虑了 Stokes 碰撞效率及渣圈对夹杂物行为的影响，从而揭示了上述各个机制在夹杂物传输行为中的作用和贡献。

（4）阐明钢包精炼过程中的脱硫动力学行为

研究学者提出了 CFD-SRM（simultaneous）耦合模型来描述底吹 Ar 钢包内［Al］、［Si］、［Mn］、［Fe］和［S］等多组分同时参与的渣－金反应和脱硫行为。考察了不同热力学机理模型以确定合理的硫容量和界面氧活度模型，考虑了钢包内气液两相流和渣圈中 O_2 吸收及氧化反应等因素对渣－金反应的影响。

针对钢包底喷粉脱硫新技术，研究学者采用 CFD-PBMSRM 耦合模型来描述钢包底喷粉过程中多相流传输行为及精炼反应动力学，提出了底喷粉过程中顶渣－钢液、空气－钢液、粉剂－钢液、气泡－钢液多界面多组分同时反应模型，考虑了气液两相流、粉剂碰撞聚合及去除、脱硫产物饱和度对精炼反应动力学的影响，热态实验数据验证了数值模拟结果的可靠性。

（5）阐明连铸结晶器内保护渣分布与气隙分布特征

结晶器被誉为连铸机的"心脏"，其周向的传热行为决定了保护渣与气隙的分布状态，直接影响连铸坯表面质量。研究学者首先基于正六边形枝晶横截面的假设，根据溶质再分配和溶质守恒原理，建立了钢凝固过程糊状区溶质微观偏析模型，进而根据所预测的凝固路径计算了密度、热导率、热焓和线性膨胀系数等热／力物性参数；其次根据坯壳变形量和结晶器铜板热面的相对位移、渣道内不同传热介质（保护渣、气隙等）和相（保护渣结晶相、玻璃相和液相）的厚度分布和传热特点、气隙的动态变化以及坯壳表面和铜板热面温度分布，建立了二维坯壳－铜板界面热流模型；然后，将界面热流模型、铸坯与结晶器导热模型和描述坯壳热、弹、塑性变形及蠕变行为的 Anand 率相关应力模型进行顺序耦合、迭代求解。首次实现了高强船板钢板坯连铸生产过程中液/固态保护渣和气隙分布特征和凝固坯壳力学行为沿结晶器周向和高度方向全方位的描述。在此基础上，研制出了新型内凸型曲面结晶器及配套工艺，结合二次冷却高温区晶粒超细化与组织转变控制技术，有效控制了铸坯角部晶界微合金碳氮化物析出与先共析铁素体膜生成，解决了微合金钢铸坯角部横裂纹难题。

（6）阐明连铸结晶器内电磁 – 流场 – 温度场耦合现象

研究学者模拟了电磁制动（EMBr）和吹 Ar 气条件下结晶器流场、温度场、夹杂物分布。研究学者进一步研究了水口侧孔倾角、浸入深度和吹 Ar 气量的影响。研究学者建立了圆坯结晶器电磁搅拌（M-EMS）三维有限元模型，研究了电磁场分布特征，在此基础上，建立了描述钢液流动和夹杂物运动的三维多场耦合模型，揭示了电磁搅拌对钢液流动、温度场分布和夹杂物迁移的作用机理，并结合工业实验分析了搅拌参数对凝固组织和溶质分布的影响，进一步优化了电磁搅拌参数。在耦合多物理场基础上，研究学者分析了 M-EMS 电磁力作用下糊状区流动与坯壳凝固行为，指出考虑坯壳凝固行为与否，弯月面附近流动机制截然不同。

（7）阐明连铸坯中心偏析形成机理与控制策略

研究学者首先提出了适用于连铸凝固过程的柱状晶尖端动态跟踪模型和等轴晶粒形核模型，进而基于体积平均方法，建立了高碳钢方坯液相、柱状晶相、等轴晶相等三相凝固模型；其次，建立包含 M-EMS 和 F-EMS（凝固末端电磁搅拌）的三维方坯连铸传输模型，实现了其与多相凝固模型的耦合；然后，考察了电磁力、晶粒沉淀、热溶质浮力等作用下的固液相对流动与溶质传输行为，分析了 M-EMS 强度对晶粒形核与凝固组织的影响，深入研究了 F-EMS 参数、搅拌模式、安装位置对铸坯中心偏析的影响，并通过相关工业实验验证了模型的准确性，从而为高碳钢方坯连铸生产提供定量化的理论依据。

研究学者还开展了板坯连铸溶质偏析形成机理研究，首先基于固相密度变化和线性收缩之间的关系，建立凝固坯壳热收缩模型；其次，根据固、液相密度差异，考虑凝固收缩行为；然后，采用布西内（Boussinesq）方法，考虑晶粒沉淀和热浮力流动。在此基础上，深入分析了热浮力、晶粒沉淀、凝固收缩和热收缩条件下的溶质传输与凝固组织演变行为。

（8）揭示连铸坯枝晶演变行为

研究学者首先基于并行计算技术解决了枝晶生长大规模计算效率低下的难题；其次，基于偏心正方形（八面体）算法和界面形状因子，提出了合理匹配偏心正方形与界面生长的计算方法，合理地保证了枝晶的生长方向、生长一致性和界面尖锐性；然后，以 160mm×160mm 高碳钢方坯热历程为基础，选取横截面中心线附近 4mm×40mm 的区域，将其划分为 5mm×5mm 的元胞，并将平均形核过冷度、非均质形核概率和临界形核温度梯度作为 CET 判据,从而实现了方坯枝晶演变过程的模拟;在此基础上,揭示了二次冷却强度、过热度和拉速对方坯枝晶结构的影响规律。

2.4 新工艺新技术开发与工程放大

2.4.1 炼钢与连铸新工艺新技术开发

重庆大学 2M 研究室(陈登福研究组)重点聚焦于连铸流程的冶金反应工程学问题。

1)开展了钢液连铸过程液固相变的钢液强制流动和自然流动与钢液凝固冷却传热的耦合数值模拟研究,借此优化设计了板坯连铸、方坯连铸、异形坯连铸等连铸型式的浸入式水口结构参数和插入深度参数。

2)首次考虑钢液的凝固现象(凝固壳厚度与进出结晶器钢液流通质量的不平衡现象),进行了钢液的物理模拟方法研究,证实板坯连铸考虑有无凝固壳情形时结晶器钢液的表面流速和表面波动可相差 30% ~ 40%,流动现象对钢液的流动状态有显著影响。

3)基于异形坯钢液流动和考虑结晶器铜板及冷却水传热的钢液凝固传热耦合仿真获得的铸坯温度场,分析了凝固壳中的应力应变状态,据此获得了铸坯的凝固收缩和铜板的高温变形规律,两者的综合及不存在气隙时的状态即为结晶器的锥度,由此设计了异形坯连铸结晶器不同位置的锥度,破解了国外商业公司对此技术的保护。

4)通过钢液、铸坯、铜板流动与传热的综合分析,研究了板坯连铸结晶器角度几何特征对角部区域钢液流动、传热和铜板冷却水缝设计的影响,优化了高品质微合金钢连铸铸坯角部区域不产生微裂纹的结晶器角部几何形状。

5)在钢的夹杂和偏析方面进行了深入研究,以多个典型钢种的成分为基础,开展了多元合金凝固溶质分配系数(偏析系数)的研究,获得了大量数据信息,为准确仿真研究钢的凝固偏析奠定了基础,由此仿真研究了连铸凝固过程夹杂析出对微观和宏观偏析的影响规律。

6)研究了典型钢种(含典型包晶钢、高硫钢、高钛钢、不锈钢等)凝固和冷却过程各类夹杂的析出热力学与动力学(含固态相变情形),采用激光高温共聚焦显微镜深入研究了各类钢的凝固速率与夹杂形成、第 2 相粒子析出与回熔,包晶反应现象。

7)据此考虑连铸过程的强制流动与自然流动、结晶器和二冷区铸坯的冷却传热、凝固过程的夹杂析出及溶质质量传输,建立全三维板坯连铸宏观偏析模型,研究了板坯连铸的中心偏析,提出了连铸横向冷却均匀性(喷嘴布置)在拉坯方向上的累积对中心偏析影响的理念,进而首次提出了基于横向冷却均匀性显著减轻中心偏析的方法,此方法可提升连铸二冷动态轻压下技术的效果。

8)基于方坯无头轧制理念,开展了超高速方坯连铸高通钢量下结晶器内钢液的流动行为和传热行为及其对超高速方坯连铸顺行影响的研究、结晶器长度和传热极限等研究工作。

9）开展了方坯多流中间包内基于钢液停留时间长、各留停留时间尽量一致理念的方坯中间包钢液流动，特厚板连铸中间所有控流装置（挡渣墙、挡坝、湍流控制器、气幕挡墙）对钢液流动状态影响，基于与方坯兼容的异形坯连铸中间包控流装置优化设计等研究工作。

2.4.2 电渣重熔

电渣重熔过程数值模拟技术取得进展。电渣重熔过程中存在着电磁场、渣金两相流动、传热传质、金属相变以及相变过程中的溶质再分配等物理化学现象。为了解析该过程中复杂的热物理现象，研究团队率先建立了电渣重熔三维非稳态多物理场全耦合数学模型，揭示了电渣锭生长过程中电流、焦耳热、电磁力、流动、温度、凝固以及宏观偏析的演化规律，并对相关工艺参数进行了优化。

2.4.3 高钛渣先进电炉处理工艺

我国钛资源储量丰富，但钛渣生产整体技术与世界先进水平相比仍存在较大差距。近年来，重庆大学多金属矿绿色提取冶金研究组与攀钢集团合作，针对攀钢的高钛渣冶炼工艺开展了大量基础研究工作：①系统研究了钛精矿的矿物特性参数，摸清了磨矿工艺对矿物性质的影响规律。②对高钛渣的高温物理化学性质进行了测试，包括流变特性、导电特性、融化特性、氧势、表面性质等，建立健全了钛渣高温性质数据库。③研究了钛精矿的还原行为、钛渣的泡沫化行为、钛渣对炉衬的侵蚀行为，准确掌握了电炉冶炼钛渣过程中的物理化学过程。④研究了钛渣凝固过程的物相转变及晶粒长大规律，揭示了不同冷却条件对于钛渣后续硫酸浸出过程的影响机制。以上所述的基础研究工作为电炉冶炼钛渣的生产工艺优化及技术改进提供了明确的指导和准确的支撑。

高效先进钛渣冶炼工艺技术在攀钢钛业公司大型电炉上应用实施后，取得了显著的效果，吨渣冶炼电耗降低 586.4kW·h，电炉输送功率提升 2.60MW，还原剂消耗降低 13.64%，设备作业率提升至 3.7%，产量指标由平均 3602.88t/ 月提升至 5600t/ 月以上。大幅度降低了钛渣的生产成本，有利于推动钛渣在硫酸法钛白中的深度应用，实现钛白的清洁生产，提升钛产业高端产品（海绵钛、氯化法钛白）的竞争力。

3. 本学科国内外发展比较

3.1 冶金动力学

在冶金动力学方面，对比国内外在气 – 固反应机理分析的进展，存在以下几点差别。

1）处理等温核收缩机制和形核长大机制的反应类型上，我国周（Chou）和李（Li）等人提出的模型领先国际水平。主要有以下几个方面：①周（Chou）等人提出的一维、二维、三维扩散动力学方程可以分析不同扩散方式对反应进程的影响，而且还提出了针对其他反应控速环节的动力学方程，如物理吸附、化学吸附、表面渗透、化学反应等。②周

（Chou）和李（Li）提出的动力学方程中，以具体的物理参量给出了各个影响因素（温度、气压、颗粒尺寸、反应层密度等）对反应速率的影响。而此前的模型只是以一个没有物理意义的反应速率常数 k 来表示反应速率的快慢，更无法直接清晰地给出各个影响因素与反应速率的定量关系。③提出特征时间的概念来表示反应完全所用的时间，具有明确的物理意义。

2）处理非等温形核长大机制的反应，拟合等温和非等温动力学参数，准确预报非等温反应动力学，处于国际领先水平。开发了引入形核自催化的 JMAK 模型，引用 Euler 第一类积分 Beta 函数将其进行解析化，获得 5 个独立的动力学参数：指前因子、形核激活能、长大激活能、形核指数、长大指数，通过与数值解的对比验证了模型解析解的精确性。经验证，对于所有储氢材料可能的动力学参数取值，其解析解都具有足够好的精确性，确保了该模型在应用中的可信度。

3）原位实验和反应初期机理的实验分析技术与国外差距较大。对于反应机理的分析，一方面通过模型解析表观反应进程与时间或温度的关系，另一重要的方面是从实验获得最直观的反应过程信息。这也可以为模型的假设提供实验依据。但是目前国内虽然有原位的实验设备，但是存在应用范围小、设备使用供不应求、操作技术不足等问题，致使初期反应机制、反应具体细节机理尚不清楚。

3.2 冶金熔体的热物理性质及传输参数

钛、钒、稀土、铌等为我国特色资源，且多与铁元素共生。为了有效利用这类特色资源共生矿，我国学者围绕含这类元素的熔渣热物理性质开展了系统深入的研究工作，含 Ti/V/Re/Nb/Cr 等氧化物的熔渣热物理性质如熔点、黏度、电导率等（尤其在含变价态氧化物条件下），同时借助于先进检测分析技术的分析这类熔渣的结构特征，探讨热物理性质与熔渣结构之间的潜在关联，建立熔渣各项热物理性质的预报模型。该部分研究处于国际领先水平。

废钢熔化过程传输参数分析方面，在热态模拟及数值模拟研究中获得了各因素对传质系数的影响，提出的中小型废钢熔化评价体系处于国际领先水平。基于传质无量纲经验公式，获得自然对流和强制对流下的传质无量纲表达式，并扩大了其适用范围，通过与实验结果和前人研究结果的对比，验证了表达式的准确性，确保了该模型在应用中的可信度。但是废钢熔化中传质现象的热模拟实验局限于实验室研究，实验规模与国外差距较大。对于热模拟实验的研究，一方面通过实验室级别的实验，分析熔池温度、废钢尺寸、废钢碳含量、搅拌强度等对圆柱形废钢棒熔化过程中传质系数的影响，得到传质无量纲关系式，另一重要的方面是通过实验结果计算各因素与传质系数的函数关系，确定其对传质系数的影响因子。但由于操作限制，且观察记录复杂，目前国内在实际生产过程中进行转炉废钢熔化的热模拟试验研究还存在一定难度，导致构建的中小型废钢熔化评价体系不能完全评估生产中重型废钢，或者轻、重型废钢混装时的传质行为。

3.3 反应器数值模拟及解析

3.3.1 反应器综述

就一般的数值模拟来说，应该说国内的研究与世界先进水平还有明显的差距，不仅没有任何一种数值模拟软件是中国制造，而且大多数数值模拟的起步和早期研究基本上是国外的文献。但是，在应用数值模拟对冶金反应器进行研究方面，在国外成果的基础上进一步发展也提升了国内研究的水平。尽管对不同反应器数值模拟的水平有所不同，目前国内的研究整体上还是处于国际先进水平。钢铁生产流程主要反应器的数值模拟现状的国内外对比情况如下。

（1）铁矿石烧结过程数值模拟处于国际一流水平

国外钢铁发达国家烧结生产已逐渐减少，但早期的数学模型主要来源于国外学者。国内烧结数值模拟是在国外早期工作的基础上发展起来的，目前已处于国际一流水平，模型的应用处于领先水平，主要体现为对传统烧结工艺一维和二维瞬态以及烟气循环、气体燃料喷吹和富氧烧结等新工艺以及包括 NO_x 和 SO_2 等污染物行为的模拟。存在的问题是模型仍然有较大提升空间，例如将研究烧结过程现象的热力学和动力学研究成果集成到烧结过程模拟中，并实现烧结过程矿相演变的数值模拟。

（2）各种炼铁反应器的数值模拟整体上处于国际一流水平

目前国内从事全炉数值模拟的人不多，且还停留在传统的 CFD 方法。而针对高炉这一反应器，目前国外已向 DEM–CFD 的耦合方法发展，也取得了一些成果。因此，在高炉的全炉数值模拟方面，国内与国外还有一定差距。需要指出的是，DEM–CFD 方法中将固相作为颗粒处理，气相和液相作为流体，且可通过计算形成风口回旋区，无须作为边界条件设定。由于是直接对颗粒进行计算，可以计算其相变，进而可以直接获得软熔带，所以也不存在软熔带待求解的问题。但由于计算量大，目前还难以实现实际规模全现象的全炉模拟。

应用 DEM–CFD 方法对填充床类反应器进行数值模拟是目前的发展趋势，在高炉（COREX 熔化气化炉）炉身块状区以及竖炉方面，目前国内外均普遍采用 DEM–CFD 方法，且水平相当。

针对高炉（COREX 熔化气化炉）风口回旋区、布料等的局部过程，国内外的模拟手段较为一致。而得益于 COREX 在国内的发展，对相关反应器的数值模拟甚至可以说处于国际领先水平，例如熔化气化炉、AGD 和 CGD 还原竖炉。关于风口回旋区，进一步的研究需考虑焦炭燃烧反应（气体量和温度增加和固体减少）对回旋区形成的影响。

关于高炉炉缸，虽然最近国外已出现采用 DEM–CFD 方法进行高炉炉缸现象模拟的尝试，但目前主流的技术路线仍然基于高炉实测数据挖掘和料柱受力分析对炉缸死料柱状态进行表征，然后耦合传统 CFD 方法开展流动、传热和侵蚀方面的模拟研究。因此，国内外水平相当。

（3）炼钢转炉相关的数值模拟处于国际先进水平

炼钢转炉是钢铁生产流程中最复杂因而数值模拟难度最大的反应器，目前国内外都还没有实现全炉全现象的数值模拟，但在氧气射流、射流与熔池的相互作用、液滴形成、熔池混合、精炼过程动力学模型等方面的数值模拟国内的研究处于国际先进水平。存在的问题／差距主要体现在国内缺乏对于诸如冶炼过程炉渣乳化／泡沫化等这些复杂过程现象的机理模型开发和模拟方面的基础研究。

（4）钢水精炼反应器的数值模拟整体上处于国际先进水平

尽管国内起步较晚，但对钢（铁水）包和真空循环（RH）系统等的数值模拟整体上处于国际先进水平。主要体现在能够实现反应器全现象（包括吹气和机械搅拌、喷粉乃至夹杂物运动行为等）和精炼过程动力学模型等方面的数值模拟。

（5）钢水连铸过程的数值模拟处于国际先进水平

与国外相比，国内对中间包过程的数值模拟已从简单的流动模拟发展到对包括气泡和夹杂物等离散相运动的运动行为和钢水漩流等更复杂现象的模拟研究。

对包括二冷段的结晶器反应器的数值模拟，国内处于国际先进水平的研究主要体现在作为离散相的气泡和夹杂物运动行为的模拟表征、结晶器内保护渣分布与气隙分布的表征、结晶器内电磁 – 流场 – 温度场耦合的模拟、铸坯元素偏析和中心疏松形成机理的解析与控制、铸坯枝晶演变行为的模拟等。存在的问题／差距主要体现在凝固过程糊状区物性参数和三维全流程建模等。

关于反应器解析，国内的发展水平主要体现在以下几个方面。

（1）传统的物料平衡热平衡模型处于国际先进水平

主要体现在对具有明显分区特征的炼铁反应器（例如高炉和 COREX 熔化气化炉）的分区物料平衡热平衡模型，和针对入口和出口参数非集总的铁矿石烧结反应器的包括输入输出参数集总处理的物料平衡热平衡模型。耦合动力学模型（结果）的物料平衡热平衡模型是发展方向。

（2）表征反应器过程进程的动力学模型处于国际先进水平

这方面的进展主要体现在铁水预处理、转炉炼钢、钢包精炼等间歇式反应器和作为连续式反应器的还原竖炉等。存在的问题／差距主要体现在反应器整体的表观宏观动力学和传输参数的确定和相分布的表征。因此，结合数值模拟对浓度场、温度场和速度场，集总提取出动力学和传输参数以及相界面积，从而对反应器过程进程的表征和模型解析，即耦合数值模拟（结果）的动力学模型是未来发展方向。

（3）反应器流动和混合模型处于国际领先水平

基于物理现象新提出的 2 个和 N 个非等容全混槽串联模型，以及带有非等容全混槽串联的组合模型 RTD 函数的推导及其模型参数的确定方法填补了国内外教科书的空白。单入口多出口反应器 RTD 曲线的分析方法处于国际领先水平。存在的问题 / 差距主要体现在考虑示踪剂的非理想特性（密度差和扩散）对实验测定的 RTD 和均混时间的修正，多相反应器相间混合的表征和测定，以及开式边界（大入口和大出口）反应器 RTD 的测定和模型表征。

3.3.2　高炉反应器

国外对高炉数值模拟进行了广泛的研究与应用，其中日本对高炉冶炼过程的计算机应用及数学模型的研究居于国际先进水平。住友金属公司开发的高炉数学模型成功应用于和歌山 4 号高炉的长寿设计和操作，保持高作业率运转 27 年（设计 7 年），创造了世界纪录；运用于和歌山 5BF，运转 22 年；目前该模型已应用于住友所有高炉及其他钢铁公司，创造了良好的经济效益。

相对于国外而言，我国高炉数学模型成功实现应用的较少，与国外仍存在一定差距，究其主要原因主要有：①国内高炉炉料变化频繁，原料条件长期波动导致高炉冶炼不稳定，模型计算结果与生产数据很难保持统一；②钢铁企业过分追求产量，持续的高冶炼强度导致高炉检测装置易于损坏，同时国内一级自动化和检测系统不完善，提供的初始数据和边界条件不可靠或缺失，模拟假设条件增多，导致数值模拟结果失真；③国内多数高炉现场操作人员对数值模拟分析持谨慎怀疑态度，模型应用的积极性受到阻碍。

3.3.3　炼钢与连铸

（1）顶底复吹转炉熔池内气液两相流动研究处于国际先进水平

相比于顶吹转炉炼钢法，顶底复吹转炉炼钢法自出现以来便得到了迅速普及，已成为当今铁水炼钢的主流技术。对于复吹转炉的数值模拟的研究，目前仅有少数文献报道。这些研究或采用准单相流，或将顶吹射流视为不可压气体，无法深入揭示顶底复吹转炉熔池内气液两相流动行为。我国学者在顶底复吹转炉熔池内气液两相流动研究方面处于国际先进水平。

（2）钢包精炼过程渣 - 金 - 气多物理、化学现象研究处于国际先进水平

底吹 Ar 气钢包中，气泡浮力是驱动钢液流动的主要动力源，对底吹 Ar 气钢包内气液两相流行为的准确描述是研究底吹钢包内其他传输行为的基础。目前，国内外学者已建立了不同数学模型来描述底吹钢包内的气含率分布、液体流速和湍动能等重要流场信息。这些数学模型主要分为准单相流模型和两相流模型，其中两相流模型又可以分为 Euler-Lagrange 和 Euler-Euler 模型。Euler-Lagrange 模型在较小气流量下模型预测结果与实测结果吻合良好，然而，因忽视离散相体积分数的影响，在较大底吹气流量下，模拟结果会出现较大误差。Euler-Euler 模型相比于物理实验观测结果，模型预测的气泡流股大都呈圆柱状，随着气泡上浮，其流股边界没有发生扩散，这与实际现象是明显不符的。另外，在 Euler-Euler 模型中，采用液体湍动黏度近似为气相扩散系数，该模型预测的气含率与实测

结果相比较为接近，但该模型预测的液体速度与湍动能与实测结果仍有较大差距。我国学者开发的模型综合考虑了钢包内液体脉动造成的气泡扩散现象，以及气泡上浮诱导所产生的液体湍流现象；考察了气液相间曳力、升力、虚拟质量力对气液两相流的影响，有效解决了这些问题。

国际上对于夹杂物-夹杂物间的碰撞聚合，主要考虑了夹杂物-夹杂物湍流剪切碰撞、夹杂物-夹杂物 Stokes 碰撞、夹杂物-夹杂物 Brown 碰撞；对于夹杂物的去除，则主要考虑了夹杂物自身上浮、夹杂物-气泡浮力碰撞、夹杂物壁面吸附等机理。然而，在钢包强湍流区域，夹杂物尺寸大于 Kolmogorov 微尺寸时会出现随机脉动。为此研究学者提出了夹杂物湍流随机运动模型，并分别建立了夹杂物-夹杂物、夹杂物-气泡随机碰撞速率及夹杂物随机上浮速率模型，同时建立气泡尾涡捕获夹杂物模型，并考虑了 Stokes 碰撞效率及渣圈对夹杂物行为的影响，更为全面地考虑了各个因素对夹杂物上浮行为的影响。

（3）连铸结晶器热/力耦合研究处于国际先进水平

结晶器内传热与应力-应变过程是十分复杂的。最初，研究学者将结晶器铜板和凝固坯壳作为独立对象，分别开展它们的热/力学行为研究。随后，托马斯（Thomas）研究团队考虑振痕结构，基于渣道内保护渣质量守恒和动量守恒原理，建立了坯壳和铜板之间的界面热流模型，进而根据钢液与铜板水槽内冷却水之间的热平衡，预测了坯壳、渣层温度和厚度沿结晶器高度方向的分布特征；将此模型与考虑坯壳变形行为的弹-黏塑性力学模型进行耦合，实现了对结晶器角部附近气隙沿高度方向分布特征的预测。与托马斯研究团队相比，本学科系统、全面地描述钢在结晶器内凝固过程保护渣的状态及厚度、气隙、界面热流等沿结晶器高度和周向二维动态分布。

（4）连铸凝固过程偏析和组织演变研究处于国际先进水平

连铸坯宏观偏析的描述大多采用连续介质模型。连续介质模型将固液糊状区视为多孔介质区，通过一组传输方程表征熔体流动、传热与传质现象，且采用微观偏析解析模型处理合金凝固过程。一方面，微观解析模型通常对固、液相溶质扩散进行一定的假设，例如杠杆定律假设固、液相溶质均匀混合，因此连续介质模型无法实现宏观偏析的定量化预测。另一方面，连续介质模型忽略扩散控制的枝晶生长动力学，因此无法充分考虑和揭示固、液相对流动和凝固组织演变的影响规律。本学科则引入体积平均模型，有效解决了上述问题。体积平均模型考虑了枝晶演变的影响，认为糊状区存在液相和枝晶相（等轴晶和柱状晶），且它们体积分数之和为 1，通过柱状晶前沿等轴晶相体积分数判断柱状晶向等轴晶转变（CET）发生与否，同时液相和枝晶相之间发生质量、动量和溶质传递。在连铸坯枝晶演变方面，仅伯特格尔（Böttger）等以连铸坯横截面上宽面中心线附近局部区域为研究对象，采用 MICRESS 软件，模拟了结晶器内柱状演变过程。但是，可能因网格尺寸限制在 0.333m，该研究未深入至二次冷却区，同时也未考察工艺条件对枝晶演变的影响规律。

3.4 新工艺新技术开发与工程放大

电渣重熔过程数值模拟技术处于国际先进水平。目前各国学者对电渣重熔过程的研究还都集中在电磁场、流动、传热和凝固方面，对溶质偏析问题关注不多。仅有的相关研究也是关注了金属熔池和糊状区中溶质再分配的行为，忽略了电磁力和焦耳热以及渣金流动传热等现象，而这些对溶质偏析有着重要的影响。北京科技大学课题组开发的数学模型考虑了电磁、渣金流动与传热对电渣锭生长过程中溶质偏析的影响，同时引入微观组织结构参数，建立了糊状区各向异性渗透系数，体现了电渣锭定向凝固的特点，该模型处于国际先进水平。

4. 本学科发展趋势与对策

4.1 冶金动力学

（1）构建针对具体反应的模型

虽然都属于气－固反应，但各个体系的反应之间可能存在较大差别。比如金属的吸氢与氧化，是由不同的原子和离子扩散，所以反应模型也不尽相同。而且具体的新相生成也存在择优生长的情况。所以未来对于具体体系的反应机理，应该采用不同的动力学方程，才能进行准确的描述。

（2）原位表征手段的提升

原位观察反应进程是最直接揭示反应机理的方法，由于实验手段的不断升级，原位观察和实验方式还有很大的提升空间。

4.2 冶金熔体的热物理性质及传输参数

进一步完善含 Ti/V/Re/Cr/Nb 等元素的冶金熔体热物理性质基础参数，建立可供查阅的数据库，为我国特色资源综合利用、二次资源循环利用提供基础支撑。

全方位考察废钢熔化过程中各类传输参数，完善各类相似证书，拓展适用范围，进一步完善废钢熔化速率评价体系。为我国以后大废钢比冶炼提供必要的基础数据。

4.3 反应器数值模拟及解析

4.3.1 反应器综述

冶金工业，尤其是钢铁冶金工业，是典型的由各反应器环节构成的流程工业，也是典型的高能耗和污染排放工业。钢铁工业的智能制造、数字化反应器、数字化生产、人工智能等的发展对传统流程反应器的数值模拟和解析提出了更高的需求；钢铁工业绿色制造

（冶金新工艺）发展出现的新反应器也对反应器数值模拟和解析提出了新的需求。另一方面，计算机软硬件技术的发展也为冶金反应器数值模拟和解析提供了更加有力的手段。因此，反应器的数值模拟和解析近期内将迎来更大的发展。

智能制造所需的数学模型包括基于第一原理的机理模型和大数据（统计）方法模型。与单纯数学上的大数据方法相比，机理模型具有更坚实可靠的物理化学基础。结合第一原理机理的大数据方法比单纯数学上的大数据方法更具优势，且应是发展方向。就反应器层次而言，数字化反应器和数字化生产更是必须通过数值模拟来实现。这一切都为基于第一原理的反应器数值模拟和解析的发展提供了更加大的舞台，也提出了更高的要求。

从满足行业发展需求看，尽管反应器数值模拟和解析已经取得较大进展，但距行业发展需求的要求还有很大差距。如上所述，需求方面的差距主要表现在全反应器全现象更加准确和精确的数值模拟，反应器解析更加准确和精确的动力学模型和流动模型。为此，应针对如上所述的问题和差距加强研究。

作为加强针对存在问题和差距的研究的对策，首先应强化高校相关专业基础课的设置，尤其是研究生培养的课程设置，包括宏观动力学、传输现象、数值方法、反应工程学等。其次，在国家（国家自然科学基金、科技部、教育部）支持层面上，建议加大对冶金反应工程学应用基础研究支持的力度。

4.3.2　高炉反应器

（1）强化高炉数学模型的实用性

随着监测技术不断完善，高炉专家系统得到了较好的发展，其利用计算机技术，以期实现高炉生产的自动化控制及信息化。与高炉数学模型相同，均存在优点与不足。未来高炉数学模型的发展方向应包括：针对特定用途，简化模型；强化模型人机界面的友好性；强化全高炉模型和专家系统的有机结合。全高炉综合模型与布料、炉内应力推测、炉缸侵蚀推测等专家系统数学模型高度结合，相互利用和促进，提高各自精度，优化高炉本体及炉缸炉底结构设计，实现高炉冶炼高效、稳定、长寿。

（2）建模内容和方法的完善和革新

高炉数学模型的未来发展应扩展和丰富目前的建模体系、思想和方法，采用新理论新方法，不断完善高炉数学模型。首先是对高炉内复杂的未明现象进一步阐明及定量描述，包括：粉相和液相静态滞留和动态滞留的区分，动静态两种滞留间的物质传输机制；炉内固体物料粉化导致的粉相产生机制；软熔带形成机制和定量描述；铁水中微量元素扩散机制；液相和粉相间的双向作用机制；生铁渗碳的机理和速率；死料柱更新机理等，最终提高高炉数学模型的合理性和精确度。其次是运用粒子追踪法和随机过程理论来模拟实际操作中出现的炉况失常现象，如管道、悬料、滑料及风压波动，加强异常炉况的预测和控制。最后是强化 CFD 高炉模型和 DEM 高炉模型的高度结合。发挥两种建模方法的优点，将气相、液相和粉体相行为仍然采用 CFD 进行模拟解析，而固相以及液相流动采用 DEM

进行分析，更合理全面地阐明高炉内的复杂耦合现象。

（3）基于大数据技术的智能化高炉开发

高炉体积巨大、炉料冶炼连续、巨量炉料是造成高炉数据具有"大滞后、多变量、非线性"特征的主要原因。每个炉子特征不同，同一炉子不同时期数据特征也存在差别，准确识别高炉过程特征是基于大数据技术进行智能化高炉开发需要攻克的关键。针对目前高炉数学模型基本为稳态模型，无法准确预测异常炉况；未考虑高炉的全生命周期；大多数模型复杂，计算时间长；高炉专家系统数据库不足等问题，利用数据清洗、数据挖掘、模式识别等信息技术，并充分结合信息互联互通、高炉监测、自学习等，扩展和改进高炉数学模型，是实现高炉数学模型优化及工程化转化的重要途径。改进的高炉数学模型需反映高炉相关控制单元的全生命周期，在较短的计算求解过程中能够体现各控制体的多种状态，且能将模型融入高炉智能化过程控制中形成真正意义上的闭环。

4.3.3 炼钢与连铸

转炉冶炼是一个涉及高温多相的流动、传质、传热、乳化、喷溅、化学反应等复杂过程，对过程现象建立相应的机理模型并掌握其过程特征是解析转炉冶炼过程特征和实现智能化控制的重要基础。目前，研究者们利用氧枪超音速射流特性的模拟研究辅助设计了集束、氮气伴随等新型氧枪。通过对转炉熔池内多相流行为模拟研究有效揭示了混匀效率、炉衬冲刷、金属液滴喷溅等物理现象，并初步探索了转炉内脱碳、脱磷化学反应过程。但仍需要对如下现象行为进行深入的模拟研究：

1）转炉熔池内乳化发泡行为。在转炉冶炼过程中，高速射流对熔池冲击导致的熔体喷溅及 C-O 反应产生的 CO 气泡弥散都会导致渣 – 金 – 气三相乳化。乳化区是精炼反应进行的一个主要地点，它将会极大增加反应比表面积和反应速率。需要进一步深入研究乳化形成过程和形成机理，完善气 – 液 – 渣多相流模型以定量描述乳化区弥散体系中各相的体积含率分布、液滴尺寸分布、运动规律及相间传质速率等重要信息，为进一步准确描述转炉内脱碳、脱磷等反应动力学奠定基础。

2）转炉熔池反应动力学。炉内的化学反应以及因此引起的熔池升温过程对转炉冶炼进程产生重要影响，需要探寻合理的脱碳、脱磷或脱硅等反应热力学模型，并耦合 CFD 和热力学相关数据预测炉内化学成分和温度变化规律。

钢的精炼是实现钢高洁净化的重要环节和保障，目前国内外学者对底吹 Ar 气钢包内多相流动行为、夹杂物去除行为以及渣 – 金反应动力学等方面进行了大量的数值模拟研究，成功描述了钢液湍流脉动诱导的气泡扩散行为和气泡上浮诱导钢液湍流等现象，提出了一些新的夹杂物传输机理和现象，有效预测了钢液中夹杂物输运、碰撞聚合及去除行为，利用 CFD-SRM 耦合模型实现了钢包精炼多组分同时参与的渣 – 金反应和脱硫行为的预测。但仍需要进行对下面的现象进行深入研究：

1）钢精炼过程气泡聚合破碎行为。实际钢包吹 Ar 气精炼过程，气泡会在钢液静压力、温度及湍流脉动行为作用下发生膨胀、碰撞聚合及破碎行为，进而对多相流场及夹杂物去除行为造成直接影响。因此需要对底吹钢包中气泡发生破裂、聚合行为机理进行深入研究，揭示气泡破碎、聚合行为作用下的气泡尺寸分布规律以及与各参数间的定量关系。

2）钢精炼过程夹杂物传输及去除行为。实际精炼过程不同成分类型夹杂物的形状不同，而且与渣层接触时会因不同形状液膜阻力导致一部分夹杂物无法被渣吸附，目前的模拟基本上没有考虑这一重要现象，此外，钢渣界面卷混合钢液与包衬间物理化学行为目前尚未得到真正准确描述。因此，需要从理论描述和基本现象的认识掌握上开展更深入的研究工作。

钢连铸是一个涉及传输现象、组织演变、电磁场、应力 – 应变场等多物理现象、多场耦合的复杂过程，同时还受喷淋、拉矫等过程操作行为的影响。目前，研究者们在坯壳 – 结晶器铜板热 / 力耦合行为、多场作用下钢液流动现象、连铸坯末端凝固热 / 力耦合行为、宏观偏析以及凝固组织演变等方面开展了大量的数值模拟研究，描述了保护渣和气隙沿结晶器周向和高度方向的分布，揭示了 EMBr 和 EMS 作用下结晶器流场，预测了凝固末端位置、凝固组织结构和宏观偏析分布。但是，连铸是一个多物理现象、多场耦合的过程，其全面深入的定量化模拟仍需要考虑如下因素：

1）糊状区物性参数。目前，连铸坯糊状区物性参数（热导率、屈服强度和渗透率等）通常假定为固相率的函数，而忽略了枝晶网络结构特征，因而难以定量描述钢连铸凝固传输现象。获得连铸坯糊状区三维枝晶网络结构，进而开展流动、力学等方面研究工作，既能够丰富连铸坯糊状区凝固理论，又有利于定量确定糊状区物性参数。

2）机械变形与传输现象的耦合。目前，基于体积平均法的多相凝固模型实现了电磁搅拌对方坯中心偏析改善机理和板坯中心偏析形成机理的定量描述。然而，在实际生产过程中，连铸坯弯曲、矫直、鼓肚和压下过程产生的变形均对宏观偏析产生重要影响。因此，通过热 / 力模型和多相凝固模型全方位的耦合，深入揭示机械变形对宏观偏析的作用机理，仍是连铸领域亟待研究的问题。

3）三维全流程建模。目前，研究学者提出了二维横截面切片、纵截面切片和三维分段式处理方法，对流动、传热和传质造成不同程度的影响，因而并未真正实现连铸凝固传输现象的三维全流程描述。毋庸置疑，计算量是三维全流程建模的限制性环节。GPU（图形处理器）高性能计算正逐渐在连铸领域兴起，连铸坯三维全流程建模也将逐渐实现。

4.4 新工艺新技术开发及工程放大

4.4.1 炼钢领域

近年来，我国冶金反应工程学的学术研究进步很大，目前已经处于国际第一阵营。冶金反应工程学的研究，在钢铁冶金和有色金属冶金的各工艺流程、各反应器的设计、工艺强化与工艺优化、精细化和深入度、高端和特殊钢种开发等方面发挥了重要作用，为我国成为世界冶金大国和向世界强国迈进奠定了坚实的基础。

基于世界科技发展特别是冶金材料领域科技发展的态势，冶金反应工程学科的发展建议在宏观层次深入研究的基础上，应加强和耦合微观、介观尺度的研究，开展冶金反应工程多尺度模拟研究，以期能更深刻地理解反应过程的机理和参数变化规律；利用目前不同学科科技发展的成果，注重将新的研究方法如分子动力学、第一性原理、相场理论等引入到反应工程学的研究中；目前对冶金熔体的冶金反应工程学研究比较深入，但对凝固后的固态冷却、固态相变、高温下固态组织调控以使材料达到最优服役性能的冶金反应工程学研究远远不足；注重开展不同物理场下或多场耦合的非常规冶金的反应工程学研究，发展新的冶金方法并逐渐工程应用，并将其研究结果移植和应用于目前的常规成熟的冶金体系中。

4.4.2 电渣重熔

在重熔过程中，金属液滴穿过渣池时，会发生诸如脱氧脱硫等热化学与电化学反应，所以需进一步开发金属液滴与熔渣之间的传质模型，并与热力学计算相耦合，考虑元素活度的变化对反应速率的影响。此外，在交变电磁场的作用下，金属液滴与熔渣界面会产生电毛细振荡现象，使得界面发生乳化，从而对渣金两相流动和传热传质产生影响，因此，在开发传质模型时应重点考察渣金乳化现象。

参考文献

［1］ 龙红明. 铁矿石烧结过程热状态模型的研究与应用［D］. 中南大学，2007.

［2］ 刘斌，冯妍卉，姜泽毅等. 烧结床层的热质分析［J］. 化工学报，2012（05）：1344–1353.

［3］ Wang, G., Wen, Z., Lou, G. et al. Mathematical modeling of and parametric studies on flue gas recirculation iron ore sintering［J］. Applied Thermal Engineering, 2016, 102, 648–660.

［4］ 张斌，周子民，李茂. 双层配碳烧结过程的传热传质分析［J］. 化工学报，2017，68（5）：1811–1822.

［5］ ZHANG B, ZHOU J, LI M, et al. Modeling and Simulation of Iron Ore Sintering Process with Consideration of Granule Growth［J］. ISIJ International, 2018, 58（1）：17–24.

［6］ 张小辉. 铁矿石烧结过程传热传质数值模拟［J］. 中南大学学报，2013，44（2）：805–810.

［7］ Wenjie Ni, Haifeng Li, Yingyi Zhang, et al. Effects of Fuel Type and Operation Parameters on Combustion and NOₓ emission of Iron Ore Sintering Process［J］. Energies 2019, 12（2），213.

［8］ Yanguang Chen, Zhancheng Guo, Gensheng Feng. NOₓ reduction by coupling combustion with recycling flue gas in iron ore sintering process［J］. Int. J. Miner. Metall. Mater, 2011, 18, 390–396.

［9］ Zhou, H., Zhou, M., Liu, Z., et al. Modeling NOₓ emission of coke combustion in iron ore sintering process and its experimental validation［J］. Fuel, 2016, 179, 322–331.

［10］ Yu, Z., Fan, X., Gan, M, et al. NOx Reduction in the Iron Ore Sintering Process with Flue Gas Recirculation［J］. JOM 2017, 69, 1570–1574.

［11］ Zhou, H., Cheng, M., Zhou, M et al. Influence of sintering parameters of different sintering layers on NOₓ emission in iron ore sintering process［J］. Appl. Therm. Eng. 2016, 94, 786–798.

［12］ Chu Mansheng, Yang Xuefeng, Shen Fengman, *et al*. Numerical simulation of innovative operation of blast furnace based on multi-fluid model, Journal of iron and steel research International, 2006（13）, 8–15.

［13］ Tonglai Guo, Chu Mansheng, Liu Zhenggen, Jue Tang, *et al*. Mathematical modeling and energy analysis of blast furnace operation with natural gas injection, Steel Research, 2013（84）, 333–334.

［14］ Zhang Zongliang, Meng Jiale, Guo Lei, *et al*. Numerical Study of the Reduction Process in an Oxygen Blast Furnace, Metallurgical and Materials Transaction B, 2016（47）, 467–484.

［15］ Zhang Zongliang, Meng Jiale, Guo Lei, *et al*. Numerical Study of the Gas Distribution in an Oxygen Blast Furnace. Part 1: Model Building and Basic Characteristics, JOM, 2015（67）, 1936–1944.

［16］ Zhang Zongliang, Meng Jiale, Guo Lei, *et al*. Numerical Study of the Gas Distribution in an Oxygen Blast Furnace. Part 2: Effects of the Design and Operating Parameters, 2015（67）, 1945–1955.

［17］ Haifeng LI, Zhiguo LUO, Zongshu ZOU, *et al*. Mathematical Simulation of Burden Distribution in COREX Melter-gasifier by Discrete Element Method. Journal of Iron and Steel Research［J］. International, 2012, 19（9）: 36–42.

［18］ 李海峰, 罗志国, 张树才, 等. 溜槽角度对混装布料过程的影响［J］. 东北大学学报, 2012, 5（33）: 681–684.

［19］ 李海峰, 游洋, 邹宗树, 等. 新型 DRI– 挡板布料器布料过程的数值模拟［J］. 东北大学学报（自然科学版）, 2016, 37（6）: 800–804.

［20］ 李海峰, 游洋, 韩立浩, 等. 加焦方式对气化炉内气流分布的影响［J］. 材料与冶金学报, 2016, 15（1）: 12–19.

［21］ 李海峰, 李林蔚, 游洋, 等. 八钢 COREX 多粒度非球形颗粒混合堆积的研究［J］. 材料与冶金学报, 2017, 16（1）: 19–24.

［22］ Shao Lei, Yu Shan, Louhenkilpi Seppo, *et al*. A CFD Model for Estimating Refractory Erosion and Skull Buildup in the Blast Furnace Hearth, AISTech, 2015, 864–877.

［23］ Junjie Sun, Zhiguo Luo, Zongshu Zou. Numerical simulation of raceway phenomena in a COREX melter-gasifier. Powder Technology, 2015, 281（9）: pp.159–166.

［24］ H. Zhou, Z. G. Luo, T. Zhang, *et al*. Analyses of solid flow in COREX shaft furnace with AGD by discrete element method, IRONMAKING & STEELMAKING, 2015, 42（10）: 774–784.

［25］ Xingsheng Zhang, Zongshu Zou, Zhiguo Luo. Influence of CGD structure on burden descending behavior in COREX shaft furnace. Metallurgical Research Technology, 2018.

［26］ Zhou Heng, Luo Zhiguo, Zhang Tao, *et al*. DEM Study of Solid Flow in COREX Shaft Furnace with Areal Gas Distribution Beams, ISIJ International, 2016（56）, 245–254.

［27］ Zhou Heng, Wu Shengli, Kou Mingyin, *et al*. Analysis of coke oven gas injection from dome in COREX melter gasifier for adjusting dome temperature, Metals, 2018（8）, 921–928.

［28］ Wu Shengli, Kou Mingyin, Sun Jing, *et al*. Analysis of Operation Parameters Affecting Hot Metal Temperature in COREX Process, Steel Research International, 2014（85）, 1552–1559.

［29］ Li Z L, Zhang L L, Cang D Q. Temperature corrected turbulence model for supersonic oxygen jet at high ambient temperature［J］. ISIJ International, 2017, 57（4）: 602–608.

［30］ Liu F H, Zhu R, Dong K, *et al*. Effect of ambient and oxygen temperature on flow field characteristics of coherent jet ［J］. Metallurgical and Materials Transactions B, 2016, 47（1）: 228–243.

［31］ Li M M, Li Q, Kuang S B, *et al*. Coalescence characteristics of supersonic jets from multi-nozzle oxygen lance in steelmaking BOF［J］. Steel Research International, 2015, 86: 1517.

［32］ Wang W J, Yuan Z F, Matsuura H, *et al*. Three-dimensional compressible flow simulation of top-blown multiple jets in converter［J］. ISIJ International, 2010, 50（4）: 491–500.

［33］ 李存牢，朱荣，王慧霞，等. 转炉炼钢氧气射流技术［J］. 北京科技大学学报，2009，31（S1）：32.

［34］ 刘坤，朱苗勇，王滢冰. 聚合射流流场的仿真模拟［J］. 钢铁研究学报，2008，20（12）：14.

［35］ 温良英，周远华，陈登福，等. 复吹转炉熔池内流体流动的数值模拟［J］. 重庆大学学报（自然科学版），2006，29（1）：49-52.

［36］ 徐栋，苍大强，秦丽雪. 氧气顶吹转炉三维流场数值模拟［J］. 炼钢，2011，27（4）：41-46.

［37］ Lv M，Zhu R，Guo Y G. Simulation of flow fluid in the BOF steelmaking process［J］. Metallurgical and Materials Transactions B，2013，44（6）：1560-1571.

［38］ Li Q，Li M M，Kuang S B，et al.，Numerical simulation of the interaction between supersonic oxygen jets and molten slag-metal bath in steelmaking BOF process［J］. Metallurgical and Materials Transactions B，2015，46（2）：1494-1509.

［39］ Li M M，Li Q，Kuang S B，et al. Computational investigation of the splashing phenomenon induced by the impingement of multiple supersonic jets onto a molten slag-metal bath［J］. Industrial & Engineering Chemistry Research，2016，55：3630-3640.

［40］ Zhou X B，Ersson M，Zhong，L C，et al. Numerical simulations of the kinetic energy transfer in the bath of a BOF converter［J］. Metallurgical and Materials Transactions B，2016，47（1）：434-445.

［41］ Li Y，Lou W T，Zhu M Y. Numerical simulation of gas and liquid flow in steelmaking converter with top and bottom combined blowing［J］. Ironmaking & Steelmaking，2013，40（7）：505-514.

［42］ 肖泽强，朱苗勇. 冶金过程数值模拟分析技术的应用［M］. 北京：冶金工业出版社，2006.

［43］ 娄文涛. 钢包精炼过程的多相流传输行为及反应动力学研究［D］. 沈阳：东北大学，2015.

［44］ 程中福. 精炼钢包底喷粉元件内钢液渗透与粉气流输送行为研究［D］. 沈阳：东北大学，2016.

［45］ 周业连. 精炼钢包钢-渣界面非金属夹杂物分离去除行为的数学物理模拟研究［D］. 沈阳：东北大学，2017.

［46］ 王楠，邹宗树. 钢铁冶金过程数学模型［M］. 北京：科学出版社，2011.

［47］ Lou W，Zhu M. Numerical simulation of gas and liquid two-phase flow in gas-stirred systems based on Euler-Euler approach［J］. Metallurgical and Materials Transactions B，2013，44（5）：1251-1263.

［48］ Lou W T，Zhu M Y. Numerical simulations of inclusion behavior in gas-stirred ladles［J］. Metallurgical and Materials Transactions B，2013，44（3）：762-782.

［49］ Lou W T，Zhu M Y. Numerical simulation of desulfurization behavior in gas-stirred systems based on computation fluid dynamics-simultaneous reaction model（CFD-SRM）coupled model［J］. Metallurgical and Materials Transactions B，2014，45（5）：1706-1722.

［50］ Lou W T，Zhu M Y. Numerical simulation of slag-metal reactions and desulfurization efficiency in gas-stirred ladles with different thermodynamics and kinetics［J］. ISIJ International，2015，55（5）：961-969.

［51］ Lou W T，Zhu M Y. A mathematical model for the multiphase transport and reaction kinetics in a ladle with bottom powder injection［J］. Metallurgical and Materials Transactions B，2017.

［52］ S. Chang，X. K. Cao，Z. Z. Zou. Regimes of Micro-bubble Formation Using Gas Injection into Ladle Shroud［J］. Metallurgical and Materials Transaction B.，2018，49B（3）：953-957.

［53］ S. Chang，X. K. Cao，C. H. Hsin，Z. Z. Zou，M. Isac，R. I. L. Guthrie. Removal of Inclusions Using Micro-bubble Swarms in a Four strand，Full-scale，Water Model Tundish［J］. ISIJ International，2016，56（7）：1188-1197.

［54］ S. Chang，X. K. Cao，Z. Z. Zou，M. Isac，R. I. L. Guthrie. Microbubble Swarms in a Full-Scale Water Model Tundish［J］. Metallurgical and Materials Transaction B，2016，47B（5）：2732-2743.

［55］ S. Chang，X. K. Cao，Z. Z. Zou，M. Isac，R. I. L. Guthrie. Micro-bubble Formation under Non-wetting Conditions in a Full-scale Water Model of a Ladle Shroud Tundish System［J］. *ISIJ International*，2018，58（1）：60-67.

［56］ S. Chang, L. C. Zhong, Z. Z. Zou. Simulation of Flow and Heat Fields in a Seven-strand Tundish with Gas Curtain for Molten Steel Continuous-Casting ［J］. *ISIJ International*, 2015, 55（4）: 837-844.

［57］ F. Xing, S. G. Zheng, .M. Y. Zhu. Motion and Removal of Inclusions in New Induction Heating Tundish ［J］. *Steel Research International*, 2018, 89（6）, 1700542（1-9）.

［58］ W. T. Lou, X. Y. Wang, Z. Liu, *et al*. Numerical Simulation of Desulfurization Behavior in Ladle with Bottom Powder Injection ［J］. ISIJ International, 2018, 58（11）, 2042-2051.

［59］ Y. Qiang, Z. S. Zou, Q. F. Hou, *et al*. Water Modeling of Swirling Flow Tundish for Steel Continuous Casting ［J］. Journal of Iron and Steel Research International, 2009, 16（5）, 17-22.

［60］ Y. Li, C. G. Cheng, M. L. Yang, *et al*. Behavior Characteristics of Argon Bubbles on Inner Surface of Upper Tundish Nozzle during Argon Blowing Process ［J］. Metals, 8（8）, 2018, 590（1-14）.

［61］ T. Zhang, Z. G. Luo, H. Zhou, *et al*. Analysis of Two-Phase Flow and Bubbles Behavior in a Continuous Casting Mold Using a Mathematical Model Considering the Interaction of Bubbles ［J］. *ISIJ International*, 2016, 56（1）, 2042-2051.

［62］ T. Zhang, Z. G. Luo, C. L. Liu, *et al*. A mathematical model considering the interaction of bubbles in continuous casting mold of steel ［J］. Powder Technology, 2015, 273: 154-164.

［63］ S. Chang, S. Ge, Z. Z. Zou, *et al*. Guthrie. Modeling Slag Behavior When Using Micro-Bubble Swarms for the Deep Cleaning of Liquid Steel in Tundishes, *Steel Research International* ［J］. 2017, 88（6）: 1600328（1-11）

［64］ R. Guan, C. Ji, M. Y. Zhu, *et al*. Numerical Simulation of V-shaped Segregation in Continuous Casting Blooms Based on a Microsegregation Model ［J］. *Metallurgical and Materials Transaction B*, 2018, 49B（5）: 2571-2583.

［65］ D. B. Jiang, W. L. Wang, S. Luo, *et al*. Numerical simulation of slab centerline segregation with mechanical reduction during continuous casting process ［J］. *International Journal of Heat and Mass Transfer*, 2018, 122, 315-323.

［66］ 蔡兆镇, 朱苗勇. 板坯连铸结晶器内钢凝固过程热行为研究Ⅰ. 数学模型［J］. 金属学报, 2011,（6）: 669-675.

［67］ 蔡兆镇, 朱苗勇. 板坯连铸结晶器内钢凝固过程热行为研究Ⅱ. 模型验证与结果分析［J］. 金属学报, 2011,（6）: 676-685.

［68］ Cai Z Z, Zhu M Y. Thermo-mechanical behavior of peritectic steel solidifying in slab continuous casting mold and a new mold taper design ［J］. ISIJ International, 2013, 53（10）: 1818-1827.

［69］ Cai Z Z, Zhu M Y. Simulation of air gap formation in slab continuous casting mould ［J］. Ironmaking and Steelmaking, 2014, 41（6）: 435-446.

［70］ Yu H Q, Zhu M Y. Numerical simulation of the effects of electromagnetic brake and argon gas injection on the three-dimensional multiphase flow and heat transfer in slab continuous casting mold［J］. ISIJ International, 2008, 48（5）: 584-591.

［71］ Yu H-Q, Zhu M Y, Wang J. Interfacial fluctuation behavior of steel/slag in medium-thin slab continuous casting mold with argon gas injection ［J］. Journal of Iron and Steel Research, International, 2010, 17（4）: 5-11.

［72］ 于海岐, 朱苗勇. 圆坯结晶器电磁搅拌过程三维流场与温度场数值模拟［J］. 金属学报, 2008,（12）: 1465-1473.

［73］ Yu H Q, Zhu M Y. Influence of electromagnetic stirring on transport phenomena in round billet continuous casting mould and macrostructure of high carbon steel billet ［J］. Ironmaking & Steelmaking, 2012, 39（8）: 574-584.

［74］ Jiang D B, Zhu M Y. Flow and solidification in billet continuous casting machine with dual electromagnetic stirrings of mold and the final solidification ［J］. Steel Research International, 2015, 86（9）: 993-1003.

［75］ Jiang D, Zhu M. Solidification structure and macrosegregation of billet continuous casting process with dual electromagnetic stirrings in mold and final stage of solidification: A numerical study [J]. Metallurgical and Materials Transactions B, 2016, 47 (6): 3446–3458.

[76] Jiang D, Zhu M. Center segregation with final electromagnetic stirring in billet continuous casting process [J]. Metallurgical and Materials Transactions B, 2017, 48 (1): 444–455.

[77] Jiang D B, Wang W L, Luo S, *et al.* Mechanism of macrosegregation formation in continuous casting slab: A numerical simulation study [J]. Metallurgical and Materials Transactions B, 2017.

[78] Jiang D B, Wang W L, Luo S, *et al.* Numerical simulation of slab centerline segregation with mechanical reduction during continuous casting process [J]. International Journal of Heat and Mass Transfer, 2018, 122: 315–323.

[79] Jiang D B, Wang W L, Luo S, *et al.* Numerical investigation of the formation mechanism and control strategy of center segregation in continuously casting slab [J]. Steel Research International, 2018, 89 (8).

[80] Wang W L, Luo S, Zhu M Y. Numerical simulation of three–dimensional dendritic growth of alloy: Part I—model development and test [J]. Metallurgical and Materials Transactions A, 2016, 47 (3): 1339–1354.

[81] Wang W L, Ji C, Luo S, *et al.* Modeling of dendritic evolution of continuously cast steel billet with cellular automaton [J]. Metallurgical and Materials Transactions B, 2018, 49 (1): 200–212.

[82] H. Lei, J. M. Jiang, B. Yang, *et al.* Mathematical model for collision–coalescence among inclusions in the bloom continuous caster with M–EMS. Metallurgical and Materials Transactions B, 2018, 49B (2): 666–676.

[83] H. Lei, Y. Zhao, D. Q. Geng. Mathematical model for cluster–inclusion's collision–growth in inclusion cloud at continuous casting mold. ISIJ International, 2014, 54 (7): 1629–1637.

[84] Yingxia Qu, Zongshu Zou, Yanping Xiao, A comprehensive static model for COREX process, ISIJ International, 2012 (52), 2186–2193.

[85] 李海峰, 王臣, 邹宗树, 等. COREX 喷煤模型及应用分析 [J]. 过程工程学报, 2009, S1 (9): 349–353.

[86] 应伟峰, 王臣, 邹宗树, 等. COREX 熔化气化炉区域模型及其理论燃烧温度 [J]. 中国冶金, 2009, 19 (4): 13–17.

[87] 郭培民, 高建军, 赵沛. 氧气高炉多区域约束性数学模型. 北京科技大学学报, 2011, 33 (3): 334–338.

[88] 倪文杰, 李海峰, 邹宗树. 铁矿石烟气循环烧结工艺静态模型的开发及应用 [J]. 材料与冶金学报, 2018, 17 (1): 6–14.

[89] 倪文杰, 邹宗树, 李海峰, 等. 焦炉煤气喷吹铁矿石烧结过程的静态模型和工艺优化 [J]. 材料与冶金学报, 2018, 17 (3): 159–174.

[90] Sheng Chang, Ping Chen, Wenxin Huang, Zongshu Zou. Combined models for characterization of tundish flows in continuous casting of steels. ICS 2015, p443–448.

[91] 常胜, 陈萍, 黄文信, 等. 用于连铸中间包流动表征的组合模型 [A]. 第十八届冶金反应工程学术会议 [C]. 重庆, 2014: 489–594.

[92] Lei H. New insight into combined model and revised model for RTD curves in a multi–strand tundish [J]. Metallurgical and Materials Transactions B, 2015, 46 (6): 2408–2413.

[93] Li Y, Lou W T, Zhu M Y. Numerical simulation of gas and liquid flow in steelmaking converter with top and bottom combined blowing [J]. Ironmaking & Steelmaking, 2013, 40 (7): 505–514.

[94] Lou W, Zhu M. Numerical simulation of gas and liquid two–phase flow in gas–stirred systems based on Euler–Euler approach [J]. Metallurgical and Materials Transactions B, 2013, 44 (5): 1251–1263.

[95] Lou W T, Zhu M Y. Numerical simulations of inclusion behavior in gas–stirred ladles [J]. Metallurgical and Materials Transactions B, 2013, 44 (3): 762–782.

[96] Lou W T, Zhu M Y. Numerical simulation of desulfurization behavior in gas–stirred systems based on computation fluid dynamics–simultaneous reaction model (CFD–SRM) coupled model [J]. Metallurgical and Materials

Transactions B, 2014, 45（5）: 1706–1722.

[97] Lou W T, Zhu M Y. Numerical simulation of slag–metal reactions and desulfurization efficiency in gas–stirred ladles with different thermodynamics and kinetics [J]. ISIJ International, 2015, 55（5）: 961–969.

[98] Lou W T, Zhu M Y. A mathematical model for the multiphase transport and reaction kinetics in a ladle with bottom powder injection [J]. Metallurgical and Materials Transactions B, 2017.

[99] 蔡兆镇, 朱苗勇. 板坯连铸结晶器内钢凝固过程热行为研究 I. 数学模型 [J]. 金属学报, 2011,（6）: 669–675.

[100] 蔡兆镇, 朱苗勇. 板坯连铸结晶器内钢凝固过程热行为研究 II. 模型验证与结果分析 [J]. 金属学报, 2011,（6）: 676–685.

[101] Cai Z Z, Zhu M Y. Thermo–mechanical behavior of peritectic steel solidifying in slab continuous casting mold and a new mold taper design [J]. ISIJ International, 2013, 53（10）: 1818–1827.

[102] Cai Z Z, Zhu M Y. Simulation of air gap formation in slab continuous casting mould [J]. Ironmaking and Steelmaking, 2014, 41（6）: 435–446.

[103] Yu H Q, Zhu M Y. Numerical simulation of the effects of electromagnetic brake and argon gas injection on the three–dimensional multiphase flow and heat transfer in slab continuous casting mold [J]. ISIJ International, 2008, 48（5）: 584–591.

[104] Yu H–Q, Zhu M Y, Wang J. Interfacial fluctuation behavior of steel/slag in medium–thin slab continuous casting mold with argon gas injection [J]. Journal of Iron and Steel Research, International, 2010, 17（4）: 5–11.

[105] 于海岐, 朱苗勇. 圆坯结晶器电磁搅拌过程三维流场与温度场数值模拟 [J]. 金属学报, 2008,（12）: 1465–1473.

[106] Yu H Q, Zhu M Y. Influence of electromagnetic stirring on transport phenomena in round billet continuous casting mould and macrostructure of high carbon steel billet [J]. Ironmaking & Steelmaking, 2012, 39（8）: 574–584.

[107] Jiang D B, Zhu M Y. Flow and solidification in billet continuous casting machine with dual electromagnetic stirrings of mold and the final solidification [J]. Steel Research International, 2015, 86（9）: 993–1003.

[108] Jiang D, Zhu M. Solidification structure and macrosegregation of billet continuous casting process with dual electromagnetic stirrings in mold and final stage of solidification: A numerical study [J]. Metallurgical and Materials Transactions B, 2016, 47（6）: 3446–3458.

[109] Jiang D, Zhu M. Center segregation with final electromagnetic stirring in billet continuous casting process [J]. Metallurgical and Materials Transactions B, 2017, 48（1）: 444–455.

[110] Jiang D B, Wang W L, Luo S, et al. Mechanism of macrosegregation formation in continuous casting slab: A numerical simulation study [J]. Metallurgical and Materials Transactions B, 2017.

[111] Jiang D B, Wang W L, Luo S, et al. Numerical simulation of slab centerline segregation with mechanical reduction during continuous casting process [J]. International Journal of Heat and Mass Transfer, 2018, 122: 315–323.

[112] Jiang D B, Wang W L, Luo S, et al. Numerical investigation of the formation mechanism and control strategy of center segregation in continuously casting slab [J]. Steel Research International, 2018, 89（8）.

[113] Wang W L, Luo S, Zhu M Y. Numerical simulation of three–dimensional dendritic growth of alloy: Part I–model development and test [J]. Metallurgical and Materials Transactions A, 2016, 47（3）: 1339–1354.

[114] Wang W L, Ji C, Luo S, et al. Modeling of dendritic evolution of continuously cast steel billet with cellular automaton [J]. Metallurgical and Materials Transactions B, 2018, 49（1）: 200–212.

[115] Hou Qinfu, E Dianyu, Kuang Shibo, et al. DEM–based virtual experimental blast furnace: A quasi–steady state model, Powder Technology, 314（2017）, 557–566.

[116] Hou Qinfu, E Dianyu, Yu Aibing. Discrete particle modeling of lateral jets into a packed bed and micromechanical analysis of the stability of raceways, AICHE Journal, 62 (2016), 4240–4250.

[117] Bambauer, F., Wirtz, S., Scherer, V., et al. Transient DEM–CFD simulation of solid and fluid flow in a three dimensional blast furnace model, Powder Technology, 334 (2018), 53–64.

[118] Baniasadi Mehdi, Baniasadi Maryam, Peters Bernhard, Coupled CFD–DEM with heat and mass transfer to investigate the melting of a granular packed bed, Chemical Engineering Science, 178 (2017), 136–145.

[119] Vångö M, Pirker S, Lichtenegger T. Unresolved CFD–DEM Modeling of Multiphase Flow in Densely Packed Particle Beds, Applied Mathematical Modelling, 56 (2018), 501–516.

[120] Bambauer F, Wirtz S, Scherer V, et al. Transient DEM–CFD Simulation of Solid and Fluid Flow in a Three Dimensional Blast Furnace Model, Powder Technology, 334 (2018), 53–64.

[121] 肖兴国, 谢蕴国. 冶金反应工程学基础 [M]. 北京: 冶金工业出版社, 1997.

[122] Rafael Kandiyoti. Fundamentals of Reaction Engineering [M]. Ventus Publishing ApS, 2009.

[123] Octave Levenspiel. Chemical Reaction Engineering [M]. John Wiley & Sons, 1999.

[124] Wei J H, Zhu H L, Yan S L, et al. Preliminary investigation of fluid mixing characteristics during side and top combined blowing AOD refining process of stainless steel [J]. Steel Research International, 2005, 76 (5): 362–371.

[125] Odenthal H J, Emling W H, Kempken J, et al. Advantageous numerical simulation of the converter blowing process [J]. Iron & Steel Technology, 2007, 4 (11): 71–89.

[126] Guo D, Irons G A. Modeling of gas–liquid reactions in ladle metallurgy: Part II. Numerical simulation [J]. Metallurgical and Materials Transactions B–Process Metallurgy and Materials Processing Science, 2000, 31 (6): 1457–1464.

[127] Qu T, Jiang M, Liu C, et al. Transient flow and inclusion removal in gas stirred ladle during teeming process [J]. Steel Research International, 2010, 81 (6): 434–445.

[128] Ilegbusi O J, Iguchi M, Nakajima K, et al. Modeling mean flow and turbulence characteristics in gas–agitated bath with top layer [J]. Metallurgical and Materials Transactions B, 1998, 29 (1): 211–222.

[129] Kwon Y J, Zhang J, Lee H G. A CFD–based nucleation–growth–removal model for inclusion behavior in a gas–agitated ladle during molten steel deoxidation [J]. ISIJ International, 2008, 48 (7): 891–900.

[130] Ling H T, Zhang L F, Li H. Mathematical modeling on the growth and removal of non–metallic inclusions in the molten steel in a two–strand continuous casting tundish [J]. Metallurgical and Materials Transactions B, 2016, 47 (5): 2991–3012.

[131] Park J K, Thomas B G, Samarasekera I V. Analysis of thermomechanical behaviour in billet casting with different mould corner radii [J]. Ironmaking & Steelmaking, 2002, 29 (5): 359–375.

[132] Han H N, Lee J E, Yeo T J, et al. A finite element model for 2–dimensional slice of cast strand [J]. ISIJ International, 1999, 39 (5): 445–454.

[133] Meng Y A, Thomas B G. Heat–transfer and solidification model of continuous slab casting: Con1d [J]. Metallurgical and Materials Transactions B, 2003, 34 (5): 685–705.

[134] Li C S, Thomas B G. Thermomechanical finite–element model of shell behavior in continuous casting of steel [J]. Metallurgical and Materials Transactions B, 2004, 35 (6): 1151–1172.

[135] Murao T, Kajitani T, Yamamura H, et al. Simulation of the center–line segregation generated by the formation of bridging [J]. ISIJ International, 2014, 54 (2): 359–365.

[136] Janssen R J A, Bart G C J, Cornelissen M C M, et al. Macrosegregation in continuously cast steel billets and blooms [J]. Applied Scientific Research, 1994, 52 (1): 21–35.

[137] Böttger B, Schmitz G J, Santillana B. Multi–phase–field modeling of solidification in technical steel grades [J].

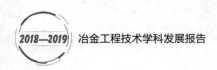

Transactions of the Indian Institute of Metals，2012，65（6）：613-615.

［138］Boettger B，Apel M，Santillana B，*et al*. Phase-field modelling of microstructure formation during the solidification of continuously cast low carbon and HSLA steels［J］. IOP Conference Series-Materials Science and Engineering，2012，33：012107.

撰稿人：张延玲　郭占成　邹宗树　朱苗勇　储满生

陈登福　吕学伟　李光强　李　谦

冶金原料与预处理分学科（废钢铁）发展研究

1. 引　言

　　废钢铁指钢铁厂生产过程中难以规避但不成为产品的钢铁废料（如喷溅物、铸余、铸坯的切头和切尾、轧材的切边、轧废或轧材的头尾剩余等）以及合格钢材产品及制品使用后淘汰或报废的设备、构件中的钢铁材料。其化学成分接近钢材的称废钢，接近生铁的称废铁，这二者统称为废钢铁，有时也简称为废钢。从来源看，主要可以分为国产废钢和进口废钢。国产废钢又分为自产废钢、加工废钢与折旧废钢，其中，加工废钢和折旧废钢统称为社会废钢。近两年来，进口废钢受政策影响占比不足 1%，如 2018 年仅 134 万 t，主要起调节作用。

　　钢铁流程发展到今天，已形成两种主体流程：一个是高炉－转炉长流程，另一个是废钢－电炉短流程。废钢铁在转炉冶炼过程主要作为冷却剂使用，在电炉冶炼过程主要作为原料使用。废钢铁作为钢铁循环利用的优良再生资源，是唯一可替代铁矿石用于炼钢的重要原料。与用铁矿石和生铁炼钢相比，用废钢炼 1t 钢可节约铁精矿 1.65t，减少能耗约 350 千克标煤，减少 CO_2 排放约 1.6t，具有显著的节能减排效益。2018 全国粗钢产量 9.28 亿 t，占全球 51.3%；废钢资源量 2.2 亿 t，用于炼钢的废钢铁消耗总量为 1.88 亿 t，废钢比约为 20.2%，较前两年得到进一步提升。未来 5 ~ 10 年，我国废钢铁资源将逐步释放，废钢铁循环利用体系及废钢加工回收配送产业链逐步完善，作为电炉炼钢主要原料的废钢铁产业将迎来重大发展机遇和广阔市场前景。

　　我国钢铁工业下一步发展方向是绿色化、智能化。废钢铁是以低排放的载能体和传统固废形式留存于社会，对其合理、有序、高效地资源化利用，可以大幅度减少钢铁生产对自然矿产资源的依赖，是钢铁产业走向绿色、和谐与循环经济的重要体现，更是钢铁生产流程结构优化与调整的重要物质保障之一。废钢铁作为炼钢的主要原料之一，首先从应用角度，精确掌握其物性参数和化学性质是控制炼钢入炉条件的前提，是实现自动化炼钢的重要基础之一。因此，迫切需要对各类废钢铁的化学成分、物理规格、熔化速度、反应

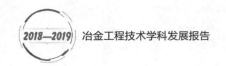

规律等开展系统深入的研究，形成具有中国特色的分门别类、信息齐全的废钢铁资源信息库，从而指导钢铁生产企业、废钢铁加工企业及流通企业合理、有序、高效地处理应用，真正做到物尽其用。

目前，对废钢铁的快速检测、分类分拣、标准及性质尚缺乏科学深入的研究。如对废钢铁化学成分的检测主要依靠磨样－直读光谱方法检测，无法做到快速在线检测；其物理性质如比热容、熔化潜热等参数主要靠比对一般钢材的常规参数，并未进行缜密的分类测算，实际误差在所难免；对于实际应用废钢铁的规格、尺寸的规定，一般取决于各厂使用的反应器或容器（转炉炉口、电炉进料口、废钢斗）的尺寸，缺乏统一标准；不同规格、尺寸及品种的废钢铁在熔池中的行为规律如熔化速度、吸热速率、化学反应规律、对熔池流场的影响作用等缺乏深入研究。

此外，从全国范围看，废钢铁分类、加工预处理及流通的发展水平参差不齐，企业规模及布局缺乏长远规划，基本处于自发的市场行为，与钢铁生产企业对废钢铁的需求仍有较大差距。

综上所述，将废钢铁资源的应用研究作为新型学科十分必要，既有行业发展需求，也有大量工作可做，应引起社会广泛关注。该学科可定位在研究社会废钢铁积蓄规律与资源化利用市场时机的战略预测，对各类废钢铁来源、数量与性质的持续跟踪和信息采集，对社会废钢铁的有序分类、回收、加工、配送、利用，以及对冶金渣固废资源的开发利用、废钢铁加工设备优化、检测设备改进等领域。

我国废钢铁学科发展相对较晚。2008 年以前，我国钢铁企业规模和产能均处于飞速发展阶段，对废钢铁的利用处于粗放模式阶段。近十年来，随着废钢铁资源量的快速增加，钢铁企业对废钢铁的需求明显加大，且对废钢铁的品质愈加重视。钢铁企业对废钢铁的分类、加工、检测、配送及利用等方面提出了更高的要求，因此加强废钢铁学科的建设及研究势在必行。

2. 本学科国内发展现状

我国废钢铁行业一直发展缓慢，直至进入 21 世纪，尤其近十年来，才呈现出相对较快的发展态势。2012 年，工信部发布《废钢铁加工行业准入条件》和《废钢铁加工行业准入公告管理暂行办法》，从企业布局、规模、工艺、装备、产品质量、能源消耗、环境保护、人员培训、安全生产等方面对废钢铁加工企业提出了具体要求，实现了废钢铁产业从行业自律管理向政府规范管理的跨越。2018 年 9 月，工信部公布第六批符合《钢铁行业规范条件》企业名单，进一步引导并推进废钢铁产业向规范化、规模化和现代化方向发展。

目前废钢铁领域的研究主要集中于应用方面。如废钢铁的检测分类、处理工艺、加工设备、产业布局、趋势预测等。随着近年来对废钢铁实际需求的加大，国内冶金高校、科研院所、钢铁企业也开始对废钢性质、废钢铁处理等进行深入研究。对废钢铁在熔池中的行为、反应规律、熔化机理，以及废钢铁快速分拣、二噁英治理等研究，应该是下一步密切关注和重点发展的方向。

2.1 本学科新的理论及观点

2.1.1 全废钢电炉短流程是 CO_2 排放最低的钢铁生产流程

2017 年，随着地条钢彻底退出，我国废钢铁资源大量增加，以废钢铁为主要原料的电炉迅速提高废钢比，电炉钢废钢单耗同比增长 20.1%，同时高炉–转炉长流程受环保限产压力，也加大了废钢比。

图 1、图 2 为 2000—2018 年世界及中国钢产量、电炉钢变化情况。

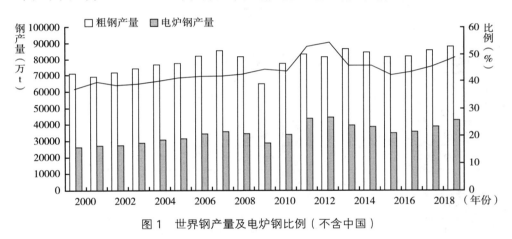

图 1　世界钢产量及电炉钢比例（不含中国）

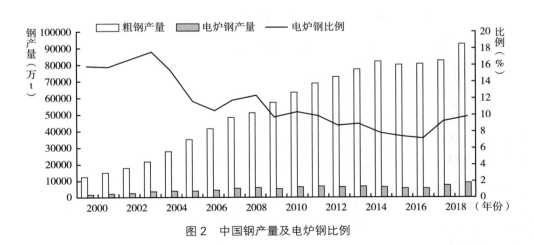

图 2　中国钢产量及电炉钢比例

由图 1、图 2 可知，世界电炉钢产量近年来相对稳定，2016 年后有上升势头，目前占粗钢总产量比例在 48% 左右（不含中国）。我国电炉钢比例一直较低，经过 2017—2018 年两年发展，目前比例已超过 9%，但仍远低于美国（68.4%）、土耳其（69.2%）、意大利（80.3%）、印度（56.8%），也低于韩国（32.9%）、德国（28.8%）和日本（24.2%）。对比世界钢铁工业发展规律可知，我国电炉钢开始进入快速增长的阶段，作为全废钢电炉原料的废钢铁也将迎来快速增长阶段。

表 1 给出了高炉 – 转炉长流程与全废钢电炉短流程 CO_2 排放水平比较，计算口径包含焦化、烧结、球团、高炉、转炉、连铸和热轧。

表 1　各工序由能源消耗引起的 CO_2 排放情况对比

项目	产量（万 t）		吨工序产品 CO_2 排放（kg/t）		钢比系数		吨钢 CO_2 排放（kg/t）		占比（%）	
	长流程	短流程	长流程	短流程	长流程	短流程	长流程	短流程	长流程	短流程
焦化	286		493.48		0.36		176.29		8.2	
烧结	1098		191.93		1.37		263.37		12.25	
球团	176		153.77		0.22		33.8		1.57	
炼铁	762		1457.12		0.95		1387.89		64.57	
炼钢	825	208	15.34	414.82	1.03	1.04	15.81	432.1	0.74	72.19
连铸	800	200	42.08	40.51	1	1	42.08	40.51	1.96	6.77
热轧	784	197	234.98	127.9	0.98	0.99	230.28	125.98	10.71	21.05
合计							2149.53	585.59	100	100

从表 1 可以看出，长流程 CO_2 排放量为 2149.53kg/t 钢，其中炼铁全系统（焦化、烧结和高炉炼铁）占整个流程的 86.59%。因此，长流程减少 CO_2 排放的重点应放在炼铁全系统，尤其是高炉炼铁工序；短流程 CO_2 排放量为 585.59kg/t 钢，相对于高炉 – 转炉的长流程，全废钢 – 电炉短流程是 CO_2 排放最低的炼钢生产工艺。因此，合理高效利用废钢铁资源是降低碳排放、缓解对铁矿石依赖的重要途径。

据初步统计，与用生铁炼钢相比，用废钢炼 1t 钢，可节省能源 60%、新水 40%，减少排放废气 86%、废水 76%、废渣 72%、固体排放物（含矿山部分的废石和尾矿）97%。大量使用废钢铁资源，可以提高其在钢铁工业可持续发展战略中的地位，对于降低资源和能源消耗、减轻环境压力，发展我国循环经济具有重大的现实意义。

2.1.2　废钢铁加工处理技术的进步是电炉短流程发展的保障

全废钢电炉短流程相对于高炉 – 转炉长流程在降低能耗和 CO_2 排放的优势已成为行

业共识，废钢铁作为电炉短流程炼钢的原料，存在着两方面问题：从资源角度来看，我国废钢铁产生量仍显不足；从加工处理角度来看，我国废钢铁处理技术相对落后、装备水平差。从某种意义上来说，废钢铁加工处理技术的进步是电炉短流程加快发展的重要保障。

我国废钢铁加工装备及处理技术起步较晚，大约历经了 3 个 10 年的跨步发展。从 20 世纪 80—90 年代，国产废钢打包机投入市场，将废钢打包加工成压料块，合盖锁紧式打包机是当时我国使用的主要机型；20 世纪 90 年代初，鳄鱼式剪断机和门式剪断机进入市场，至此市场上有了剪切料；2001 年以来，国内首条 PSX-6080 废钢破碎生产线在广东番禺投产，标志着国内市场上开始使用破碎机加工废钢，成品破碎废钢成为钢铁企业青睐的精料，市场对破碎机的需求也逐年增大。

废钢铁加工设备企业国外知名的有德国林德曼、亨希尔，美国哈里斯、美卓，日本森田等，这些企业均拥有几十年的设备研发、生产经验，产品质量高于国内。在 20 世纪八九十年代以前以德国、日本、美国等制造商为主，目前，国内市场由国产废钢加工设备占据主要市场份额，废钢加工设备企业主要有江苏华宏、湖北力帝、山东路友、中再生纽维尔等。

从废钢铁加工处理企业来说，国内外有很大的不同。美国等发达的产钢国设有专业的废钢铁处理厂，是面向社会的，不隶属于哪个钢铁厂。这样的处理厂由于专业化管理，处理的质量和竞争力方面优势很大。目前国内主要还在钢铁厂内部废钢铁处理车间处理，但近期逐渐出现了专业化的处理厂。从 20 世纪末开始，国内社会化的废钢铁加工企业普遍建立起来，正在形成回收—拆解—加工—配送—使用的产业链，打造一个有序的、合理的、一体化的工业化体系，许多钢厂不再自建废钢加工厂，而是与工信部准入的加工配送企业合作，成效显著。

废钢铁加工处理方式主要有以下几种，见表 2。

表 2　废钢铁加工处理方式比较

加工方式	适合废钢铁	加工设备	加工后
火焰切割	重型设备、轧辊、钢轨、管桩、铸余、大型结构件、钢丝绳等	氧气、乙炔	中/重型废钢、切头
剪切加工	中/小型材、板材、管材、棒材、宽厚的结构废钢等	鳄鱼剪、移动剪、门式剪切机	剪切料、炉料
破碎加工	小型材、轻薄料、轿车壳体、家电外壳	破碎机	破碎料
打包压块	边角余料、轻薄料、小统废料、其他薄料	打包机	打包块
落锤加工	渣钢渣铁、废铸铁件、钢锭模、渣罐	落锤	破碎钢铁炉料

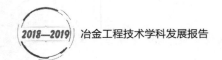

以下介绍主要的废钢铁加工处理方式。

（1）火焰切割

废钢铁火焰切割是用氧燃割炬切割金属炉料（图3）。其加工对象较广、操作简单灵活，只需起重设备和气割工具，再有一定的作业面积即可。但它和冷剪相比，其生产率低、消耗高、劳动条件差，氧化铁烟尘污染环境，且要烧损 2%~5% 的金属料。在国内，人工拣选加火焰切割还是废钢铁加工预处理环节的主要手段，废钢铁总量的约 40% 是采用火焰切割处理的。为了增加切割能力和效率，改善操作条件和环境保护，有的钢厂已发展了机械化火焰切割机。

优点：投入少，方便携带，适用性强，操作简单，易学易用。

缺点：危险性大，安全风险高；产生烟气多，环境污染大；损耗大，成本高。

a. 火焰切割　　　　　　　　　　　　　b. 处理后的废钢

图3　火焰切割

（2）剪切加工

废钢剪切是用机械传动的鳄鱼剪或液压剪把废钢按要求的规格剪碎成合适的炉料。它是一种产量大、加工成本低的方法。全机械化的液压剪切装置自 1955 年发展起来，已经成为废钢加工的主力设备。它适合加工处理各种形状的混杂废钢。废钢首先在液压剪的料箱中压缩，压缩后的料送入剪刀下按定尺剪断（图4）。

优点：废钢损耗小；无污染，无烟尘，废钢纯净度高。

缺点：大剪投资大，设备维护费用高，操作人员需培训上岗；小剪加工效率低，用工多。

a. 鳄鱼剪   b. 门式剪切机

图 4　剪切加工

（3）破碎加工

废钢破碎生产线是钢屑和废钢轻薄料（如：报废汽车、家电等）加工处理的首选设备。破碎机利用锤头击打容腔内的废钢，加工出符合要求的碎料，再通过磁选系统分选，碎料被分成破碎钢和非磁性碎料，增加了废钢回收范围、降低了炼钢成本（图5）。

优点：收得率高，冶炼时炉内受热均匀，空气污染低，对炉子耐火材料的损耗低。

缺点：投资较大，装料严格，产生杂质多，加工过程粉尘大。

a. 破碎加工   b. 处理后的废钢

图 5　破碎加工

（4）打包压块

打包机是废钢加工的主要设备，在常温下可将厚度小于 8mm 的松散废钢挤压打包成长方形的高密度包块，便于存储、运输和冶炼，是废钢加工的理想设备（图6）。

废钢打包压块是在专用的压力机上经过多道压缩把松散料压成体积密度为 $1.4 \sim 3.2t/m^3$

的长方形包块，便于装运和冶炼。打包可在约 700℃ 热态下进行，也可在冷态下进行。废钢打包机主要有丝杠式、重力式和液压式。目前广泛采用高产量、现代化的冷态液压打包机。中国在 20 世纪 80 年代已能生产多种打包机并新建了一些打包车间，但总能力还较小。

优点：投资小，占地面积小，操作易学，人工或机械填料均可。

缺点：工作场地安全操作规程和维护保养制度严格，工作后需及时清理料箱内杂物。

a. 打包压块   b. 处理后的废钢

图 6　打包压块

（5）落锤加工

废钢落锤破碎是用 0.5 ~ 15t 重的钢锤，从 4 ~ 35m 的高处自由落下，靠冲击力来破碎物料。砸碎作业需要对周边环境做安全保护措施，防止碎片飞出伤人、伤物。

2.1.3　废钢铁应用过程中的二噁英问题不可忽视

由于废钢铁中一般含有油脂、油漆涂料、切削废油等杂质，电弧炉炼钢过程会产生含一定量二噁英的烟气，从而造成环境污染。大量外购废钢铁中普遍都含有有机化合物及氯化物，带废钢预热的电炉是电炉高效节能的重要技术之一，而废钢预热系统将使其烟气中二噁英浓度显著增加，因此在电炉炼钢过程中，研究如何抑制烟气中二噁英持续生成将是至关重要的课题之一。

（1）二噁英的理化特性和生成类型

1977 年，奥利（Olie）等人最先在垃圾焚烧后的飞灰中检测出二噁英，由此人们对二噁英污染问题越来越关注。二噁英是多氯联苯和多氯联苯并呋喃的简称，属氯代含氧三环芳烃类化合物，缩写为 PCDD/Fs（图 7）。二噁英类物质非常稳定，微溶于大部分有机溶剂，极难溶解于水，具有高熔点和高沸点，分解温度 >700℃，常温下为无色固体。二噁英属于剧毒物质，其毒性相当于氰化物的 130 倍、砒霜的 900 倍。二噁英具有亲脂性，进入人体后即积存在脂肪中，此外，还能与土壤或其他颗粒物形成强键，一旦造成污染，极不容易清除。

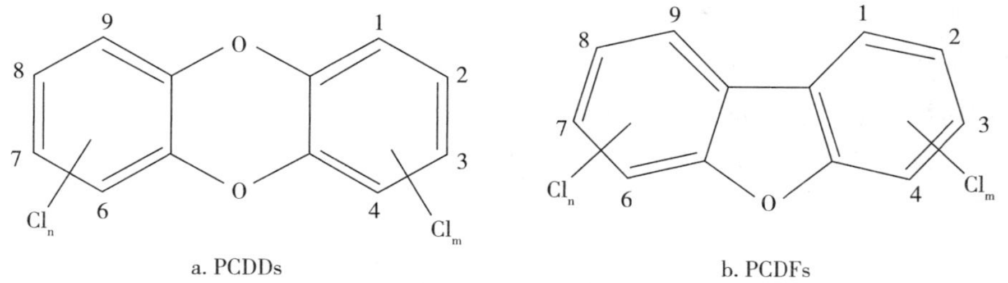

a. PCDDs   b. PCDFs

图 7   二噁英分子结构

二噁英类化合物在高温下基本被分解破坏，但在气体冷却阶段（200～600℃），由于烟气中的有机化合物与氯化物的反应，使得二噁英重新生成。在 250～400℃内，二噁英"从头合成"反应占主导地位，二噁英的生成同时依赖于温度和时间，实际产生的二噁英数量是伴随温度变化的气体动力学参数与气体在"从头合成"温度带滞留时间的函数。为使二噁英再生成最小化，最有效的途径就是将废气快速冷却至 200℃以下。

（2）电炉炼钢过程二噁英的生成与治理

电炉用废钢一般都不同程度地含有油脂、塑料及切削废油等，因此在炼钢过程，特别是废钢铁预热过程会产生含二噁英的烟气，烟气中二噁英的量与废钢铁的种类、废钢预热的温度及采取的工艺技术控制措施等有关。

电炉冶炼过程中，烟气中的氯对二噁英的生成有重要影响。电炉冶炼氯源的产生主要有 4 个方面：废钢铁中可能含有含氯废料（PVC）和含氯盐类及其他含氯杂物；汽车废钢中含有较高的氯化物；电炉电极表面有可能生成氯化有机物；炉衬也可能提供氯源。废钢中含有的铜、铁、镍、锌等金属对二噁英的生成具有催化作用，高温热烟气在冷却到450～250℃过程中，在这些金属粒子的催化作用下，会加速二噁英的生成。

对电炉冶炼过程二噁英的治理，已有很多学者做了深入研究，主体思路是根据其产生机理，从原料控制及脱除两方面入手。废钢作为电炉冶炼的原料，必须把好质量关，对废钢进行预处理；要对废钢进行分选，最大限度减少有较高氯化物和油类碳氢化合物含量的废钢入炉。

2.1.4　废钢快速分拣、精细分类是实现电炉智能化的前提

要积极推进新一代全废钢电炉短流程的理念，构建"4 个 1"的流程结构（1×EF+1×LF+1×C.C.+1×H.R.M.），强化对国内废钢铁资源的分类管理，开发废钢铁成分的快速分析分拣技术，保证电炉原料条件的稳定，为电炉流程智能化奠定基础。特别是对于普通长材厂，要实现上下游工序的衔接、匹配，实现动态有序、协同连续运行，在流程智能化方面必须有所突破。

电炉要实现智能化冶炼，首先要做到智能配料，而智能配料的前提是能实现废钢的快

速分拣、精细分类，使冶炼过程更加科学、高效，钢水成分控制更加精准。由于废钢具有种类多、规格杂、成分不统一、难以批量检测等特点，使得在使用过程中，很难做到快速分拣和精细分类。但废钢的成分如 C、Si、P、S 等元素对电炉冶炼工艺影响很大，随着我国废钢量日益增多、要提高电炉冶炼的智能化及钢材质量，废钢快速分类分拣技术日益重要。

2.2 国内废钢铁领域主要发展动向和趋势

2.2.1 废钢铁市场的变化趋势

过去几年，我国粗钢产量持续增长，带来了对铁矿石需求的持续增长。受此影响，国际铁矿石价格长期处于高位，成为我国钢铁工业健康发展和保持竞争力的瓶颈，废钢的资源化利用是有效缓解对铁矿石依赖的重要途径。在可以预见的未来，随着我国钢铁产量趋向顶峰期，钢铁产品的消费结构发生变化，废钢回收期逐步缩短，带动社会废钢产生量持续增加，加上环保和减少碳排放压力的增加，必将引导我国电炉钢占比持续增长，铁矿石的需求面临下滑。

从图 8 可以看出，随着国内取缔"地条钢"，钢铁主流程的废钢消费量明显提升。2017 年废钢消费量达到 14790 万 t，同比增长 64.15%，2018 年达到 1.88 亿 t。

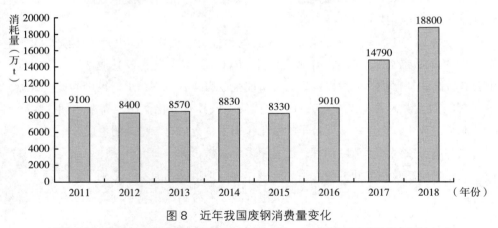

图 8　近年我国废钢消费量变化

（数据来源：孙建生. 废钢铁产业发展的思考与建议. 2019 年全国废钢铁学术研讨会.）

2018 年年底，全国钢铁积蓄量超过 90 亿 t，社会的废钢铁资源超过 2 亿 t，为废钢铁循环利用量的逐年增长提供了保障，表 3 为 2015—2030 年我国社会钢铁蓄积量预期。

表 3　2015—2030 年我国社会钢铁蓄积量预期

年份	社会钢铁蓄积量 （亿 t）	年份	社会钢铁蓄积量 （亿 t）
2015	72.4	2023	113.4
2016	78.5	2024	117.1
2017	84.6	2025	120.4
2018	90.2	2026	123.3
2019	95.3	2027	126.4
2020	100.2	2028	129.1
2021	104.7	2029	131.0
2022	109.1	2030	132.6

数据来源：中国工程院咨询项目——黑色金属矿产资源强国战略研究，2019 年。

由表 3 可知，到 2025 年，我国钢铁蓄积将达到 120 亿 t，废钢铁资源产出将达到 2.7 亿~3 亿 t；到 2030 年，我国钢铁蓄积将进一步达到 132 亿 t，废钢铁资源产出将达到 3.2 亿~3.5 亿 t。

"十二五"我国炼钢消耗废钢铁约 4.4 亿 t，比"十一五"的 3.8 亿 t 增长 15.8%。用废钢铁炼钢数量约占"十二五"粗钢总量的 11.5%。用废钢铁炼钢与铁矿石炼钢相比共节约 5.72 亿 t 铁矿石，节省 1.54 亿 t 标准煤，减少 6.16 亿 t CO_2 的排放，减少 13.2 亿 t 固体废物的排放。废钢铁的循环利用，对生态环境的改善已显示出不可替代的重要作用。

目前废钢铁产业的发展已引起国家高度重视，整个钢铁生产流程废钢比得到明显提升。"十三五"期间已指明废钢铁业发展目标，废钢铁业已经得到了快速发展。2015 年，工信部发布的《钢铁产业调整政策》指出，到 2025 年我国炼钢的废钢比要达到 30%，废钢铁加工配送体系基本建立；2016 年 12 月中国废钢铁应用协会发布的《废钢铁产业"十三五"规划》中进一步明确，到 2020 年，我国炼钢的废钢比要达到 20%，并提出大力发展废钢铁业的宏观目标。明确"十四五"期间将加快废钢铁产业（规范）回收、拆解、加工配送一体化发展，提高废钢利用量；提高钢铁渣等含铁固废物的综合利用率；满足产业发展的需求，促进我国废钢铁产业发展。

2.2.2　废钢铁加工企业趋于集成化与规范化

我国废钢铁行业发展的时间不长，相比发达国家仍处于较低水平。工信部在 2016 年年底重新修订了废钢铁加工行业准入条件，提出废钢铁加工配送企业应配备专职质量管理人员，建立质量管理制度，应通过 ISO 质量管理体系认证，且对废钢加工准入企业提出要求，要更加完善废钢加工回收、加工配送体系，进一步实现绿色发展。

近几年，我国"回收—加工配送—钢厂"的废钢铁产业化体系初步形成。2018 年仅准入企业的加工配送能力约 7000 万 t。废钢铁加工准入企业普遍配备有大型龙门剪、打包机或破碎线等废钢加工设备。国内制造的 800～1250t 的吨级大型龙门剪，完全替代了靠火焰切割的落后工艺；500～2000t 的打包机，大大增加了包块密度，节约了加料时间；1500～11000 马力的破碎生产线，生产的破碎料成分稳定，加料方便，既可用于转炉、电炉炼钢，也可以用于高炉、铁水罐、钢包等流程中，有助于炼钢效率的提高，从而提高钢产量。一些企业引进先进的 20 吨级"石钢锤"，取代落锤破碎加工处理渣钢的落后工艺。

2.2.3 废钢铁加工配送体系初步建立

废钢铁产业作为一个新兴的再生资源产业，有着良好的发展前景。目前，基本形成以回收—加工（拆解）—贸易—配送—应用为特征的废钢铁产业链。废钢供应企业以国内城乡废钢回收网点、废钢产生企业和从境外采购废钢的机构为主，然后按不同类别进行分选，分类后进行剪切、打包、破碎等加工处理，生产出各种类别和品种的合格废钢料，销售或配送给钢铁（铸造）企业使用。国内的废钢铁回收加工配送体系已基本规范，以废钢铁的加工配送为主要环节，上游带动废钢铁回收体系规范运作，下游促进钢厂多使用废钢炼钢。

2012 年，工信部发布了《废钢铁加工行业准入条件》和《废钢铁加工行业准入公告管理暂行办法》，截至 2018 年年底，已有 254 家废钢铁加工配送企业进入工信部准入公告。这些企业分布在全国 27 个省、自治区和直辖市，年加工能力达到 7000 万 t 以上，占社会废钢（资源）供应量的 50% 以上，初步建立了全国废钢铁加工配送工业化体系。这些企业普遍采用先进的剪切、打包、破碎等废钢加工设备，多数配有废钢破碎生产线及门式废钢剪切机等大型加工装备，他们管理规范，装备精良，环保达标，走上了产业化、产品化、区域化的发展之路，完成了从回收体系向工厂化生产的历史跨越。"定向收购，集中加工、统一配送"的运行模式，为实现钢铁工业的"精料入炉"开创了良好的条件。

2.2.4 废钢铁加工设备国产化率大幅提高

20 世纪 80 年代前，我国废钢铁加工工艺主要以落锤、爆破、氧气切割、人工拆解为主。现场环境差，劳动效率低，原料耗损大，烟气粉尘危害工人健康，安全风险因素多。"十二五"期间，随着废钢铁产业的快步发展，一些得力的废钢铁加工设备得到应用、普及和推广，废钢铁破碎线、门式剪断机、液压打包机等加工设备，以及抓钢机、辐射检测仪等配套的装卸、检测设备需求量快速提高。

国内设备制造企业加大科技投入，加快科研创新，强化产品技术服务工作，赢得了废钢铁加工企业的认可，企业生产规模不断扩大，产品类型及规格不断增加，设备国产化率达 90% 以上。到 2017 年年底，新增 1000 马力功率以上的废钢铁破碎生产线 16 余条，大中型液压门式剪切机 27 余台，年加工能力超过 5000 万 t。优良的装备为生产优质废钢提供了保障。《鳄鱼式剪断机》《金属液压打包机》《废钢破碎生产线》《重型液压废金属打包机》等行业标准相继制订，为废钢铁加工设备制造业规范发展奠定基础。同时，国外废钢铁加工设备厂家也积极参与中国市场的竞争，形成了国产设备为主，进口设备为辅的局面，大大提高了国内废钢铁产业的装备水平。

目前，我国废钢铁加工设备制造业已完全可以满足废钢铁回收加工企业的需要，部分产品还走出国门，打入国际市场。

2.2.5 废钢铁熔化行为研究取得新进展

以往对各渠道废钢铁的分类、分拣、理化性能等综合信息的数据跟踪与研究不够深入，仅局限于常见废钢的基本性质，如成分、堆比重、比热、熔化潜热、尺寸规范等，对不同废钢在熔池中的熔化行为不明晰。在实际应用时，多是采取简单估算或比对普通钢材的性能指标，势必造成理论计算结果与实际应用效果产生较大的误差，不同废钢所含宝贵的合金元素不能得到充分利用，所含有害残余元素控制缺失，影响最终的产品质量。近年来，随着炼钢工艺的进步，钢铁企业对废钢铁要求日益严格，对不同成分、不同规格的废钢在熔池中行为规律的研究日益深入。

大型转炉炼钢过程中废钢熔化所需热量占热量总支出的 10% ~ 12%。废钢铁在炼钢熔池中的熔化特征及规律对熔池升温轨迹、成渣路线、脱磷效率、抑制喷溅和终点命中率都有重要影响。国外冶金工作者在氧气转炉工业应用初期就对废钢熔化进行了研究。2014—2016 年宝山钢铁公司与钢铁研究总院合作，对废钢熔化进行了热模试验研究。在试验中，测量了不同条件下废钢熔化速度、试棒中心升温速度，测量和计算了熔池中液体金属与钢棒表面间的对流换热系数和渗碳过程中的对流传质系数，检验了液体金属在钢棒表面的凝固和渗碳过程，与国外冶金工作者的试验结果相近，可作为炼钢生产中计算废钢熔化的基础数据。

2018—2019 年，殷瑞钰院士团队与中冶京诚合作，就未来绿色、高效的全废钢电炉流程开展基础性研究，特别是对电炉熔池中不同规格尺寸废钢的熔化行为规律进行数值模拟计算与研究。通过改变废钢厚度、留钢量、电极极心圆尺寸等参数，模拟研究了废钢熔化行为。研究结果表明：废钢厚度对熔化速度影响最为关键，同时留钢量、极心圆尺寸对废钢熔化速度影响也很大。研究团队指出，废钢尺寸对冶炼工艺影响较大，必须根据电炉实际情况提出合适的废钢规格尺寸。

北京科技大学和首钢京唐公司联合团队针对铁水全"三脱"比例偏低、尚未达到新工艺预期目标的问题开展系统调研，发现脱磷炉和脱碳炉相互等待、无效运行时间过长、温度损失大，是制约全三脱比例低的宏观表象，究其深层次原因，是炼钢炉与连铸机不能实现层流运行、对消化重废钢能力原本不足的脱磷炉仍要求其多吃自产重废，从而导致实际冶炼效果未达到合理预期指标、丧失其顺行的流程运行节奏等，可能是制约整体系统未达到预期目标的难点，这对于进一步完善铁水全"三脱"新工艺流程很有启发和借鉴。

2.2.6 转炉多吃废钢铁技术取得重大突破

目前我国废钢铁综合利用存在诸多问题，国内废钢铁循环利用率与全球平均水平相比还比较低，与发达国家水平差距较大。以废钢比为例，一些国家的电炉钢比例较高，其整体废钢比高出我国数倍，如土耳其电炉钢占比为 86.79%、美国为 70.74%。转炉废钢比可控制在 13% ~ 20%，美国甚至可达 25%。"十二五"期间，我国炼钢平均废钢比仅为 11.4%，与实现"十三五"规划目标差距较大，这也意味着我国废钢比利用存在巨大的发展空间。

近两年来，国内各钢厂通过改进工艺，可将转炉废钢比提高至 18% 左右。2017—2018 年，钢铁研究总院团队与天津天钢联合特钢合作，通过高炉 – 转炉全流程废钢预热、高炉出铁 – 转炉出钢多工位废钢加入等技术措施，使转炉综合废钢比最高可做到 33%，铁水消耗吨钢可降至 800kg 以下。有效利用了废钢资源，降低能源消耗及 CO_2 排放，使炼钢成本大幅降低，同时也提高了炼钢产量。在该工艺开发过程中，针对高废钢比带来的转炉低温冶炼问题，开发了转炉吹炼新工艺及加碳热补偿技术，提高了转炉废钢比。

2.2.7 废钢铁快速分拣技术研究逐步兴起

国内目前废钢铁车间对废钢的分类、分拣是初级的、粗放的，例如根据规格、尺寸对废钢铁进行简单分类，以满足电炉冶炼布料要求，实际并没有有效手段进行快速检测及分拣，但智能化、高效化是未来电炉技术发展的方向，因此废钢铁快速分拣技术研究已迫在眉睫。

国内外已有学者考虑用激光诱导击穿光谱（LIBS）对废钢铁进行元素监测，从而对废钢铁进行快速分类以优化工艺。激光诱导击穿光谱法由美国洛斯·阿拉莫斯（Los Alamos）国家实验室的大卫·克雷默斯（David Cremers）研究小组 1962 年提出和实现。该技术是目前国际非常流行、极具价值、非常有前景的分析工具。激光经透镜聚焦在样品表面，当激光脉冲的能量密度大于击穿门槛能量时，就会在局部产生等离子体，称作激光诱导等离子体。用光谱仪直接收集样品表等离子体产生的发射谱线信号，根据发射光谱的强度进行定量分析。

德国的斯特姆·沃尔克（Sturm Volker）博士 2011 年将 LIBS 技术用于康斯特尔（Consteel）电炉现场试验，并将其安装在位于废钢料填充区和电弧炉之间的钟摆式输送槽上。通过检测废钢料中的无用元素或高活性元素（主要是硅）的高含量，优化指导工艺。

国内已开展了将 LIBS 技术应用于航空废铝的快速识别与分拣的技术装备的研制工作，很快就有样机面世。目前已规划将该技术装置移植到对各类废钢铁的在线识别与分拣领域。

2.2.8 废钢铁有害元素去除技术探索推进

20 世纪 60 年代以来，冶金工作者致力于研究钢中夹杂物和残余元素对钢质量的影响，这些研究使人们认识到：随着废钢循环次数的增加，其中有害残余元素在钢中不断富集，会严重影响钢的质量。寻求如何有效地去除废钢中有害元素的技术已引起各国普遍关注。日本于 20 多年前开始废钢铁再生项目的研究，开发出一系列去除并回收废钢中有害元素的技术。美国提出了冰铜反应法和气固反应法去除废钢中的铜。欧洲一些国家发展了电化学方法去除并回收锡和锌，并实现了工业化处理镀锡板和镀锌板。去除废钢铁中有害元素的方法大致可分为物理去除法和化学去除法，如表4所示。

表4 废钢中有害残余元素的去除方法

物理去除法	化学去除法
低温破碎法 –Cu；溶剂法 – 炼铝去铜；自动分选法	热氧化法 –Sn、Zn；选择性氯化法 –Cu；蒸气压法 –Zn、Sn；电化学法 –Sn、Zn；冰铜反应法 –Cu

去除废钢中铜、锌、锡元素可采用图9的工艺路线。

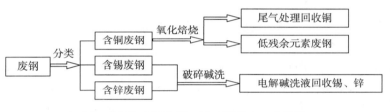

图9　去除废钢中铜、锌、锡元素工艺路线

我国废钢铁残余元素的去除技术研究起步较晚，且由于前几年对废钢铁研究缺乏重视，目前废钢铁残余元素去除手段有限，基本依靠成分较纯净的铁水进行稀释，或者用生铁、还原铁、碳化铁等其他铁源来代替部分废钢。

近年来国内开始关注和重视废钢中残存元素的处理问题并进行了一些探索性的研究，北京科技大学研究钢液脱铜（严格来说应为二次精炼），提出了两种钢液脱铜法：铵盐脱铜法和反过滤脱铜法。由于有害元素在钢液中的活度系数较低，液相去除较为困难。上海大学所进行的渣化法，处理废钢的试验中，铁与铜、锡、砷、锑、铋等元素分离率可达到90% 左右。

实际上，我国对经多次循环的垃圾废钢的危害已有清醒认识，2017 年7 月，国办印发《禁止洋垃圾入境推进固体废物进口管理制度改革实施方案》，明确提出"分批分类调整进口固体废物管理目录""逐步有序减少固体废物进口种类和数量"。2018 年年底，生态环境部、商务部、国家发改委、海关总署联合发布关于调整《进口废物管理目录》的公告，将废钢铁、铜废碎料、铝废碎料等8 个品种固体废物从《非限制进口类可用作原料的固体废物目录》调入《限制进口类可用作原料的固体废物目录》，自2019 年7 月1 日起执行，从源头上管控废钢铁中残余有害元素。但是加工好的、可直接入炉的合格废钢，不但不应限制，还应鼓励进口，这样可相对减少铁矿石进口的压力。若能从学术研究领域，

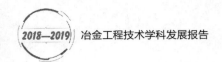

对废钢中有害元素去除技术加快研究，尽快解决此类问题，可有效缓解废钢进口管控与资源利用的矛盾。

2.2.9 钢铁渣综合利用得到充分重视

钢铁渣是指在炼钢及炼铁过程中产生的炉渣，主要有转炉渣、精炼渣、罐口铁、高炉水渣、干渣等。我国钢铁工业每年产生的钢铁渣已超过 3 亿 t。对钢铁渣的开发利用，是钢铁企业落实国家发展循环经济，实现钢铁工业绿色发展的重要任务。经过多年的研发和探索，我国钢铁渣综合利用技术呈多样化发展趋势。

目前，高炉渣已基本实现全利用，但钢渣由于其成分多样、性质不一，利用难度较大。钢渣是炼钢过程中的副产品且为钢铁行业的主要固体废弃物之一，钢渣废置堆积不仅占用了大量土地，也造成严重的环境污染。如何提高钢渣的再资源化利用率是全世界钢铁工业面临的重大技术难题，但因钢渣碱度高且矿物结晶致密，难以像高炉渣一样替代部分水泥生产混凝土。因此，实现钢渣稳定化处理和资源化利用已成为国内外亟待解决的重大技术，也是发展循环经济、建设资源节约型和环境友好型钢厂面临的重要任务。

因钢渣体积不稳定、磷和硫杂质含量高、磨细能耗大等原因，目前利用渠道狭窄，综合利用率较低。时至今日，我国钢企对钢渣的利用率不超过 30%。钢渣的利用方向主要有水泥和建筑行业、路桥工程、冶金行业回用、微晶玻璃、钢渣化肥以及其他方面的尝试。到目前为止，人们开发了多种有关钢渣的综合利用途径，见图 10。

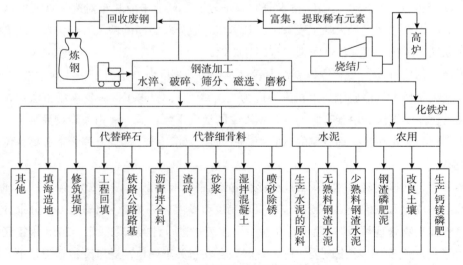

图 10 钢渣利用途径示意图

钢渣的加工处理主要有有压热闷技术、滚筒技术、风吹水淬技术等；钢渣制粉工艺较为常见有立磨、辊压加球磨和卧辊磨三种工艺，这些工艺在钢渣的开发利用中发挥了重要作用。我国钢渣处理及利用技术一度发展很快，而且在工艺方面并不落后于国外，但综合利用率却未能领先，究其原因，有许多的人为因素的影响，大多数都涉及复杂的生产关系及其技术管理和经济政策方面的问题，例如资金来源、利润分配、税收政策、技术政策等有关问题，并且存在问题的环节较多，另外，还有一些钢渣本身性质的内在因素。

进入"十三五"以来，国家发改委和工信部都把冶金渣的综合利用作为重点，把大宗固体废物的开发利用所涉及新的工程项目、支持资金等，都在向冶金渣开发利用产业倾斜。因此我们有必要将冶金渣尤其是钢渣利用作为一个重要的研究方向，只要把当前影响钢渣综合利用的突出问题解决好，不仅可把渣中的铁金属有效回收，还可以把剩余尾渣综合利用，最终实现零排放，钢铁渣变废为宝的春天就会到来。

3. 本学科国内外发展比较

由于我国的废钢铁资源一直处于相对缺乏的状态，在 2017 年以前，有相当一部分废钢铁流向了中频炉，使得废钢价格居高不下，电炉企业生存艰难。对废钢的研究重视不够，废钢铁回收—加工—应用体系相对粗放，专业化研究机构缺失，大部分是带有商业性质的投资、贸易机构，对废钢本身不甚了解，导致研究水平良莠不齐。

2017 年以后，随着国家淘汰落后产能政策的落地，流向中频炉的废钢逐渐回流主体钢铁生产流程，我国逐渐进入了废钢资源集中爆发期，使得废钢铁学科的研究日益得到重视。与日本、美国、欧洲等老牌钢铁强国相比，我国废钢铁行业的发展仍相对滞后，主要表现在以下方面。

3.1 废钢比与国外先进水平有较大差距

21 世纪以来，随着我国钢铁工业的快速发展，我国炼钢废钢比自 2011—2015 年逐年下降。2015 年我国炼钢废钢比仅为 10.35%，2016—2018 年逐渐提高，具体见图 11。2017—2018 年全球其他国家平均水平超过 50%，美国等发达国家的废钢比基本维持在 70% 以上，土耳其达到 80%。近两年来，我国炼钢废钢比有较大提升，2018 年废钢比超过 20%，但仍显著低于全球平均水平，与先进水平有较大差距，行业发展潜力巨大。

2018 年全国废钢消耗 1.88 亿 t，同比增加 3968 万 t，增幅 26.9%；废钢单耗 202.3kg/t，同比增加 24.5kg/t，增幅 13.8%；废钢比 20.23%，同比增加 2.45 个百分点。我国废钢铁资源利用水平实现了新的突破，同时也表明，我国钢铁企业大量使用废钢已进入重要转折期。下一步我国将重点倡导新型全废钢绿色化电炉，废钢消耗量将迎来喷发，废钢行业发展潜力巨大。

图 11　2011—2018 年我国炼钢废钢比变化
（数据来源：孙建生. 全国废钢铁资源利用和发展趋势的简要分析.
2019 第二届中国电炉炼钢科学发展论坛.）

3.2　废钢铁产品标准体系有待完善

美国、日本、欧洲分别有自己的废钢铁产品标准，国际贸易中一般采用美国或日本的标准。由于我国废钢铁产品标准体系不健全，各大钢铁企业对于废钢铁产品都使用自己的企业标准，各自按企业标准采购废钢。各企业标准都以厚度尺寸分型为主，通常有 20 个左右品种，同一类废钢在不同钢厂的归类不尽相同，给废钢产品的流通带来一定的障碍。同时，我国废钢铁加工配送体系缺乏规范的流程和标准化设计，对此相关单位也正在组织制定废钢铁加工产品的行业标准，推动废钢铁产品标准体系的建立。

3.3　废钢铁加工业的机械化、自动化程度低于发达国家

美国、日本等发达国家废钢加工行业已基本实现机械化、自动化生产，而我国废钢行业机械化程度低，机械化加工的废钢不足社会回收量 1/5，装备精度和能力与国外有较大差距。近年来我国废钢加工行业机械化水平已得到大幅提高，但仍有部分需要人力拆解和加工，火焰切割和鳄鱼式剪切机等落后工艺仍在使用。例如，国内报废汽车拆解企业普遍装备和工艺落后，一般先由人工将主要部件拆除以后，再将壳体卖给有破碎加工能力的企业进行破碎加工。

3.4　社会废钢铁缺乏系统有效的分类和统计

国外把废钢铁当作重要资源，进行严格管理、精细分类，形成协同有序动态管理；而目前国内钢铁企业缺乏对废钢铁"分类堆放""科学配料""精料入炉"理念，除少数特钢厂对返回废钢分类外，一般钢厂分类状况差，混存混放，降低了废钢有效成分的利用率。当前国内的社会废钢仅按照厚度尺寸分类，虽然回收加工企业将加工废钢和折旧废钢分开

进行加工处理，但统计系统中只按照重型、中型、小型等料型来统计，并未按照来源进行区分。

此外，国内对于来自各渠道废钢铁的综合信息跟踪及专业化的分析机构缺失，对于不同产业产生废钢铁的品相只知其大概，尚未形成精细化管理与经营的专业化渠道；对于进口废钢已被循环利用次数的信息更是难以掌握，如不及时加以有效甄别，很容易与国产废钢混合使用，势必造成难以回转的损失。对社会各渠道废钢铁资源进行动态跟踪与专业化分析的队伍尚未形成，也未形成上、下游紧密关联的供需链接关系，废钢铁用户企业得不到专业机构定期发布的废钢铁资源信息，难以实现保质、保量、低成本、高信誉度的集中分类采购；经营废钢铁加工、营销、流通的机构不清楚哪些特殊用户需要哪些个性化废钢资源及用量，精细化经营的动力严重不足。

3.5 缺乏对废钢铁本身性质的基础性研究

与前几年相比，我国电炉炼钢得到大幅发展，电炉炼钢吃铁水比例显著降低。同时受经济效益驱使，转炉冶炼废钢比也明显提升，以降低冶炼成本。很多钢厂为了进一步降成本和多消化废钢，所采取的加入手段五花八门，缺乏理性规范。这些废钢加入手段仅仅是满足于暂时的低成本市场效应，但对钢水质量、对钢铁流程稳定性运行及对环境的污染等方面，业内尚缺乏深刻的认识和系统的研究，因此需要在学术研究领域投入力量。

目前我国的废钢铁研究，多从商业、成本角度出发，着重于废钢铁的宏观数据分析，并未从废钢铁本身属性加以研究。各冶金院校、教育机构，对废钢铁学科建设重视不够，钢铁冶金学科对废钢内容一笔带过。由于废钢铁本身成分、尺寸、规格、堆比重等属性对炼钢工艺影响较大，不同类型废钢本身的性质、熔化速度并不清楚。因此应从废钢基础性质入手，结合炼钢工艺，对废钢铁进行深入研究。

4. 本学科未来发展趋势与对策

我国全废钢电炉短流程炼钢要走向绿色化、智能化，必然要对原料条件进行精益化管理，废钢铁作为电炉炼钢最主要原料，其地位必将提高至前所未有的高度。因此，发展我国废钢铁学科意义重大。

4.1 本学科发展的思考及展望

4.1.1 本学科发展主要目标

1）建立对废钢铁性质、加工、分类、检测、利用、标准等的学科研究体系。

2）建立社会流通领域各渠道废钢铁的大数据，理性规范指导钢厂合理利用废钢铁。

3）结合废钢铁产生、消费及运输半径，开展废钢铁基地建设的规划研究，指导废钢铁企业理性化发展。

4.1.2 本学科发展主要方向

1）社会废钢铁回收拆解加工配送一体化处理技术。

2）互联网＋废钢铁行业信息服务及大数据平台。

3）清洁、绿色新型全废钢的电炉冶炼工艺开发。

4）废钢铁按需求自动配料技术。

5）全废钢电炉短流程与高炉－转炉长流程的成本分析。

6）按来源和品种对废钢铁进行高效识别、分选、分类存放及规范化使用，达到废钢铁精细化分类、加工和定向利用的目的，为建成和完善与我国钢铁行业相适应的废钢铁加工配送体系提供技术支持。

7）建立废钢铁理化性能标准体系，进行各渠道废钢铁大数据采集与分析，加强不同类型废钢铁在不同场景下熔化速率和残余元素变化规律的数据积累，为提高全废钢电炉冶炼效率和终点控制的命中率提供技术支持。

8）完善废钢铁的行业标准和国家标准。

9）加强转炉高废钢比冶炼工艺优化的研究。

10）加强全国废钢铁资源的信息统计、变化趋势预测等基础性研究工作。

11）培养从事教育、培训、研究等方面的专业人才。

4.1.3 本学科技术发展重点方向

1）互联网＋废钢铁行业信息服务及大数据平台建设。

2）清洁、绿色新型全废钢的电炉冶炼工艺开发。

3）按来源和品种对废钢铁进行高效识别、分选、分类存放及规范化使用，达到废钢铁精细化分类、加工和定向利用的目的，为建成和完善与我国钢铁行业相适应的废钢铁加工配送体系提供技术支持。

4）建立废钢铁理化性能标准体系，进行各渠道废钢铁大数据采集与分析，加强不同类型废钢铁在不同场景下熔化速率和残余元素变化规律的数据积累，为提高全废钢电炉冶炼效率和终点控制的命中率提供技术支持。

4.1.4 本学科的发展前景与展望

1）随着国家供给侧改革和去产能的不断深入，以及国内废钢铁蓄积量的不断增加，废钢铁加工和应用企业迎来了自身发展的大好时机。

2）随着环保法实施和环境督查力度的不断加大，预计全国各地碳排放交易制度即将进入全面启动实施阶段，将为全废钢电炉短流程的发展创造有利条件。

3）国内废钢铁加工配送行业已初具规模，并已初步形成了规模化的技术人员、管理人员和现场操作人员的专业化队伍。

4）国内冶金渣及固体粉尘等综合利用技术也已初见成效，为实现冶金固废的深度处理、高效利用、最终达到"近零排放"的目标奠定了坚实的基础。

4.2　本学科发展的对策与建议

4.2.1　将废钢铁资源纳入国家规划体系，强化监督管理

废钢铁作为国家重要的战略资源，建议国家将废钢铁产业纳入《国民经济和社会发展五年规划纲要》，加强顶层设计，促进废钢铁产业合理布局、规范管理；抓紧制定废钢铁加工、分类的产品技术标准，以保证废钢铁资源的利用效率，完善废钢铁利用体系，促进废钢铁产业科学发展。

4.2.2　推动废钢铁资源普查，完善税收优惠政策

完善全国废钢铁资源数据统计体系，加快建立和完善有关废钢铁产业统计方面的政策和法规，摸清家底，加快资源开发利用；建议推动落实国家对于废钢铁作为再生资源的税收优惠政策，提高税收优惠比例，简化税收程序；降低废钢铁企业的税负水平，鼓励废钢铁相关企业发展。

4.2.3　加快废钢铁应用领域的技术攻关

充分认识废钢铁在炼钢中的使用特点，研究钢铁企业合理利用废钢铁的工艺技术，对电炉短流程的发展提前做出科学布局和规划；建议加快研究和制定鼓励钢铁企业多用废钢铁的政策，逐步将生产普通钢的比例和产能从高炉–转炉流程中释放出来，引导废钢铁资源更多地应用于全废钢电炉短流程企业。

从资源、能源、CO_2排放等多个方面综合考虑，加强绿色新型全废钢电炉短流程冶炼工艺开发、流程设计及智能化转型升级，同时，也要加强对电炉炼钢过程的粉尘抑制、噪声降低、二噁英控制等技术的研发和工程化应用。

4.2.4　加快创新成果转化和产业化步伐

建议加强废钢铁领域重大发明专利、商标等知识产权的申请、注册和保护；加快推动废钢铁国标、行标的修制定工作，加强标准宣贯工作，促进废钢铁产品化、标准化发展。制定并实施产业标准发展规划，加快基础通用、强制性、关键共性技术、重要产品标准研制的速度，健全标准体系。建立信息统计系统及渠道，培养专业的行业信息和大数据平台，加强废钢铁行业大数据的开发和应用；建立标准化与科技创新和产业发展协同跟进机制，在关键共性技术领域同步实施标准化，支持产学研联合研制重要技术标准并优先采用。

4.2.5　加大废钢铁科研投入和创新体系建设

加强理论研究等基础性工作的开展，加强大专院校废钢铁回收加工相关学科的建立和人才培养，并设立专门的废钢铁加工利用工艺和装备的研发机构；支持并鼓励企业与科研院所、高校开展多种形式的合作，建立针对关键共性技术的合作研发机制，加快推进废钢

铁回收—拆解—加工—分类—配送—应用等一体化技术的研发与规模化发展。建立专项资金，出台积极财税政策，加快相关成果产业化和推广应用，推动产学研共建国家级废钢铁技术研究中心建设，促进自主创新成果产业化。

参考文献

［1］宋嘉玮，韩长伟．重型装备制造企业废钢处理工艺方案［J］．一重技术，2016，（4）：50–54．

［2］刘树洲．中国废钢铁产业现状及发展前景展望［J］．资源再生，2014（10）：17–19．

［3］工信部网站原材料工业司，2019 年 4 月 3 日：符合《钢铁行业规范条件》企业名单（第四批）．

［4］李晓，等．中国电炉炼钢降本增效关键点分析［J］．中国冶金．2019，3（29）：32–37．

［5］上官方钦，张春霞，胡长庆，等．中国钢铁工业的 CO_2 排放估算［J］．中国冶金，2010，20（5）：37–42．

［6］李建国．关于国外大型废钢剪切机的性能比较．南京广播电视学报［J］．2002，（2）：85–87．

［7］刘树洲．2014 年废钢铁产业运行情况简要回顾［J］．中国废钢铁，2015（1）：12–15．

［8］周建南．废钢及废钢处理技术概述［J］．中国废钢铁，2009，（1）：23–29．

［9］张建国，刘维广，尹海元．先进的废钢加工设备 – 废钢破碎生产线［J］．中国废钢铁［J］．2013（4）：23–27．

［10］林加冲．废钢加工设备的多元化与规范管理［J］．资源再生，2008（9）：30–31．

［11］贺庆，郭征．电弧炉炼钢强化用氧技术的进展［J］．钢铁研究学报，2004，05：1–4．

［12］李士琦，郁健，李京社．电弧炉炼钢技术进展［J］．中国冶金，2010，04：1–7．

［13］黄文章，胡小燕，伍燕，等．二噁英的产生机理和控制［J］．重庆科技学院学报（自然科学版），2008，10（6）：43–46．

［14］徐旭，严建华，岑可法．垃圾焚烧过程二噁英的生成机理及相关理论模型［J］．能源工程，2004（4）：10–12．

［15］李黎，梁广．电炉及烧结烟气二噁英治理技术研究［J］．钢铁技术，2014（3）：43–47．

［16］陆勇，田洪海，李志广，等．电弧炉炼钢过程中二噁英类的排放浓度和同类物分布［J］．环境科学研究，2009，22（3）：304–308．

［17］徐匡迪，洪新．电炉短流程回顾和发展中的若干问题［J］．中国冶金，2005，15（7）：1–8．

［18］J. 莱纳（J.Lehner）．去除电炉烟气中二噁英的低成本解决方案［J］．世界钢铁，2004（2）：60–62．

［19］刘剑平．大型电炉污染物控制与减排［J］．炼钢，2009，25（2）：74–77．

［20］孙晓雨，唐晓迪，李曼，等．电弧炉炼钢过程的二噁英及抑制措施［J］．环境与发展，2014，26（5）：79–82．

［21］侯祥松．带废钢预热电弧炉烟气中的二噁英的产生及抑制．工业加热［J］．2011，40（5）：64–67．

［22］野村宏之，森一美．固体 Fe 的的溶融 Fe-C 合金中への溶解速度［J］．铁と钢，1969，55（13）：1134–1136．

［23］Pehlke R D, Goodell P D, Dunlap R W. Kinetics of dissolution in molten pig iron［J］. Transaction of the Metallurgical Society of AIME, 1965, 233：1420–1422.

［24］Wright J K. Steel dissolution in quiescent and gas stirred Fe/C melts［J］. Metallurgical Transctions：B. 1989, 20：363–365.

［25］杨文远，蒋晓放、李林，等．废钢熔化的热模试验［J］．钢铁，2017 年，52（3）：27–34．

［26］斯特姆·沃尔克（Sturm Volker）．电弧炉中废钢料的元素监测［J］．冶金分析，2012，32（6）：18–23．

［27］阎立懿. 现代电炉炼钢工艺及装备［M］. 北京：冶金工业出版社，2011：83–86.

［28］石磊. 浅谈钢渣的处理与综合利用［J］. 中国资源综合利用，2011，30（3）：29–32.

［29］宋佳强. 钢渣梯级利用的应用基础研究［D］. 硕士学位论文，西安：西安建筑科技大学，2007.

撰稿人：曾加庆　姚同路

冶金热能工程分学科发展研究

1. 引 言

冶金热能工程是冶金工程技术领域的一个分支，它所依托的学科是冶金热能工程学科。本学科的主要任务，是全面研究冶金工业的能源转换利用理论与技术，为冶金工业实施三大功能（产品先进制造功能、能源高效转换功能、废弃物消纳处理和再资源化功能）服务。多年来，本学科坚持服务于国家、地方和行业建设的重大需求，不断地引入新的学术思想，与时俱进，形成了鲜明的学科定位和完整的理论体系，在全国同类学科中独树一帜，表现出良好的发展势头。

钢铁工业是重要的基础产业，是发展国民经济与国防建设的物质基础，是国家经济水平和综合国力的重要标志。冶金工业的水平也是衡量一个国家工业化的重要标准。钢铁素有"工业粮食"之称，钢铁材料是诸多工业领域重要的结构材料、功能材料，我国经济正处于快速增长阶段，各项基础设施与重大工程的建设都需要钢铁行业提供支持。因此，钢铁工业在我国国民经济中的作用举足轻重。

中华人民共和国成立 70 周年来，我国钢铁工业的能耗指标逐年好转，节能降耗取得了举世瞩目的成绩。我国钢铁工业在减少排放、保护环境、污染物治理和废弃物综合利用等方面取得较大进步，建设了一批具有国际先进水平的清洁生产、环境友好型企业，企业的生产环境和社会形象得到明显改善。此外，本学科与冶金工业产品的产量、质量和品种等也直接相关，这些因素的变化通过评价指标反映出来，指标的大小往往取决于能源利用的好坏和热工工作的合理程度。所以，改善冶金工业的这些指标，是本学科的重要任务。这些指标决定着，本学科与"节能减排""减量化""循环经济""环境保护"等密不可分。然而，我国冶金工业的能耗指标，与国外先进水平相比，仍有一定差距。这种状况必须尽快扭转，否则对我国的四化建设极为不利。冶金热能工程学科必须为扭转这种状况、赶上世界先进水平做出贡献。

除能耗指标外，冶金工业的部分技术经济指标（如产品的产量、质量、品种、污染物的排放量、企业的利润）也与本学科密切相关，这些指标往往在一定程度上取决于能源利用和热工工作的合理程度。本学科的任务从能源利用和热工的角度去改善冶金工业的这些指标。

目前，本学科服务对象从过去的单体设备扩展到生产工序厂、联合企业、整个冶金工业，把节能视野从能源扩大到非能源。系统节能理论和技术在钢铁企业得到全面普及和应用，并逐步推广到石化、建材等工业。深入研究钢铁企业"能量流"的运行规律和"能量流网络"的优化，以及能量流和物质流的相互关系和协同优化，包括能量流生产、回收、净化、存储、分配、使用和管网建设，上下工序之间"界面技术"的开发与应用，使相邻工序实现"热衔接"。钢铁生产过程余热余能的高效回收、转换与梯级利用。有多家企业已建企业级能源管控中心，促进能量流网络优化和动态控制，达到综合节能和系统节能的效果。

2. 本学科国内发展现状

近年来，我国的钢铁工业发展迅速，我国钢产量的快速增长也是近三十年世界钢铁产量增长的主要原因。到 2017 年，全球粗钢产量达到 16 亿 t，其中中国的钢产量约占世界粗钢总产量的 49%（图 1）。

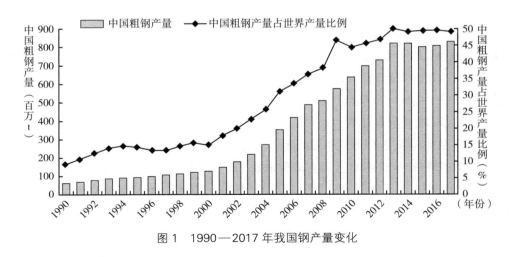

图 1 1990—2017 年我国钢产量变化

在我国钢铁产量快速增长的同时，其能源消耗量也随之不断增加。能源是人类社会发展所必不可缺的一种资源，现在随着社会发展水平越来越高，能源消耗也与日俱增。所以如何实现可持续发展、采取技术手段节能降耗，也就成为摆在我们面前的一个大问题。我国虽然能源蕴藏总量非常大，但人均占有量非常低，所以尤其需要采取必要的技术手段节能减排。我国钢铁产量已经居于世界前列，但是钢铁产业又无可避免地会产生大量的能耗，所以需要采取必要的技术手段实现节能降耗。其实现在我国也已经出台了一些法律法规用于限制钢铁冶炼行业的能源消耗，同时企业也要积极进行调整和转型，提高技术水平，降低能耗，相对应地，技术落后的钢铁企业也将会在竞争中被淘汰，所以这也可以称为其技术革新的内在动力。

2017年，钢铁工业能耗占我国工业能耗总量的20%以上，是能源消耗大户。随着我国国民经济的快速发展，工业化和城镇化进程逐步加快，能源需求仍会增加，能源供给和经济发展的矛盾更加凸显。为实现我国经济快速、健康和可持续发展，降低单位国内生产总值能源消耗量将是我国经济发展的长期约束性指标。因此，钢铁行业要把节能减排作为转变发展方式的重要抓手。

在我国钢铁工业发展过程中，节能的技术理念和工程思维也发生了变化，从单一的产品制造功能向先进钢铁产品制造、高效能源转换、消纳废弃物并实现资源化三个功能转变。目前，我国钢铁工业产量快速增长阶段基本结束，处于转型期的中国钢铁工业面临产能过剩、资源、能源和环境等多方面压力。基于绿色、低碳、循环的发展理念，在钢铁压缩产能、淘汰落后、结构调整的背景下，钢铁工业的节能减排的发展理念、目标和路径都发生了巨大的变化。钢铁产业在保证足够供给量的情况下，还要降低钢铁生产对能源的消耗，这是中国现阶段需要解决的问题。

2.1 我国节能工作取得的进展

在我国钢铁工业发展过程中，在节能方面付出了巨大努力，取得了显著的成就。近年来在冶金流程工程学和系统节能理论指导下，钢铁企业物质流、能量流、信息流"三流耦合"运行，构建物质流网络、能量流网络和信息流网络"三网协同"等，面向大系统、全流程，在系统节能和综合节能方面取得了重大进步。

2.1.1 整体能耗水平进步

1996—2016年，我国钢铁工业综合能耗进一步降低，重点大中型企业的吨钢综合能耗由33176MJ下降到17174MJ，节能降耗成效显著。图2所示为中国钢铁工业能源消耗变化趋势图，数据来源于中国钢铁工业协会统计数据。其中，1996—2005年电力折算系数为11.84MJ/kW·h，2006—2016年电力折算系数为3.60MJ/kW·h。

吨钢综合能耗包括钢铁企业生产直接消耗的各种能源及其辅助生产系统、直接为钢铁企业生产服务的附属生产系统实际消耗的各种能源总量，不包括企业非钢铁部分生产消耗的能源量和外销能源量，吨钢综合能耗可说明企业能耗的变化情况。

吨钢可比能耗指钢铁企业每生产1t粗钢，从炼焦、烧结（含球团）、炼铁、炼钢直到最终钢材，配套生产所必需的耗能量及企业燃料加工与运输、机车运输能耗及企业能源亏损所分摊在每吨粗钢上的耗能量之和。统计范围不包括钢铁企业的矿山、选矿、铁合金、

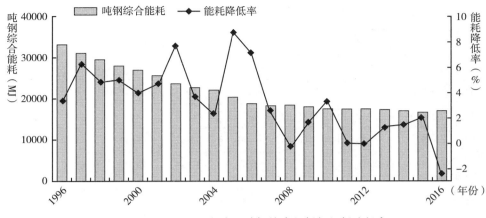

图2 1996—2016年中国吨钢综合能耗与能耗降低率

耐火材料、碳素制品、焦化回收产品精制及其他产品生产、辅助生产及非生产的能耗。该指标是为进行不同企业间能耗水平对比设置的，实际上是各工序能耗的某种叠加。

2.1.2 工序能耗水平进步

"十二五"期间，重点钢铁企业主要能耗指标逐步改善，烧结、焦化、炼铁、转炉冶炼、轧钢等工序能耗进一步下降，节能技术得到进一步普及。已建和在建的烧结余热发电机组数量超过150套，部分关键共性节能技术已达到世界领先水平。焦炉荒煤气显热回收技术、烧结竖罐式余热回收技术、高炉渣显热回收技术、高温超高压煤气发电技术、低温余热发电技术等得到进一步研发和工业化应用，余热余能资源利用水平得到提升。这些进步使得我国钢铁生产工序能耗和整体能耗水平进步明显（表1）。

表1 重点钢铁企业各工序能耗（单位：kgce/t 产品）

年份	炼铁系统				炼钢系统		钢加工	可比能耗
	烧结	球团	焦化	高炉	转炉	电炉		
2006	55.61	33.08	123.11	433.08	9.09	81.26	64.98	623.04
2007	55.21	30.12	121.72	426.84	6.03	81.34	63.08	614.61
2008	55.49	30.49	119.97	427.72	5.74	81.52	59.58	609.61
2009	54.52	29.96	113.97	410.55	2.78	73.44	57.66	595.38
2010	52.65	29.39	105.89	407.76	−0.16	73.98	61.69	581.14
2011	54.34	29.60	106.65	404.07	−3.21	69.00	60.93	572.04
2012	50.60	28.75	102.72	401.82	−6.08	67.53	57.31	577.74

续表

年份	炼铁系统				炼钢系统		钢加工	可比能耗
	烧结	球团	焦化	高炉	转炉	电炉		
2013	49.76	28.58	99.87	399.88	−7.81	62.38	60.32	564.84
2014	49.48	27.12	98.15	388.70	−8.73	66.06	63.30	546.45
2015	48.53	26.72	99.66	384.43	−11.89	60.38	63.44	530.68
2016	47.78	26.16	97.46	387.75	−12.24	65.90	61.78	533.96
2017	48.49	26.17	99.67	391.37	−14.26	60.22	61.73	516.13

为了进一步降低钢铁生产能源消耗，我国国家质量监督检验检疫总局、中国国家标准化管理委员会于 2013 年 10 月 10 日发布、2014 年 10 月 1 日实施《焦炭单位产品能源消耗限额（GB21342—2013）》《钢铁生产主要工序单位产品能源消耗限额（GB21256—2013）》，规定了焦化、烧结、球团、高炉和转炉各工序能耗的限定值、准入值和先进值（表 2）。

表 2 能源消耗限定值、准入值和先进值

工序名称	限定值	准入值	先进值
顶装焦炉	≤ 150	≤ 122	≤ 115
捣固焦炉	≤ 155	≤ 127	≤ 115
烧结	≤ 55	≤ 50	≤ 45
球团	≤ 36	≤ 24	≤ 15
高炉	≤ 435	≤ 370	≤ 361
转炉	≤ −10	≤ −25	≤ −30

目前，随着中国钢铁工业生产结构调整、节能减排技术普及和节能管理水平提高，能源消耗得到进一步下降，部分企业生产技术经济指标达到世界先进水平。从各生产工序能耗上看，2017 年中国重点钢铁企业能耗最高的工序为高炉工序，其生产 1t 铁要消耗 391.37kgce 的能量；焦化工序能耗仅次于高炉工序，其生产 1t 焦炭要消耗 99.67kgce 的能量，剩余工序能耗从高到低依次为电炉工序、钢加工（轧制）和烧结工序（图 3）。目前我国重点钢铁企业转炉工序生产已经实现了"负能炼钢"，工序能耗为 −14.26gce/t 钢。由于铁前各工序的吨钢能耗占企业能耗的 70% 以上，因此钢铁联合企业的节能重点在铁前系统。

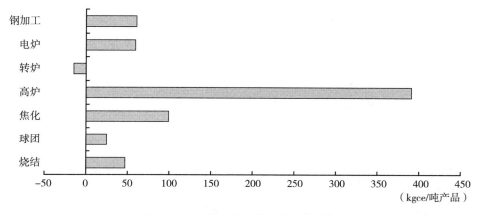

图3　2017 年重点钢铁企业工序能耗

2.2　我国节能技术发展取得的进展

随着我国社会发展水平的提高，各项产业对于钢铁材料的需求总量越来越大，而钢铁行业是高能耗产业，因此，更需要发展节能减排技术，减少能源消耗，并且将这些技术的落实加以制度化和政策化。另外对于企业管理人员而言，节能减排技术的实施也有助于成本的控制，可以说是一举多得。现在国家对这个问题也已经做了统一的部署，结合相关规定，利用现阶段可以应用的有利条件来促进钢铁节能技术的不断发展进步。

2.2.1　节能技术普及情况

在钢铁生产的过程中，应当积极利用先进技术，并且借鉴先进的管理经验，结合自身的实际情况来加以化用，重视产品的消耗以及改善，实现资源的循环利用。很多数据统计结果可以证明，如果能够在生产过程中应用先进的生产技术，就可以大大提高能源利用率，避免破坏环境。

进入 21 世纪以来，我国钢铁工企业通过"三干"（干熄焦、高炉煤气干法除尘和转炉煤气干法除尘）、"节约用水"和"余能余热发电"等能源高效转化装备技术的开发与应用，逐步进入到全面、深入和系统地开发钢铁制造流程的"能源转换功能"时期。通过技术改造、技术进步和技术创新，我国钢铁工业各项技术经济指标明显改善。一些节能设备和技术，如TRT、CDQ、高炉和转炉煤气干法除尘等的普及率和运行效果都有非常明显的提高（表 3）。

表 3　中国钢铁工业 CDQ、TRT 技术普及率

年份	CDQ（％）	TRT（％）
2000	12	14
2005	26	74
2010	85	95
2015	90	99

目前，我国干熄焦装置总计超过200套，处理能力2.5万t/h（与其配套的炼焦生产能力超过2.2亿t/a）；重点钢铁企业焦化厂的干熄焦率已在90%以上。CDQ设备采用高温高压锅炉，可使CDQ吨焦发电量提高15%左右。但目前，采用高温高压锅炉只约占40%。应当大力推广干法熄焦技术和采用高温高压锅炉，多回收15%能量。

我国现有TRT装备的高炉约有700座，其中597座为煤气干法除尘，其他为湿法除尘，平均吨铁发电量低于30kW·h/t铁。炉顶煤气压力大于120kPa的高炉均应拥有TRT装置，而不是限于1000m³以上容积的高炉。因为压力大于120kPa的TRT发电会有经济效益。我国高炉TRT发电量普遍偏低，主要原因是高炉生产与TRT优化协调不够，煤气没有全量通过TRT，以及1000m³以下高炉生产不稳定，煤气中含有氯离子，使TRT叶片易结白色晶体（卤化物），使TRT发电水平偏低等方面的影响。

我国生产和在建的烧结废气余热回收装置约有160多套，占烧结机总数（重点企业）的30%。大多数企业的烧结余热回收装置没有达到设计水平，主要是因烧结提供的废气温度和气量波动大，不能满足汽轮机的要求，致使汽轮机运行不稳定等原因。高炉和烧结生产均要以稳定为主，供应的余热能要连续和高品质，是发挥出烧结余热回收装置经济效益的关键。已建的设备可采取补气技术（用转炉回收的蒸汽，或建设烧高炉煤气的小锅炉等），实现发电效益最大化。

2.2.2 煤气能源回收利用情况

高炉、焦炉、转炉煤气回收、利用达到先进水平（见表4）：高炉高效（高利用系数、低能耗）、富氧大喷煤、长寿和炼铁技术装备等方面已经缩小了与国际先进水平的差距；钢铁生产流程界面模式优化开始得到重视并取得效果；煤气高效、高值利用，自发电比例增加。建立了能源（管控）中心，与物质流协同运行的能量流网络优化逐步得到重视。

表4　中国钢铁工业协会员企业副产煤气回收利用情况统计

项目	高炉煤气利用率（%）	高炉煤气放散率（%）	转炉煤气回收量（m³/t）	焦炉煤气放散率（%）	焦炉煤气利用率（%）
2016年	98.26	1.04	115	1.31	98.16
2017年	98.34	1.05	114	1.05	98.77
增量	+0.08	0.01	−0.19	−0.26	+0.61

2.2.3 二次能源发电情况

在钢铁生产能源消耗总量中，用于生产的能耗只占总能耗的30%，其余约70%的能量转换为各种形式的余热和余能，例如副产煤气资源、炉渣显热、产品的余热等，这些余热和余能资源可用于预热物料、产生蒸汽或者在自备电厂发电等。

表 5　2014—2017 年对标企业二次能源发电占用电量比例统计

类别	2014 年	2015 年	2016 年	2017 年
二次能源发电占企业总用电量（%）	38.1	39.8	40.5	41.3
二次能源发电占生产用电量（%）	41.5	43.3	43.3	43.6

2017 年对标企业二次能源发电量占企业总用电量的约 41.3%（见表 5），其中 57.8% 来自副产煤气发电，16.2% 来自高炉 TRT（高炉煤气余压透平发电装置）发电，还有 11.7% 和 5.0% 分别来自干熄焦发电和烧结余热发电，其他二次能源发电量占 9.3%（图 4）。

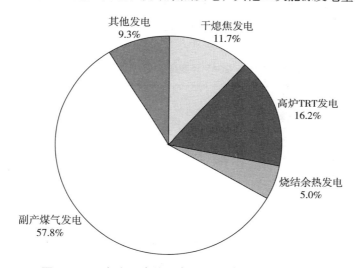

图 4　2017 年主要余热、余能回收利用技术发电情况

2.2.4　环保指标进步情况

我国烧结烟气脱硫设备有 640 多套，约有一半设备没有达到国家规定的排放指标，其中，有 60% 是采用的石灰石膏法，各企业的情况差别较大。国家已提出对烟气要脱硝，单纯脱硫已不满足环保要求。我国已成功开发出活性炭烟气治理的技术装备，价格比引进的低 60% 以上；可实现脱硫、脱硝、脱二噁英及脱除重金属，应大力推广。

2016 年钢铁产量比上年升高，使钢铁渣产生量在升高：中钢协会员单位高炉渣产生量 20180.82 万 t，比上年升高 1.88%；钢渣产生量 6992.25 万 t，比上年下降 0.75%；含铁尘泥产生量 3359.14 万 t，比上年下降 1.33%；2016 年高炉渣利用率 98.29%，比上年提高 0.06%；钢渣利用率 97.62%，比上年提高 1.63%。

以高效除尘技术、烧结机烟气脱硫技术、工业废水深度处理技术、含铁尘泥有效利用技术的开发利用为标志，行业环境保护技术水平得到了显著提高，污染物排放总量和单位产品污染物排放量大幅度降低，钢铁企业环境面貌明显改善。重点企业各工序节能减排技术、烟粉尘和二氧化硫排放控制技术、工业水重复利用技术、固体废弃物资源化技术达到和接近国际先进水平。

2.3 生产装备进步情况

21 世纪以来，中国钢铁工业基本完成了生产工艺结构调整与优化，初步实现了钢铁生产流程现代化。"十二五"期间，工艺装备大型化进步明显，技术经济指标得到改善。我国 130m³ 以上烧结机产能占比超 80%，先进焦炉产能占比 50%，重点统计钢铁企业 1000m³ 及以上高炉先进产能占比超过 70%，120t 及以上转炉和 70t 及以上电炉炼钢先进产能占比超过 60%，轧钢生产线先进水平装备占比 70% 以上（表 6 ~ 表 8）。

表 6 2016—2017 年我国烧结、焦化设备情况

设备名称和规格		计量单位	2016 年		2017 年	
			设备数量	设备年末生产能力（万 t）	设备数量	设备年末生产能力（万 t）
机械化焦炉		座	295	15561	288	15207
其中	65 孔及以上	座	67	4214	65	4074
	27 ~ 64 孔	座	228	11347	223	11133
	26 孔及以下	座	0	0	0	0
烧结机		台	461	103403	434	99894
其中	130m² 及以上	台	321	88630	303	85800
	90 ~ 129m²	台	129	14213	120	13535
	36 ~ 89m²	台	9	474	9	474
	35m² 及以下	台	2	86	2	86

表 7 2016—2017 年我国高炉设备情况

设备名称和规格	计量单位	2016 年		2017 年	
		设备数量	设备年末生产能力（万 t）	设备数量	设备年末生产能力（万 t）
合计	座	590	69610	542	65845
5000m³ 及以上	座	5	2171	5	2171
4000 ~ 4999m³	座	17	6048	17	6048

设备名称和规格	计量单位	2016 年		2017 年	
		设备数量	设备年末生产能力（万 t）	设备数量	设备年末生产能力（万 t）
3000～3999m³	座	19	4965	19	4968
2000～2999m³	座	73	14448	71	14078
1000～1999m³	座	220	25839	207	24659
400～999m³	座	249	15931	216	13714
399m³ 及以下	座	7	208	7	208

表 8　2016—2017 年我国炼钢设备情况

设备名称和规格	计量单位	2016 年		2017 年	
		设备数量	设备年末生产能力（万 t）	设备数量	设备年末生产能力（万 t）
转炉	座	580	71604	547	68891
300t 及以上	座	14	4550	14	4550
200～299t	座	40	7644	37	7284
100～199t	座	304	40625	290	39625
30～99t	座	218	18596	202	17243
29t 及以下	座	4	190	4	190
电弧炉	座	128	5498	113	4901
100t 及以上	座	26	2651	23	2431
30～99t	座	69	2750	57	2373
29t 及以下	座	33	97	33	97

随着智能化步伐加快、信息技术水平明显提升，钢铁企业已建和在建的能源管控中心数量超过 90 家。进入"十三五"时期，以"中国制造 2025"为契机，工业智能制造将工业化与信息化深度融合，实现产品制造流程的标准化、柔性化和智能化。在实现冶金装备大型化、现代化的过程中，综合运用信息技术、智能化控制技术等提升冶金装备整体节能效果和清洁生产水平能力，将对钢铁生产节能做出重要贡献。

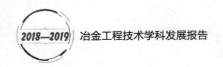

2.4 碳排放情况

传统钢铁行业的生产过程严重依赖于煤和焦炭等化石燃料，因此，钢铁行业也成为仅次于电力行业的 CO_2 排放大户。2015 年，中国钢铁工业 CO_2 排放量占全国 CO_2 排放总量的 16.7%。

节能客观上讲还是国家或地区经济发展层次的问题，而减排，特别是减碳排放则是整个地球环境的问题。因此，在关注大气质量改善的同时，除了严格控制 SOx、NOx、二噁英、CO、$PM_{2.5}$、粉尘、有毒重金属和污水等有毒有害物质的排放，更应当站在钢铁大国和钢铁强国的视野，看到钢铁工业 CO_2 的过度排放对地球和整个人类生存环境的影响，这也是一个负责任的大国所必需的应有的胸怀和担当。

钢铁企业 CO_2 排放主要是燃煤所产生。中国钢铁企业的用能结构中，煤炭占比约为80%，用煤的生产工序主要是烧结、球团和高炉等铁前系统工序。据统计，中国铁前系统的 CO_2 排放量约占整个钢铁工业排放总量的 85%，因此减少铁前工序的 CO_2 排放势在必行。

2015 年，在巴黎气候大会上，中国政府提出到 2030 年单位 GDP 的 CO_2 排放量比2005 年降低 65%；并于 2017 年建立全国性的碳排放交易市场，计划将电力、钢铁、水泥等 8 个行业纳入该体系，以推动全面减排二氧化碳。但是，由于中国的能源资源现状为煤多油少，目前的能源结构依然对煤炭有很高的依赖。因此，钢铁企业面临严峻的二氧化碳减排形势。

在钢铁生产中，利用废钢替代铁矿石炼钢可以直接降低铁前工序产量，降低大量能耗和二氧化碳排放。且中国钢铁生产目前吨钢单耗远低于世界平均水平，在未来，随着中国前几十年消耗的钢铁资源达到回收周期，中国可回收利用废钢资源将大幅增长，提高钢铁生产中废钢使用量将是必然趋势。

3. 本学科国内外发展比较

3.1 与国际先进水平的能耗比较

在目前世界主要钢铁生产国中，日本一直被认为是钢铁生产节能技术最先进、能源效率最高的国家。日本钢铁工业起步较早，且一直非常重视节能工作。几十年来，日本一直是钢铁工业能源利用效率最高的国家之一，吨钢可比能耗也保持在较低水平。根据国际能源机构（IEA）等机构发布的研究数据，日本钢铁企业生产能源效率排在全世界首位。

中国钢铁工业在近二十几年来快速发展，尽管其间中国钢铁企业在降低能源强度方面取得了不错的成绩，但根据《中国能源统计年鉴》的统计数据，与日本相比，中国重点钢铁企业吨钢可比能耗 2006 年高出 16.3%，2010 年高出 11.3%，2016 年高出5.3%（表 9）。

表 9　中国和日本吨钢可比能耗比较（考虑发电能耗）

年份	中国 [a]（kgce/t）	日本（kgce/t）
2006	729	627
2007	718	610
2008	709	610
2009	697	612
2010	681	612
2011	675	612
2012	674	614
2013	662	608
2014	654	614
2015	644	608[b]
2016	640	608[b]

[a] 中国重点钢铁企业能耗。

[b] 现有统计年鉴尚未包含 2015 年和 2016 年日本钢铁工业统计数据，由于 2007 年以来日本的吨钢可比能耗基本保持稳定，只在 6kgce/t 范围内波动，因此表中取近十年低值 608kgce/t 作为 2015 年和 2016 年日本钢铁工业吨钢可比能耗。

3.2　与国际先进水平的能耗差距原因

3.2.1　废钢比的差距

铁矿石和废钢是钢铁生产的两种主要原材料，与铁矿石相比，应用废钢炼钢可以省去炼铁系统（烧结、球团、焦化和高炉工序）生产，节约大量能源和资源。在中国，钢铁生产中废钢资源的单耗（吨钢废钢消耗量）远低于世界平均水平，废钢单耗（或废钢比）对炼铁系统的铁钢比和电炉钢比产生了约束性影响。

2017 年，全球废钢消费量约为 600Mt。在众多废钢消费国中，中国是废钢消费量最大的国家，2017 年消费废钢 147.9Mt，占全球废钢消费量的 24%。在钢铁工业中，用废钢比（Scrap ratio，SR）来定义废钢消耗情况：

$$SR = SC/P$$

公式中　SC——统计期内用于钢铁生产的废钢消耗量，t；P——统计期内的钢产量，t。

废钢比反映了一个国家钢铁工业生产原材料中废钢的比重。从近十年的数据上看，世界钢铁生产平均废钢比大约在 35% ~ 40% 的水平。主要钢铁生产国中，美国的废钢比大约在 75%，欧盟的废钢比在 55% ~ 60% 的水平，日本的废钢比在 35%

左右。

表 10　2016 年主要钢铁生产国生产情况

国家	废钢比（%）	生产流程占比（%）	
		高炉 - 转炉流程	电炉流程
中国	11.2	93.7	6.3
日本	32.1	77.8	22.2
美国	72.2	33.0	67.0
欧盟（28）	54.6	60.5	39.5
世界	35.5	74.0	25.5

　　而我国钢铁生产废钢比只有 10%～15%（见表 10），远低于其他主要钢铁生产国。废钢比偏低导致我国钢铁企业生产主要依赖以铁矿石为原材料，使炼铁系统铁钢比高于其他国家，而铁矿石加工成铁水过程中需要消耗大量的能源和资源，所以废钢比偏低对我国钢铁生产节能工作产生一定的负面影响。

　　由于我国钢铁生产的主要铁源只有废钢和铁矿石，所以炼铁系统的铁钢比（吨钢的铁水消耗量）实际也由废钢比决定，而炼钢工序内的电炉钢产量更与废钢量直接相关。因此，废钢比实际上对吨钢可比能耗的大小有非常重要的影响。

　　具体来说，无论用于电炉流程或者转炉流程，与铁矿石相比，直接利用废钢炼钢，可减少炼铁系统产量。因此在钢铁生产中多用废钢，能够减少炼铁的物耗和能耗。如果一个国家或地区钢铁生产废钢比高，则相应铁钢比就低；如果一个国家废钢比较低，则相应铁钢比就较高。我国重点钢铁企业 2006—2016 年废钢比与铁钢比数据见表 11，可以看出 2006—2016 年重点企业废钢比持续下降，相应的铁钢比呈现与之相反的上升趋势。

表 11　重点钢铁企业废钢比、铁钢比变化

年份	废钢比（废钢消耗量 / 钢产量）	铁钢比（铁水消耗量 / 钢产量）
2006	0.160	0.874
2007	0.140	0.871
2008	0.144	0.884
2009	0.145	0.912
2010	0.138	0.907

续表

年份	废钢比 （废钢消耗量 / 钢产量）	铁钢比 （铁水消耗量 / 钢产量）
2011	0.130	0.914
2012	0.115	0.926
2013	0.104	0.941
2014	0.107	0.949
2015	0.104	0.975
2016	0.112	0.944

3.2.2 生产流程结构的差别

（1）主要钢铁生产流程

尽管钢铁工业有复杂的生产工艺结构，但在世界范围内被广泛使用的只有几种，而且这些生产流程使用的原材料、能源和资源也比较类似（图5）。经过长时间发展，目前在国际上被广泛使用的钢铁生产流程有两类，即高炉 – 转炉流程（长流程）和电炉流程（短流程）。

高炉 – 转炉流程首先将铁矿石还原成铁（亦称铁水或生铁），然后铁在转炉中冶炼成钢，经过铸造和轧制后，钢铁以钢板、型钢或钢条等形式交付。

电弧炉炼钢法是用电力将炉内的废钢熔化，炼钢过程中还可以加入合金等添加剂，将钢铁调整到所需的化学成分，电弧炉炼钢时，还可以辅以向电弧炉中喷吹氧气。下游加工阶段，如铸造、再加热和轧制，与高炉 – 转炉相似。

这两类流程的主要区别之一是原材料组成和能源结构不同，高炉 – 转炉流程生产原材料以铁矿石为主，一般占 70% ~ 100%，也加入废钢、生铁、热压铁等，其能源消耗以煤炭为主；而电炉流程则主要以废钢为原材料，一般占 70% 以上，另外可以加入铁水、生铁、直接还原铁、热压块等，其能源消耗以电力为主。另外还有一种炼钢技术——平炉法（OHF），是一种能源强度非常高的工艺，因其不利于环境也不够经济，已日趋衰落。

2017 年，高炉 – 转炉流程产量占世界总钢产量的 71.6%，电炉流程产量占世界总钢产量的 28.0%，此外还有 0.4% 的钢产量来自平炉流程。在世界主要钢铁生产国中，中国、日本、俄罗斯、韩国、德国、巴西和乌克兰等都是以高炉 – 转炉流程作为主要钢铁生产方式，而美国、印度和土耳其等使用电炉流程作为主要钢铁生产方式，平炉流程只在乌克兰、俄罗斯等少数国家被使用（表12）。

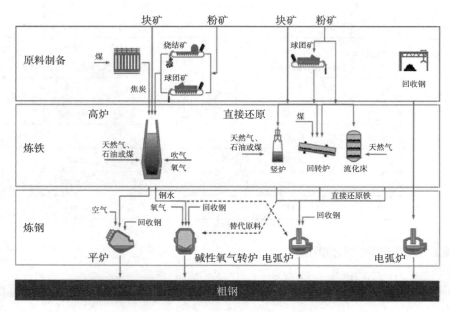

图 5　钢铁生产工艺流程图

表 12　2017 年主要钢铁生产国生产流程占比

国家	高炉－转炉流程（%）	电炉流程（%）	平炉流程（%）
中国	90.7	9.3	
日本	75.8	24.2	
美国	31.6	68.4	
印度	44.2	55.8	
俄罗斯	66.9	30.7	2.4
韩国	67.1	32.9	
德国	70.0	30.0	
土耳其	30.8	69.2	
巴西	77.6	21.0	
乌克兰	71.8	6.8	21.5
世界	71.6	28.0	0.4

（2）两类能源消耗情况

对于大型钢铁联合企业，从铁矿石进厂到焦化、烧结、炼铁、炼钢和钢加工完成，整个工艺流程中能源消耗和污染物排放主要集中在炼铁及其之前的工序，所以从能耗角度看，高炉－转炉流程的吨钢能耗一般来说要高于电炉流程（图 6）。与高炉－转炉流程相比，电炉流程用废钢直接炼钢可节约能源约 60%，并可减少废气排放量的约 80%。所以，多使用电炉流程可以减少钢铁生产能源消耗，但电炉流程的产量受废钢资源数量限制，因此，在一些废钢资源不充足的发展中国家，例如中国，高炉 – 转炉流程仍然是主要钢铁生产方式。

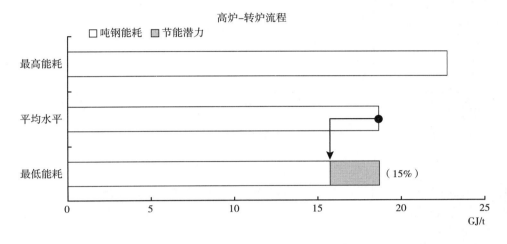

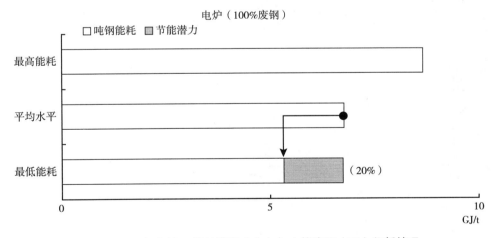

图 6　2017 年高炉 – 转炉流程（上）与电炉流程（下）能耗情况

（3）我国与国外电炉钢比例差距

高炉 – 转炉流程原材料以铁矿石为主，而电炉流程原材料以废钢为主。中国钢铁企业由于废钢比偏低，钢铁生产过度依赖以铁矿石为主要原材料的高炉 – 转炉流程，使电炉钢比例偏低（图 7）。

我国废钢比偏低的原因之一是废钢存储量不足。由于钢铁的报废回收有一定的周期，我国从 2000 年开始才大量使用钢材产品，所以中国的废钢资源一直存在较大缺口。因此，

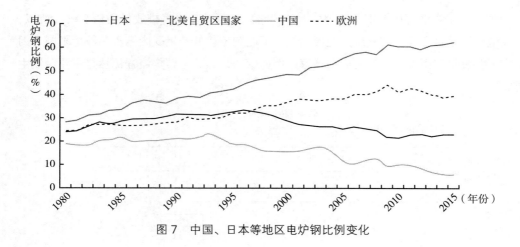

图 7　中国、日本等地区电炉钢比例变化

过去十几年中国钢铁产量增长主要来自转炉钢产量的大量增长，而受废钢数量限制，电炉钢的产量较为平稳（图 8）。

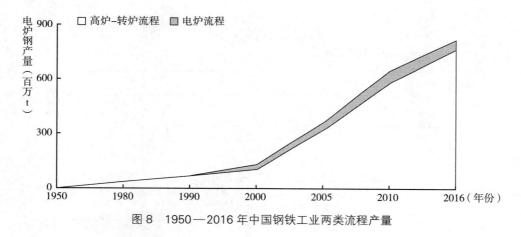

图 8　1950—2016 年中国钢铁工业两类流程产量

3.2.3　能源结构的差距

根据国际能源机构（International Energy Agency，简称：IEA）公布的统计数据，2016年钢铁工业能耗占世界工业能耗总量的 16.9%。从能源结构上看，世界钢铁工业能源消耗以煤炭为主（占能耗总量的 63%），其次是电力（占能耗总量 21%）和天然气（占能耗总量的 11%），还有 1% 来自油类，剩余的能源消耗由其他种类能源提供，例如生物质等（图 9）。

然而不同国家之间能源结构差异很大。以 2016 年中国和美国钢铁工业能源结构为例，中国钢铁工业能耗中煤炭占比高达 77%，天然气占比只有 2%；而美国钢铁工业能源消耗中只有 27% 来自煤炭，天然气占比高达 53%（图 10）。由此可以看出，能源结构的区别

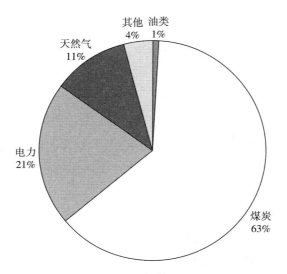

图9　2016 年世界钢铁工业能源结构

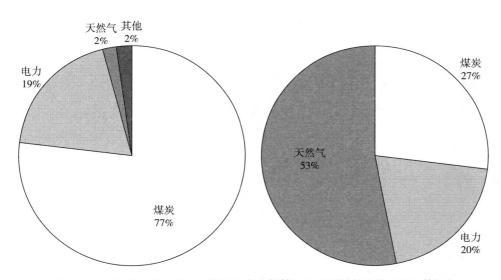

图 10　2016 年中国（左）、美国（右）钢铁工业能源结构比较（IEA 数据）

显著存在于不同的钢铁生产国之间，而不同种类能源的工业转换效率是存在差异的，因此能源结构差异会对钢铁生产能源效率造成一定影响。

　　我国的钢铁生产能源消费结构以煤炭为主，这种以煤为主的能源结构是引起我国大气污染的主要原因。同时，在钢铁生产能源消耗中，我国天然气在能耗中比例明显低于世界平均水平（图9、图10）。在工业生产中，天然气、煤炭等能源的转化效率是存在差别的（表13）。

表 13　煤炭和天然气在工业生产中的转化效率

能源种类	热值（MJ/kg）	发电效率（%）	工业锅炉热效率（%）	化工能耗（kg 标煤 /t 氨）
煤炭	29.3	34～38	65～80	1800～1570
天然气	36.9	44～58	86～90	1210～990

由表 13 中可以看出，天然气在工业中的能源转换效率明显高于煤炭，使用天然气替换煤炭可提高工业生产能源效率，因此工业生产中天然气比例的差别也是影响能源效率的重要因素。

3.2.4　产业集中度的差距

生产规模对钢铁生产能源效率也有重要影响。一般来说，大型装备能效水平总体上较小型装备能效水平高，如 4000m³ 高炉单位产品生产能耗就比 1000m³ 高炉低 10% 以上；此外，大型钢铁企业在管理、技术上的优势也使其生产能耗要低于小型企业（表 14）。

表 14　不同规模钢铁企业工序能耗

生产规模（万 t）	工序能耗（kgce/t 产品）				
	焦化	烧结	炼铁	炼钢	钢加工
>1000	96.5	49.7	397.4	-4.6	51.0
500～1000	103.5	47.0	395.3	-11.5	50.8
300～500	117.8	50.7	409.9	-6.8	51.1
200～300	125.4	52.2	408.7	-0.6	66.5
100～200	124.4	52.7	420.5	0.7	65.1
<100	137.3	54.2	434.6	6.3	112.0

注：2013 年数据。

从钢铁企业整体能耗上看，全国钢铁企业能效也存在较大差别。如表 15 所示，其中 A 值为全国能效最高水平，B 值为全国能效前 5% 水平，C 值为全国能效前 20% 水平，D 值为全国能效平均水平。

表 15　高炉 - 转炉流程能耗指标值

流程	数值类别	综合能耗（kgce/t）
高炉 - 转炉（含焦化）	A	575
	B	585
	C	620
	D	650

一般来讲，小型企业的能耗水平高于大型企业（受设备大小、技术水平和操作水平限制）。近十几年，中国钢铁产业集中度呈下降趋势，排名前十企业产量占比由 2001 年的 45% 下降到 2016 年的 36%（图 11）。而日本仅排名前 5 的企业产量就占全国总产量的 80% 以上，已经实现钢铁大型化生产。

提高大型企业产量占比是我国钢铁工业发展的趋势，根据《钢铁产业调整政策 2015》等文件的内容，到 2025 年，前十家钢铁企业（集团）粗钢产量占全国比重不低于 60%，形成 3~5 家在全球范围内具有较强竞争力的超大型钢铁企业集团，以及一批区域市场、细分市场的领先企业。

图 11　钢铁企业产业集中度变化

3.3　节能发展方向

从根本上讲，进行钢铁产业的减量化、合理降低钢铁产能、淘汰落后，解决发展不平衡、不充分的问题，才是产业性的根本问题。只有实现钢铁工业的"去产能和减量化"，在钢铁总量上持续削减并合理调控，才能真正有效实现节能减排。而且，还要以能源总量的视角论述节能减排，不仅是吨钢能耗单位指标的视野。废钢比低的根本原因是我国钢铁流程以高炉－转炉高碳冶炼工艺为主，"长流程"占到 90% 以上的钢产量，因此充分利用社会资源和城市废弃资源（废钢铁），合理并有序发展电炉流程，解决铁素资源的获取途径，这是未来进行流程结构优化的一项重要内容。

4. 本学科发展趋势与对策

4.1　冶金生产流程体系节能优化

纵观钢铁工业节能的历程，钢铁工业节能理念可分为三个层次。第一层次是生产工艺设备和流程改造与优化、余热余能利用技术推广等，这一层次的节能理念只是注重单一技术、单一设计的节能效果；第二层次是在钢铁生产流程功能拓展的指导下，关注钢铁生产流程能源转换功能、能量流网络优化，这一层的节能理念中流程能源转换功能与流程制造功能并重，是节能理念的重要提升；第三层次的节能理念则是全社会范围内的能效提高，节能效果主要体现了钢铁厂的社会责任。

从根本上来说，钢铁制造流程实质上是物质流、能量流与信息流在时间尺度和空间尺度上通过相互作用、相互影响、相互制约、相互协调而相互转化的过程。其复杂性也充分体现为多组元、多相态、多层次、多尺度的物质流、能量流与信息流在流动中的相互耦合和相互作用。这些物质流、能量流与信息流在系统演化过程中相互联锁、彼此放大，形成一定的行为模式而引起系统行为的变化和波动。钢铁制造流程的物质流、能量流、信息流及其耦合优化，已经成为 21 世纪钢铁制造流程优化的时代命题，是冶金热能工程学科的研究热点。钢铁制造流程的整体信息化，应该是物质流、能量流、信息流之间互动的综合信息化。因此，为了掌握钢铁流程工业复杂大系统的动态运行机制，以确定控制和管理的具体方案来解决钢铁工业本身具有的高物耗、高能耗、高污染等问题，必须在系统内处理好物质流、能量流与信息流的相互作用关系。未来我国钢铁工业吨钢能耗曲线能否再次出现较大幅度的下降走势，完全取决于新一轮节能理论、技术和管理手段的支撑，即钢铁制造流程物质流、能量流和信息流的耦合优化。

能源转换功能是钢铁生产流程的拓展功能。其内涵是能量流（主要是碳素流）按照设定的工艺流程，驱动和作用于物质流（主要是铁素流），使铁素物质流发生状态、形状和性质等一系列变化，成为期望的产品。过程中，在一些工序 / 装置中也发生能源形式、品质的转换形成"二次能源"，如焦化工序、高炉工序和转炉工序等。此外，能源的推动力往往是过剩的，过剩的能源成为余热、余能。因此，能源转换功能优化是通过建立能量流网络和能量流综合调控的程序等措施，及时回收、合理、高效地利用二次能源、剩余能源（图 12）。

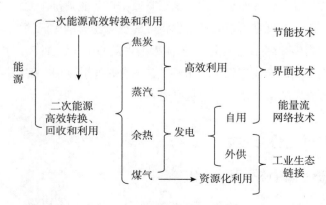

图 12　能源转换与利用功能解析

钢铁生产过程伴随大量的、种类繁多的物质、能量的输入和输出，其中蕴含了与其他行业部门和社会构建生态链的重大可能性。随着钢铁生产流程的能源转换功能和社会大宗废弃物处理及消纳功能逐步为企业所认识并接受，促进了钢铁企业与其他行业和社会的生态链的构建（图13）。

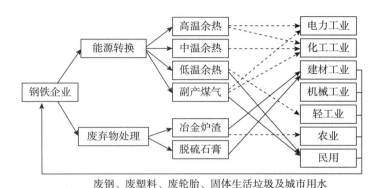

图13　钢铁企业与其他行业及社会的工业生态链

4.2　提高生产废钢比

1994—2013年，中国钢铁市场共利用废钢铁10.8亿t，相当于少开采铁矿石46亿t、节约原煤10亿t、减少17亿t的碳排放。"十三五"期间中国钢铁继续量将达到110亿t，在未来，社会废钢铁资源越来越多，每年将以1000万t的增量攀升。根据废钢协会统计预测，2018年全国废钢铁资源产生总量约为2.2亿t，同比增加2000多万t，增幅为10%。其中，钢铁企业自产废钢4000万t，占资源总量的18%；社会采购废钢1.8亿t，占资源总量的82%（图14）。

预计到2020年，我国钢铁工业炼钢的废钢比达到25%以上，年需废钢资源量达2.1亿t以上；预计到2025年废钢比进一步上升到30%左右，年需废钢资源量达2.4亿t左右。未来几年我国前期积累的大量废钢将达到回收周期，废钢社会供应量将快速增长，预计2020年可回收利用废钢约在200Mt。因此，提高废钢比是我国钢铁工业发展的必然趋势。

目前我国转炉废钢比大约为8%，而欧美钢厂转炉废钢比大多高于20%。中长期看，我国钢铁工业将利用更多的废钢，其中包括通过对转炉进行工艺优化，适度提高使用废钢的比例，以及发展以废钢为主要原料（不兑铁水）的电炉工艺流程。无论从降低成本还是减少排放的角度，转炉应该多吃废钢，但要保证科学合理。因此，需要解决提高入炉铁水含硅量、转炉入炉废钢预热、底吹复合吹炼、转炉高效二次燃烧、转炉多吃废钢与溅渣护炉矛盾等技术问题，努力将转炉废钢比提高到15%～25%。

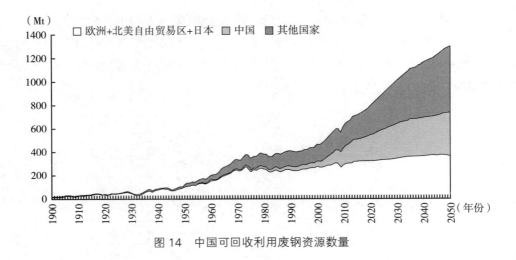

图 14　中国可回收利用废钢资源数量

《废钢铁产业"十三五"发展规划》明确提出炼钢废钢比 2020 年要达到 20% 以上，其中转炉废钢比达到 15% 以上，电炉钢比达到历史最好水平（逐步摆脱电炉转炉化），提高废钢铁加工装备水平，先进的加工设备（破碎线等）能力超过 60%，逐步淘汰落后的加工设备和方式。随着未来环保、能耗、质量监管趋严，废钢炼钢的优势将更为凸显。

4.3　深入开展能源统计制度和方法研究，完善钢铁工业能耗评价指标及指标体系

能效评价是在能耗分析的基础上，找出现有生产系统的节能方向，其结果对节能工作有帮助指导意义。在评价钢铁企业生产能耗水平时，使用合适的评价指标和评价方法才能获得更全面的评价结果。

（1）终端产品能值指标的确立

随着节能的不断深入和能耗指标的逐渐降低，长期以来以中间产品（钢）为计算基准的指标体系必须尽快实现以下转变：从中间产品钢转到终端产品材；从吨钢能耗到吨材能耗；从钢比系数到材比系数；从评价单位产品能耗到控制能源消耗总量。冶金能耗评价指标体系亟须完善，今后钢铁工业能耗指标应由工序能耗、吨钢综合能耗、终端产品能耗和能源消耗总量组成。其中，工序能耗服务于生产工序的能耗统计与能源管理，它只计工序所直接消耗的燃料和动力的"当量值"不计其他间接能耗，是比较同类工序能耗水平的可比指标；吨钢综合能耗，主要服务于钢铁行业的能源统计与管理，用于记录钢铁行业或企业的能耗数据及其变化情况，但不再作为企业之间评判能耗水平的可比指标；终端产品（大宗）能耗，系指生产单位终端产品企业为其累计消耗的能源量，数值上等于各工序的材比系数与其工序能耗乘积之和。在条件成熟时，它可作为同类终端大宗产品能耗的可比指标。从中间产品到终端产品、从吨钢能耗到产品能值、从钢比系数到材比系数等一系列

变化，是钢铁企业的生产结构、工艺流程、产品加工、能耗水平、管理技术等日趋深化的必然结果。

（2）考虑原材料差异的能效评价

无论用于电炉流程或者转炉流程，与铁矿石相比，直接利用废钢炼钢，可减少炼铁系统产量。因此在钢铁生产中多用废钢，能够减少炼铁的物耗和能耗。在分析不同地区钢铁企业能耗水平时，吨钢能耗受废钢比、能源结构、流程结构、工序能耗和发电煤耗等因素影响。比较钢铁企业生产能源强度时，吨钢可比能耗也是多种因素共同作用的结果，分析时仅凭吨钢可比能耗指标往往不能全面说明实际情况，特别是在研究生产技术水平对钢铁生产能源强度的影响时。因此，评价钢铁生产能耗水平时也应考虑原材料和流程结构等因素差异的影响。

参考文献

［1］ World steel association. Steel Statistics Yearbook［R］. Belgium：World Steel Association，2018.

［2］ International Energy Agency. Energy balance flows［EB/OL］.（2019.03.25）. http：//www.iea.org/Sankey/index. html.

［3］ 张琦，张薇，王玉洁，等. 中国钢铁工业节能减排潜力及能效提升途径［J］. 钢铁，2019，54（2）：7-14.

［4］ 中国钢铁工业年鉴编辑委员会. 中国钢铁工业年鉴2015—2018［M］. 北京：中国冶金出版社，2015-2018.

［5］ 王维兴. 钢铁工业能耗现状和节能潜力分析［J］. 中国钢铁业，2011（4）：19-22.

［6］ 中国钢铁工业协会. 钢铁统计数据［EB/OL］.（2019.03.25）. http：//www.chinaisa.org.cn/gxportal/login.jsp.

［7］ He K，Wang L，Zhu H，et al. Energy-Saving Potential of China's Steel Industry According to Its Development Plan［J］. Energies，2018，11（4）：948.

［8］ 王海风，郦秀萍，周继程，等. 钢铁工业节能技术发展现状及趋势［J］. 冶金能源，2018（4）：1.

［9］ 国家统计局能源统计司. 中国能源统计年鉴2016—2017［M］. 北京：中国统计出版社，2017-2018.

［10］ World Steel Association. World Steel in Figures 2018［R］. Belgium：World Steel Association，2019.

［11］ Bureau of International Recycling. World steel recycling in figure［R］. Belgium：Bureau of International Recycling，2018.

［12］ Australian Government -Department of Industry，Innovation and Science. Resources and Energy Quarterly - March 2018［R］. Canberra：Department of Industry，Innovation and Science，2018.

［13］ International Energy Agency. Energy Technology Perspectives 2012［R］. Paris：International Energy Agency，2012.

［14］ World Steel Association. Energy Use in the Steel Industry［R］. Belgium：World Steel Association，2014.

［15］ World Steel Association. Sustainable steel at the core of a green economy［R］. Belgium，World Steel Association，2012.

［16］ World steel association. Global steel industry outlook，challenges and opportunities［R］. Belgium：World steel association，2017.

［17］ 孙慧，李伟. 天然气如何在节能减排中发挥作用［J］. 石油规划设计，2009，20（5）：7-9.

［18］ 国家节能中心. 能效评价技术依据 - 钢铁行业［EB/OL］.（2019.03.25）. http：//www.chinanecc.cn/website/

News!view.shtml?id=144711.

［19］张晨凯. 工业节能减排潜力与协同控制分析——以钢铁行业为例［D］. 北京：清华大学，2015.

［20］中华人民共和国商务部. 中国再生资源回收行业发展报告 2018. http：//ltfzs.mofcom.gov.cn/article/ztzzn/an/201806/20180602757116.shtml.

［21］China Association of metalscrap utilization（CAMU）. Scrap resources will increase substantially over the next 3 ~ 5 years 2017. http：//www.camu.org.cn/msg.aspx?msg_id=6632.

［22］张刚刚. 钢铁企业能耗指标体系的研究与应用［D］. 沈阳：东北大学，2013.

［23］国家统计局能源司. 能源统计工作手册［M］. 北京：中国统计出版社，2010.

撰稿人：王　立　杜　涛　孙文强

冶金技术分学科（粉末冶金）发展研究

1. 引 言

粉末冶金是制取金属粉末或用金属粉末（或金属粉末与非金属粉末的混合物）作为原料，经过研磨（混合）、成形、烧结和后续加工，制造金属材料、复合材料以及各种类型制品的工艺技术。

粉末冶金是高效、无少切削、节材、节能、复杂零件的近终形零件制造技术，是晶粒细小、多成分组元、无偏析、高合金含量的特殊高性能新材料与制品核心制备技术，也是全球公认的低碳、绿色可持续、基础性战略性高技术产业。由于粉末冶金技术的优点，它已成为解决新材料问题的钥匙，在新材料的发展中起着举足轻重的作用。粉末冶金包括制粉和制品。其中制粉主要是冶金过程，而粉末冶金制品则常远远超出材料和冶金的范畴，往往是跨多学科（材料、冶金，机械、力学、热学、磁学等）的技术。尤其现代金属粉末3D 打印，集机械工程、CAD、逆向工程技术、分层制造技术、数控技术、材料科学、激光或电子束技术于一身，使得粉末冶金制品技术成为跨更多学科的现代综合技术。

粉末冶金具有独特的化学组成和机械、物理性能，而这些性能是用传统的熔铸方法无法获得的。运用粉末冶金技术可以直接制成多孔、半致密或全致密材料和制品，如含油轴承、齿轮、凸轮、导杆、刀具等，是一种少无切削工艺。

1）粉末冶金技术可以最大限度地减少合金成分偏聚，消除粗大、不均匀的铸造组织。在制备高性能稀土永磁材料、稀土储氢材料、稀土发光材料、稀土催化剂、高温超导材料、新型金属材料（如 Al-Li 合金、耐热 Al 合金、超合金、粉末耐蚀不锈钢、粉末高速钢、金属间化合物高温结构材料等）具有重要的作用。

2）可以制备非晶、微晶、准晶、纳米晶和超饱和固溶体等一系列高性能非平衡材料，这些材料具有优异的电学、磁学、光学和力学性能。

3）可以实现多种类型的复合，充分发挥各组元材料各自的特性，是一种低成本生产

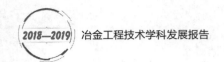

高性能金属基和陶瓷复合材料的工艺技术。

4）可以生产普通熔炼法无法生产的具有特殊结构和性能的材料和制品，如新型多孔生物材料、多孔分离膜材料、高性能结构陶瓷磨具、弥散强化材料和功能陶瓷材料等。

5）可以实现近净形成形和自动化批量生产，从而有效地降低生产的资源和能源消耗。

6）可以充分利用矿石、尾矿、炼钢污泥、轧钢铁鳞、回收废旧金属做原料，是一种可有效进行材料再生和综合利用的新技术。

粉末冶金技术和产品在国防军工、航空航天、五金电子、能源交通、新能源汽车、高端装备、石油石化、新一代电子元器件、芯片组件和医疗器械及植入物等行业发挥着不可替代的重要作用。如今纳米技术、增材制造技术和注射成形技术等也进入了粉末冶金的新兴领域。

发展粉末冶金也符合我国推动形成绿色发展方式、坚持节约资源和保护环境的基本国策，以及"树立绿水青山就是金山银山"的发展理念。

2. 本学科国内发展现状

我国粉末冶金一直高速发展，钢铁粉末生产21世纪平均增速14.8%，2013年铁基粉末总产量为38.9万t，超过北美，成为最大的钢铁粉末生产和消耗区域；硬质合金更是借助我国的钨资源优势高速增长，销售量由2009年1.65万t增加到2017年的3.45万t（销售额在250亿元以上），8年增长了2.1倍；金属注射成形（MIM）作为21世纪刚发展起来的粉末冶金新型产业化技术，在消费电子、汽车、五金及医疗的带动下迅猛发展，2015年我国产销为48.5亿元。我国增材制造（3D打印）产业规模以上企业2016年总产值20.3亿元，比2015年的10.8亿元增长87.5%。

3. 本学科国内外发展比较

自20世纪90年代以来，在中国及其他新兴经济体的带动下，世界粉末冶金产业快速发展，新工艺新技术新材料不断涌现。全球钢铁粉末交易量由1992年60万t增加到2016年150万t，15年增长了2.5倍；

金属注射成形（MIM）2011年全球该市场规模突破10亿美元大关，2015年已经超过20亿美元，达到21.18亿美元（约合137.67亿元人民币），短短5年就翻了一番，金属注射成形2015年我国产销为48.5亿元，占世界总销售额的35%；2012年被美国政府列入"国家制造创新计划"的增材制造（3D打印）产业在全球范围内更是井喷式增长，2017年销售约1768台金属3D打印机，较2016年销售量（983台）增幅近80%，我国规模以上企业 2016 年总产值 20.3 亿元，比 2015 年的 10.8 亿元增长 87.5%。

我国粉末冶金与国外相比有较大的差距。如当前国外在各类汽车中已大量采用粉末冶金零件，平均每辆汽车使用量在日本、欧洲、美国分别为 8.7kg、9.0kg、19.5kg，我国每辆汽车上粉末冶金零件用量平均约 4kg，用量差距为 2～4 倍；即使如此，我国还大量高价进口西方发达国家的粉末冶金原料，如铁基粉末冶金零件的原料进口率为约 20%、注射成形零件的原料进口率为约 50%、增材制造（3D 打印）金属粉末原料的进口率的更是高达 80%；我国硬质合金产量占全球总量的 43%，居世界第一，但我国硬质合金总产值不及瑞典山特维克（Sandvik）公司的 1/2，尤其是高技术硬质合金产品不到世界发达国家的 10%，长期依赖进口。正是这些差距，是我国发展粉末冶金的制约，也是发展潜力所在。

4. 本学科发展趋势与对策

未来我国粉末冶金应紧抓国家进行产业结构调整和升级所带来的机遇，围绕我国汽车、船舶、航空航天、机械、国防装备等产业发展对粉末冶金新材料、新技术、新产品的需求，解决制约国内高性能、高精度、复杂粉末冶金零件发展的瓶颈问题，创新性地开展粉末冶金新材料、新技术、新产品研究，实现粉末冶金技术从重点跟踪仿制到创新跨越的战略转变，全面提升我国粉末冶金零件制造水平，提高国产粉末冶金零件的国际市场竞争力，使我国粉末冶金技术水平进入世界先进行列。

发展和完善先进的粉末制备技术、粉末冶金精密成形技术、粉末冶金烧结技术、先进的粉末冶金装备制造技术，建立粉末冶金后续加工与质量控制的工艺技术规范及标准。实现粉末冶金朝着高效率、高质量、低能耗方向发展，推动粉末冶金的广泛应用。

使我国的粉末冶金综合技术水平达到或接近世界先进水平，初步实现我国从粉末冶金大国向粉末冶金强国的转变。

我国综合指数接近德国、日本实现工业化时的制造强国水平，基本实现工业化、信息化两化融合、进入世界制造业强国第二方阵。

我国铁基粉末的产量世界第一，但在技术、装备、生产水平、产品系列化及质量稳定性等方面同国外存在较大的差距。其他特种粉末（钨、钼、碳化钨、钛、纳米粉末等）在综合资源利用、自动化生产、节能环保、产品质量稳定性等方面还需努力。

粉末冶金机械零件是粉末冶金的主流产品。中国粉末冶金零件制品产量很大，但总体来说，技术水平不高，中低端产品较多，与国外先进水平相比存在较大差距。亟待开发高致密、高性能、高效率、低成本和绿色制造的复杂精密零件的粉末成形技术体系。

需要对传统烧结进行节能改造，开发短流程和新能源烧结技术。对固相烧结、液相烧结、热压、热锻、热等静压、喷射沉积、烧结硬化、加压烧结、放电等离子烧结、超固相线烧结、微波烧结、选择性激光烧结、多场耦合烧结、热挤压等工艺和技术做进一步深入的研究与推广应用。

粉末冶金的质量控制在国内均未开展系统深入的研究和制定相应的标准规范，包括检验和评估均有待建立和健全。

我国的粉末冶金装备制造业还处于较低的水平，大部分先进的粉末成形和烧结装备需要从工业发达国家进口，导致国内粉末冶金零件产品制造水平较低，能耗较大的局面。

（1）雾化制粉技术

将金属材料加热超过熔点一定温度，于液态时输入各种能量（外部动能如高压气体、水或旋转盘，内部势能如可溶气体真空雾化法）将其破碎以及冷却后获得粉末。借鉴常规液体如水和油等的雾化手段和方法，近年来各种新的雾化方法层出不穷，比如内部混合喷射法、液体旋转射流法等。雾化法一直是高性能特殊钢铁粉末的主要制备技术，它包括以下几种工艺类型：

①双流体雾化法：合金熔体被高压气体、水或者油等流体所冲击破碎；②离心雾化法：合金液被离心力甩出而破碎，离心力可以来自高速旋转盘、杯或者转辊和自耗电极；③冲击雾化法：合金液被旋转的多根冲击棒所破碎；④超声雾化法：包括超声气体雾化和合金液膜在超声振动下的雾化；⑤压力射流雾化法：包括单孔射流雾化、环孔离心旋转液流雾化法、多孔脉冲射流雾化法等；⑥可溶气体真空雾化法：合金液中被可溶气体所饱和，然后进入真空室导致气体快速释放而使合金液破碎。

合金粉末制备的主要优势为实现预合金化和均匀化学成分和微观组织。以上雾化法中已经大批量工业化生产应用的有水雾化法、气雾化法、旋转电极法、可溶气体真空雾化法。水雾化法在氧含量和球形度上不具有优势，除粉末冶金压制用粉外，在其他特殊高合金上使用规模较小。水雾化高合金粉末一般具有不规则的粉末形貌，表观密度偏低，氧含量在（$1000 \sim 4000$）$\times 10^{-6}$，粉末粒度随雾化水压力的升高而降低，可以在高压或超高压下制备超细（D50 约为 $10 \mu m$）雾化合金粉末。相对而言，惰性气雾化法则是一种普遍适用的高合金粉末制备方法，该法制备的合金粉末具有光滑的表面和近球形形貌，对于多种合金体系氧含量低于 200×10^{-6}，但是在通常情况下，粉末 D50 在 $20 \mu m$ 以上，卫星粉末难以避免。旋转电极法和可溶气体真空雾化法在制备高温合金上得到了一定规模的工业应用，粉末均为球形，表面光滑，旋转电极法生产率低且粉末较粗，D50 在 $200 \mu m$ 左右。

旋转盘离心雾化法和超声气体雾化法则处于中试小批量生产开发阶段。离心雾化法的优点在于具有很高的能量利用率，制备的粉末粒度分布窄，形状偏差甚至可达 1.2（常规气体雾化粉末为 2.0 以上）；但是对于高熔点高合金，旋转盘材料的选择必须和合金液匹配，制备细粉存在一定的困难，比如细粉制备要求旋转盘直径加大，这将导致高熔点合金液过早凝固在转盘上；该工艺冷速较低，往往需联合采用强制冷却手段。超声气体雾化可以制备细小合金粉末，粉末粒度分布窄，冷速高，但是近年的对比研究结果表明这种技术和常规气体雾化没有太大不同。

超声振动雾化法、转辊雾化、射流雾化和冲击雾化等方法在特钢材质上尚处于研究室阶段，本身存在很多困难，用于工业生产还有很多问题需要解决。

（2）金属注射成形技术

结合了塑料注塑及粉末冶金优点新的成型技术，工艺将微米级金属粉末与高分子及各种助剂加热混合，得到在高分子熔融温度下具有流动性的注射料，由注射机将注射料注入模具型腔中，得到一定形状的成形坯，经过脱脂、高温烧结致密化达到所需尺寸要求的最终产品。MIM 技术在制备几何形状复杂、组织结构均匀、性能优异的近净成形（Net-Shaping）零部件方面具有独特的优势，且可以实现不同材料零部件一体化制造，具有材料适应性广、自动化程度高、生产成本低等特点，材料的利用率接近 100%。国际上普遍认为：该技术将导致零部件成形与加工的一场革命，美国将其列为对经济和安全起重要作用的"国家关键技术"。2017 年，注射成形技术与增材制造（3D）技术一起被全球管理咨询公司（麦肯锡公司）并称为先进制造业和工业 4.0、未来 5 年十大先进制造技术的第一和第二大技术。

金属注射成形具有其独特优势：①可以像塑料加工制品一样，一次成形生产三维形状复杂的金属零件；②尺寸控制精度高、光洁度好，无特殊要求不需二次加工；③原材料利用率高，适用范围广，易实现自动化，适合连续大批量生产，生产效率高、降低生产制造成本。MIM 已广泛应用于机械、消费电子、汽车、武器装备、医疗器械、五金工具、仪器仪表等领域。

在电子产品、医疗器械的快速增长情势，以及采用 MIM 技术替代传统工艺制造零部件等因素的带动下，全球 MIM 市场仍将持续保持向好发展，预计到 2020 年全球市场规模将达到 30 亿美元以上。中国在电子产品领域生产技术位居世界前列，据有关方面估算目前全球 70% 的电子产品是在中国制造。尤其国际大品牌的智能手机和智能可穿戴设备均在中国生产，同时国内诸如华为、小米等智能设备厂商在该领域的迅速崛起，也带来了对 MIM 制造零部件的大量需求。另外，中国已成为世界第一大汽车生产和销售国，随着国内各大汽车厂商对 MIM 制造零部件应用的逐步扩大，势必将进一步带动中国 MIM 市场快速发展。再者，人们对健康的追求也将带动 MIM 产品在医疗器械领域的大量应用。此外业界普遍关注的拉链、水龙头等生活用品也期待有一天成为 MIM 产业发展的重大机遇。可见，在电子产品、汽车制造、医疗器械和五金等行业发展的带动下，未来中国 MIM 产品市场仍存在着较大发展空间。

MIM 全制程工序较多，涉及的工艺包括：混炼，将微细的金属粉末与有机黏合剂均匀的混合在一起，成为具有良好流变能力的注射料；成型，采用先进的 MIM 专用注射机将注射料注入具有零件形状的模腔中形成坯件（生坯），该工艺步骤类似于塑料注射成型；

脱黏，通过化学溶剂溶解和热分解等方法将黏合剂从生坯中去除，成为灰坯；烧结，将灰坯在一定的气氛下，加热到低于其中基本成分熔点下保温，使得烧结体强度和密度增加，成为具有良好物理和力学性能的制品和材料；后处理，最后根据产品需要，进行后续加工，比如热处理、表面处理等。

（3）粉末冶金钛合金

钛（Ti）是 20 世纪 50 年代走向产业化生产的一种重要金属，其性质优良，储量十分丰富，被誉为正在崛起的"第三金属"，我国已探明的钛矿基础储量为 3.5 亿 t，排名全球第一，主要分布在四川攀西、河北承德、云南、海南、广西和广东。

传统的钛冶金具有工艺周期长、能耗大、利用率低等缺点，导致钛合金成本高、价格较贵，限制了其广泛应用。因此，降低钛及钛合金成本是进一步扩大钛的应用的重要途径。粉末冶金法的近净成形、能耗低、材料利用率高等优势使其有望成为今后钛冶金产业主要发展方向之一。

钛及钛合金具有密度低、比强度高、耐蚀性好等优良性能，被广泛应用于航空航天、汽车工业、化工工业、生物医疗等领域。较锻造、铸造等制备手段而言，用粉末冶金方法成形形状复杂的金属零部件具有材料利用率高、工艺流程短等优点，成为降低钛及钛合金零部件制造成本的重要途径。高性能球形钛粉具有球形度高、流动性好、松装密度高、氧含量低（<0.15wt%），粒度细小等特点。钛粉的性能是决定钛及钛合金粉末冶金制品质量的关键因素。

球形钛粉主要制备技术包括雾化法及球化法，雾化法包括气体雾化法、离心雾化、超声雾化法。目前工业应用最广泛的球形钛粉制备技术是雾化法。

钛及钛合金材料生产成本高，锻造、挤压等比较困难，采用铸造、粉末冶金一类的近净成形技术，可以节约大量原材料，降低生产成本。和铸造相比，粉末冶金技术的优势在于：

①能生产熔铸法无法生产的材料，如多孔钛材或多孔钛元件、各种难熔钛化合物材料、熔点相差很大的钛合金、钛与其他金属和非金属按比例组合的钛合金，它具有组成设计的高自由度；②粉末冶金钛合金制品的偏析少；③是一种切削少的近净成形加工工艺，材料利用率高；④流程短、工序少，批量大时可降低成本；⑤粉末钛及钛合金制品具有组织细小、力学性能能够达到塑性变形钛合金的水平。

致密化被认为是改善粉末冶金材料质量的关键。经过多年的研究，钛和钛合金粉末冶金的全致密化技术已经成熟，并使粉末冶金全致密化的钛或钛合金零件应用于飞机工业等中，其性能可以达到锻件水平。钛的粉末冶金属于近净成形工艺，成材率高，大约接近 100%。而传统的塑性变形加工工艺成材率低，大约 10%～30%，加工过程又产生大量的钛屑，使最终加工成品或零件成本大大提高。显而易见，钛的粉末冶金技术具有明显的经济优势。

制取粉末是粉末冶金工艺的第一步，随着粉末冶金材料和制品的不断增多，对粉末种类的需求越来越多，对粉末性能的要求也越来越高，其中最为关键的在于对粉末纯度、粒度、形貌的控制，以满足不同制备工艺的要求。目前，钛粉的制备方法主要有氢化脱氢法、氢化物还原法、气雾化法、旋转电极法、等离子球化法等，其中氢化脱氢法、氢化物还原法主要用于生产不规则粉末，气雾化、旋转电极及等离子球化法主要用于生产球形粉末。

成形的目的是制得一定形状和尺寸的坯体，并使其具有一定的密度和强度。随着钛合金在各行各业用途的不断开发，钛合金零件的形状及尺寸变化越来越大，但总的方向仍是朝着大尺寸、复杂形状方向发展。目前，粉末冶金领域的成形方法主要有模压成形、冷等静压成形、注射成形、温压成型、凝胶注模成形等，其中模压成形一般用于简单形状零件，冷等静压主要用于大尺寸锭材的成形，注射成形、温压成形与凝胶注模成形则主要用于复杂形状结构零件。

烧结是粉末冶金工艺中的关键工序，坯体通过烧结可完成致密化，进而获得所要求的物理机械性能。由于粉末冶金零件的性能与密度直接相关，而密度的提高取决于烧结工艺的控制，因此烧结技术的研究及新烧结工艺的开发一直是粉末冶金领域的重点。在钛合金的烧结方面，真空烧结是目前最常用的烧结工艺，随着对钛合金性能要求的不断提高及烧结技术的发展，出现一些新颖的强化烧结技术：如热等静压烧结、放电等离子烧结和微波烧结等。

（4）硬质合金

硬质合金是由难熔金属的硬质化合物和黏结金属，经球磨、喷雾制粒、压制、烧结的粉末冶金工艺制成的一种合金材料，具有很高的硬度、强度、耐磨性和耐腐蚀性，硬质合金号称"工业牙齿"。主要用于切削工具、冲压工具、模具、采矿和筑路工程机械等领域。

近年来，中国切削刀具对硬质合金的需求量逐年提升。2018 年，切削刀具对硬质合金的需求量突破了 1 万 t 的大关。到 2020 年，我国将成为汽车、大型飞机、船舶、电子元器件、大规模集成电路、高档数控机床等关键成套设备和先进科学仪器的制造基地，这一切都将极大提升对切削刀具的需求。到 2023 年，切削刀具对硬质合金需求量将达到 13600t 左右。

未来的发展趋势将更加精细化。在当代机器加工中，对切削刀具用硬质合金切削刀片的尺寸精度要求更加严格，切削刀具硬质合金应该适应这一发展。国外硬质合金模具尺寸精度已到达微米级，甚至超微末米级。

不断改进生产工艺与设施。热等静压手艺，喷雾干燥手艺，都使硬质合金生产工艺向前迈进了一大步，近年来，低压热等静压烧结设施与工艺，使硬质合金产物密度靠近理论值，可达 99.999%，有效地提高了产品质量。

为了适应更高的要求，研制新型硬质合金，例如超细精硬质合金、梯度硬质合金、双相硬质合金、自润滑硬质合金、纳米级硬质合金、超硬涂层硬层合金等。

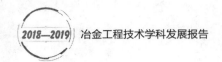

（5）粉末冶金工模具钢

工模具钢是工具和模具用钢的简称，主要用作数控机床工具材料和各类模具材料，广泛应用于机械、电子、汽车、通信、航空、航天、轻工、军工、交通、建材、医疗、生物、能源等领域的加工和模具制造，在我国经济发展、国防现代化和高端技术服务中起到了十分重要的支撑作用，为我国经济运行中的节能降耗做出了重要贡献。粉末冶金工模具钢（也称粉末冶金高速钢）是采用粉末冶金工艺制备工模具钢，采用粉末冶金工艺成功解决了工模具钢中由于碳化物偏析带来的诸多问题，避免晶粒粗大造成工模具钢使用寿命降低的问题，主要用于高档数控机床的工具以及高端模具领域。粉末冶金工艺可以制备近净形材料，极大地提高了材料利用率、降低材料的加工成本；工艺流程采用全密闭自过滤系统，水、气等均通过循环系统循环利用，无污染排放；产品性能优异，使用性能和疲劳强度显著提高，是一种制备高性能工模具钢的绿色制造技术。

世界范围内，工具钢的需求量在 20 万~ 30 万 t/a，模具钢的需求量在 600 万~ 700 万 t/a，我国的消费需求量约占世界总需求的 20%~ 30%，所以，我国每年要消费的工模具钢总量在 100 万~ 200 万 t。如今世界范围内粉末工模具钢的产量已经占据铸锻工模具钢全部产量的 10%~ 15%，美国在粉末钢方面的用量已经远远地超出了普通容量的工模具钢，我国在粉末工模具钢方面的市场需求巨大，但是由于我国没有自主生产的粉末工模具钢产品，所以只能依赖进口。我国每年要进口的高端工模具钢——粉末工模具钢占消费总量的 10%~ 15%，进口总额巨大，是国内工模具钢生产总值的 2~ 5 倍。进口粉末工模具钢的售价为 500 元 / 千克，价格相当昂贵，制约了我国在工模具钢方面的用量，限制了我国制造业的发展，降低了我国制造业的发展速度。需要开展研究，大大降低粉末工模具钢的生产成本，产品售价可降至 200~ 300 元 / 千克，性能与国外产品相当甚至赶超国外。如果加大生产投入规模，年生产能力达万吨以上，生产成本还可降低一半。成功产业化，真正实现了低成本制备高性能粉末工模具钢，制备得到的粉末工模具钢产品性能好，生产成本低，可以全面替代进口，占领国内市场，进而研发新产品、进一步优化工艺开拓国际市场。粉末工模具钢的市场需求巨大，产业化前景广阔。

（6）金属粉末 3D 打印

3D 打印技术作为第三次工业革命的代表技术之一，越来越受到工业界和投资界的重视。3D 打印也称为"增材制造"。基于三维 CAD 模型的数据，采用逐层添加的材料制造方法。三维打印涉及 CAD 建模、激光、测量、接口软件、材料、数控、精密机械等学科的集成。

三维打印具有数字化制造、降维制造、直接制造、快速制造等特点和优点。

存在的主要问题在于：设备成本高、原材料成本高、加工效率低、耗材是制约 3D 打印技术广泛应用的关键因素；目前，可打印材料较少；三维打印技术的发展不够完善，快速成型零件的精度和表面质量不能满足直接工程应用的要求，只能作为原型；3D 打印没有规模经济的优势，价格优势不明显；3D 打印技术需要依靠数字模型进行生产，难以适应普通用户。

3D 打印材料中，金属 3D 打印粉末处于比较重要的位置。

未来几年金属粉末 3D 打印的发展趋势与方向在于：降低原料粉末的成本，开发出性能优异、价格能够被用户所接受的 3D 打印金属粉末。现在原材料用钛合金粉末 3000 元 / 千克，导致目前 3D 打印用于大规模生产的成本相对较高。

研发与制造价格适中的 3D 打印机，例如 EOS 公司的 M400 型 3D 打印机，售价 130 万欧元，打印速度仅 100cm³/h，严重限制了金属粉末 3D 打印行业的产业化。

逐步完善金属粉末三维打印技术，改善成型零件的精度和表面质量，使其能够直接满足工程应用的要求。

降低金属粉末三维打印 3D 打印的综合成本，发挥其经济的优势、价格的优势。

（7）难熔金属

难熔金属一般是指熔点高于 1650℃并有一定储量的金属材料，如 W、Mo、Nb、Ta、Hf、Cr、V、Zr、Ti 等金属及其合金。新技术的发展已使难熔金属的内涵有了进一步的扩大和延伸，具体来说实际上其已包括以下金属：Zr、Hf、V、Nb、Ta、Cr、W、Mo、Ti、Re、Ru、0s、Rh、1r。但当前作为高温结构材料使用的难熔金属还主要是 W、M0、Nb 和 Ta。难熔金属、合金及其化合物和复合材料由于具有独特的高熔点以及其他一些特有的性能，因此在国民经济中发挥着重要作用，尤其在尖端领域处于重要地位。

传统多品结构材料相比，难熔金属单品材料具有塑性、脆性转变温度低、不存在高温和低温晶界破坏、与核材料有良好的相容性、高温结构性能稳定等优点，可以显著提高零件的稳定性、可靠性和工作寿命。因此被广泛应用于电子、电气、机械、仪表制造、核动力工业和各种高技术研究领域。

粉末冶金是制备难熔金属的有效手段之一。

（8）复合超硬材料

金刚石和立方氮化硼等材料有其极高的硬度，统称为超硬材料，二者同时具有硬度高、耐磨和热传导性能好、热膨胀系数低等优异性能。超硬材料又分为单晶超硬材料、聚晶超硬材料和金刚石薄膜三类，复合超硬材料属于超硬材料行业的下属细分行业，是以金刚石和立方氮化硼（CBN）单晶为主要原材料，添加金属或非金属黏结剂并通过超高压高温（HPHT）烧结工艺制成的聚晶复合材料，是工业生产和加工所必需的新型复合材料，被广泛应用于机械、冶金、地质、石油、煤炭、木材、建筑、汽车、家电等传统领域，以及电子信息、航空航天、国防军工等高技术领域。

由于人类过多使用高碳能源，导致极限气候和雾霾频发，给人类生活带来严重灾害。为了实现人类与自然和谐共存目标，必须改变现有的生活和生产方式，节约能源，减少 CO_2 的排放，保护生态，迎接低碳时代的到来，新能源汽车的正逐渐使用，而作为新能源

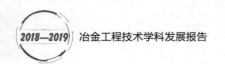

汽车的重要组成部分，粉末冶金零部件也朝着节能减排目标发展。

参考文献

［1］黄伯云，韦伟峰，李松林，等. 现代粉末冶金材料与技术进展［J］. 中国有色金属学报，2019，29（9）：1917-1933.

［2］曹阳. 中国大陆粉末冶金零件产业的发展现状. 2017年海峡两岸粉末冶金技术研讨会，台湾新竹.

［3］刘佳欣. 粉末冶金行业现状与发展前景浅析［J］. 中国粉体工业，2014（4）：

［4］王泽群，刘琦，肖邦国. 我国粉末冶金产业现状和市场前景［J］. 第十一届中国钢铁年会论文集，2019：1-4.

［5］宋玉霞. 粉末冶金高致密化成形技术的新进展［J］. 工程技术，2016（5）：337.

［6］熊翔，杨宝震，刘咏. 汽车工业中的粉末冶金新材料与新技术［J］. 粉末冶金工业，2019，29（4）：1-7.

［7］易健宏，鲍瑞. 粉末冶金在CNTs增强金属基复合材料中的应用［J］. 粉末冶金工业，2015，25（1）：1-7.

［8］李元元，杨超，李玉华，等. 粉末冶金医用钛合金的研究现状及发展趋势［J］. 2015年全国粉末冶金学术会议暨海峡两岸粉末冶金技术研讨会.

［9］冯士超，王艳红，丁瑞锋. 粉末冶金在钢铁企业的应用及发展前景［J］. 粉末冶金技术，2015，33（4）：296-300.

［10］杨林. 粉末冶金技术在新能源材料中的应用［J］. 科技风，2015（11）：126.

［11］崔海龙，赵忠民，张龙. 粉末冶金技术制备功能梯度材料研究进展［J］. 粉末冶金技术，2013，31（4）：304-308.

［12］张春芝，边秀房. 粉末冶金铝合金的研究现状和发展趋势［J］. 特种铸造及有色合金2008年年会专刊，2008，55-58.

［13］王建忠，汤慧萍，曲选辉，等. 高密度粉末冶金零件制备技术现状［J］. 粉末冶金工业，2014，24（3）：56-60.

［14］石井敬一. 汽车的环境与节能技术趋势和相应的粉末冶金发展［J］. 粉末冶金技术，2014，32（5）：390-395.

［15］贾成厂，况春江. 粉末冶金高氮不锈钢的发展历程［J］. 金属世界，2015（1）：24-27.

［16］李海泓，孙慧. 钛合金粉末冶金技术研究［J］. 四川兵工学报，2015，36（8）：89-91.

［17］张绪虎，徐桂华，孙彦波. 钛合金热等静压粉末冶金技术的发展现状［J］. 宇航材料工艺，2016（6）：6-10.

撰稿人：贾成厂

冶金技术分学科（真空冶金）发展研究

1. 引 言

由于常压下冶金过程向周围的环境开放，造成冶金过程与大气环境内外物质交流，金属内部出现杂质，大气环境受到污染。真空冶金可以有效解决这些问题。

真空冶金是在小于一个大气压下进行的金属及合金的冶炼、提纯、精炼、加工及处理等的物理化学过程，既包括几乎无任何气氛环境的非常高真空条件下的冶炼过程，也包括采用惰性气体稀释气氛环境中的 O_2 或 CO 等组分分压的准真空条件。对于钢铁及合金领域涉及的真空冶金技术主要包括真空感应熔炼、真空电弧重熔、真空电渣重熔、真空电子束熔炼、真空钢包精炼、真空循环脱气、真空电弧精炼、真空脱碳精炼、氩氧脱碳精炼、真空浇铸、真空烧结、真空还原、真空焊接、真空镀膜、真空表面处理、真空热处理等，其极限工作真空度可达到 $10^{-3} \sim 10^{-2}$ Pa，甚至可以达到更高的水平。本报告只涉及真空熔炼部分。

真空冶金的主要任务在于：①使所熔炼材料中 C、H、O、N 等元素含量或较易挥发的杂质元素含量大幅降低，提高纯净度；②隔绝空气，避免材料中的元素在大气条件下氧化，特别是可以精确控制与氧、氮亲和力强的活性元素，提高元素的收得率；③促进有气态产物产生的化学反应，以达到特定的冶炼效果。

1865 年，贝塞麦（Bessemer）首次提出了将炼好的钢在真空中浇铸以消除气泡和裂纹的设想。1938 年，应用真空脱气设备对钢进行脱气处理。随着真空冶炼技术的日益进步和更新，真空加热炉问世，其具有分离精度高、污染环境少、加工工艺简单的优点，在金属加工和制造方面具有极大的应用前景。

中国的真空冶金技术是在 20 世纪 50 年代后期逐渐开展起来的，之后不断发展、成熟和完善。20 世纪 90 年代末，机械真空泵的大型化和废气净化技术的出现，推动了更加节能、稳定的钢水真空精炼技术与装备的迅速发展。

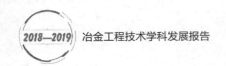

最近几年我国在真空冶金的重要进展包括 3~6t 及以上大型真空感应炉的研制和应用，真空电渣重熔炉的研制成功，基于熔滴控制真空自耗设备的研制，以及大型机械泵的真空炉外精炼装置的推广应用，RH 精炼技术处于国际先进水平等方面。

2. 本学科国内发展现状与进展

2.1 真空感应熔炼装备水平取得新的突破

2.1.1 设备结构和功能多样化

我国在引进消化吸收国外真空感应炉先进技术的基础上，也研制了多种类型的真空感应炉，包括立式单室真空感应炉、立式双室真空感应炉、带有流槽室的真空感应炉、锭模室升降式真空感应炉、带有底吹系统的真空感应炉、双门带坩埚旋转式真空感应炉、侧门旋转轴式真空感应炉。东北大学于 2004 年开发成功了 200kg 的多功能真空感应精炼炉，具有真空下顶吹氧、底吹惰性气体（Ar、N_2）、喷粉、造渣和合金化等功能，可以实现超纯铁素体不锈钢、超纯 IF 钢、电工钢等特殊钢的冶炼。

2.1.2 设备大型化

早期我国的真空感应炉都比较小，大多数为 200kg 且多数是进口的。1978 年抚钢从德国引进了一台为 3t/6t 大型真空感应炉。另一台为 4.5t/6t 是宝钢特钢引进美国的 1997 年年初投产的真空感应炉。2004 年抚钢新引进了一台德国 ALD 公司制造的 6t/12t 真空感应炉，宝钢特钢也引进了 12t 的真空感应炉。2016 年抚钢从德国引进了 20t 的大型真空感应炉，2018 年引进 1 台 30t 真空感应炉。

国产真空感应炉大型化也取得进展，目前苏州振吴电炉有限公司已能设计制造吨位较大的真空感应熔炼设备，2015 年和 2017 年分别为南通中兴能源公司和太钢设计制造了 1 台 13t 和 1 台 6t 的真空感应炉，装备的吨位不断向大型化方向发展，技术水平也在不断向国外先进的真空感应炉靠近。

2.1.3 熔炼过程控制技术取得重要进展

随着计算机和控制技术的发展，真空感应熔炼过程控制不断发展。可编程序控制技术，使得真空熔炼设备的自动化和半自动化运行成为可能。感应加热、熔炼过程的计算机软件对其系统的检测、控制、管理的简单化、傻瓜化、智能化、网络化、故障自诊断，触摸屏技术的采用，是现代先进技术的标志。

2.1.4 中间包冶金技术的应用

为了更好地去除钢中夹杂物，提高钢水洁净度，国外的真空感应炉采用了可实现加热、保温功能滤渣去夹杂物中间包系统。中间包设有挡墙、挡坝和陶瓷过滤器，有利于夹杂物的上浮，钢水经挡渣、过滤后注入锭模，减少了渣子和夹杂物进入钢锭，对提高钢材质量有极大的作用。近几年，国内的真空感应炉装备也逐渐开始采用了这一技术，并实现国产化。

2.2 真空纯净化熔炼工艺有了大幅度提升

2.2.1 真空感应熔炼高合金钢和镍基合金纯净化技术取得突破

采用电炉和真空炉外精炼技术将含主要合金元素基本达到钢种要求的原料钢进行提纯精炼，作为真空感应炉的纯净合金钢原料入炉，同时采用真空稀土处理、超高温、超高真空以及采用更加稳定的耐火材料等技术，使得我国超高强度钢和镍基合金的纯净度水平有了显著的提升。例如，超高强度不锈钢的杂质元素氧小于 5×10^{-6}，氮小于 8×10^{-6}，硫含量小于 7×10^{-6}，磷含量小于 25×10^{-6}，铝钛含量也可到达极低水平，从而可以使夹杂物几乎到达 0 级水平。镍基合金的氧含量和硫含量也可以稳定控制在 5×10^{-6} 以下。

2.2.2 低成本真空熔炼工艺流程生产航空材料取得成功

传统的航空航天用特殊钢和特种合金的生产工艺流程通常采用真空感应熔炼（VIM）+真空电弧重熔（VAR），更高要求的航空发动机涡轮盘用高温合金则采用三联冶炼工艺即VIM+ESR（电渣重熔）+VAR，导致其生产成本很高。最主要原因是 VIM 工艺要求的入炉原料非常纯净，很多情况下需要纯金属，而且设备投资大、生产效率低，生产成本很高。我国近几年仿照国外先进工艺，开发了采用真空炉外精炼工艺生产真空电弧重熔所需的自耗电极取得成功，在航空轴的生产中得到应用，大幅度降低了生产成本，并提高了生产效率。另外，目前也开始尝试采用真空炉外精炼工艺 +VAR 工艺流程生产飞机起落架用超高强度钢 300M，也取得了进展。

2.3 真空二次精炼技术的发展现状

真空炉外精炼方法包括 DH、RH、单嘴真空精炼、VD、VOD、VHD、V-KIP 等。真空炉外精炼也可用于低成本、高效率制备电渣重熔和真空电弧重熔的电极母材。

2.3.1 VD 精炼技术

经过几十年的发展，我国 VD 精炼技术和装备从引进到完全国产化，不断进步完善，日益向功能多元化、生产高效化方向发展。研究 VD 精炼功能多元化的关键技术主要是氧脱碳（碳脱氧）、深脱硫、深脱气等。近年来，随着技术的不断发展，VD 精炼过程实现了高效化，VD 结构与布置得到不断优化、强化了氩气搅拌、提高了泵体抽气，缩短了精炼时间。目前，国内最近几年也开始采用干式机械泵系统替代蒸气喷射泵的方法，具有节约成本、环境友好、运行高效等优势。

2.3.2 VOD 精炼技术

通过引进消化，目前国内 VOD 装备也实现了国产化，工艺技术不断完善。VOD 的检测和控制技术不断进步，开发了 VOD 过程吹氧脱 C、脱 N 及温度控制模型，并嵌入到计算机系统中，为 VOD 冶炼提供了便捷、准确的操作手段，帮助科研人员准确地控制、记录冶炼过程,并及时进行炉次分析。目前在真空冶炼的过程中,计算机能够进行整体控制,但在具体的工艺炉次判断上还需要操作人员根据经验进行判断。

2.3.3　AOD 精炼

我国 AOD 氩氧精炼技术发展是以太钢为典型代表的。太钢于 1973 年对氩氧精炼进行研究试验,先后在 3t、6t AOD 进行试生产,1983 年建成 18t AOD 炉并投入生产,1999年对 18 t AOD 进行改造,先后建成 40 t AOD 三座,生产能力达到 30 万~35 万 t。21 世纪以来,AOD 精炼技术在国内迅速推广应用,40 t 以下的 AOD 装备和工艺基本实现了国产化,实现了 PLC 和自动吹炼模型的自动化控制。同时,引进了国外大型的 AOD 设备,容量达到 150 t(宝钢)和 180 t(太钢)。在工艺上,近年来也做了不少改进,例如采用顶底复合吹炼、用氮气代替氩气、熔炼中应用氧化镍及铬矿石、采用联合粉末喷吹工艺等。并在AOD 炉上试用不锈钢脱磷技术及冶炼超低硫(S ≈ 0.001%)钢等工艺。

2.3.4　RH 精炼

进入 21 世纪后,RH 精炼工艺在中国得到了广泛应用和飞速发展。在不断打破国外RH 高端技术壁垒的同时,进行生产实践和研发改进,推动国内 RH 装备技术向着高效和节能方向发展,建设投资得到有效控制。

针对 RH 脱碳工艺国内开展了大量的研究工作,主要包括:① RH 碳酸盐分解 CO_2脱碳工艺;②增加预抽真空操作、增大脱碳后期的循环气量、减小脱碳前期的循环气量;③通过水模试验考察了不同工艺条件下钢水环流参数,基于冶金反应机理、经验数据和NARX 神经网络模型建立了 RH 精炼终点预报模型等。

多年来,宝钢通过 RH 装备引进、自主技术改造、自主新建工程实践,不但提高了RH 装备技术集成和自主创新能力,而且完全掌握了 RH 成套关键设备的设计和制造技术,形成了多功能真空精炼成套装备和工艺技术,并成功实现了技术输出。宝钢 RH 精炼比已经达到 90%,可以将超低碳钢的碳控制在 10×10^{-6} 以下,氧小于 20×10^{-6},硫含量小于10×10^{-6},耐火材料实现无铬化,基本实现了"智能精炼"。

2.4　我国真空电子束熔炼技术的发展

真空电子束炉可以用来熔炼有色金属中的高温、高纯度稀有金属,例如难熔金属铌、钽、铪等;用在黑色金属冶炼中,例如优质合金钢、镍基和钴基合金等方面。这得益于真空电子束炉的核心部件——电子枪得到了高水平发展。

北京长城钛金公司开发了一种最新型的冷阴极高压辉光放电型大功率电子枪。2008年年初该公司成功设计制造出 100kW 的冷阴极电子枪,性能达到国际同类产品先进水平。目前,该公司已经能够制造 100~600kW 的大功率冷阴极电子枪系列设备。这种新型电子枪采用冷阴极,取消了传统的钨丝结构,枪体本身不需要抽真空,结构简单,操作方便,使用寿命长,成本仅为进口同类电子枪的 30%。随着对电子枪制造技术的掌握,我国已经可以制造出自己的电子束炉。

北京航空制造工程研究所从巴顿焊接研究所引进的 UE-204 多功能 EB-PVD 设备，于 2003 年调试完毕，设备装有 6 支电子枪，每支功率 60kW，采用直式皮尔斯电子枪，是目前国内配置最完善、生产效率最高、控制最先进、可靠性最好的 EB-PVD 实验生产型设备，可进行涂层制备、精炼熔炼锭材、制取微层微孔材料、热处理等多项工艺研究。

2.5 真空电弧熔炼技术

真空电弧熔炼是在真空中利用电弧来加热熔炼金属的一种方法，包括真空电弧重熔炉（VAR）、真空凝壳炉（VSF）和真空电弧加热脱气精炼炉（VAD）。

我国在 20 世纪 60 年代初开始试制真空自耗电弧炉，宝钛集团于 1971 年制造了 3t 真空自耗电弧炉，1990 年设计制造了 6t 真空自耗电弧炉。目前，国内设计的真空自耗炉基本可以满足钛熔炼的要求，但不能满足特殊钢和高温合金的熔炼。

我国 6t 以上的大型真空自耗炉均是国外引进，但在工艺技术消化吸收方面取得了明显进步：如真空自耗电弧重熔熔速控制关键技术、真空自耗电弧重熔理论、真空自耗电弧重熔易偏析合金的控制策略等。同时，真空自耗电弧重熔过程控制精准化程度不断提高、数字化技术和在线精确测量技术得到应用。氦气冷却和防止锰元素挥发的充氩技术也得到了应用。

1965 年宝钛集团从国外引进了一台 25kg 真空自耗电弧凝壳炉，拉开了我国钛及钛合金铸件的工业化生产的序幕。20 世纪 70 年代，中国航空材料研究院精铸中心成功研制了 ZH-8 型真空凝壳炉。紧接着宝钛集团、洛阳 725 所、沈阳真空技术研究所等单位相继将真空凝壳熔炼技术应用于钛及钛合金铸造中，并取得了一系列技术进展。现已有容量为 5kg、25kg、50kg、100kg 和 250kg 的真空凝壳炉产品。目前国内最大的真空凝壳炉为洛阳 725 所 1t 真空凝壳炉。

2.6 真空电渣重熔技术

真空电渣炉是在普通电渣炉、气体保护电渣炉和真空电弧炉基础上发展起来的新型冶炼设备。其使用的是气密型真空保护罩，工作真空度在 1Pa ~ 1kPa，保留了真空电弧炉与电渣炉的优点，克服其缺点，使高温合金的质量大大改善。

我国李正邦院士最先介绍了真空电渣炉。20 世纪 60 年代，我国抚钢和本钢先后各建造一台 200kg 真空电渣重熔设备，但由于当时真空处理技术水平局限性，并且受到设备密封效果等诸多因素的影响，冶金效果不够理想。目前，我国已经成功研发出真空电渣重熔装备，在一些高端材料制备方面开展了应用，并取得了重要成果。2015 年以来东北大学特殊钢冶金研究所开发了多台 50 ~ 300kg 的小型真空电渣炉取得成功，应用于新产品开发等研究试验工作。

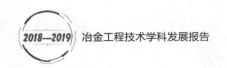

3. 真空冶金技术国内外发展比较

3.1 大型真空感应熔炼装备制造水平仍落后于发达国家

由于大型真空抽气设备的出现，真空感应炉也逐步向大型化发展。以美国为例，1969年真空感应炉（VIM）的容量已达到27t，经过几十年的发展，国外的大型VIM容量已达30t（甚至60t），满足了各种金属材料工业化生产的要求。而国内近年来正在引进3t以上的VIM，如抚钢新建6t和12t VIM，并已经开始新建30t VIM。虽然国内设备厂家已经能够制造出3t以上的大吨位VIM，但与国外大型VIM在制造技术和设备使用性能上仍有着较大的差距，所以国内大型VIM设计和制造技术仍不够成熟。

3.2 真空二次精炼设备及技术与国外比较

3.2.1 VD精炼技术与国外的比较

VD法作为一种重要的钢液精炼手段，通过真空处理及底部吹氩搅拌方法进行深度脱碳、脱气，促进夹杂物上浮排出，已经成为制备很多要求较高钢种的必备工艺。目前，我国在VD过程中吹氩脱氮、脱硫模型、脱碳模型等方面开展了系统的研究，并成功应用这些模型指导工业生产，取得理想效果。在装备研发方面也投入了大量工作，掌握了大型VD精炼装备相关技术，与国外的VD精炼技术基本处于同一水平，但在制造成本上已经优于国外同类装备。

3.2.2 VOD精炼技术与国际先进水平存在一定差距

VOD法是现今世界范围内第二位的不锈钢精炼手段，可以冶炼超低碳、氮的不锈钢产品。目前，世界上VOD炉的总数已在100台以上，容量在5～150t。

国外通过对VOD冶炼过程的动态监测和控制，实现了生产工艺的优化、终点参数的准确预报，提高了真空处理的效率。如俄罗斯北方钢铁公司将时间质谱分析系统应用于VOD生产工艺中，实现了VOD生产过程的动态监测，显著地提高了VOD精炼炉的生产能力。

我国VOD精炼技术起步较晚（1978年在大连特钢），经过几十年的发展后，也具备了一定的基础和规模，国内很多企业均建有VOD炉，并取得了具有本厂特色的经验。但是，在过程监测和控制方面，与国际先进水平还存在着一定的差距。在国内钢铁企业中，虽然有个别企业会依据自己的实际生产情况研发属于自己的智能过程控制软件，但大部分企业都是通过购买国外先进的过程控制软件来实现钢铁生产过程的自动化的。

3.2.3 氩氧脱碳精炼（AOD）技术与国外仍有较大差距

AOD法具有多种精炼功能，适于各类高合金钢和特殊性能钢种（如超纯钢种）的精炼，尤其是冶炼不锈钢的"神器"。至今，世界不锈钢总产量的约80%以上是用AOD炉生产的。近年来，我国AOD精炼技术在物理模型、过程数值模型分析、氩氧喷枪的布置等方面都取得了较大的进步，对深入理解 AOD 精炼过程奠定了基础，工厂的实际操作水平也得到了较大的提升。但我国 AOD 精炼技术与国外还存在一定差距，主要表现在我国的 AOD 精炼炉耐火材料和气体消耗量较大、炉衬侵蚀不均匀、炉龄短、粉尘灰利用率低。在智能控制方面，我国虽然也开发了一些吹氧脱碳模型，但控制效果，尤其是终点命中率、脱碳效率和铬元素烧损率等方面仍然有较大差距。目前酒泉钢铁公司与北京科技大学合作已在 AOD 的耐火材料消耗机理研究上取得重要进展，不久将会消除这方面与国外的差距。

3.2.4　RH 精炼设备及操作工艺达到国际先进水平

日本在 20 世纪 70—90 年代，研究和开发了大量的典型 RH 多功能精炼设备，1994 年开发了 RH–PTB 设备。将 RH 的功能从传统的真空脱气、脱碳扩大到具有真空脱气、脱碳、脱硫、夹杂物控制以及钢水温度补偿等多项功能，极大地提高了 RH 的精炼能力。和国外相比，国内的 RH 精炼工艺起步较晚，至 20 世纪 90 年代我国除宝钢、武钢外，绝大多数钢厂尚未建立或刚刚建立 RH 真空精炼设备，真空精炼比长期徘徊在 20% 左右。

进入 21 世纪以后，在我国科研工作者的努力下，RH 精炼工艺得到了广泛的应用和迅速的发展，新建 RH 装置在提高真空抽气能力、钢水循环速率、缩短精炼周期、保证冶金效果方面处于国际领先行列。近年来，宝钢在 RH 成套工艺和装备方面取得了显著进展，达到了国际先进水平。

重庆钢铁（集团）有限责任公司新区建成了国内第一台机械真空泵 RH 装置，取代蒸汽喷射泵，在大幅度节能、提高系统稳定性和优化总图布置上均有一定优势。包头钢铁（集团）有限责任公司建成机械真空泵 DV 处理装置。

3.3　真空电子束熔炼技术与国际先进水平有较大差距

电子束炉最核心的设备是电子枪和高压直流电源，二者缺一不可。

目前，国际上能生产电子枪的国家较少，代表性的有德国冯阿登（Von Ardnne）公司和 ALD 公司，可生产单枪功率达 600kW 的热阴极电子枪，乌克兰的安塔里斯公司（ANTARES）和 BM 战略公司（Strategy BM），可生产单枪功率达 750kW 的冷阴极电子枪。与国外相比，我国北京长城钛金公司开发了一种最新型的冷阴极高压辉光放电型大功率电子枪，性能达到国际同类产品先进水平。目前，该公司已经能够制造 100 ~ 600kW 的大功率冷阴极电子枪系列设备。随着对电子枪制造技术的掌握，我国已经可以制造出自己的电子束炉。虽然如此，我国电子束炉容量小，大型设备的设计制造技术仍然缺乏。

此外，在高压直流电源方面，目前国内外普遍采用的有两种：工频相控调压高压电源和高频高压开关电源。目前国外的大功率高频高压电源在电子束炉上有应用，国内暂时未见报道，可见这方面与国外先进水平还存在较大差距。

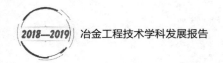

3.4 真空电弧重熔装备及工艺控制水平与国外有较大差距

真空电弧重熔（真空自耗炉）控制系统最初是由气动单元组合仪表、机械控制器等组成，由工人判断工艺过程情况，操作各单元相互协调工作，完成控制功能。这种人为控制不能准确控制电极进给的速度和判断熔池情况，导致铸锭的质量较低。21世纪以来，光纤通信技术迅速发展，光纤通信具有传输容量大、抗干扰性能强等优点，因此，国外一些真空自耗炉生产厂家开始尝试将光纤通信用于真空自耗炉控制系统结构中。

我国宝钛集团已经可以制造用于重熔钛及其合金的真空电弧重熔炉，但还无法制造出重熔合金钢和高温合金的炉型，主要原因是目前真空电弧重熔炉为了控制合金钢和高温合金的偏析缺陷，有弧压和熔滴两种控制方式，尤其是熔滴控制已经成为目前真空自耗炉容量合金钢和高温合金的核心技术之一。而我国目前还没有掌握熔滴控制的精髓，所编制的控制系统无法实现这一功能，相关技术仍被国外把持。

3.5 真空电渣重熔设备达到发达国家水平

20世纪90年代，德国哈纳尔城莱宝（Leybold）综合了真空电弧重熔和电渣重熔的优点，开发出真空电渣重熔技术，并建立了一台真空电渣炉。之后，美国、德国、日本、奥地利等国先后开发了真空电渣炉，目前已有真空电渣炉和真空电渣重熔产品上市，并得到应用。

近年来，我国东北大学在真空电渣炉方面开展了系统的研发工作，在工艺设计、装备研发等方面达到较高水平，目前，真空电渣炉已经在河北工业大学、太原科技大学和北京五维公司推广应用。

3.6 我国真空冶金存在问题与难点

虽然我国在真空冶金领域起步较早，但由于受我国整体科技发展水平和工业基础的影响，以及科研条件的制约，在真空冶金领域仍然有许多薄弱环节和发展难点。具体存在的问题和难点主要表现在以下几个方面。

1）国产真空特种熔炼装备水平比较落后，装备技术亟待提高。国产真空特种熔炼装备水平比较落后，国内小型企业基本采用国产真空熔炼炉生产，总体装备水平较差，产品质量和档次低。大型国有企业及少量大型民企虽然在近几年引进了国外的先进设备，但不少企业对国外设备的冶炼工艺掌握不够，达不到预期的使用效果。大型真空特种熔炼设备也在开发和应用，但设备使用性能仍然与国际水平差距较大。

2）真空冶金领域科技人才相对短缺，研发人员更加缺乏。在20世纪60—80年代，我国有不少科技人员从事真空冶金技术的研究和开发，是真空冶金技术发展的黄金时期。但进入90年代以后，军工钢需求萎缩，国家和企业科研经费投入较少，使得从事真空特种熔炼的科技人员逐年减少。尽管进入21世纪后国家经济建设的发展速度加快，高端特殊钢和特种合金的需求增加，真空冶金的研发人员开始增加，但由于十几年的行业萧条导致人才队伍青黄不接，研发力量不能满足真空冶金产业发展的需求，尤其是中小企业科技力量非常薄弱。

3）真空冶金的应用基础研究仍然比较薄弱，科研投入不足，研究条件和手段相对缺乏，研究工作参与人数少，缺乏原始创新，属于跟踪研究比较多。

4）我国特种冶金生产企业非常分散，大多数为中小型民营企业，技术力量薄弱，工艺、装备落后和质量管理水平低，产品质量差且很不稳定。

5）我国在特种冶金新方法和新技术方面也有一些创新性成果，但由于理论和机理研究不够深入，相关技术配套不完善和缺乏专业化技术队伍，因而产业化过程中困难较大。

6）我国真空感应炉用国产高品质原材料缺乏，如超纯铁、超低氮铬等，以及高合金返回料，尤其是高温合金返回料的回收利用技术和产业化体系缺乏，严重影响了产品洁净度和性能的提高，以及生产成本的控制。

7）真空炉外精炼存在的主要问题是：①我国在特殊钢生产中主要以VD设备为主，RH的应用亟待加强；② RH的精炼功能相对单一，需要进一步开发吹氧、升温、喷粉精炼技术实现脱碳、脱硫和夹杂物去除等多功能。

4. 本学科发展趋势与对策

4.1 本学科未来发展趋势

4.1.1 深入开展理论研究，获得更多的基础理论数据

随着高端装备制造业对材料性能要求的不断提高，真空冶金，尤其是真空特种熔炼产品的质量也需要不断改善，急需真空冶金基础理论的提升与支持。特别是真空下元素的挥发和去除、坩埚材料与金属熔体之间的物理化学反应、脱氧和非金属夹杂物的形成和去除机理等超纯熔炼理论，电磁作用下金属熔池流动、温度场、钢液和合金凝固过程中溶质迁移行为和凝固组织控制等基础理论方面开展深入的研究是十分必要的。

4.1.2 装备的大型化和高合金铸锭的大型化

大飞机、重型燃气轮机、700℃以上先进超超临界火电机组等重大装备和重大工程对大型高合金铸锭提出了更高要求。一方面需要20~30t大型真空感应炉和真空自耗炉装备，另一方面，需要开发低偏析、高纯净度的合金铸锭的熔炼技术。

4.1.3 真空冶金装备和工艺的新技术将不断发展，以提升真空冶金的功能

1）真空冶金设备的特色将得到充分的发挥。例如，对于真空感应熔炼而言，未来对熔池的搅拌作用将进一步加强，以促进成分和温度的均匀性，提高冶金反应效果，缩短熔炼时间，同时促进夹杂物的聚集和上浮，提高熔体纯净度。

2）多功能的真空冶金设备将得到更大的发展。冷坩埚悬浮熔炼技术与定向凝固技术、激冷技术、喷雾制粉技术等相结合。此类设备往往采用模块化设计，根据客户的工艺及工况要求，配套不同的功能模块。

3）真空冶金辅助材料质量及凝固设备将会得到更大的提升。未来，在高真空度下容易分解的坩埚将被高温下更加稳定的坩埚所取代，最终使熔炼温度得到进一步提高。

4）冶金过程工艺模型技术将进一步提升。随着智能化技术的发展，模型计算将更好地体现实际冶炼过程，并可以根据实际工况条件等预测最终的冶炼结果。这些工艺模型将嵌入到设备的自动控制系统中，用于指导和控制实际冶炼过程，最终实现智能化和信息化。

4.1.4 以真空冶金为核心的特种冶金流程进一步优化，实现高端特殊钢的高效化和低成本化

将转炉/电弧炉－真空炉外精炼－连铸流程代替真空感应炉生产电极坯料，与后部电渣重熔或真空自耗电弧重熔工序相结合生产高端特殊钢和特种合金，实现流程的高效化和低成本化。

4.1.5 真空炉外精炼向智能化、多功能化、高效化和低成本化，以及节能减排方向发展

真空炉外精炼是高洁净钢和高品质特殊钢生产的必要冶金手段。为了提升生产效率和实现洁净度的精准控制，需要具备升温、脱碳、脱氧、脱硫和去除夹杂物等多种功能，同时需要采用智能化模型对工艺过程实现精确控制。与 VD 相比，RH 由于处理过程中钢渣不混，对去除夹杂物更有利。特殊钢生产中 RH 替代 VD 是发展趋势。另外，RH 吹氧、升温和喷粉脱硫等多功能化也是发展方向。采用干式机械泵替代蒸汽喷射泵有利于节能降耗。

4.2 我国近期内发展目标和实施规划

4.2.1 学科发展主要任务、方向（目标）

为了提升我国真空冶金技术和产品的市场竞争力和附加值，在未来五年中进一步加强真空冶金的应用基础理论研究，提升我国真空冶金装备和工艺技术水平，加快老旧真空冶金设备的智能化改造升级，提高工艺和产品质量的稳定性。同时，加强新技术的开发和推广应用，使我国真空冶金的技术水平接近国际先进水平。

具体发展任务和发展目标：

1）真空冶金应用基础研究方面达到国际先进水平。在真空下元素的挥发和去除、坩埚材料与金属熔体之间的物理化学反应、脱氧和非金属夹杂物的形成和去除机理等超纯熔炼理论等方面开展系统的研究。

2）真空冶金装备实现现代化。引进消化和自主创新相结合，开发出具有国际先进水平的真空冶金装备并推广应用。

3）深入开展以超纯熔炼技术为核心的 VIM 工艺技术研究。包括精钢材原材料的纯净化处理技术；开发高稳定性的坩埚耐火材料（主要为 CaO）以降低熔体的氧含量和硫含量等超纯熔炼技术的重大突破。

4）真空自耗电弧重熔制备大锭型高品质铸锭工艺技术取得显著进展。利用已引进的先进设备；初步揭示大型铸锭偏析等缺陷产生机理，提出缺陷预测和控制技术方法；为了避免或减少如铜、锰、氮等元素的挥发，需要开发真空自耗重熔分压控制技术，对常用于分压重熔的氦气、氩气和氮气压力与电弧行为、冷却控制和冶金质量进行系统研究。

5）开展电子束冷床炉、等离子冷床炉熔炼的基础理论、工艺技术和产品的开发和应用工作，显著缩短我国在这一方面的落后局面。

6）深入开展高合金返回料，尤其是高温合金返回料循环利用工艺技术和装备的研究，初步建立我国返回料的循环利用的技术和管理体系，建立相关制度和标准。

7）进一步开展特种冶金流程的优化理论和应用工作，包括双联工艺（VIM+ESR，VIM+VAR）、三联工艺（VIM+ESR+VAR）以及 BOF/EAF–LF–VD/VOD/RH–CC–VAR 低成本高效新流程的研究，实现分品种流程的最佳化。

8）高端特殊钢和特种合金产品质量和稳定性实现全面升级，实施品牌战略，在国际高端市场具备与国际名牌产品的竞争能力，并占有一定的市场份额，产品质量和稳定性与国际水平接轨。

9）充分发挥真空感应炉、冷坩埚熔炼炉、真空凝壳炉、真空悬浮熔炼炉等特种熔炼设备的优势和特点，并与各种铸造技术相结合，开发真空水平/垂直连铸、离心铸造、精密铸造、定向凝固等技术，实现高端铸件，包括单晶空心叶片等产品的制造。

10）在电炉短流程特殊钢生产流程和高炉–转炉生产精品钢的长流程中，进一步提升真空精炼装备和工艺技术水平，提高真空精炼比，尤其是多功能 RH 精炼技术，为洁净钢生产平台提供保障。

4.2.2 解决策略、技术发展重点

1）加强真空冶金技术的应用基础研究，为技术开发提供持续的理论指导。技术发展重点是真空下超纯熔炼理论、大尺寸铸锭凝固缺陷的形成机理和凝固组织的控制方法。为此要开展在真空下元素的挥发和去除、坩埚材料与金属熔体之间的物理化学反应、脱氧和非金属夹杂物的形成和去除机理等超纯熔炼理论，开展真空特种熔炼过程电磁场、流场、温度场和凝固组织的数学模拟，钢锭凝固质量控制方法，尤其是高合金钢和镍基合金大型铸锭偏析元素和析出相的控制机制。

2）设计和制造具有国际先进水平和自主知识产权的真空冶金系列新装备并推广应用。技术发展重点是开发 3t 以上大型真空感应炉、真空自耗炉装备以及智能化的检测与控制系统，尤其是基于熔滴检测的真空自耗炉熔炼弧隙控制方法。工业规模的冷坩埚熔炼炉、真空凝壳炉、真空悬浮熔炼炉、电子束冷床炉和等离子冷床炉等特殊熔炼装备。

3）加强真空冶金工艺技术的研发和工艺规范制定，使我国高端特殊钢和特种合金的产品质量和稳定性实现全面升级。技术发展重点是开发高温合金、精密合金、耐蚀合金、超高强度钢、特种不锈钢、高端模具钢等典型特种冶金产品的工艺技术和规范，并将其转化为工艺模型，实现工艺控制的自动化，使这些产品的质量和稳定性与国际水平接轨，实现品牌战略，在国际高端市场具备与国际名牌产品的竞争能力，并占有一定的市场份额。深入开展高合金返回料，尤其是高温合金返回料循环利用工艺技术和装备的研究，初步建立我国返回料的循环利用的技术和管理体系，建立相关制度和标准。

4）发展重点是大型镍基合金和 $\Phi1080mm$ 以上超高强度钢真空自耗铸锭的技术开发。技术发展重点是通过研究大型真空自耗锭的凝固特点和产生偏析、缩孔、疏松和二次相析出的机理，电弧燃烧、熔滴滴落、元素挥发、气体和夹杂物行为，开发出压力控制、氦气冷却、浅熔池控制技术等创新工艺，全面提升我国大型自耗铸锭工艺和产品的技术水平，满足大飞机用超高强度钢、燃气轮机用高温合金转子、700℃先进超超临界火电机组用高压锅炉管和转子等对大型自耗铸锭的需求。

5）重点突破冷坩埚熔炼装备和工艺技术并扩大应用领域。需要从行业范围内组织相关领域专家学者进行详细讨论、梳理，并以科研立项方式对存在的问题组织相关科技人员进行攻关。同时，拓宽冷坩埚感应熔炼技术的应用领域，进行氧化物材料、高熔点材料、单晶硅、放射性铀燃料棒、形状记忆合金、各种磁性材料、高纯溅射靶材和各种金属间化合物及其复合材料等熔炼技术的开发。

6）进一步开展特种冶金流程的优化理论和应用工作。技术发展重点是开展 BOF/EAF-LF-VD/VOD/RH-CC-VAR 低成本高效新流程的研究，实现航空轴、高铁轴承和高端精密模具等材料的低成本、高效率和高质量的生产。

7）进一步加强 RH 吹氧、升温、喷粉精炼等装备和工艺技术开发。开发 RH 超低碳钢深脱碳、管线钢等超低硫钢深脱硫、超低氧特殊钢去除夹杂物、低温钢液升温等装备和工艺技术，以及智能化控制模型，实现 RH 的技术升级。

8）创新"产学研用"技术研发机制，加快实现真空冶金新装备、新工艺和新产品的产业化。建立"大学—科研单位—装备设计单位—装备制造企业—特种冶金生产企业—用户"全产业链的真空冶金技术创新联盟，增加国家在这方面的扶持、相关政策的扶持力度，鼓励建立相关中试基地，实现技术研发的机制创新，把我国的真空冶金上升到国家高新技术发展战略的高度上。

技术发展重点是大型真空特种冶金装备和工艺、高温合金母合金的熔炼、返回料的循环绿色回收利用、精密铸造、定向凝固和单晶叶片铸造、真空熔炼制备 3D 金属打印粉末和喷射成形等新工艺、新技术和新产品。

参考文献

［1］ 杨乃恒. 真空冶金技术的现状与发展［J］. 真空与低温，2001（1）：1-6.

［2］ 李安国，饶先发，廖春发. 真空冶金现状及应用前景［J］. 世界有色金属，2009（7）：32-34.

［3］ 束军. 真空炉温度场测试系统研究与开发［D］. 昆明理工大学，2017.

［4］ 刘闯. 不锈钢 AOD 精炼工艺的应用和发展［J］. 特殊钢，2007（1）：44-46.

［5］ 李维强. 宝钢 RH 炼钢控制系统设计与实现［D］. 东北大学，2015.

［6］ 王栋，巴德纯，杜广煜，等. EB-PVD 在热障涂层中的研究及应用［J］. 真空，2013，50（5）：6-8.

［7］ 崔京生. ZH-8 型真空凝壳炉电气系统改造［J］. 设备管理与维修，2009（1）：39-41.

［8］ 钱范源. 真空自耗炉计算机控制系统设计与熔滴控制方法研究［D］. 东北大学，2015.

［9］ 牛建平，杨克努，管恒荣，等. 真空冶金现状及其应用前景［J］. 真空，2002，2002（6）：7-13.

［10］ 王亚平，周志明，蒋鹏. 一种低氧低夹杂物铜铬合金触头的生产方法［J］. 2005.

［11］ 刘海波. 基于灰色神经网络的 VOD 终点碳温预测模型研究［D］. 西安电子科技大学，2014.

［12］ 黄会发，魏季和，郁能文，等. RH 精炼技术的发展［J］. 上海金属，2003，25（6）：6-10.

［13］ 杜军. 大功率电子束熔炼炉高压电源的研制［D］. 北方工业大学，2014.

撰稿人：姜周华　董艳伍

冶金技术分学科（电磁冶金）发展研究

1.引　言

电磁冶金（技术）学科是以冶金物理化学、冶金反应工程学、冶金工艺学为基础，结合现代电磁学、磁流体力学、物理化学等理论，利用电磁场的各种效应改善和优化冶金反应的热力学和动力学状态，强化冶金工艺过程控制，提高冶金产品质量的学科。

电磁冶金（技术）是在冶金过程的熔炼、精炼、连铸、凝固和热处理等阶段，施加不同性质（如交变、恒定、脉冲）和不同强度与分布的电磁场，利用金属（或熔盐）的导电性与磁性，使冶金熔体中产生加热、驱动、制动、振荡、悬浮、雾化、形状控制、非金属分离、凝固和固态组织控制等物理效应。并与冶金工艺相结合，来强化冶金反应、优化冶金工艺、完善过程控制。人们利用这些物理效应，开发出冶金感应熔炼、熔体电磁搅拌、熔体电磁净化、冷坩埚悬浮熔炼、电磁雾化制粉、冶金熔体流动在线测量、连铸中钢水电磁制动、弯月面电磁振荡、液面波动抑制、凝固组织细化和控制，以及无结晶器电磁连铸和电磁软接触连铸等新技术等，并逐渐在钢铁和有色金属工业中应用。进入21世纪以来，在超导强磁体技术进步的推动下，更将10T恒定磁场和强度更高的脉冲磁场应用到材料制备过程中，发展出强磁场材料制备等新的研究方向。如，金属凝固前沿热电磁流及其对溶质扩散和晶体生长的影响等，这将对未来金属凝固和材料组织、成分控制带来理论创新和原创新技术。

电磁感应加热技术早在20世纪50—60年代已进入工业应用，至80年代随着半导体变频技术的发展，感应加热技术日趋成熟，现已有数十吨的感应熔炼炉，各类交变磁场的感应加热技术深入到工业的许多部门，发挥着巨大的作用。利用磁流体力学的电磁冶金及材料制备技术始于20世纪。磁流体力学发展的里程碑事件是1937年哈特曼（Hartmann）第一次液态金属管道流实验以及1942年阿尔文（Alfvén）波的发现。1982年，国际理论及应用力学协会召开的国际会议磁流动力体学在冶金学中的应用（The Application of

Magnetohydrodynamics to Metallurgy）使各国冶金及材料工作者意识到电磁冶金的重要性。此后，电磁场在冶金及材料制备领域的应用也受到了各国政府的重视。法国、英国、日本、德国、中国等分别成立了专门的机构推动电磁冶金及材料制备技术的发展，如：1985年，日本成立电磁冶金委员会；1986年，法国成立了马迪拉姆法国国家科学研究中心（CNRS-MADYLAM）研究中心；2006年中国金属学会建立电磁冶金分会。该领域的迅猛发展促进了各学科的交叉融合。每三年一届的电磁材料制备国际会议更是推动了电磁冶金及材料制备技术的蓬勃发展。随着环保意识的提高，绿色环保的电磁冶金及材料制备技术受到越来越多的关注和重视。至今电磁冶金技术所利用的电磁场效应主要是电磁场感应加热效应和驱动液态金属运动效应。其中电磁感应加热技术的使用已十分广泛，但针对特殊要求的感应加热熔炼技术仍需优化。在应用电磁场驱动金属熔体运动的功能方面，在冶金工业中广泛使用的主要有电磁搅拌技术、电磁制动技术、冷坩埚电磁悬浮熔炼技术等。

自20世纪90年代始，在超导磁体技术发展的推动下，超导磁场在冶金中应用受到广泛关注，开始了全世界范围的研究，在电磁场流动控制、电磁净化、静磁场下凝固、电磁场下磁致过冷、磁致塑性、磁场影响扩散等多个方面的研究取得了显著进展，为发展电磁冶金技术学科奠定了坚实的基础。近5年来，提出了直流磁场下的热电磁力在合金铸造凝固中应用，进行晶粒细化和均质化的研究，并取得了较大进展。提出了将磁场应用于电渣重熔和等离子体精炼等技术中，增强精炼作用，显示了广阔的应用前景。

2. 本学科国内发展现状

电磁冶金学科在电磁学、磁流体力学、冶金学和磁场发生技术的推动下不断发展。在常规的电磁冶金技术领域，研究者在电磁搅拌技术、电磁制动技术、电磁悬浮熔炼技术等方面主要围绕施加多种磁场复合作用开展研究，向着多模式电磁场（强度、频率、波形和相位变化）下电磁冶金技术的方向发展，从而扩展电磁场在冶金中应用范围和优化电磁冶金过程。随着超导技术的发展，10余年来强静磁场在冶金中应用的研究受到广泛关注，发现了磁场的一些新效应，使得磁场的应用范围大幅扩展，展现了广阔的发展前景，因而强磁场下冶金过程研究出现了多个重要方向。

2.1 提出多模式电磁场控制冶金熔体流动技术

冶金熔体流动在冶金过程中发挥十分重要的作用，对冶金生产效率和产品质量影响巨大，使用电磁场控制冶金熔体的流动是重要的手段之一，其中电磁搅拌技术和电磁制动技术在钢连铸中广泛应用，用于均匀钢液温度、改善钢凝固、控制漏钢、细化晶粒、减轻气孔和夹杂缺陷、改善表面铸坯质量等，基本已成为钢连铸必备手段。尽管各类磁场已用于工业生产过程，但关于磁场对熔体流动的影响一直缺乏深入了解。最近十几年，借助低熔点金属模型实验及数值模拟方法，有关流场的研究已经取得显著的进步。人们根据三维数值模拟，大涡流模拟及对应的模型实验深入研究了旋转磁场及行波磁场驱动流体运动。基于数值模拟结合实际生产，发现旋转磁场下连续搅拌导致轴向的成分不均匀，由此提出调制磁场控制宏观偏析的新方法。用低熔点金属〔如：液态金属（GaInSn）和锡铋（SnBi）〕模拟钢的连铸过程也取得了显著进展。

传统的单模式电磁场下的电磁冶金技术基本上为设定磁场分布、电磁场频率和幅角，仅调整磁场幅值，以调整流动状态，有较大的局限性。近年来开始发展可调整磁场幅值、频率、相位和方向的多模式电磁场（包括脉冲施加磁场）下电磁搅拌等技术，并部分得到应用，从而突破现有电磁场控制流动技术的局限，更有效和更广泛地发挥作用。这一方向已成为电磁冶金技术发展的主流之一。宝钢率先开发了一种多模式电磁场控制结晶器流动技术，可实现在结晶器弯月面处抑制过强的流动，而在结晶器中下部施加搅拌，强化和调整流动模式，有利于凝固进行，提高等轴晶率和减少夹杂气泡等缺陷。

2.2 提出磁致过冷理论

过冷是金属凝固过程中一种常见现象。近期研究发现，稳态磁场能够改变金属凝固过程中的过冷度，这一现象称之为磁致过冷。稳态磁场对不同金属熔体的过冷度影响规律不同。一些研究发现，磁场增大了纯金属及合金的过冷度，如：铝（Al）、铜（Cu）、锡（Sn）、锑（Sb）、铝铜（Al-Cu）、铝镍（Al-Ni）、镍铜（Ni-Cu）等，在10T磁场中其过冷度可达20余摄氏度，具备工业应用的可能。磁场影响凝固过冷度的机制较为复杂，个别金属在磁场中凝固时的过冷度降低，如铋（Bi）。而对锗（Ge）、钛铝（Ti-Al）等体系的过冷度几乎没有影响。由此可见，磁场对金属熔体过冷行为影响复杂，磁场下过冷度变化的物理机制目前仍在深入研究中。

这一发现具有重要的潜在应用前景。现在大铸件和高合金含量的合金铸造过程中一个重要的问题就是偏析严重，而通过"磁致凝固"有望实现铸件"整体凝固"，从而消除铸坯组织的不均匀性。

2.3 热电磁力细化凝固组织技术研究进展

电磁搅拌等手段细化凝固组织的方法的一个限制是交变磁场的集肤效应，使得在金属中磁场受到屏蔽，难以作用到金属的内部。而静磁场可穿透居里点以上的金属而不被屏蔽，可作用到金属铸坯内部。近年来在静磁场下凝固金属中新发现了热电磁力效应，可在铸坯凝固中产生热电磁对流和热电磁应力，从而影响凝固过程，进而细化晶粒和影响成分分布等，成为国内外研究的热点。研究发现，施加1T以下的静磁场在凝固金属熔体中产生可观的对流（热电磁对流），随着磁场强度的增强，对流减弱，但固相中应力线性增大（热电磁应力），该对流和应力均可导致枝晶断裂，促进等轴晶的生成，细化晶粒。轴承钢凝固实验结果表明，施加静磁场使得等轴晶增多，减轻了凝固末端缩松和偏析，显示了实际应用的可能性。随着未来更强超导磁体的实用化，能进一步提高热电磁力，有望在工业中应用，具有很高的研究价值。

2.4 提出磁场增强电渣重熔技术

电渣重熔技术广泛应用于优质钢生产中，通过在电渣棒中通入大电流，使其端部熔化产生液滴，液滴下落时穿过熔渣层，熔渣吸收金属液滴中夹杂物，从而净化金属液滴，液滴下落到铸模中凝固成锭。近来，提出了磁场增强电渣技术。其在电渣过程中施加电磁场，产生较强电磁力破碎金属液滴，从而提高净化效率；同时该电磁场在电渣熔池中产生电磁搅拌作用，均匀温度分布，较小液穴深度，实现凝固界面扁平化，从而均匀成分分布。轴承钢等上的实验结果表明夹杂物含量可降低一个数量级，成分分布显著改善，显示广阔的应用前景。

2.5 中间包电磁场应用技术新进展

中间包盛放钢液并调节钢液的浇注，作用十分重要。近来对中间包调整钢液温度和进一步净化钢液的作用受到重视。现已开发了中间包感应加热和电磁净化技术等。部分企业在高档钢种连铸中使用中间包感应加热技术，稳定浇注温度在较低过热度下，明显提高了连铸质量。近年来该技术正逐渐推广，国内可制造全套设备并得到应用。中间包中的电磁净化技术是在中间包中施加交变电磁场搅动钢液，加速夹杂物碰撞长大和调整中间包中流态，形成有利于夹杂物上浮条件，从而净化钢液。国内在借鉴日本技术的基础上，已开发出新电磁净化技术，并在工业中得到验证。

2.6 高效大尺寸电磁场约束和悬浮液态金属熔炼和成形技术研究进展

电磁场悬浮液态金属可避免坩埚的污染，可熔炼高熔点和活泼的金属，现已在钛合金熔炼中应用，但因金属的集肤效应，对电磁场产生屏蔽作用，使得电磁场作用受限，电磁悬浮金属的效率低、能耗和成本高，因而在钢铁等金属材料中较少应用。近年来，国际上致力于改善磁场发生技术，开发降低屏蔽影响的冷坩埚技术，电磁悬浮的能力和效率逐渐提高，成本不断降低，有望在高档特殊钢铁材料冶炼中应用。近年来，国内在大功率电源和大容量冷坩埚制造方面进步较快。

在金属连铸中利用电磁力约束金属熔体而进行凝固，可实现熔体的无接触和少接触下的结晶，大大提高铸坯表面质量，并且电磁力还搅拌熔体，改善凝固条件，细化晶粒，消除偏析，去除气孔等缺陷，有较大技术优势。该技术在铝等轻金属中得到应用，但在钢中因密度大，消耗电能较多，且结晶器结构变得复杂，因而尚未应用。随着电磁场发生技术和结晶器结构的优化，可望降低结晶器屏蔽作用，减少电能消耗，推动该技术在钢连铸中

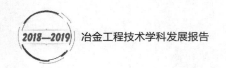

的推广应用。国内已探索了在钢连铸中使用电磁约束下的连铸技术，研制了电磁结晶器，并进行了钢连铸实验。

2.7 磁场热处理技术研究进展

磁场热处理是在热处理过程中施加磁场以改变材料的组织及性能的热处理技术，该热处理技术在 1959 年由美国的 RDCA 公司的巴塞特（Bassett）提出。热处理过程中施加磁场能明显影响固态相变行为及相变产物的数量、形态、尺寸和分布。由于磁能对铁磁性材料的相变影响显著，因此以往很多研究主要关注磁场对铁磁性材料固态相变行为的影响，例如：铁素体相变、珠光体相变、贝氏体相变以及马氏体相变组织的影响等。这些研究揭示了强磁场下铁磁性合金体系的组织形态、热力学及动力学方面变化规律，为铁磁性材料的磁场热处理提供了翔实的实验数据及科学依据。

另一方面，关于磁场对非磁性材料固态相变影响的研究由于超导磁场技术的应用，10余年来逐渐活跃。已对钢（超过居里点温度时）、铝合金、镁合金和镍基高温合金等，均开展了研究，并取得了一些非常有价值的成果。结果表明，磁场同样对非铁磁性材料的固态相变也产生作用，并且发现磁场显著影响扩散。然而，其影响机制目前仍不清楚，需要从多方面深入探讨，如：扩散、界面能、错配度等。国内在磁场热处理领域的研究处于国际领先的地位，但这是一个新颖的热处理技术，需要更多的理论及实验研究，为磁场热处理这个方向提供更多可靠的实验结果和理论依据。

2.8 静磁感应加热技术

因静磁感应加热技术的节能效果显著，国际上对其日益重视。但常规永磁体产生磁场强度偏低，因而目前重点是利用超导磁体产生的数千特斯拉的强磁场来进行感应加热。但超导磁体的运行仍有消耗（电能或液氦），且在工业环境下的稳定性仍不足，因而在工业中大规模应用还需解决相关的技术问题。利用永久磁体则可大幅降低成本和运行费用，是一个很有发展前景的方法。其不足是磁场偏低，加热速度偏慢，温度偏低。如提高其磁场强度和相对运动的速度，则可提升其加热能力。国内外对这两种技术都在开展研究，国内开发了在铝合金等加热上应用的永磁加热技术，有望在 5 ~ 10 年内得到广泛应用。

2.9 磁场影响溶质扩散机理研究进展

扩散在材料制备中起根本性作用。大量实验表明，磁场会影响原子的扩散速率，进而影响材料的内部组织结构及性能。例如：磁场抑制扩散可用来抑制多金属层构件中某些脆性中间相的生成，从而改善焊接件、涂层等材料的性能，这一效应对于改变扩散反应层生长速率及产物的特性具有重要的意义。此外，磁场加速扩散也可用于加速强化相析出、消除偏析、成分均匀化等处理。

然而，磁场下扩散研究结果相差较大，甚至出现互相矛盾的结果。一些实验表明磁场抑制了元素的扩散，这些体系包括 Al-Cu、Al-Mg、Ni-Al、Pb-Sn、Zn-Cu、Bi-Sb、Fe-C 等。且磁场对不同物质的原子扩散速率的影响呈现不同的规律，甚至磁场方向也会影响原子的扩散速率。也有研究证实磁场对原子的扩散有促进、抑制和无明显作用等不同的影响。有人把扩散速率变化归因于扩散激活能，也有人认为磁场改变了原子扩散过程中的碰撞频率，但是，目前还没有完善的理论解释磁场影响扩散速率的原因，这些变化的物理机制仍有待澄清。为此，亟须针对不同的磁性、状态、键合类型等材料做系统的扩散研究，为磁场下材料制备提供参考数据。

2.10 磁致塑性效应机理研究进展

磁致塑性是材料在磁场中表现出塑性增大的现象，利用这一规律可提高一些塑性较低的材料的塑性，减少加工裂纹等问题，有很大的实际意义。目前，尚对这一现象的内在机制了解不深。由于 1T 左右的磁场在这些材料中产生的影响在（$\mu_B B/kT$）~ 10^{-3} 量级，远低于可测量的误差范围，因此，普遍认为弱磁场（对于非磁性材料，磁场强度 £10T）不能明显改变非磁性材料的结构与性质。由于这个原因，早期有关磁场对抗磁性材料的结构，物理 – 力学特性的研究并没有受到关注。而且，多数研究者认为这些结果可能是人为造成的。但是，20 世纪 60—80 年代，人们在研究各种抗磁性晶体的发光、光电、辐射光谱等现象时发现了多种磁效应。

磁塑性效应是外加磁场影响材料塑性的一种现象，磁塑性效应最早在铁磁性材料中得到实验证实及清晰的物理解释，即磁场能够影响铁磁性材料的位错运动及宏观塑性，其物理机制是源于位错与磁畴的相互作用。自从克拉夫琴科（Kravchenko）理论上发现磁场增加电子运动阻力后，人们对磁场下抗磁性金属塑性的影响进行了大量实验及理论研究。证实了塑性变化是由于电子气黏度的增加，但这一解释与某些实验现象并不一致，1987 年阿尔什图（Alshits）等人发现在没有外加应力的情况下，弱磁场（<1T）能够诱发 NaCl 单晶中的位错运动。之后，多个独立的研究团队在不同材料体系中（LiF、KCl、KBr、CsI、InSb、Al、Zn、Si、NaNO$_2$、ZnS、C$_{60}$、聚合物等）证实了这一现象的存在。此外，磁场下许多相关现象，如位错退钉扎、内耗、宏观塑性、硬度等也证实了各类磁场（稳态、交变、脉冲、微波）对非磁性材料的物理 – 力学及其他结构敏感的性质具有显著的影响。1997 年，莫洛茨基（Molotskii）等人应用量子力学解释了非磁性材料中磁塑性效应，即位错与顺磁性障碍芯形成自由基对，磁场引起自由基电子自旋变化，诱发强键结合的单态（S 态）向弱键结合的三态（T 态）转变，位错更容易从顺磁性障碍芯退钉扎，最终增加了材料塑性。

总之，大量研究表明，弱磁场能够显著影响许多非磁性材料的力学性能，而这些研究在凝聚态物理和塑性物理方面具有重要的意义。并且这些结果可用于交叉科学，例如，磁处理取代耗时耗能的热处理，磁塑性效应研究也激发了研究者对一些重要抗磁性材料（半导体、聚合物、富勒体、高自旋有机化合物等）的磁敏感性质（电子、发光、光学）的研究。这使得开发新型、灵敏且高精度的磁光谱法成为可能。目前，多数理论模型仍然没有考虑弱自旋作用，充分理解磁塑性现象，不仅需要考虑经典力学作用（位错运动），还需要考虑量子力学效应（电子自旋甚至核自旋）。

2.11　提出磁场下 3D 打印技术

3D 打印金属技术具有广阔的发展空间，但如何控制打印的内部质量是一个重大课题。现有的研究主要集中在粉末颗粒尺寸形状、打印激光控制、打印路径等影响上，进展不明显。施加电磁场为解决打印质量问题开辟了新途径。所基于的原理是，金属打印时形成很大的温度梯度，因而产生可观的热电流，当施加磁场时，该电流与磁场相互作用产生足够强的热电磁力和热电磁对流，从而改善凝固，细化晶粒，消除缺陷，提高质量和性能，已在钛合金、高温合金、不锈钢等材料中开展实验，因显示良好的结果，具有广阔的应用前景，而施加交变磁场也可得到相同的结果。

2.12　磁场下金属凝固可视化研究进展

金属不透明性和熔体的高温等特性使得研究其流动与凝固十分困难，开发技术在线观测凝固中各种物理化学现象，对于掌握凝固机制，甚至在线检测铸造过程，具有很大意义。除了常规温度测量手段外，已探索了多种方法。利用同步辐射可直接观察薄片金属试样凝固中凝固进程和枝晶生长等过程，加深了人们对凝固机制的认识，现已开展了磁场下铝合金凝固的同步辐射观察研究，并取得良好结果。

2.13　冶金过程电磁检测方法的研究

金属在磁场中运动将导致磁场发生变化，变化值的大小与金属的相对位置、材料的特性、运动速度等相关，通过理论建模或大量实验数据的拟合可得到相互间的定量关系，利用此关系可检测金属熔体流动、金属液位、铸坯表面缺陷等。且已探索了使用磁探头检测铸坯表面振痕和液体金属表面液位方法。

3. 本学科国内外发展比较

经过 10 余年的持续努力，我国的电磁冶金技术发展迅速，部分研究已处于国际领先，不少研究还具有开创性，但在基础性模型化研究方面还有一些差距。

3.1 在磁致过冷理论研究方面处于领先

我国的科研人员首先提出磁场可改变金属凝固温度的观点，率先发现强磁场下金属的凝固点降低，即过冷度增大现象，在 10T 磁场中多种金属的凝固过冷度均可达 20 余摄氏度，进而从磁场影响金属熔体表面张力和金属结晶非均质形核的界面原子排列方式方面，深入探究磁场影响凝固温度的机制。在此基础上提出施加磁场调整金属凝固过冷度，进而控制凝固晶粒组织的新技术。这一理论和技术将是凝固控制理论和技术的一个重大突破，在解决大型铸坯的组织不均匀和成分偏析中作用巨大。现今，国际上相关研究还处于开始阶段，大大落后于我国的研究工作。

3.2 热电磁力细化凝固组织技术研究处于国际领先水平

金属凝固中热电磁力效应最初由法国科学家发现并进行了初步的分析，10 余年来我国加大此领域的研究，取得了领先的成果。建立起凝固中热电磁流体力学基本关系式，发现磁场对热电磁流动的影响存在临界值，且临界值随尺度降低而增大。首次通过实验发现热电磁力可折断枝晶，促进等轴晶生成，细化晶粒。研究发现，施加 1T 以下的静磁场在凝固金属熔体中产生可观的对流（热电磁对流），随着磁场强度的增强，对流减弱，但固相中应力线性增大（热电磁应力），该对流和应力均可导致枝晶断裂，促进等轴晶的生成，细化晶粒。轴承钢凝固实验结果表明，施加静磁场使得等轴晶增多，减轻了凝固末端缩松和偏析，显示了实际应用的可能性。随着未来更强超导磁体的实用化，能进一步提高热电磁力，有望在工业中应用，具有很高的研究价值。

3.3 磁场增强电渣重熔技术研究处于领先

我国首先提出了磁场增强电渣技术，并进行了大量实验研究，取得了成功。该技术的原理是在电渣过程中施加电磁场，产生较强电磁力破碎金属液滴，从而提高净化效率；同时该电磁场在电渣熔池中产生电磁搅拌作用，均匀温度分布，减少液穴深度，实现凝固界面扁平化，从而均匀成分分布。率先在轴承钢等上开展实验，结果表明夹杂物含量可降低一个数量级，成分分布显著改善，显示广阔的应用前景，而国际上尚未开展这一技术研究。

3.4 磁场影响溶质扩散机理研究处于国际领先水平

大量实验表明，磁场会影响原子的扩散速率，进而影响材料的内部组织结构及性能。例如，磁场抑制扩散可用来抑制多金属层构件中某些脆性中间相的生成，从而改善焊接件、涂层等材料的性能，这一效应对于改变扩散反应层生长速率及产物的特性具有重要的意义。此外，磁场加速扩散也可用于加速强化相析出、消除偏析、成分均匀化等处理。

然而，磁场下扩散研究结果相差较大，甚至出现互相矛盾的结果。一些实验表明磁场抑制了元素的扩散，这些体系包括 Al–Cu、Al–Mg、Ni–Al、Pb–Sn、Zn–Cu、Bi–Sb、Fe–C 等。且磁场对不同物质的原子扩散速率的影响呈现不同的规律，甚至磁场方向也会影响原子的扩散速率。也有研究证实磁场对原子的扩散有促进、抑制和无明显作用等不同的影响。有人把扩散速率变化归因于扩散激活能，也有人认为磁场改变了原子扩散过程中的碰撞频率，但是目前还没有完善的理论解释磁场影响扩散速率的原因，这些变化的物理机制仍有待澄清。为此，亟须针对不同的磁性、状态、键合类型等材料做系统的扩散研究，为磁场下材料制备提供参考数据。

3.5 磁场下 3D 打印技术研究处于国际领先水平

我国首先提出施加电磁场控制其中凝固过程，解决凝固组织难以控制问题。其核心是利用金属打印时形成很大的热电磁力和热电磁对流，从而改善凝固，细化晶粒，消除缺陷，提高质量和性能。已在钛合金、高温合金、不锈钢等材料中开展实验，其显示良好的结果，具有广阔的应用前景而施加交变磁场也可得到相同的结果。并且该项研究处于国际领先地位。

3.6 中间包电磁场应用技术处于国际先进水平

日本首先开发了中间包感应加热和电磁净化技术等，并在实际中加以应用。我国引进了中间包感应加热技术，并在轴承钢等钢种的连铸中应用，进而自行开发了相关电磁场装备，推广应用。中间包电磁净化技术则在日本技术的基础上加以改进，纠正了原技术的不足，进一步提升了该技术的优势，并在工业中得到验证。

3.7 磁场热处理技术研究处于国际先进水平

磁场热处理是在热处理过程中施加磁场以改变材料的组织及性能的热处理技术，该热处理技术在 1959 年由美国的 RDCA 公司的巴塞特（Bassett）提出，热处理过程中施加磁场能明显影响固态相变行为及相变产物的数量、形态、尺寸和分布，由于磁能对铁磁性材料的相变影响显著，因此以往很多研究主要关注磁场对铁磁性材料固态相变行为的影响，例如铁素体相变、珠光体相变、贝氏体相变以及马氏体相变组织的影响等。这些研究揭示了强磁场下铁磁性合金体系的组织形态、热力学及动力学方面变化规律，为铁磁性材料的磁场热处理提供了翔实的实验数据及科学依据。

以往关于磁场对非磁性材料固态相变影响的研究鲜有报道，因为常规静磁场对非铁磁性材料的磁力很小，因而通常人们认为磁场对非铁磁性材料的热处理作用不大，并且基本未见这方面的研究报道。但 10 余年来，由于超导磁场的应用，国内外这一领域的研究活跃起来，开展了强静磁场下铝合金、镁合金和镍基高温合金等非铁磁性材料热处理，发现磁场对热处理组织和性能有较大作用，我国的研究现已处于国际前沿，发表论文数量占有较大比重。同时，我国率先开展了交变磁场下合金热处理的探索，取得了一些非常有价值的成果，结果表明交变磁场可显著加速热处理过程，减少热处理时间，进而发现磁场对元素扩散有很大影响，使得扩散速度有数量级的提高，这些研究工作有着重要的应用价值。然而，其影响机制目前仍不清楚，需要从多方面深入探讨，如：磁场影响扩散，界面能，错配度等的机理。磁场热处理还是一个比较新颖的热处理技术，需要更多的理论及实验研究，为磁场热处理这个方向提供更多可靠的实验结果和理论依据。

3.8 多模式电磁场控制冶金熔体流动技术处于国际先进水平

日本率先开发了多个磁场复合控制结晶器内流动技术，并在工业中应用，但并未考虑组合磁场的幅值、频率和相位角等协同控制流动（即多模式），而我国则率先提出多模式磁场概念，并开发了幅值和频率局域化调控的多模式磁场控制流场技术，并提出了磁场控制的准则，在实际中成功应用，取得显著效果。

3.9 高效大尺寸电磁场约束和悬浮液态金属熔炼和成形技术研究落后国际先进水平

电磁场悬浮液态金属可避免坩埚的污染，可熔炼高熔点和活泼的金属，现已在钛合金熔炼中应用，但因金属的集肤效应，对电磁场产生屏蔽作用，使得电磁场作用受限，电磁悬浮金属的效率低、能耗和成本高，因而在钢铁等金属材料中较少应用。近年来，国际上致力于改善磁场发生技术，开发降低屏蔽影响的冷坩埚技术，电磁悬浮的能力和效率逐渐提高，成本不断降低，有望在高档特殊钢铁材料冶炼中应用。

在金属连铸中利用电磁力约束金属熔体而进行凝固，可实现熔体的无接触和少接触下的结晶，大大提高铸坯表面质量，并且电磁力还搅拌熔体，改善凝固条件，细化晶粒，消除偏析，去除气孔等缺陷，有较大技术优势。该技术在铝等轻金属中得到应用，但在钢中因密度大，消耗电能较多，且结晶器结构变得复杂，因而尚未应用。随着电磁场发生技术和结晶器结构的优化，可望降低结晶器屏蔽作用，减少电能消耗，推动该技术在钢连铸中的推广应用。

3.10 静磁感应加热技术落后于先进水平

因静磁感应加热技术的节能效果显著，国际上对其日益重视。但常规永磁体产生磁场强度偏低，因而目前重点是利用超导磁体产生的数特斯拉的强磁场来进行感应加热。但超导磁体的运行仍有消耗（电能或液氦），且在工业环境下的稳定性仍不足，因而在工业中大规模应用还需解决相关的技术问题。利用永久磁体则可大幅降低成本和运行费用，是一个很有发展前景的方法。其不足是磁场偏低，加热速度偏慢，温度偏低。如提高其磁场强

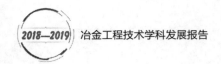

度和相对运动的速度，则可提升其加热能力。国内外对这两种技术都在开展研究，有望在近 5 ~ 10 年内得到广泛应用。

3.11　磁致塑性效应机理研究落后于先进水平

磁致塑性是材料在磁场中表现出塑性增大的现象。最早由日本和俄罗斯科学家发现，利用这一规律有望提高一些塑性较低的材料的塑性，减少加工裂纹等问题，有很大的实际意义。但目前，尚对这一现象的内在机制了解不深。通常认为磁场能够影响铁磁性材料的位错运动及宏观塑性，其物理机制是源于位错与磁畴的相互作用。Kravchenko 发现磁场增加电子运动阻力，证实了塑性变化是由于电子气黏度的增加。但这一解释与某些实验现象并不一致。目前，多数理论模型仍然没有考虑弱自旋作用。充分理解磁塑性现象，不仅需要考虑经典力学作用（位错运动），还需要考虑量子力学效应（电子自旋甚至核自旋）。国内对于此课题的研究尚处于起始阶段，且落后于国际先进水平。

3.12　电磁冶金数值模拟技术落后于国际先进水平

数值模拟技术广泛应用于冶金过程中，发挥着不可替代的作用。国内外均开展了大量的电磁冶金的数值模拟研究工作和相关软件开发。国际上先进国家的研究者对电磁流体力学基本数学模型及其数值模拟方法等基础课题研究十分深入，在此基础上进行软件的开发，在计算的可靠性和精确度上大大优于国内的计算结果，同时将研究结果与成熟的软件，如 ANSYS，Fluent 等结合，其功能较强和完善，易于推广应用。国内多采用国外成熟软件，自己编写软件较少，且个人分散编写，不够完整成套，不能形成商业化软件，因而推广应用型较低。

3.13　冶金过程电磁检测技术较落后

在电磁场中金属熔体中流动状态的变化将导致磁场的改变，探测此磁场变化可反推流动状态的变化。德国在探索使用特定磁场和阵列磁探头获得信号，反推液体金属流动速度分布技术，还开发了使用磁场测量流槽中液体金属流速的方法，并在铝合金液体输送中使用。利用材料电磁特性对组织结构变化的响应，开发了利用电磁场无损检测钢的晶粒组织等技术。

4. 本学科发展趋势与对策

本学科发展的主要趋势是利用更强的磁场，多样化磁场模式，复合磁场，与温度场、流场、浓度场等协同，更广泛应用于冶金过程中，也更精细地控制冶金与材料制备过程，使磁场发挥更高的效能和效率，对钢铁材料的发展提供更多支撑。主要方向有：

（1）多模式电磁场控制流动技术发展

基于电磁场的频率、幅值、相位、波形不同的磁场及其组合对液体金属和熔渣等多相流动的影响作用，开发应用于精炼、连铸等过程的多模式电磁场控制流动技术与相应设备。

（2）高效大尺寸电磁约束成形与悬浮技术发展

基于电磁场对大尺寸液体金属的约束成形和悬浮的控制作用，开发冷坩埚和结晶器的新材料和新结构，降低对磁场的屏蔽效应，研发相应特殊的磁场发生电源设备，实现钢铁等材料的大尺寸悬浮和约束成形。

（3）电磁场控制合金凝固组织技术发展

研究各类电磁场（交变、脉冲）对凝固中固液两相区内流动、溶质传输和界面生长及稳定性、组织形态演化等影响机制，开发多物理场和多尺度凝固作用下的复合电磁场控制凝固组织技术，解决凝固成分偏析和组织粗大与不均等问题。

（4）静磁感应加热技术发展

研究静磁场结构下金属工件相对运动感应加热基本规律，建立相应理论模型；开发针对不同形状金属工件（圆坯、板坯、线材）等的静磁感应加热技术，在工业中推广应用。

（5）静磁场下材料相变及其组织演变机理的理论研究

研究 10T 以上强静磁场对金属材料液固相变和固固相变影响机理，建立强磁场下凝固组织和固态相变组织演化的基本理论。

（6）电磁场下 3D 打印技术研究

研究磁场对 3D 打印中金属粉末熔化和凝固过程的影响机制，开发磁场下 3D 打印技术部件技术和装备，加速其应用，具有广阔的发展前景。

（7）强磁场下金属凝固结晶机理研究

研究高强静磁场的磁致过冷效应及其对合金结晶形核、生长和组织演化影响机理，进而开发强磁场下控制合金凝固技术，将开辟全新的冶金技术领域，有着广阔的发展前景，这一领域的研究尚处于起步阶段，还需要深入研究。

（8）电磁净化精炼金属液技术

电磁场可根据导电率和导磁率的差别将不同物质分离，现已有这方面的探索，但由于电磁场强度不足，导致分离效率偏低，在工业中应用受限。随着相关电磁场发生技术的发展，磁场强度的提高，将大幅提高电磁分离的能力。预计 2025 年后，通过使用超导磁场，这一技术有望在冶金中得到应用。

（9）冶金过程电磁检测技术

电磁检测具有灵敏、反应快、无接触等特点，在冶金过程的监控和产品质量检测等方面有广阔的应用潜力，现今的研究较为欠缺，近期将主要在基础研究上开展工作，预期稳步发展，期待在个别应用上取得突破。

我国的电磁冶金技术学科存在基础研究不够深入和系统，新技术成熟度不够和配套相对较弱，工业中试不易进行等问题，导致国内企业主要采用国外较为成熟的技术，自己创新技术较少，而国内原创新技术难以走向应用，不利于我国冶金行业技术的进步和能力的提升。为此建议成立国家级的电磁冶金工程技术研发中心，整合优势高校、科研单位和企业的资源，集中力量开展新技术的研发、培育和成熟化。

参考文献

［1］ Asai S. Recent development and prospect of electromagnetic processing of materials［J］. Science and Technology of Advanced Materials, 2000, 1（4）: 191–200.

［2］ 韩至成. 电磁冶金学［M］. 北京: 冶金工业出版社, 2001.

［3］ 王强, 赫冀成. 强磁场材料科学［M］. 北京: 科学出版社, 2014.

［4］ 任忠鸣. 强磁场下金属凝固研究进展, 中国材料进展［J］. 2010, 6: 40–49.

［5］ 彭涛, 辜承林. 强磁场发展动态与趋势［J］. 物理, 2004, 33（8）: 570–573.

［6］ Proceedings of the International Symposium of Elctromagnetic Processing of Materials［J］. Kobe, 2018.

［7］ 王宏丹, 于海岐, 朱苗勇, 等. 多模式电磁搅拌板坯连铸结晶器内的三维电磁场和钢液流动［J］. 第十三届（2009年）冶金反应工程学会议论文集, 2009–08.

［8］ Zhaojing Yuan, Zhongming Ren, Chuanjun Li, et al. Effect of high magnetic field on diffusion behavior of aluminum in Ni–Al alloy［J］. Materials Letters,（2013）108, 340.

［9］ Yuan Hou, Zhongming Ren, Zhenqiang Zhang, et al. Columnar–to–equiaxed Transition during Directionally Solidifying GCr18Mo Steel Affected by Thermoelectric Magnetic Force under an Axial Static Magnetic Field［J］. ISIJ International, 2019, 59（1）: 60–68.

［10］ Xi Li, Anie Gagnoud, Zhongming Ren, et al. Investigation of thermoelectric magnetic convection and its effect on solidification structure during directional solidification under a low axial magnetic field［J］. Acta Mater., 2009, 57: 2180.

［11］ Xiaoqi Liu, Jianbo Yu, Sansan Shuai, et al. Cell–to–Dendrite Transition Induced by a Static Transverse Magnetic Field During Lasering Remelting of the Nickel–Based Superalloy［J］. Metallurgical and Materials Transactions B, 2018, 49B: 3211–3219.

［12］ Chuanjun Li, Rui Guo, Zhaojing Yuan, et al. Magnetic–field dependence of nucleation undercoolings in non–magnetic metallic melts［J］. Philosophical Magazine Letters, 2015, v 95, n1, p 37–43.

［13］ Xi Li, Annie Gagnoud, Yves Fautrelle, Zhongming Ren. Dendrite fragmentation and columnar–to–equiaxed transition during directional solidification at lower growth speed under a strong magnetic field［J］. Acta Materialia,（2012）3321–3332.

［14］ Yuan Hou, Sansan Shuai, Yuanhao Dong, et al. Effect of Thermoelectric Magnetic Convection on Shrinkage Porosity at the Final Stage of Solidification of GCr18Mo Steel under Axial Static Magnetic Field［J］. Metallurgical and Materials Transactions B, 2019, 50（2）: 881–889.

［15］ Huai Wang, Yunbo Zhong, Qiang Li, et al. Effect of Current Frequency on Droplet Evolution During Magnetic–Field–Controlled Electroslag Remelting Process Via Visualization Method［J］. Metallurgical and Materials Transactions B, 2017, 48（1）: 655–663.

［16］ Yun Wang，Yunbo Zhong，Zhongming Ren，*et al.* Numerical Simulation of Steel Flow Behavior in Centrifugal Flow Tundish for Continuous Casting ［J］. Journal of Iron and Steel ResearchInternational. 2008，15（S1）：494–498.

［17］ Chuanjun Li，Shengya He，Yafu Fan，*et al.* Enhanced diffusivity in Ni–Al system by alternating magnetic field ［J］. Applied Physics Letters，2017，110（7）：074102.

［18］ Chuanjun Li，Gui Guo，Zhaojing Yuan，*et al.* Chemical segregation and coarsening of γ′ precipitates in Ni–based superalloy during heat treatment in alternating magnetic field ［J］. Journal of Alloys and Compounds，2017，720：272–276.

［19］ Yudong. Zhang，Charles Esling，Jane Muller，*et al.* Magnetic–field–induced grain elongation under a high magnetic field in medium carbon steel in its austenitic decomposition ［J］. Appl. Phys. Lett.，2015，87，212504.

［20］ Yudong Zhang，Xiang Zhao，L. Zuo，*et al.* High temperature tempering behaviors in a structural steel under high magnetic field ［J］. Acta Mater.，2004，52/12 3467–3474.

［21］ Zhaojing Yuan，Chuanjun Li，Chenkai Ma，*et al.* Effect of static magnetic heat treatment on microstructures and mechanical properties of DZ483 alloy ［J］. Journal of Alloys and Compounds. 2015，631，（8）6–9.

撰稿人：任忠鸣

钢铁冶金分学科（炼铁）发展研究

1. 引　言

炼铁学科属于冶金工程学科钢铁冶金分学科范畴，是以矿物学、矿物加工、冶金反应工程学、冶金物理化学和冶金传输原理等学科为基础，旨在研究利用铁矿石、焦炭、煤粉、熔剂、天然气等资源和能源，经济高效地将金属铁从含铁矿物中提炼出来，生产供炼钢工序（炼钢生铁、电炉用海绵铁或金属化球团）或机械制造工序使用的合格产品的工程学科，主要包括铁矿石造块、高炉用燃料、高炉炼铁、非高炉炼铁、炼铁节能环保等研究领域。

我国炼铁工业自中华人民共和国成立以来，总体上可以分为以下几个阶段：

第一个阶段（1949—1978 年），发展初期阶段。我国生铁产量仅为 25 万 t。后重建了鞍钢，并新建了武钢和包钢等联合钢厂。20 世纪 50 年代后期，我国炼铁工业取得了技术突破，高炉利用系数超过 2.0 t/（m³·d）。60 年代，高炉风口喷吹技术得到了发展。70 年代末，开辟了炼铁技术进步的新天地。

第二个阶段（1978—2000 年），稳中求进阶段。经过 22 年的时间，生铁年产量从1978 年的 3479 万 t 左右增加到 2000 年的 1.31 亿 t，其中 1992 年生铁产量达到 7589 万 t，一跃成为世界第一产铁大国，1995 年生铁产量首次突破 1 亿 t。

第三个阶段（2000—2013 年），加速发展阶段。生铁年产量于 2013 年突破 7 亿 t，除受金融危机影响外，第二阶段生铁产量保持每两年增长 1 亿 t 的速度高速发展，其中在2009 年，我国生铁产量在世界生铁产量中占比超过 50%，此后，我国生铁产量一直占世界生铁产量的半壁江山。

近年来，我国炼铁工业由高速增长阶段转向高质量发展阶段，我国生铁产量稳定在7 亿 t 左右，2018 年我国生铁产量达 7.71 亿 t，同比增长了 3.04%，占世界生铁总产量的62.23%。随着国家经济和产业结构的转型升级，环保限产政策的力度加大，以及铁前成本波动大等特点，我国炼铁工业也面临多重压力，开始呈现减量化和创新发展的新态势。并且，近年来以熔融还原法（COREX）、黑斯麦尔特（HIsmelt）等工艺为代表的一批非高炉炼铁工艺得到工业化应用。

2. 本学科国内发展现状

2.1 炼铁原料技术的进展

2.1.1 烧结技术的进展

（1）烧结设备大型化减量化

进入 21 世纪以来，随着钢铁工业的迅速发展，我国铁矿烧结技术无论是在烧结矿产量、质量，还是在烧结工艺和技术装备方面都取得了长足的进步。这期间建成投产的大型烧结机都采用现代化的装备，设置较为完善的过程检测和控制项目，并采用计算机控制系统对全厂生产过程进行操作、监视、控制及管理，工艺完善，高度自动化。尤其近些年，中国在开创新工艺、新设备、新技术方面相当活跃，烧结机不断向大型化、节能化、环保化方向发展，大型烧结机数量急剧增加，能耗指标大幅降低，环境指标明显改善。2000—2013 年是我国烧结发展的繁荣期，2010 年太钢建成了国内最大的 660m² 烧结机，自此我国特大型烧结机自主研制技术取得重大突破；2013 年烧结矿产量达到 10.6 亿 t，国内建成烧结机 1300 余台，行业处于 10 余年的高速发展期。2013 年至今，是我国烧结技术发展的转型期：随着国家供给侧改革深入推进，2016—2017 年国内累计压减钢铁产能约 2.5 亿 t，2018 年再压减产能约 3000 万 t，有效缓解国内钢铁产能严重过剩的矛盾，截至 2017 年年底，全国烧结机数量降低至 900 余台（2015 年统计 1186 台），产量达到 10 亿 t。

（2）烧结料面喷吹蒸汽技术的进展

自 2018 年 1 月 1 日起，《中华人民共和国环境保护税法》正式实施，并向企业征收环境税。环保税中对 CO 排放已做了明确的收税规定，但目前实施的包括末端处理在内的烧结烟气处理工艺均对烧结过程 CO 的减排没有效果，而部分末端治理技术对二噁英的脱除效果也不佳。因此如何从源头和过程控制的角度出发，有效地降低二噁英和 CO 排放量是烧结生产亟待解决的难题。针对二噁英和 CO 协同减排问题，开发了烧结料面喷吹蒸汽工艺，明确了烧结料面喷吹蒸汽辅助烧结的机理：喷吹蒸汽对空气有引射作用，可提高料面风速；强化碳燃烧反应，提高燃烧效率，减少 CO 排放；减少烧结矿残碳等有助于减少二噁英排放。烧结料面喷吹蒸汽研究项目应用后，经过测算，可以降低 2kg/t 燃耗，按 0.6 元 / 千克计，降耗效益 1.2 元 / 吨矿，CO 减排 25%，二噁英减排 50%，环保和社会效益显著。按 2018 年环境保护法对 CO 征税规定计算，应用喷吹蒸汽技术后有助于减税 0.5 元 / 吨矿以上。

（3）烧结热风烟气循环技术取得进展

首钢、中冶长天等公司在烧结热风烟气循环技术取得突破，目前烧结烟气循环利用技术已在宁钢、沙钢、首钢京唐等钢铁公司得到应用。生产实践应用表明，烧结烟气循环技术可减少烧结烟气的外排总量及外排烟气中的有害物质总量，是减轻烧结厂烟气污染的最有效手段；可大幅降低烧结厂烟气处理设施的投资和运行费用；可减少外排烟气带走的热量，减少热损失、CO 二次燃烧，降低固体燃耗。烟气循环烧结工艺可使烧结生产的各种污染物排放减少 45% ~ 80%，降低固体燃耗 2 ~ 5kg/t 或降低工序能耗 5% 以上。

（4）超厚料层烧结技术取得进展

厚料层烧结作为 20 世纪 80 年代发展起来的烧结技术，近 40 年来得到广泛应用和快速发展。生产实践调研表明：实施厚料层烧结能够有效改善烧结矿转鼓强度，提高成品率，降低固体燃料消耗，提高还原性等。烧结料层高度也在不断刷新，如宝武、太钢、莱钢的烧结机料层都超过了 700mm，有的高达 800mm；如今，某些精矿烧结试验的料层厚度也达到了 900mm 水平。目前宝钢通过加强原料制粒、偏析布料等技术措施，烧结的料层厚度达到 1000mm 水平，属国际领先水平。

（5）强力混合机制粒技术取得进展

强力混合机在烧结机应用可取得如下效果：混匀效果提高，制粒效果增强，透气性提高 10%，焦粉添加比例降低 0.5%，烧结速度提高 10% ~ 12%，生产能力提高 8% ~ 10%。近年来，我国有不少钢厂在烧结中应用了强力混合机技术。2015 年本钢板材率先在 $566m^2$ 新建烧结项目上采用立式强力混合机，中国宝武、山西建邦、江苏长强钢铁等烧结机均在一混前增加强力混合机的应用。

（6）改善烧结漏风率技术取得进展

烧结系统漏风是影响烧结矿产质量指标以及烧结工序能耗指标的一个重要因素。国内烧结机的漏风率达到 50% 以上，相比发达国家 30% 的漏风率有着不小的差距。烧结机漏风会造成生产率下降，电耗增加，甚至产生噪声恶化工作环境，导致国内烧结厂的能耗水平明显落后于发达国家。烧结机设备本身的漏风点主要集中在烧结机头尾密封、烧结机滑道密封、烟道放灰点及风量调节阀、风箱之间隔风装置、烧结机台车及台车之间的接触面等部位。

近年来，我国烧结生产技术人员从烧结机头尾密封装置、烧结机滑道密封、风箱的隔风装置、烧结机台车以及台车之间接触面等多个角度出发对烧结机漏风现象进行了改善，这些新结构和新技术已经逐步应用到烧结机设计中。例如在补偿式箱式头尾密封、台车双板簧密封盒及头部两组风箱采用双板式风量调整阀；在点火炉后几个风箱使用活动式隔风，提高烧结机中部的密封性能，降低中部漏风率；将整体式台车结构和下栏板与台车体铸成一体的结构，在设计上减少了台车自身的漏风点；将烧结机台车篦条插销设计成锥面，目前成功应用于方大特钢 4m 台车、包钢 5.5m 台车等很多项目中；在烧结机尾部星轮齿板采用修正后的齿形，有效改善烧结机台车的起拱现象。目前这些技术不仅应用于 90% 以上的烧结机设计中，而且在老产品改造项目中也逐渐应用。各大钢厂实践证明，这些新结构和新技术极大地降低了烧结机设备的总体漏风量，提升烧结机生产效率，实现了烧结机生产的效益最大化。

（7）复合造块技术取得进展

我国炼铁工艺铁矿石造块生产中烧结占据支配地位，酸、碱炉料不平衡成为长期困扰我国钢铁企业的难题。21 世纪以来，自产细粒铁精矿供应量迅速增加，远超过现有球团生产的处理能力。细粒铁精矿的高效利用和酸碱炉料不平衡成为 21 世纪我国钢铁生产必须解决的紧迫问题。我国炼铁技术人员突破铁矿造块现有生产模式的限制，创造性提出了复合造块的技术思想，发明了铁矿粉复合造块法。与烧结法相比，该技术提高生产率 20%以上，节约固体燃耗 10% 以上，碳、氢、硫氧化合物的排放明显下降，且本方法还具有大幅提高难处理含铁资源利用率的优势，并在包钢得到应用，解决了包钢炼铁生产炉料不平衡以及难处理自产精矿利用率低的问题，经济社会效益十分显著。

（8）低氧化镁（MgO）优质烧结矿制备技术取得进展

降低烧结工艺中 MgO 添加量，不仅可以更加容易满足高炉冶炼对炉渣 MgO/Al_2O_3 的要求，同时也可以改善烧结工艺中因添加过多的 MgO 导致烧结工艺生产效率下降、烧结工序能耗偏高、烧结矿转鼓强度下降以及高温软熔性能变差等负面影响，但是作为其代价是将使烧结矿的低温还原粉化性能变差。近年来开发了 MgO 高效添加方法，形成了低 MgO 优质烧结矿制备技术，采用该技术不仅可以有效地减少烧结工艺中 MgO 的添加量，提高烧结工艺的生产效率、降低烧结工序能耗、改善烧结矿的转鼓强度和高温软熔性能，同时还能改善烧结矿的低温还原粉化性能。工业应用表明，在 MgO 添加不变的前提下，烧结低温还原粉化指标改善了约 4%，若维持低温还原粉化指标不变可降低 MgO 添加量。另外，采用此技术亦可减少或停喷个别企业仍使用烧结矿喷洒 $CaCl_2$ 溶液的做法，提高设备使用寿命。

2.1.2 球团技术的进展

（1）球团设备大型化进展

球团生产设备及产能逐步扩大。2018 年，球团产量 1.6 亿 t，其中竖炉 35%；链箅机回转窑 58%；带式焙烧机 7%。近年来，带式焙烧机工艺开始得到发展，我国带式焙烧机 4 台，分别是鞍钢 321.6m² 带式焙烧机、包钢 162m² 和 624m² 带式焙烧机以及首钢京唐钢铁公司曹妃甸 504m²，带式焙烧机生产能力 1600 万 t，且首钢国际工程公司在带式焙烧机系统中形成了机头布料技术、改进的柔性传动技术、台车跑偏调整基数、台车自动复位技术等创新。首钢京唐球团厂带式焙烧机生产线自投产以来，设备运行良好，日均产球团 12000t，最大产量 13500t。

（2）熔剂性球团技术进展

熔剂性球团矿是指在配料过程中，添加有含 CaO 的矿物生产的球团矿（$R_4 > 0.82$）。熔剂性球团矿的焙烧温度较低，在此温度下停留时间较短时，显微结构为赤铁矿连晶，局部有固体扩散而生成铁酸钙。当焙烧温度较高且在高温下停留时间较长时，则形成赤铁矿和铁酸钙的交织结构。熔剂性球团可以使球团还原性及软融性能得到改善。通过不断摸索和攻关，湛钢球团已基本实现了熔剂性球团的连续稳定生产，成品球团矿的主要性能指标也得到了有效地改善。首钢技术研究院通过"伊钢熔剂性球团矿生产及全球团冶炼技术研究"项目攻关，在2018年实现了首钢伊钢高炉全球团冶炼稳定运行，技术经济指标改善，吨铁成本降低200元以上，使首钢伊钢成为国内第一家完全使用球团进行高炉炼铁的生产企业。熔剂性球团矿生产及全球团冶炼技术研究项目的成功应用，对推动高炉高比例球团冶炼、钢铁企业节能环保、提升技术经济指标具有十分重要的参考价值和借鉴意义。

（3）含钛含镁球团技术的进展

随着高炉强化冶炼，使用钛矿或钛球护炉已成为很多钢铁厂稳定生产和延长高炉寿命的主要手段之一，而随着需求量的增加，钛矿和钛球价格不断上升，对高炉炼铁和成本带来了很大的影响。球团矿代替块矿在高炉上应用，既能达到补炉护炉，保证炉缸安全，延长高炉寿命的目的，又能起到高效生产的作用。首钢技术研究院在含镁添加剂和含钛资源的选择、热工制度的优化控制等方面进行了大量的创新研究，并在京唐公司大型带式焙烧机上实现了含钛含镁低硅多功能球团矿的生产和应用。含钛含镁球团矿生产工艺技术，不仅使用了低价含钛矿粉资源，而且生产出了物化性能和冶金性能优良的含钛球团矿，为炼铁使用粉矿护炉、降低成本、改善综合炉料冶金性能提供了很好的借鉴依据，为开发多功能球团矿奠定了基础，同时对钢铁企业提升高炉技术经济指标、促进节能减排、实现高炉长寿和降低炼铁成本开辟了新的方向。

2.1.3 炼铁燃料技术的进展

（1）焦炭性能评价及生产技术的进展

1）高反应性焦炭热性能评价新方法。传统的焦炭热性能试验方法，已经不适合评价现代喷吹煤粉高炉用焦炭。因此提出了新的焦炭热性能评价方法——高反应性焦炭热性能评价新方法。在此理论指导下，宝钢在八钢配煤中将艾维尔沟煤的配比大幅提高，达到62%，生产出的焦炭仍然能够满足2500m³高炉的生产要求。焦炭传统热性能CRI高达58%，CSR最低只有13.5%，远远突破了高炉对传统焦炭热性能的极限要求。

2）基于煤的镜质组反射率的炼焦配煤理论。中国钢铁工业的快速发展带动了焦化工业产能高速增长，使炼焦煤的需求大幅增加，富氧喷煤等现代高炉炼铁技术的应用对焦炭质量提出了更高的要求。因此，采取有效、稳定的方法优化炼焦配煤，从而提高焦炭质量是十分必要的。通过对焦炭光学显微组织中镜质组分进行研究，发现煤的镜质组反射率分布与焦炭显微组织结构有较好对应关系，从而形成了新的炼焦配煤理论，有效实现了劣质煤的高效利用。

3）基于碱金属催化的焦炭溶损劣化机制。随着现代大型高炉煤比的增加和焦炭负荷的提高，焦炭作为高炉料柱的骨架作用愈发重要。在加剧高炉内焦炭劣化的众多因素中，循环富集的碱金属对焦炭的破坏已经越来越多地引起重视。通过高炉解剖、现场调研、碱金属吸附试验研究等发现焦炭是碱金属富集的最主要载体，结合先进的微观结构表征等手段，逐步明晰了碱金属 K、Na 对焦炭溶损反应的催化机制，为高炉操作减少焦炭溶损提供了新的方向。

（2）半焦（兰炭）/提质煤应用技术的进展

半焦（兰炭）/提质煤是采用弱黏结性煤或不黏煤经中低温干馏而成，具有低硫、低磷和价格低廉的优势。炼铁工作者对于将其作为高炉喷吹、烧结燃料和焦丁替代品入炉的技术进行了深入的研究，形成了一套半焦（兰炭）/提质煤在炼铁领域高效应用的技术方案。开发了半焦（兰炭）/提质煤用于炼铁工序的调控技术，解决了喷吹可磨性偏低、烧结燃烧速率过快和替代焦炭强度偏低的技术难题，推动了煤炭资源的梯级利用和钢铁企业节能减排。同时我国炼铁技术人员提出了高炉喷吹燃料有效发热值的概念，研发了新一代高炉喷煤模拟实验装置，开发了基于有效发热值的高炉喷吹燃料经济评价与优化搭配软件，解决了半焦（兰炭）/提质煤与喷吹煤混合喷吹时的燃料优化选择的技术难题。建立了半焦（兰炭）运用于高炉、烧结的经济评价模型，开发了"喷煤 – 烧结 – 高炉配加半焦（兰炭）经济核算系统"软件，科学预测半焦（兰炭）在炼铁领域运用的经济效益；制定了半焦（兰炭）用于高炉喷吹、烧结和替代焦炭的技术规范及相关标准。该成果已在包钢、酒钢、新兴铸管等国内知名企业推广和运用，给钢铁企业带来 1.47 亿元的经济效益，对国内钢铁行业节能减排具有重要意义。

（3）捣固炼焦技术取得进展

炼焦煤尤其是强黏结性煤供应的日趋紧张，大大促进了能少用强黏结性主焦煤和肥煤的捣固炼焦技术的发展。捣固炼焦是将松散的装炉煤料用捣固机捣实成体积略小于炭化室的煤饼，然后从焦炉机侧送入炭化室进行干馏的炼焦方式。

采用捣固焦技术，可以多配入高挥发份弱黏结性煤，扩大炼焦煤源，降低成本。与顶装焦相比，入炉煤堆积密度大幅提高，煤粒间接触致密，使结焦过程中胶质体充满程度大，减缓气体的析出速度，从而提高膨胀压力和黏结性，使焦炭结构变得致密。用同样的配煤比，捣固焦炭质量会有明显改善和提高，M_{40} 提高 3% ~ 5%，M_{10} 改善 2% ~ 3%。我国长治、南昌、攀钢、大冶相继建成了捣固焦炉，生产的捣固焦炭用于 $1000m^3$ 级高炉。而涟源钢铁公司和中信泰富集团采用捣固炼焦，生产的捣固焦长期用于 $3200m^3$ 级高炉。我国已建成的炭化室高 6.78m 捣固焦炉，为当前中国乃至世界上炭化室高度最高、单孔炭化室容积最大的大容积捣固焦炉。

（4）热压铁焦低碳炼铁技术取得进展

铁焦是一种新型低碳炼铁炉料，高炉使用铁焦可降低热储备区温度、提高冶炼效率、降低焦比、减少 CO_2 排放，国内对铁焦制备及应用高度关注，正加强相关关键技术的研发。《钢铁工业调整升级规划（2016—2020）》明确提出将复合铁焦新技术作为绿色改造升级发展重点的前沿储备节能减排技术。在此背景下，基于我国原燃料条件提出了热压铁焦新型低碳炼铁炉料制备与应用新工艺，涉及热压铁焦制备与优化、热压铁焦反应性和反应后强度优化以及配加热压铁焦对高炉综合炉料熔滴性能的影响等方面的研究。东北大学的研究成果得到国内钢铁企业的高度关注和高度评价，目前正与某企业开展应用合作研究，在实验室研究的基础上进行热压和炭化处理工艺优化以及关键装备选型设计工作，并开展深入的工业化试验，验证实际效果。据估算，本技术投资少，应用于实际高炉后节能减排和降低成本效果显著，为我国低碳高炉炼铁起到示范和推动作用。

2.2 高炉炼铁技术取得进展

2.2.1 高炉大型化、集约化技术取得进展

高炉的大型化，可以提高产业集中度，还可以减少排放和污染，提高生产效率以及降低工序能耗，从而降低生产成本。宝钢 1 号高炉（$4063m^3$）是我国第一座 $4000m^3$ 级的大型高炉，主要设备从日本引进，其工艺装备和操控系统具有 20 世纪 70 年代末期先进水平。目前，我国 $4000m^3$ 以上高炉有 25 座，其中 $5000m^3$ 以上的有 7 座。我国高炉平均炉容达到 $1047m^3$，其中 $1000 \sim 2000m^3$ 的高炉产能约占到总量的 35.8%。

2.2.2 高效低耗特大型高炉关键技术取得进展

大型高炉生产效率高，能耗低，排放少，是炼铁业实现集约化绿色发展的重大技术。我国冶金科技工作者针对特大型高炉体量及尺寸加大带来的煤气流分布不均等重大技术难点展开研究，经过多年的自主创新，在高效低耗特大型高炉关键技术领域取得进展。比如，钢铁企业采用了现代化大型高炉出铁场设计理念，具有平台结构平坦化、绿色友好化等特点；实现了特大型高炉顶燃式热风炉技术、高效粗煤气除尘技术，具有占地小、投资省、寿命高、环保效果好等特点。另外，还有炉顶均压煤气回收技术不仅减少大气污染，改善炉顶设备检修维护环境，而且回收了能源，降低能耗，具有良好的环保和经济价值。同时开发了新型无料钟炉顶控制技术、节能环保水渣转鼓等核心装备技术，以及高炉智能生产管理系统，为实现高效低耗的生产提供了装备和控制技术保障。

2.2.3 高炉炼铁高效利用煤炭资源技术取得进展

提高煤炭资源在炼铁工序中的利用效率是当前钢铁工业实现节能减排的关键。近年，北京科技大学在高炉炼铁高效安全利用煤炭资源技术及其应用领域取得关键进展，建立了煤炭资源在炼铁系统中质能转化过程的基础理论、实现了煤炭资源的科学评价和甄选体系、研发了多种煤炭资源喷吹工艺及关键设备、开发了炼铁燃料优化使用的智能调控软件、开创了我国煤炭资源在炼铁过程高效利用的新局面。形成如下成果：创建了高炉复杂条件下煤粉燃烧能值传递强化的工艺理论；开发了低阶煤炭资源安全、高效用于喷吹的技术体系；实现了高炉煤粉强化燃烧核心装备的开发与应用；设计了煤炭资源用于炼铁的评价与智能控制系统。截至 2018 年 12 月，该技术先后在首钢京唐、太钢、唐钢、沙钢、青

钢、湘钢、新抚钢等钢铁企业成功推广实施，为企业带来显著的经济社会效益。制定了国家标准《高炉富氧喷煤技术规范》，促进了煤炭资源在炼铁领域的高效利用，推动了炼铁工艺理论、冶金装备和生产技术整体进步。

2.2.4 现代高炉最佳镁铝比冶炼技术取得进展

2000 年以来我国进口矿量逐年增加，导致高炉渣 Al_2O_3 含量随之增大。为适应高 Al_2O_3 炉渣操作，控制炉渣适宜的 MgO 含量是有效措施之一。但是适宜的炉渣镁铝比和如何协调优化 MgO 在烧结－球团－高炉炼铁各工序间的正能量作用，使 MgO 功效最大化，一直是炼铁界广泛关注和亟待解决的重要科学问题。东北大学系统地研究了 MgO 对烧结－球团－高炉冶炼的影响规律及作用机理，并进行了深入的理论分析与现场应用。在国际上首次创建了"现代高炉最佳镁铝比"的理论体系，从理论上给出了高炉炼铁最佳镁铝比"三段式管控"的理论依据。并且，剖析论证了 MgO 在烧结－球团－高炉整个炼铁工序中的利与弊。最后，开展了大量的实验室和工业试验，探寻 MgO 的影响机制，提出了一整套的"现代高炉最佳镁铝比冶炼技术"。建立了最佳镁铝比操作的理论体系，解决了长期以来一直困扰炼铁界的诸多关于 MgO、Al_2O_3 及镁铝比的学术问题。通过原创性的理论分析，从根本上改变了长期以来高炉炼铁工艺中镁铝比操作的传统观念，促进了炼铁技术的进步，提高了高炉炼铁的经济与社会效益。经过在梅钢 4 号、5 号高炉及其烧结工序上成功应用，将镁铝比降至 0.43，渣量降低 11.48kg/tHM，燃料比降至 492.5kg/tHM（降低 1.5kg/tHM）。不仅降低了炼铁成本，还减少 CO_2 和废弃物排放，取得了显著的经济、社会效益。

2.2.5 高炉高比例球团技术取得进展

球团工艺近年得到全面发展与推广。我国各大钢铁企业在大比例球团领域进行了探索。首钢技术研究院和首钢伊钢现场的技术人员一起开展了球团降硅提碱度、改善冶金性能攻关研究，攻克了熔剂性球团矿焙烧温度控制难、配熔剂时预热球强度低、回转窑易结圈、球团产量低质量差等诸多技术难题，并于 2018 年实现了首钢伊钢高炉全球团冶炼及稳定运行，技术经济指标改善，吨铁成本降低 200 元以上。此外，首钢京唐公司建有三座 5500m³ 高炉，均实现了大比例球团入炉冶炼，从 2015 年 12 月开始第一次高炉工业试验至 2019 年 6 月 30 日正式大球比生产，历经三年半的时间，京唐大球比取得阶段性成功。球团比例从 30% 提高到 55%，入炉品位增加 1.5%，渣比降低 55kg/t。2019 年 6 月 30 至今，高炉 50% 以上球团比例正式生产，稳定运行 4 个月，高炉冶炼效率提高，高炉产量提高，高炉燃料消耗降低。首钢京唐实现大比例球团生产后，高炉产量增加 300t/d，燃料比降低 5kg/t。

2.2.6 高炉高风温技术取得进展

高炉高风温技术是高炉降低焦比、提高喷煤量、提高能源转换效率的重要途径。目前，大型高炉的设计风温一般为 1250 ~ 1300℃，提高风温是 21 世纪高炉炼铁的重要技术特征之一。近年来风温逐年提高，2016年全国平均风温达到了1168℃。中国已完全掌握单烧低热值高炉煤气达到风温1250℃的整套技术。高风温是现代高炉的重要技术特征，顶燃式热风炉是高风温热风炉技术的重大突破，在国内基本取代了传统的内燃式和外燃式热风炉。

2.2.7 高炉可视化及大数据技术取得进展

当前，云计算、物联网、大数据等信息技术将加速企业从中国制造向"中国智造"转变的进程。而工业大数据是实现智能制造的基础，是企业转型升级抢占未来制高点的关键。大数据智能互联平台的构建，将推动炼铁厂实现低成本、高效率的冶炼，持续保持钢厂在行业中的竞争力。对于高炉可视化，目前主要存在两种方式，一种是通过相关设备对炉内情况进行直接检测的手段，如红外炉顶成像、风口热成像以及激光测料面技术等；另一种是依据高炉生产参数，通过相关物理、化学、传热传质等成熟的基础理论进行模拟，获得炉内状况，对高炉生产进行指导，如炉缸炉底侵蚀模型、布料与料层预测模型等，近两年均取得了显著进步。

2.3 非高炉炼铁理论及工艺取得进展

2.3.1 气基直接还原技术取得进展

气基直接还原具有工艺流程短、反应温度低、能源消耗小、污染物排放少、产品质量高等优势，在未来炼铁生产中将起到日益重要的作用。然而，由于缺乏充足廉价的工业用天然气，气基竖炉直接还原技术在我国的发展受到阻碍。近年来，为了开发具有中国自主知识产权的气基竖炉还原炼铁技术，并有效整合改质焦炉煤气或煤制气，打破天然气资源的束缚，中国中晋冶金科技有限公司与北京科技大学合作，共同开发适于中国的焦炉煤气改质（煤制气）-气基竖炉制备还原铁技术，并申报多项专利。该技术的研发，为我国气基直接还原技术的发展打下坚实的基础。

2.3.2 熔融还原技术取得进展

经过几年的探索与实践，山东墨龙公司在吸纳原有奎纳纳HIsmelt熔融还原工艺流程核心技术的基础上，结合中国超高纯特种铸造生铁生产的经验，在如何保证冶炼过程的连续化、发展熔融还原炉（SRV）长寿技术、提高资源利用率等关键性问题上，取得重大技术革新和技术突破。山东墨龙HIsmelt工艺自运行以来，多项生产及技术指标均创造了该流程的历史纪录。最长连续稳定运行时间长达110天，且生产中的经济技术指标远远超历史最高水平。2017年最大日均产量达1930t，月产量达5.17万t，是HIsmelt工艺过去历史最高产量两倍以上。相较于HIsmelt工艺过去生产15万t需更换5次炉衬的情况，墨龙HIsmel熔融还原炉寿命明显延长，至2017年年底已生产25万t，炉衬仅有轻微侵蚀。

宝武集团将Corex炉搬迁到八钢，新疆的煤炭资源丰富，当地的铁矿石资源也更符合Corex工艺要求。八钢立足本地矿产和煤炭，优化配矿配煤，改进工艺，优化设备，进行各种废弃物入炉试验，都取得了良好效果。Corex 炉煤气量巨大，且氮比例较低，可作为化工的原料气体，八钢正积极探索新型的冶金 – 煤化工耦合工艺。通过 Corex 在八钢的实际生产证明：在一定的资源条件下，Corex 炉可以具有与传统高炉一样的成本竞争力。

近年来，为了实现低碳冶金，氢冶金技术也得到了发展。要真正实现低碳钢铁冶金技术，就必须改变以碳为主要载体的钢铁冶金过程，可供选择的替代还原剂只有氢。中国宝武根据钢铁行业当前面临的外部环境与发展趋势，及时将工艺技术创新的重点转向绿色、环保领域，根据自身积累的技术研发资源，结合企业的实践探索，从钢铁冶炼的基本原理出发，通过计算氢在炼铁还原和升温过程中所消耗的数量及对应的直接与间接排放量，在考量不同能源品种的市场价格后，综合平衡最优成本与最低排放之间的关系。我们应继续努力开发氢冶金技术，实现从 20 世纪"氧时代"到 21 世纪"氢时代"过渡。

2.4　环保技术取得进展

2.4.1　全封闭料场技术取得进展

过去露天堆场造成扬尘污染，已成为钢铁企业原料生产、运输、储存过程中无组织排放的主要污染源；近年来，我国钢铁企业大型全封闭料场纷纷建成，可最大限度地减少粉尘排放，实现源头削减污染，从而创造了社会效益、环境效益和经济效益。目前，宝钢、邯钢、邢台德龙钢铁等多家钢铁企业采用全封闭料场，取得了良好的效果。

2.4.2　烟气净化技术取得进展

当前我国钢铁企业尚未实现脱硫设施全部配备，即使安装有脱硫设施的企业，也由于工艺问题或者管理问题，导致含硫化合物的脱硫效率不足 70%，此外钢铁企业大部分采用湿法脱硫。由于缺乏经济有效的脱除工艺，目前只有极少数采用活性炭工艺的钢铁企业达到排放标准，绝大多数难以达到标准要求。烧结烟气脱硝技术有气相反应法、吸附法、微生物法、液体吸收法、选择性催化还原法等，其选择性催化还原法，脱硝效率最高，技术也比较成熟，一般选用钒钛系催化剂 SCR，反应温度在 $250 \sim 400$℃。还原吸收法具有设备造价低、工艺流程简单的特点，它可以将氮氧化物还原为氮气。钢铁企业一般采用强化除尘法，降低烧结烟气中的氯元素的含量，通过对二噁英气体加热处理，分解处理或快速冷却，并利用活性炭的强吸附作用对其进行吸附，也可采用有机溶剂使之溶解。同时在排放废气中添加尿素颗粒或者氢氧化物等碱性物质，使烟气的温度迅速降低，以实现减少二噁英的生成。河钢邯钢公司于 2017 年引进逆流式 CSCR 一体化脱硫脱硝技术，并成功应用于 $360m^2$ 和 $435m^2$ 烧结机，是我国首家引进该技术的企业。生产实践表明，该工艺能够脱除 99% 的 SO_2、80% 以上的 NO_x，以及绝大部分固体颗粒物、二噁英、重金属等，并且能够生产质量优异的浓硫酸，实现资源回收利用。该工艺的进一步推广应用，将推动全国烧结烟气治理水平进入新的高度，促进钢铁行业在环保新常态下实现绿色发展。

我国钢铁企业焦化厂的焦炉几乎全部配套建设了焦炉烟囱废气脱硫脱硝装置，采用的主要方法是：碳酸氢钠干法脱硫 +SCR 脱硝、碳酸钠半干法脱硫 +SCR 脱硝、活性炭脱硫脱硝、新型催化碳基干法脱硫 +SCR 脱硝以及 SCR 脱硝 + 氨法脱硫。处理后焦炉烟囱废气一般可以达到《炼焦化学工业污染物排放标准》（GB16171—2012）表 6 "大气污染物特别排放限值" 的要求。

2.4.3 固废处理技术取得进展

钢铁企业产生的含铁尘泥数量大、种类多，成分复杂且波动大，其技术的核心在于充分回收利用含铁尘泥中的铁、碳等有价元素，分离并综合利用不能在钢铁生产中循环的有害元素。钢铁企业突破传统思路，根据企业自身的实际情况，寻找经济、合理的含铁尘泥资源化利用途径。目前钢铁厂含铁尘泥的处理工艺可分为物理法、湿法和火法三大类，其中火法工艺对含铁尘泥的处理生产效率较高、处理规模大，是含铁尘泥资源化利用的主要途径。目前，我国已有多个转底炉、回转窑及熔融竖炉等应用于钢铁企业含铁尘泥处理，并取得了好的效果。由沙钢集团与江苏省冶金设计院有限公司共同实施的沙钢转底炉项目，是国内第一条具有完全自主知识产权处理含锌粉尘的转底炉生产线，年处理粉尘30 万 t，是全球最大的处理含锌粉尘转底炉。该项目经过 "原料预处理 – 蓄热式转底炉还原 – 烟气处理" 全流程系统研发，形成了处理含铁、锌尘泥大型化、国产化的成套技术及装备，技术经济指标优于国内外同类技术，是我国冶金固废处理领域的一项中重大突破。除含铁尘泥外，高炉渣也是炼铁过程产生的主要固废。现代高炉炼铁生产中应用的高炉渣处理方法基本上是水淬法和干渣法。目前高炉渣处理主要采用水淬法。随着科学的发展和技术的进步，近年来，高炉水渣处理技术有了较大的发展和长足的技术进步，底滤法、拉萨法、巴因法和名特法等新技术的应用使得高炉渣的利用进一步扩大。

3. 本学科国内外发展比较

3.1 高炉焦比、燃料比方面差距较大

目前，我国炼铁企业约有 500 多家，多层次、多种结构、先进与落后指标并存。2017年与上年相比，中钢协会员单位中有 32 家燃料比有所升高。总体来看，高炉焦比变化不大，煤比升高 3.01kg/t，实际燃料比升高 1.13kg/t。2017 年中国只有宝武集团的高炉燃料比低于 500kg/t。以平均燃料比为例，中国高炉炼铁的平均燃料比较欧洲的平均燃料比496kg/t 高出 50kg/t，比日本的平均燃料比也高出 40kg/t 以上。

高炉燃料比偏高的主要原因是：①在低成本炼铁的利益驱动下，盲目降低炉料成本，采用低价劣质炉料，追求所谓的 "低成本炼铁"；②片面追求高利用系数、低成本等单一指标的短时 "最优" 或者不讲客观的 "比大比小" "比先比后"；③长期以来，降低燃料比、低碳炼铁的工程理念和思维没有形成。

高炉操作稳定顺行需要进一步巩固、完善、优化，要努力提高科学炼铁的操作水平，逐渐

从传统的经验型、技艺型炼铁，转向精准操作、科学操作，追求高炉长期的稳定顺行，不断优化炉料和煤气流调控，实现高炉精准控制，提高炉况顺行和煤气利用率是降低燃料比的核心。

3.2 高炉原燃料质量及评价体系有待进一步改善

（1）对烧结矿、球团矿质量指标体系的内涵认识有待深入

对高品位、高强度原料方面认识比较充分，但在对还原性、高温软化熔融性能等原料冶金性能的影响的认识方面还有待深入。同时，对炼铁原料成分的稳定性、有害元素的含量及危害等指标更要格外重视，以免对高炉稳定顺行造成问题。

（2）合理炉料结构的性能及匹配

在合理的炉料结构搭配方面，虽然重视在化学成分及碱度的搭配的研究，但对冶金性能的搭配、性能互补、高温冶金性能的变化及影响方面的认识尚待深入。部分企业高炉炼铁炉料中球团矿配比偏低，不同炉料的性能变化、综合炉料不同性能的变化及其影响下的应对措施仍需解决。

（3）关于焦炭质量问题

中国优质炼焦煤储量不足，且主要集中在山西地区，国外的资源主要被澳大利亚和巴西两家大型跨国矿业集团控制。优质炼焦煤是生产优质焦炭的必要保证。当前中国钢铁产能严重过剩，随着劳动力成本和对环保要求水平的提高，高炉大型化的趋势不可避免。高炉大型化对优质煤炭资源的依赖程度明显提高，鉴于先前主焦煤短缺对焦炭质量带来的严重后果，建设特大型高炉，首先要考虑对优质炼焦煤的掌控能力。

3.3 高炉长寿发展不均衡

高效、安全、长寿的运行是对现代大型高炉的必然要求。近年来，中国在大型高炉设计体系、核心装备、工艺理论、智能控制等关键技术方面取得了重大进步。高炉长寿也取得了显著进展，宝武、首钢等企业的高炉寿命也达到15年以上，其中宝武3号高炉达到了近19年，创中国高炉长寿纪录。但我国高炉长寿技术发展很不均衡，中国高炉寿命仅为5~10年，与国外高炉相比差距较大。近年，中国高炉长寿技术还存在较大问题，高炉追求高冶炼强度，降低休风率，减少检修维护频次，高炉监测不到位，使得高炉炉缸侧壁温度异常升高甚至炉缸烧穿以及铜冷却壁大面积破损的案例显著增加，高炉炉身结厚现象也频繁发生。实际上高炉长寿（或者说高炉炉龄）出现了"技术退步"，没有与时俱进，这是新的技术和经济发展环境下，对工程技术发展的一次新的考验。宏观经济下行压力加大、新时代、新常态、低利润、低增长，所以不少企业采用低价炉料，造成有害元素增加；提高利用系数、强化高炉生产，降低炼铁摊销成本和固定成本，追求边际利润，导致高炉寿命缩短；甚至"脉冲式生产"，市场效益好时，超负荷强化冶炼；市场低迷或限产时，停炉、焖炉，破坏高炉连续化稳定生产的基本规律，对高炉炉体造成损坏。

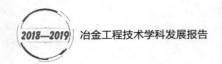

3.4 炼铁资源利用及环保问题

烧结烟气污染物综合治理。我国现有烧结机只有少数烧结机的脱硫装置能保持脱硫效率和同步运行率在 80% 以上。烧结工序和自备电厂烟气 NO 控制是钢铁企业 NO 减排的重点。当前我国钢铁企业尚未实现脱硫设施全部配备，即使安装有脱硫设施的企业，也由于工艺问题或者管理问题，导致含硫化合物的脱硫效率不足 70%；此外，烧结烟气脱硝技术有气相反应法、吸附法、微生物法、液体吸收法、选择性催化还原法等，一般选用选择性催化还原法，脱硝效率最高，技术也比较成熟；同时，粉尘也是各大钢铁企业面临的一大问题，钢铁企业含铁粉尘一般包括原料粉尘、烧结粉尘、高炉尘泥、铸铁尘泥、炼钢尘泥以及轧钢铁皮等。我国钢铁厂粉尘发生量较高，一般吨钢粉尘量为 130kg，先进企业 100kg 左右，如宝钢为 50～60kg。随着钢铁生产的发展，这部分的资源的有效利用，变得越来越重要。因此，钢铁企业需要更为有效的低成本污染物处理技术，以较低的成本完成污染物处理。

此外，现代高炉炼铁生产中应用的高炉渣处理方法基本上是水淬法和干渣法。随着我国钢铁工业的高速发展，水资源的短缺成为除了铁矿资源短缺外的另一个制约我国钢铁工业发展的因素。目前的高炉渣处理的几种方法并没有从根本上改变粒化渣耗水的工艺特点，其区别仅在于冲渣使用的循环水量有所不同，新水消耗量差别不大，炉渣物理热基本全部散失，SO_2、H_2S 等污染物的排放量并没有减少。

3.5 基础理论研究领域

炼铁领域相关基础理论研究推动了炼铁科技的进步，促进了炼铁学科的发展。近年来，我国在铁矿石烧结理论、球团矿固结机理、基于煤的镜质组反射率的炼焦配煤理论、基于碱金属催化的焦炭溶损劣化机制、基于燃烧动力学的氧煤高效燃烧机制、基于煤粉性能的配煤理论等基础理论研究领域取得了一定的进展，但与日本、德国等炼铁技术先进国家仍有差距，对高炉操作过程"三传一反（动量、热量、质量传递和化学反应过程）"和"三流一态（能源流、制造流、价值流、设备状态）"的理论研究有待加强，大型高炉的稳定顺行操作机理和规则尚未解析清晰。以超低碳冶金、氢冶金等基础理论研究和前沿性探索仍处于"跟跑"或模仿阶段。故我国炼铁领域技术人员需继续努力，进一步提高我国炼铁技术水平。

4. 本学科发展趋势与对策

4.1 炼铁科学技术发展趋势

4.1.1 继续深入贯彻精料方针

高炉炼铁"精料方针"是炼铁工作者的共识，对高炉冶炼稳定顺行、高产低耗、节能环保、长寿具有重要作用，坚持实施"精料方针"仍是新时期高炉炼铁工序生产的基础保障。

（1）烧结矿

"精料方针"不仅是高品位、高强度，同时还包括炉料的还原性、高温软熔等冶金性能，化学成分与粒度及性能的稳定，以及有害元素含量等多方面内容，对精料的内涵的理解应该是全方位的。因此，需要重视含铁原料间接还原性能的提高，促进高炉炼铁煤气利用率的提高，这样才能降耗减排；在原料高温软熔性能方面，要注重炉料的高温交互作用，以矿物特征、成分匹配、性能变化及影响为基础，改善高炉中下部炉料透气性，高炉顺行才能促进冶炼效率的提高。

（2）球团矿

重视镁质酸性及熔剂型球团矿的性能改善及应用，发挥球团矿在品位、性能及节能减排方面的优势。相比烧结矿，球团矿生产过程的能耗、产生的粉尘和污染物含量更低。而且球团矿的品位高于烧结矿，球团矿品位一般在 63% 以上，高的达到 67%，而烧结矿品位一般只有 54%~57%。在我国目前的条件下，炉料中配入 30% 左右的球团矿，可提高入炉品位 1.5%，降低渣量 1.5%，降低焦比 4%，提高产量 5.5%。

（3）造块工艺参数匹配

烧结及球团工序是制造矿物的过程，以资源高效利用、化学成分、理化及冶金性能、成本及对冶炼影响等因素的优化配矿技术为前提，配合工艺参数的优化环节，关注烧结过程燃料质量的提高，水－碳配合，降低漏风率，以及料层及负压的匹配；关注球团焙烧工艺参数的优化措施，从而生产具有优质矿物组成和合理矿物结构的炉料，满足高炉冶炼要求。结合"中国制造 2025"的大背景，对原燃料各项基础数据，以及生产、操作、运行数据进一步研究，研发高水平的专家系统，为精料品质的长期稳定应用提供保障。

（4）焦炭质量

在现代高炉中，喷吹燃料可以替代部分焦炭，但不能替代焦炭的骨架作用。焦炭质量成为高炉炉容、喷吹燃料数量和炉缸状态的主要限制性因素，GB50427—2014《高炉炼铁工程设计规范》对不同容积高炉规定了不同的焦炭质量要求。近年来对焦炭的评价逐渐从过去的宏观指标深入到焦炭微观结构，通过对比不同焦炭的气孔结构、密度、碳结构、灰分结构等，明确了不同焦炭的本质差异，同时也对焦炭的抗碱金属危害能力进行了科学评价，部分企业已经开始重视焦炭的抗碱能力，特别是抗碱蒸气破坏的能力。关于焦炭质量的评价体系及其应用仍需进一步加强研究。

4.1.2 继续推广新型燃料应用

迄今为止，在所有炼铁方法中，高炉炼铁的生产规模最大，效率最高，生铁质量最好，是所有其他方法都不可比拟的。但是高炉的缺点是依赖高质量的焦炭，从长远看，炼焦煤的短缺和环保的压力使得焦炉的扩建和增加越来越难。因此，需要研发新工艺技术、开发新型燃料，例如利用半焦（兰炭）、提质煤等替代焦炭，缓解焦炭短缺问题，提高企

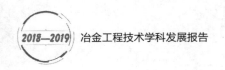

业经济效益。

4.1.3　降低燃料比，实现低碳炼铁

（1）转变观念，避免过度强化

由于一直沿用有效容积利用系数和冶炼强度作为高炉生产的主要指标，有些企业没有从炉内的基本反应出发，没有充分考虑原燃料与冶炼条件，盲目强化。有些企业的高炉煤气流分布不合理，煤气的热能和化学能没能得到充分利用，致使燃料比偏高。使用炉缸面积利用系数来评价高炉生产效率，这样有利于适当控制产能，避免盲目强化，从而实现炼铁节能减排，降低燃料消耗，符合低碳、节能、环保的要求。

（2）关于提高操作水平

我国的高炉燃料比较国外的先进水平高出 50 ~ 100kg/tHM，最重要原因之一是煤气没有充分利用。因此，提高煤气利用率，可以有效降低吨铁燃料比消耗。煤气初始分布的关键是控制好燃烧带的大小，通过风速、鼓风动能、小套伸入炉内长度和倾角等，达到合适的燃烧带环圈面积与炉缸面积比；二次分布是要保证形成类似倒 V 形的软熔带，而且软熔层内有足够而稳定的焦窗，这需要适当选用大料批，使焦层厚度保持在 500 ~ 560mm，调整负荷时一般调整矿石批重，而保持焦批不变，以维持相对稳定的焦窗；三次分布在块状带内实现，这与块状带料柱的孔隙度有密关，煤气流的三次分配是影响煤气利用率的关键。影响三次分配的主要是炉顶装料制度，在装料过程中按煤气流分布的要求，搭建有一定宽度的平台，在炉喉形成平台加中心浅漏斗的稳定料面，经常能够得到很好的效果，还可以应用矿焦堆集角度的大小和角差来微调，以达到最佳煤气流分布。

4.1.4　深入开展高炉长寿应用技术研究

高炉长寿技术首先要关注炉缸炭砖的侵蚀，其次是炉腹、炉腰以及炉身下部冷却壁的破损。解决好这两方面的问题，可基本实现高炉长寿的目标。

1）高炉炉缸长寿方面应结合设计、建炉、操作、维护和监测为一体的系统工程，保障炉缸长寿的关键是在炉缸耐火材料与铁水之间形成一层保护层，使铁水与耐火材料有效隔离，避免铁水熔蚀，从而为炉缸耐火材料的安全创造条件。炉衬的侵蚀不可避免，但如果高炉维护得当，烧穿可以避免。在生产中应对冷却强度、冶炼强度、铁水成分、炉缸状态等因素进行综合调控，保证保护层的稳定。另外，炉缸内部积水及有害元素的影响同样不可忽略。水蒸气及有害元素对耐火材有氧化及脆化作用，形成气隙破坏炉缸传热体系，甚至导致炉缸异常侵蚀。含钛物料护炉是一种针对炉缸侵蚀有效的维护方法，近年来，国内外越来越多的高炉采用含钛物料护炉。然而，要想充分地发挥含钛物料的效果，需要开发新型护炉技术，结合高炉检测系统与高炉操作技术，形成高炉钛元素流转动态检测模型，及时实现高炉精准护炉技术。

2）铜冷却壁具有极高的导热性及良好的冷却，可形成渣皮作为永久工作内衬，在中国大型高炉广泛应用。采取以下措施可延长铜冷却壁寿命：①改进高炉内型设计，保证炉内煤气流的合理流动；②保证高炉冷却系统设计的可靠，用软水或除盐水，杜绝高炉停水事故的发生；③控制合适的冶炼强度，避免采用过度发展边缘气流的操作方针，保证高炉热负荷稳定，有利于渣皮的形成和稳定；或在铜冷却壁热面设置凸台，提高炉内渣皮的稳定性；④严格控制铜冷却壁本体铜料的含氧量 $<30 \times 10^{-6}$，减缓"氢病"的破坏。

3）含钛物料护炉是一种针对炉缸侵蚀有效的维护方法，近年来，国内外越来越多的高炉采用含钛物料护炉延长高炉寿命。要想充分发挥含钛物料的效果，达到经济合理护炉，需要开发新型护炉技术，结合高炉检测系统与高炉操作技术，形成高炉钛元素流转动态检测模型，及时实现高炉精准护炉技术。

4.1.5 继续推广高风温技术

风温带入的热量占高炉热收入的 16%～20%。在现有的高炉冶炼条件下，提高 100℃ 热风温度，可降低高炉燃料比约 15kg/tHM。高风温技术并不是无节制地提高热风炉拱顶温度来提高风温，要同时兼顾高风温和热风炉寿命两方面。在提高热风炉风温的过程中，不少企业热风炉热风管道出现问题，影响了高炉的正常生产，已经成为制约进一步提高风温的限制性环节。综合考虑高风温技术特点，应推广的高风温技术如下：

1）将高炉煤气和助燃空气双预热后烧炉，使拱顶温度维持在热风炉钢壳不被晶间腐蚀、耐材能承受的温度 [（1380±20）℃]，研发并应用自动控制烧炉技术。

2）缩小拱顶温度和热风温度的差值到 80～100℃。

3）通过优化燃烧过程、研究气流运动规律，以及研究蓄热、传热机理，提高气流分布的均匀性；采用高效格子砖，增加传热面积，强化传热过程，缩小拱顶温度与风温的差值。

采用以上技术可以将热风炉拱顶温度控制在（1380±20）℃，风温达到 1250℃，而且取得热风炉节能长寿的效果。

4.1.6 发展节能环保技术

（1）烧结机漏风治理技术

在烧结生产中，烧结机漏风一直是烧结工艺的疑难问题之一。国内烧结机漏风率在 50% 左右，对于老化的烧结设备，烧结机系统漏风更为严重，这会降低烧结矿的产量和质量。因此，亟待开发新的技术，在及时检测烧结漏风率的同时，通过头尾密封盖板、滑道、台车体、栏板、风路系统等的技术改造，降低烧结机漏风率。

（2）烧结、球团烟气污染物协同处理技术

目前烧结工序的污染处理主要依赖于末端环保治理。但是末端治理成本高、难以稳定达标，因此亟须从末端污染治理向全过程污染控制技术升级。面对严峻的烧结烟气污染物排放形势及治理情况，未来烟气污染物治理应逐步摒弃单一污染物治理，并开发低温、低成本、高效吸附剂和催化剂，逐步实现多种污染物协同治理，避免浪费资源，降低烟气治理成本。

（3）钢铁去泥回收利用技术

含铁尘泥是钢铁生产不同工艺流程的除尘系统中排出的含铁粉尘，这些尘泥回收后利用不当，不仅会造成环境污染，也会导致对 Fe、Zn、Pb、Mn、Cr（铁、锌、铅、锰、铬）等有价元素的巨大浪费。钢铁冶金尘泥传统的资源化利用方式多采用配入烧结系统直接回用，已经引起问题的出现：如有害元素富集影响高炉生产、细粒级粉尘阻碍烧结透气性、碱金属对电除尘效果的影响等，都制约了其简单地直接回收利用。因此，有必要突破传统思路，寻求新的利用工艺，实现钢铁尘泥有价元素的高附加值利用。

（4）高炉渣综合利用技术

炼铁工序中，炉渣的显热能级高，属于高品位余热资源，回收价值很大，从能源节约和资源综合利用来看，提高炉渣"热"和"材"的利用意义重大。目前已初步开发利用高炉渣制备微晶玻璃、水泥和建筑材料等技术，然而却未能实现高炉渣显热的利用，因此，未来需要进一步研究开发高炉渣综合利用的新工艺，能够实现高炉渣"热"和"材"的综合利用，并逐步形成大规模工业化利用技术。

4.1.7　发展大数据和可视化技术

随着工业 4.0 及智能制造 2025 规划对工业变革的快速推进，大数据与可视化技术将在冶金领域的应用将迎来前所未有的巨变。未来的炼铁大数据应用，应当首先满足对于寻找最优生产工艺操作参数的要求，从而在提高炼铁生产效率、改善产品质量、实现降本增效等方面起到关键作用。大数据应用应实现对炼铁生产全面实时的监测与预警，进而提高生产稳定性并延长设备周期，为高炉操作者提供最优的生产决策及故障诊断方案。

4.1.8　继续深入炼铁理论研究与新工艺的开发

经过长期的发展，我国炼铁技术有了很大的进步，在设备的设计生产、高炉的安全长寿等方面，我国拥有自己独特的优势。整体来看，我国炼铁技术总体上已跻身于世界先进行列，但与欧盟、日本和韩国等所代表的国际最高水平相比，我国炼铁技术基础理论研究还相对薄弱，特别是针对炼铁前沿的理论研究，仍需进一步加强。如针对劣质铁矿资源，寻求新的造块工艺，实现复杂难选矿物高效利用；研究高比例球团条件下高炉块状还原带、软熔带及滴落成渣物态演变，明确高比例球团条件下的高炉各项工艺参数；深入探究氢在炼铁领域应用的基础理论，探索氢冶金的方式以减少碳排放；进一步研究国外成熟的气基还原工艺的核心技术，充分利用我国充足的焦炉煤气等资源，开发适于国情的气基还原工艺；针对 HIsmelt 工艺，进一步解析铁矿粉的熔炼反应，降耗提能等；总之，对于我国炼铁技术基础理论的研究，仍然不可忽略，加强我国炼铁技术领域原始创新能力，进一步突破技术难关，解决炼铁技术先进国家对我国炼铁技术的"卡脖子"现象，使我国炼铁技术的自主创新能力进一步提高。

4.2　炼铁科技发展对策

炼铁科技发展对策分为三个大的方面。

（1）工程层次（减量化、去产能、淘汰落后）

1）炼铁学科面临着炼铁产能饱和的现状，企业都面临着艰巨和繁重的去产能和转型升级的任务，需要进一步对炼铁产业结构进行优化，淘汰落后产能和工艺技术，开发新的高效生产工艺。

2）充分利用我国铁矿资源的优势，逐步淘汰落后的球团竖炉生产工艺设备，尽早实现球团生产设备大型化，掌握大型带式焙烧机生产工艺，研发熔剂性球团生产工艺，提高球团入炉比率，掌握高炉 30%～60% 球团操作技术。

3）在钢铁企业中使用大型的高炉设备，能提高热量交换和对煤气的使用率，降低了高炉中热量的损失，小高炉的淘汰以及大型高炉的普遍应用已经成为钢铁企业的必然选择。

（2）关键技术层次

1）钢铁企业需要通过新的造块工艺，实现复杂难选矿物高效利用，降低炼铁成本，缓解资源危机。

2）优化烧结工艺参数，攻克烧结机漏风率高的难题，实现全国平均漏风率30%以下，进一步提高烧结料层厚度到 1000mm，降低烧结矿燃耗 10%，高效回收烧结显热，实现烧结烟气的低成本高效处理，满足我国对烧结工序能耗及排放要求。

3）强化高炉富氧喷煤技术，进一步提高高炉富氧率到 5%～10%，优化高炉喷吹煤粉，降低高炉燃料比 20～30kg。

4）探索高炉钛矿护炉工艺，完善高炉长寿技术，延长我国高炉平均寿命 3～5 年。

（3）科学层次

1）积极推进超低排放改造，促进钢铁工业绿色发展，要聚焦达到超低排放标准，瞄准影响超低排放的技术瓶颈，加大工作和投入力度，提升节能减排技术水平。

2）从环保和能耗的角度来看，国家对钢铁生产的各个工艺环节中炼铁系统所产生固、气、液废弃物的排放要求更高，是钢铁企业应该重点治理的对象，必须深入研究炼铁过程低温余热回收、二次资源有价元素梯级高附加值利用以及烟气低成本处理技术。

3）发展适合我国国情的非高炉生产工艺，完善我国非高炉炼铁理论，加强大数据与可视化技术在炼铁领域的应用，使得资源节约、环境友好、可持续发展、智能化、绿色化的发展趋势得以实现。

参考文献

[1] 杨天钧，张建良，刘征建，等. 持续改进原燃料质量提高精细化操作水平努力实现绿色高效炼铁生产 [J]. 炼铁，2018，37（3）：1-11.

[2] 杨天钧，张建良，刘征建，等. 化解产能脱困发展技术创新实现炼铁业的转型升级 [J]. 炼铁，2016，

35（3）：1-9.

［3］王维兴. 2017 年我国炼铁技术发展评述（内部交流）.

［4］廖继勇，何国强. 近五年烧结技术的进步与发展［J］. 烧结球团，2018，43（5）：1-11.

［5］http：//www.kuangyeyuan.com/article/245.

［6］梁利生宝钢湛江钢铁熔剂性球团稳定生产实践. 中国金属学会. 第十一届中国钢铁年会论文集—S01. 炼铁与原料［C］. 中国金属学会：中国金属学会，2017：6.

［7］https：//wenku.baidu.com/view/2962c6430029bd64793e2c94.html.

［8］冀留庆，蒋宝珠. 烧结机密封性能的新技术探索［N］. 世界金属导报.

［9］吴铿，折媛，刘起航. 高炉大型化后对焦炭性质及在炉内劣化的思考［D］. 钢铁，2017，52（10）：1-12.

［10］牛海宾，孙茂锋，杨进. 大数据在高炉炼铁生产中的应用与愿景［J］. 河北冶金，2018，1：51-55.

［11］张寿荣. 中国炼铁企业的前景［J］. 中国冶金，2016，26（10）：7-8.

［12］http：//www.sohu.com/a/279730880_120029359.

［13］http：//m.haiwainet.cn/middle/3543975/2019/0116/content_31481355_1.html.

［14］秦洁璇. 2017 年中国铁矿石市场回顾及 2018 年走势分析［J］. 冶金经济与管理，2018（2）：30-34.

［15］Kejiang Li，jianliang Zhang，Mansoor Barati，et al. Advanced Coke Quality Characterization and CokemakingTechniques Based on In-Depth Understanding of Coke Behavior Inside Blast Furnace. AISTech 2016. Pittsburgh，Pa. USA，May 16-19，2016.

［16］魏英杰. 使用非黏结煤制造焦炭的新技术［N］. 世界金属导报，017-10-31（B02）.

［17］齐立东，宋云山，姜曦. 新大型高炉热风炉系统设备出现问题，怎么解决？［N］. 中国冶金报，2017.

［18］王筱留，项中庸，焦克新，等. 对影响高炉炉缸寿命的保护层的生产与销蚀的解析［C］. 2017 年全国高炉炼铁学术年会，中国金属学会炼铁分会，2017.

［19］邹忠平，张正好，姜华，等. 炉缸积水与炉缸长寿的探讨［C］. 第十一届中国钢铁年会，中国金属学会，2017.

［20］焦克新，张建良，郭光胜，等. 中国高炉铜冷却壁破损机理分析［C］. 第十一届中国钢铁年会，中国金属学会，2017.

［21］张安煜，陈贺，仪垂杰. 烧结机漏风率在线监测系统的设计与实现［J］. 测控技术，2019，38（5）：109-112.

［22］孙伟. 浅谈 435m² 烧结机烟气脱硫脱硝工程实例［J］. 中国新技术新产品，2018（4）：110-111.

［23］王芳. 石灰石 - 石膏湿法在烧结行业应用现状及分析［J］. 资源节约与环保，2018（1）：4.

［24］Wang Y Z，Zhang J L，Liu Z J，et al. Recent Advances and Research Status in Energy Conservation of Iron Ore Sintering in China［J］. JOM，2017，69（11）：2404-2411.

［25］曹朝真，张福明，毛庆武，等. 我国首座 HIsmelt 工业装置的设计优化与技术进展［J］. 炼铁，2016，35（5）：59-62.

［26］张建良，李克江，张冠琪，等. 山东墨龙 HIsmelt 工艺的技术创新及最新生产指标［J］. 炼铁，2018，37（2）：56-60.

［27］张建良，张冠琪，刘征建，等. 山东墨龙 HIsmelt 工艺生产运行概况及主要特点［J］. 中国冶金，2018，28（5）：37-41.

［28］朱德庆，黄伟群，杨聪聪，等. 铁矿球团技术进展［J］. 烧结球团，2017，42（3）：42-49.

［29］张志霞. Corex 熔融还原技术研究进展［J］. 河北冶金，2019（3）：14-16.

［30］https：//baijiahao.baidu.com/s?id=1607662316347596641&wfr=spider&for=pc.

［31］沙钢转底炉项目科技成果达国际领先水平［J］. 烧结球团，2017，42（5）：61.

撰稿人：张建良　沙永志　沈峰满　冯根生　刘征建　焦克新　李　洋

钢铁冶金分学科（炼钢）发展研究

1. 引 言

炼钢为冶金工程技术学科钢铁冶金分学科中的两个重要部分之一，是研究将高炉铁水（生铁）、直接还原铁（DRI、HBI）或废钢（铁）加热、熔化，通过化学反应去除铁液中的有害杂质元素，配加合金并浇铸成半成品连铸坯、钢锭或铸件的工程科学，其主要理论基础是冶金热力学、动力学、金属学，炼钢生产则主要包括铁水预处理、氧气转炉炼钢、电弧炉炼钢、炉外精炼、连铸等工序。

20世纪50—90年代炼钢学科发展很快，近年来在热力学领域的研究主要集中在高铅、高锰钢液（高强汽车钢板用钢）组元活度、渣–钢–炉衬–夹杂物之间反应等方面，动力学领域的研究进展主要体现于炼钢反应宏观动力学研究，目前有关炼钢、连铸过程流体流动、传热、化学反应等均基本可用数学模型加以描述并计算求解，在实际生产过程自动控制中也得到了广泛的采用。

除炼钢热力学、动力学外，炼钢学科发展更多表现在其与材料加工、信息、电磁、环境等学科知识的交叉、融合和应用方面，预计在今后相当一段时间内在宏观动力学和反应工程学方面还会有一定的发展，而炼钢学科最重要的发展将会在液态钢的凝固加工、减少排放和废弃物再回收利用以及与信息、材料、环境等学科知识的交叉、融合和应用方面。

2. 本学科国内发展现状

近年来我国钢产量增加速度趋缓，2014年粗钢产量达到8.23亿t，其后三年在钢铁业去产能形势，国内粗钢产量年增长率平均仅为0.36%，2017年产钢8.27亿t。2018年国内市场钢材价格大幅提升，带动了钢产量增加，粗钢产量达到9.28亿t，2019年粗钢产量预计达到9.8亿t。由于国内经济进入转型发展阶段，预计今后5～10年，国内粗钢产量将

总体上呈下降趋势。

国内钢铁工业发展的外部条件近年来发生了非常大变化，主要表现为：① GDP 增长率由 2000～2010 年平均 10.3% 放缓至近 3 年来平均 6.8%；②固定资产投资增长由经济高速增长期的两倍于 GDP 增长率降低至与 GDP 增长率基本同步（7% 左右）；③制造业普遍存在产品供大于求情况，包括汽车、家电、机械、造船等钢材用量大的行业；④国家更加强调和重视可持续发展和生态环境保护，更加严苛的环境保护法规陆续出台。

上述外部条件变化对钢铁业生产经营造成很大困难，但也推动和加快了钢铁科技进步。近年来为了进一步增加效率、降低成本、提高产品性能、控制污染排放等，炼钢生产工艺技术水平提高很快，主要表现在以下方面。

2.1 高效铁水脱硫预处理技术

国内以板材生产为主的转炉钢厂已近乎全部采用了铁水脱硫预处理工艺，主要分为喷吹 Mg-CaO、喷吹 CaO-CaF$_2$ 和机械搅拌（KR）三种脱硫工艺。2006 年前国内铁水脱硫预处理主要采用喷吹 Mg-CaO 工艺，该工艺具有 Mg 脱硫能力强、设备费用少等优点，但对铁水 / 炉渣的混合搅拌弱，脱硫反应主要在脱硫剂颗粒上浮过程（数十秒）进行，脱硫率相对较低（处理后［S］>25×10^{-6}）。此外，由于脱硫渣流动性好，难以大量扒除，转炉冶炼"回硫"量因而较大。

2006 年后国内新建铁水脱硫装置大多采用了机械搅拌工艺（KR），该工艺能够对铁水和炉渣进行强烈搅拌，大量渣粒混入铁水熔池近乎全程参与反应，因而能获得高的脱硫率（处理后［S］<10×10^{-6}）。此外，由于脱硫渣为固相或固 / 液相渣，易大量扒除，转炉炼钢"回硫"较轻，有利于低成本生产低硫、超低硫含量钢种。

近年来除新建脱硫处理装置选用机械搅拌工艺外（如宝钢湛江钢铁厂等），许多钢厂已开始用机械搅拌脱硫替代原喷吹脱硫装置，如沙钢、包钢、莱钢、首钢迁钢等，首钢将首秦公司厚板连铸搬至首钢曹妃甸厂区后，也将转而采用机械搅拌脱硫工艺。国内钢厂采用的机械搅拌脱硫装置和工艺绝大多数为自主设计、制造、开发，实际运行效果达到了国际先进水平，在降低炼钢成本、提高钢材品质等方面发挥了重要作用。

2.2 复吹转炉高效底吹冶炼工艺

国内大中型转炉目前均采用了顶底复吹冶炼工艺，但与日本、韩国等国的先进钢厂相比，国内转炉底吹强度偏低［大多在 0.05 Nm³/（min·t）左右］，底吹喷管数目偏多（普遍采用 8～12 支喷管）。由于总体底吹搅拌强度低，加之单支喷管流量低（喷管数目多造成），喷管容易堵塞（尤其在炉役中后期），造成冶炼终点钢水［O］和炉渣 FeO 含量高，成为多年来一直严重影响转炉炼钢成本和钢水质量的共性问题。

近年来国内钢厂开始采取措施改善底吹搅拌效果，如首钢迁钢公司将其 210t 转炉底吹喷管由 12 支减少为 4 支，并采用其研发的"动态维护"技术对底吹进行管控，其要点是控制转炉炉底厚度在整个炉役期循序递减（既严格控制炉底上涨，又防止炉底过度损耗），确保底吹喷管处于畅通状态。迁钢在低底吹搅拌强度 [0.05 Nm³/（min·t）]、采用溅渣护炉和高炉龄（>6000 炉）条件下，将全炉役冶炼终点钢水碳氧积控制在 0.0018 以下，达到国际一流水平。

首钢迁钢公司在 2016 年全国炼钢连铸生产技术研讨会上介绍了其高效底吹搅拌技术，在业界引起了强烈震动。宝钢、鞍钢、马钢等诸多钢厂随后开展了相关研发，优化底吹工艺以改善转炉冶炼效果，如马钢通过增大底吹搅拌气体流量，将冶炼终点碳氧积降低至 0.0015 以下。

2.3 转炉高效脱磷技术

近年来国内铁水磷含量呈逐步上升的趋势，主要因为：①高炉炼铁原料中配加高磷含量铁矿石（进口澳矿、国内中南地区高磷矿等）；②烧结矿中配加钢渣，以降低成本和减少固体废弃物排放。另外，抗酸管线钢、寒地用钢、特厚板等超低磷钢的需求又在增加，加之为环保必须在炼钢时限制萤石熔剂使用，转炉炼钢脱磷负担因而显著增加。

为了更高效率脱磷，日本钢铁业开发了"多相渣（multi-phase fluxes）"脱磷技术。与传统的高 FeO 含量炉渣有利于脱磷的工艺理念所不同，日本科研人员发现，磷在炉渣中主要存在于 $2CaO-SiO_2$ 与 $3CaO-P_2O_5$ 形成的化合物或固溶体中，该化合物或固溶体在液态渣中以固相形式存在，而高 FeO 含量的液相渣中磷的含量则非常低。日本钢铁企业已将多相渣工艺理念用于转炉铁水脱磷预处理，取得了很好效果。

2016 年首钢在全国炼钢连铸生产技术会议上介绍了其将多相渣技术用于转炉炼钢的研究（日本主要用于铁水脱磷预处理）：在转炉炼钢渣中，磷同样主要存在于渣中析出的 $2CaO-SiO_2-3CaO-P_2O_5$ 化合物或固溶体中，而炉渣液相部分含磷很少。首钢据此开发了新脱磷造渣工艺，大幅降低炉渣 FeO 含量促进渣中 $2CaO-SiO_2$ 析出，显著提高了脱磷效率。预计该项技术今后受到更多关注，为更多钢厂所采用。

2.4 高效 RH 精炼装置与工艺

中国钢铁工业应用 RH 真空精炼工艺起步较晚，20 世纪 60—70 年代大冶钢厂和武钢分别由德国引进了两套 70t RH 精炼装置。1985 年宝钢一期工程建成投产，由日本引进建设了国内首座 300t 大型 RH 精炼设备。20 世纪 90 年代，宝钢、鞍钢、武钢、攀钢、本钢、太钢等企业，陆续由德国、奥地利、日本引进数套 RH 装置。这一时期主要是以冷轧薄板作为主要产品的钢厂采用 RH 精炼工艺，绝大多数特钢厂则主要采用 VD 真空精炼工艺。

2000 年国内西重院、宝钢、中冶京诚、中冶南方等开始具备设计、制作、安装大型

RH 精炼设备能力，国内 RH 装置造价大幅下降，为更多钢厂选择采用 RH 工艺起到重要推动作用。这一期间建设 RH 精炼装置钢厂，除宝钢、首钢、鞍钢、马钢、河钢等以碳钢为主要产品的钢厂外，兴澄、大冶等国内特钢厂也转向采用 RH 精炼工艺，目前国内高水平钢厂 RH 真空精炼比已达到 50%～75%。

国内钢厂生产超低碳汽车板、无取向电工钢等均采用"转炉–RH 精炼–板坯连铸"流程，为缩短 RH 精炼周期使其与连铸生产节奏匹配，绝大多数钢厂采用了常规"双工位"RH 精炼方式，即每套 RH 采用两个真空精炼工位（共用一套真空系统），钢水包进站、升降、出站等作业不影响另一工位钢水真空精炼，因而可以缩短 RH 精炼辅助时间。但是，由于两真空室交替使用，造成钢水温降大、真空室结冷钢多等问题。

近年来国内钢厂开始重视加快 RH 生产节奏，减少 RH 精炼过程钢水温降问题。武钢新建四炼钢厂将 RH 精炼装置布置在转炉出钢同一轨道线上，转炉出钢后钢水包车直接运至 RH 精炼工位，用卷扬机将钢水包吊起至预定位置（浸渍管浸入钢水中）进行真空精炼，钢水包车退回至转炉工位。真空精炼结束后将钢水包放下，由钢水包车运至连铸跨。武钢采用新 RH 精炼布置方式后，节省 10min 左右钢水运转时间，并不再采取"双工位"精炼，钢水温降减少了 10℃左右。

近年来首钢迁钢、京唐公司对其超低碳钢 RH 精炼工艺进行了重大改进，大规模采用了吹氧强制脱碳、二次燃烧、氧燃供热、真空室熔池吹氩搅拌等技术，脱碳速率显著加快，精炼前 9min 脱碳速度系数（K_c）由之前 0.27 左右增加至 0.36 左右，RH 精炼钢水温降由之前 20～30℃减少至 5～15℃。首钢京唐公司生产超低碳钢，转炉出钢温度由之前的 1690℃左右大幅降低至 1650℃左右。

2.5 高废钢比炼钢工艺技术

由于中国钢产量快速增长，钢铁积蓄量已超过 80 亿 t。根据发达国家经验，钢铁积蓄达到较高量后，每年社会老旧钢铁发生量为钢铁积蓄量的 2%～3%，按这一比率计算，2020 年国内仅社会折旧废钢量即可达 2 亿 t 以上。中国工程院组织专项研究，采用钢铁蓄积量折算和钢铁产品生命周期两种方法，计算得出的 2025 年国内市场废钢量分别为 2.72 亿 t 和 3.04 亿 t，2030 年则分别为 3.22 亿 t 和 3.45 亿 t。

国内废钢资源快速转向富余将促使钢铁业结构和生产工艺发生大变化，近年来国内转炉钢厂已开始采取措施增加废钢用量，如采取铁水包加盖、加快铁水包运转等措施降低铁水温降，减少空炉时间提高转炉热效率，减轻炉外精炼和连铸过程钢水温降以降低转炉出钢温度等。在 2017 年国内废钢价格大幅低于铁水生产成本时，一些钢厂甚至采用高炉原料添加废钢、高炉铁水罐加废钢、废钢预热等方法，将转炉冶炼废钢比增加至 30% 以上。除转炉钢厂增加废钢用量之外，近年来国内新建电炉数量增加，预计随国内废钢资源进一步转向富余，会有更多钢厂建设或转向电炉炼钢流程。

2.6 高速、高作业率连铸工艺技术

厚度 220mm 以上板坯连铸机拉速超过 2.0m/min 为高拉速连铸，目前主要为日本、韩国钢铁企业采用，如 JFE 福山钢厂 5# 铸机、7# 铸机、仓敷钢厂 4# 铸机，拉速在 2.2 ~ 2.5m/min；浦项光阳钢厂 2# 和 3# 板坯铸机，连铸拉速最高达 2.7m/min，通钢量达到 9t/min（两流）。国内宝钢、首钢、马钢、邯钢等均建有高拉速板坯铸机，但投产后实际拉速均在 1.8m/min 以下。

2013 年首钢京唐公司开展了高拉速连铸试验，通过研究采用高拉速保护渣、强冷结晶器、电磁制动、强二冷等技术，浇铸 237mm 厚板坯拉速达到 2.5m/min，并证实采用高拉速后，冷轧薄板表面缺陷没有增加反而减少。但由于受前工序（转炉、RH）生产节奏制约，实际生产中铸机拉速控制在 1.7m/min 以下。

2017 年国内钢材价格大幅回升，各钢企纷纷采取措施增加产量以获得更大效益。进入 2019 年后，钢材价格又发生较大回落，促使钢铁企业进一步提高生产效率，以降低生产成本。近年来国内以首钢京唐、宝钢湛江钢厂为代表，在常规板坯铸机高拉速、高作业率连铸工艺技术方面取得了重要突破。首钢京唐钢厂 3# 板坯铸机生产低碳铝镇静钢，常规拉速已大幅提升至 1.8 ~ 2.0m/min，预计 2020 年该铸机将实现月产 30 万 t 目标。宝钢湛江钢厂板坯铸机采用"飞包"（在线快速更换中间包）、在线结晶器调宽、高拉速等工艺技术，单浇次连续作业时间达到 10 天以上，大幅提高了板坯铸机的产能水平。

2.7 微合金钢板坯表面裂纹控制技术

微合金钢具有高强、高韧、易焊接等优良性能，应用广泛。目前我国微合金钢的整体连铸水平已较高，但受微合金钢高温凝固特性与传统连铸冷却模式影响，板坯生产过程频发边角裂纹缺陷，严重制约了此类产品的高效与绿色化生产，根治铸坯边角裂纹已成为实现微合金钢板坯表面无缺陷生产的关键。

当前，国内解决微合金钢板坯边角裂纹主要依靠钢水成分优化与控制、铸坯二冷角部温度控制等方法。钢铁研究总院开发出了大倒角结晶器技术，提高铸坯角部过矫直温度，降低了裂纹产生。日本住友金属公司开发出了 SSC（铸坯表面组织控制）技术，但无法解决目前主流微合金钢碳氮化物晶界高温端集中析出（晶界开始析出温度往往 > 1100℃）的问题，同时大幅增加出结晶器的铸坯宽面冷却，易引发纵裂纹。

近年来国内东北大学等单位针对微合金钢连铸坯边角裂纹产生机理，研制出了角部高效传热新型曲面结晶器和铸坯角部晶粒超细化二冷控冷技术，实现了铸坯角部凝固过程微合金碳氮化物弥散析出与凝固组织的高塑化，并在宝钢、鞍钢、河钢等多家钢企推广应用，覆盖了薄板坯、常规板坯以及特厚板坯等全系列板坯坯型，各应用产线微合金钢板坯边角裂纹率稳定 ≤ 0.08%。

2.8　板坯连铸结晶器电磁搅拌技术

用于汽车、家电、饮料罐等制品的冷轧薄板要求具备优良的表面品质，在钢板表面缺陷中，钢中大型夹杂物、气泡造成的表面缺陷占有很大比率。为了解决这一问题，新日铁、神户制钢、浦项制铁等钢厂，开发了板坯连铸结晶器电磁搅拌技术，利用电磁搅拌形成的钢水流动对坯壳 / 钢液界面进行清洗，驱除气泡和大型夹杂物，对降低冷轧钢板表面缺陷起到了重要作用。

宝钢板坯铸机引进了新日铁结晶器电磁搅拌装置，近年来针对所存在的电磁力偏低、漏磁等问题开展科技攻关，成功开发了磁屏蔽、M–EMS 设计模型、铁芯高度与励磁安匝数等关键工艺和设备参数。采用所开发的电磁搅拌工艺后，连铸结晶器液面波动、磁特性参数控制、铸坯及后续热轧、冷轧产品质量等指标，达到了国际先进水平。目前，宝钢自主开发的结晶器电磁搅拌技术已在其 1#、5#、6# 铸机和宝钢湛江钢厂板坯铸机大规模应用，对宝钢汽车钢板等冷轧薄板产品表面质量提升发挥了重要作用。

2.9　大断面连铸机凝固末端重压下技术

我国交通运输、石油化工、重型机械、海洋工程、核电军工等行业的技术进步和发展，推动了宽厚板坯、大方坯等大断面连铸机工艺及装备控制技术的发展。目前，我国已经建成投产宽厚板坯和大方坯连铸生产线 50 余条，但铸坯断面增大、厚度增加，导致铸坯偏析、疏松和缩孔缺陷愈加严重，传统的轻压下工艺已难以满足要求。

在连铸坯凝固末端及完全凝固后实施连续大变形压下可充分利用铸坯内外 500℃ 的温差，实现压下量向铸坯心部的高效传递，以达到改善偏析疏松、焊合凝固缩孔的工艺效果，从而显著提升铸坯均质度与致密度。根据这一理念，日本住友金属（现新日铁住金）、韩国浦项、日本新日铁等对连铸坯重压下技术进行了探索研究，并各自投产建成了具有重压下功能的连铸生产线。然而，这些重压下技术多为固定位置压下（静态压下），工艺灵活性较差，也未能充分利用铸坯"逆向温度场"优势。

近年来国内东北大学、攀钢、唐钢、中冶京诚等单位开展了连铸凝固末端重压下工艺理论研究与装备技术研发，并相继在攀钢、唐钢建成投产了大方坯连铸与宽厚板坯连铸重压下生产线。技术实施后，攀钢生产 230mm 车轴探伤合格率由 78.5% 提升至 100%，生产长尺重载钢轨轨腰部位致密度提升 5.81%，探伤报警率由原工艺的 2.62‰降低至 1.47‰；唐钢的宽厚板坯均质度与致密度均得到显著提升，生产满足三级探伤要求的特厚板规格由 80mm 提升至 150mm，实现了高强机械用钢、高层建筑用钢等高端厚板产品的批量稳定制备。

目前连铸重压下技术已得到国内企业的高度关注和重视，鞍钢、兴澄特钢、首钢、山钢、本钢等企业在新建或改造的连铸机上已应用了此项技术。

2.10 薄板坯连铸生产高牌号电工钢技术

国内已有诸多钢厂采用薄板坯连铸连轧产线生产电工钢，但大多限于较低牌号无取向电工钢。近年来武钢研发成功了 CSP 薄板坯连铸连轧产线生产高牌号无取向硅钢和 HiB 取向硅钢技术，包括：HiB 取向硅钢抑制剂、γ 相、织构及析出物演变与控制，适应 CSP 工艺特点的无取向硅钢成分体系（低硅无铝、中高硅高锰）、CSP 工艺生产硅钢表面质量控制、钢中细小夹杂物控制等关键技术。

武钢 CSP 薄板连铸连轧产线生产 HiB 取向硅钢：连铸拉速达到 4m/min，黏结漏钢率为零，Als、N 成分双合格率达 96%，表面缺陷率 ≤ 5%，HiB 率 >95%。生产高牌号无取向硅钢：连铸拉速达到 4m/min，连浇炉数为 13～15 炉，成品横向厚度差 <5mm 合格率较传统流程产品高 20.1%，瓦楞状缺陷发生率 <0.50%，磁感较传统工艺产品高 200Gs，磁感和铁损波动分别小于 0.004T 和 0.21W/kg。

武钢 CSP 薄板坯连铸连轧产线年产超过 80 万 t 高磁感无取向硅钢，占武钢无取向硅钢产量的 82%，高磁感取向硅钢累计生产 5 万 t 以上，已成为规格齐全（高磁感取向硅钢、无取向硅钢）、产量大、效率高的硅钢生产线。

2.11 高端特殊钢非金属夹杂物控制技术

进口钢材近年来已降低至 1200 万 t/a 左右，虽然在钢材总消费量中占比不大，但绝大多数为高端重要用途钢材品种，如关键设备部件用轴承钢、弹簧钢、硅片切割丝用钢等，如考虑到汽车发动机、变速箱、高铁轮对等更多以整装部件形式进口，高端特殊钢进口量实则很大。

国产高端特殊钢存在问题主要表现在性能稳定性方面，而钢中非金属夹杂物控制不当是其中重要原因之一，例如：①轴承、齿轮、高铁轮对等钢材品种，已能够将钢中氧控制在超低含量范围，但钢中大型夹杂物（DS 类）控制水平低于国外；②发动机气门弹簧、硅片切割丝、高强度钢帘线等钢材品种，夹杂物在钢热轧时必须能够良好延伸变形和在钢冷拉拔时容易碎断，国产钢材该方面尚存差距，致使汽车用气门簧、硅片切割丝用钢等基本依赖进口。

近年来国内钢企、高校、院所对高端特殊钢夹杂物控制技术开展了科研攻关，包括特殊钢精炼渣系、特殊钢 RH 精炼工艺、非金属夹杂物组成演变与控制、连铸密闭保护、中间包感应加热、特殊钢结晶器冶金等，在特殊钢夹杂物控制技术方面取得了重要进展：兴澄特钢公司生产轴承钢，DS 类大型夹杂物控制达到国际一流水平，产品大量供应 SKF、NSK、NTN、FAG 等著名轴承制造商；马钢、太钢生产的高铁车轮、车轴，已在国内多条高速铁路运行；邢钢生产的硅片切割丝钢盘条，拉拔不断丝长度已由以往数百公里增加至 2 万公里以上，达到了国际一流产品质量性能水平。

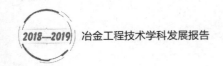

2.12　转炉炼钢烟气半干法除尘和湿法电除尘技术

转炉炼钢烟气除尘早期主要采用湿法工艺，通过汽化烟道、两级文氏管系统对烟气进行冷却、净化，该方法存在除尘效率较低、电耗高、污泥处理量大等问题。干法除尘为转炉烟气除尘的另一主要方法，主要由汽化烟道、蒸发冷却器、静电除尘器组成，具有除尘效率高（烟气含尘量 <20mg/m³）、电耗低、除尘灰易处理等优点，国内近年新建转炉大多选择了干法除尘工艺，但该方法也存在投资高、电除尘器易发生泄爆等问题。

国内许多钢厂近年来开始采用"半干法"除尘工艺，其要点是将干法除尘系统前半部分的蒸发冷却器与湿法除尘系统后半部分的环缝文氏管相结合，与湿法除尘工艺相比，显著降低了电耗、水耗，并提高了除尘效率（烟气含尘量 <30mg/m³），预计"半干法"在国内钢厂对原有湿法装置进行升级改造中会被更广泛应用。

2016 年首钢迁钢公司对其一炼钢厂原湿法除尘系统进行了改造，新系统将原有 OG 除尘系统与新的电除尘器组合，其电除尘器工作原理与干法工艺的电除尘器相同，不同之处是在除尘器入口对烟气进行喷淋，所产生的荷电雾滴可以增强亚微米粉尘粒子的捕集效率，并在积尘极板表面形成水膜，因而可取消干法工艺中的极板振打装置。迁钢采用新除尘系统后，烟气含尘量能够稳定控制在 10mg/m³ 以下。

2.13　炼钢基础研究

近年来国内炼钢基础研究水平显著提高，冶金院校的高温实验炉、化学成分与性能测定、微观检验、大型数值计算软件等均达到了国际先进水平。在国家自然科学基金、国家重大科技项目、企业合作科技攻关等资助支持下，实验室基础研究水平显著提高，目前国内科研人员在"冶金学与材料汇刊（*Metallurgical AND Materials Transaction B*）""国际钢铁研究所（*Steel Research International*）""日本钢铁协会（*ISIJ International*）"等国际冶金领域一流期刊发表论文在上述期刊全部论文中占比已超过 1/4，为国际炼钢界高度重视。

3. 本学科国内外发展比较

自 2008 年金融危机爆发以来，发达国家经济增长减缓或停滞，钢材需求量减少，国际钢铁业竞争加剧。此外，随着应对全球气候变化《巴黎协定》签署和执行，各大工业国将加强碳排放控制。钢材市场竞争和环保压力增大会促使钢铁业进一步采用新科技，改进生产工艺，向更高生产效率、更高产品性能、环境更加友好、用户服务更加完善的方向发展。

近年来以日本、美国、德国、韩国等为代表的钢铁发达国家炼钢学科发展呈以下特点。

3.1 加强高端精品钢冶金工艺技术研究

进一步加强高级钢生产技术开发研究，保持高端精品钢材生产技术方面优势，是日本、美国、德国、韩国等国钢铁工业未来发展的重要特点，这主要是因为：①在全球钢铁产能过剩形势下，企业间产品竞争加剧；②下游产业对钢材品质性能要求不断提高，如更高强度汽车钢板，更耐大气、海水等腐蚀造船钢板、桥梁钢板、大桥悬索等，极地寒冷地域用钢材等；③铝、钛、陶瓷、高分子材料等激烈竞争。

日本将高级钢（High Grade Steel）生产作为钢铁工业发展的核心战略，其普通性能钢材主要由电炉钢厂生产，产量在 2500 万 t/a 左右，而高炉－转炉流程钢厂（新日铁住金、JFE、神户制钢等）则主要生产其称之为"Only One"的世界最高品质和性能的高级钢材。

美国在国际钢铁业竞争中处于"守势"，其钢铁工业已基本完成整合，钮克公司等电炉流程钢厂产量在总钢产量中占比已接近 60%，阿赛洛－米塔尔、美国钢铁公司等高炉－转炉流程钢厂已基本上由热轧钢材生产中退出，主要生产冷轧、镀锌汽车板、家电板等高级钢材。美国钢铁科技总体上不算强大，但在电炉短流程、高铝含量高强汽车钢、高铝低密度轻质钢等方面科研位于领先，预计今后十年其会沿袭这一发展趋势。

韩国在基本完成钢产量快速增长，钢铁科技与日本水平基本相当后，更加注重高级钢材品种工艺技术研发。浦项钢铁公司提出了 WP 产品战略，即生产国际高端钢材产品（World Premium）战略。2015 年浦项钢铁公司钢材总产量为 3534 万 t，其中"WP"钢材量为 1270.8 万 t，比重为 38.4%，2016 年"WP"产品增加至 1596.8 万 t，比重达到 48.5%，预计今后其高端产品占比还将有较大提升。

3.2 "快速、小批量、定制化"炼钢技术

近年来汽车、造船、工程机械等下游产业用户钢材需求呈现"个性化""小订单""快交货"趋势，国外高水平钢厂已开始改进其生产组织系统和工艺技术以适应这一转变。

日本学者川端望提出了三代钢厂的理论，即 19 世纪后半叶至 20 世纪 60 年代期间建设的钢厂为第一代钢厂，其主要特点是临近原料产地建厂，采用高炉－转炉（平炉）、模铸、初轧开坯、万能轧机等装备技术。日本 20 世纪 60—70 年代临海建设的大型钢厂为第二代钢厂，第二代钢厂采用大型、高效、连续化生产装备、技术，实现了优质钢材高效量产。为了解决高效大批量制造与钢材需求"个性化""小订单""快交货"的矛盾，日本钢厂开始进行"脱大量生产"转变，采用灵活制造体制，此类钢厂被称为"第 2.5 代钢厂"。川端望提出了今后钢厂发展模式，即向第三代钢厂发展，其与第二代钢厂的主要不同，是能够在高效生产的基础上，实现钢材"个性化""小订单""快交货"生产，这一发展理念与"德国工业 4.0"是一致的。

炼钢生产向"个性化"制造或"服务型"制造方向转变，除了要充分利用"大数据"、

电商平台、用户为中心的钢厂生产制造系统等之外，还必须研发适应"个性化"制造的工艺技术，如变装入量转炉冶炼和炉外精炼、中间包热更换（中间包再次应用）、规格不同铸坯同时连铸（不同铸流采用不同尺寸）等。

3.3 炼钢固体废弃物"零排放"与循环利用

炼钢生产固体废弃物包括炉渣、烟尘、耐火材料等，其中炼钢烟尘绝大部分用于烧结或冷固造块后用于炼钢，使用过耐火材料可破碎后用作渣料（Al_2O_3、MgO 添加剂）。目前炼钢炉渣利用问题较大，绝大多数外售用作经济意义不大的筑路基石材料。国内钢渣处理有两种模式：一是直接交由外协承包商处理，钢厂收取一定费用；二是由钢厂对钢渣进行处理，然后外售给外协承包商，两种模式中均有相当多外协承包商在提取钢渣中金属铁后将炉渣违规排放。

国外先进钢铁企业已开始对炼钢炉渣更高效利用开展试验研究，如日本 JFE 开发了炼钢炉渣资源回收利用工艺流程，将高 Fe_tO、高 P_2O_5 含量炼钢炉渣在电炉中与铁水反应，使渣中 Fe_tO 和 P_2O_5 被［C］还原，得到含磷 2%~3% 的高磷铁水。对高磷铁水再进行氧化冶炼，生产可用作磷肥的高 P_2O_5 含量炉渣，而原炼钢炉渣在还原回收 Fe、P 资源后可返回高炉、转炉、精炼工序使用。JFE 此项技术已进入工业试验阶段。Y. Miki、T. Miki 等日本学者指出，日本磷资源主要依赖进口（每年进口 11 万 t 左右），而日本每年产炼钢炉渣含磷量与该国磷进口量相当，炼钢渣所含 Fe 则相当于该国年产钢量 3%~4%，因此对炼钢炉渣 Fe、P 资源回收开展试验研究具有非常重要意义。

日本新日铁住金、JFE 公司还开展了利用炼钢炉渣培育海藻、改善海洋生态的试验研究，近年来海底荒漠化情况加剧，近海海底海藻、水草生长量减少，对渔业生产造成严重影响。新日铁住金、JFE 公司将炼钢炉渣粉粒与鱼骨等混合，制成多孔物放入海底，发现对促进海藻等生长有显著作用，目前该项技术在日本已较大规模应用。

3.4 智能控制技术应用

近年来计算机硬件、网络、大数据等技术发展非常迅速，国外高水平钢厂开始更多地运用大数据、人工智能、无人化生产技术，这方面欧美国家钢厂走在了前面。

以转炉炼钢过程与终点控制为例，目前国内外 100t 以上转炉绝大多数采用副枪动态控制技术，首先通过数学模型确定所需渣料、冷却剂、氧气用量，在吹炼临近结束前 2~3min 降下副枪测定熔池温度、碳含量并提取钢水试样（简称为"TSC"测定），继而根据"TSC"测定结果进行必要调整至吹炼终点，吹炼结束后再次降下副枪测定钢液温度、碳含量并提取钢水试样（简称"TSO"测定）。

副枪动态控制存在诸多不足：①在 75% 左右吹炼时间内（"TSC"测定前），炉内反应状况不明（成分、温度、脱碳速度等）；②由于炉料重量、成分、冷却能等方面的误差，相当数量炉次"TSC"测定结果偏离目标，此情况下多采取"过吹"去碳保终点温度的策略，造成钢水［O］和炉渣 Fe_tO 含量提高；③副枪设备维护和测头费用增加生产成本；④吹炼结束后"TSO"测定需 1min 左右时间，等待试样化学分析结果则需更多时间，增加了转炉冶炼周期。

20 世纪 90 年代日本住友金属、NKK 公司开发了利用转炉炉气分析对吹炼进行控制的技术，但在其后相当长时间内，由于炉气分析吹炼控制精度较副枪动态控制系统低，该项技术推广应用得较慢，在实际生产中发挥的作用不大。但近年来随着计算机硬件、网络、人工智能、大数据技术迅猛发展，转炉炉气分析吹炼控制误差大幅降低，美国、欧洲一些钢厂开始采用该项技术，如阿赛洛－米塔尔公司多法斯科（Dofasco）钢厂即用炉气分析吹炼控制系统取代了副枪动态控制系统。

以往炉气分析吹炼控制模型大多基于碳的质量平衡计算，即根据炉气 CO 和 CO_2 成分、炉气流量、金属炉料初始碳含量等，计算出钢液适时碳含量。但是，由于废钢等炉料带入碳量的不确定性，采用上述质量平衡方法计算出的钢液碳含量误差太大。为了提高控制精度，Dofasco 钢厂采用了新的控制策略，不再依据碳质量平衡计算钢液［C］、温度等，而是将控制模型重点放在吹炼临近结束期，由该时间段炉气成分变化预测钢液［C］、温度等，对吹炼终点进行控制。

转炉吹炼临近结束前 2～3min 时间段，由于脱碳速度降低，炉气成分开始急剧变化，这一变化与钢液碳含量、脱碳速率变化密切相关，但也受炉渣状态、炉气温度、炉气吸入空气量等影响，以往多采用回归等传统数据处理方法，找出各工艺参数影响系数，但实际误差很大。而近年来随着大数据、人工智能技术的进展，即有可能准确地排除炉渣状态、炉气温度、炉气吸入空气量等因素干扰，得到吹炼后期炉气成分与熔池碳含量、温度的精确对应关系。

今后，计算机硬件、网络、大数据、云计算、人工智能等还会更加快速发展，越来越多相关数据信息，例如转炉和真空精炼过程炉气成分、炉气流量、炉气温度、氧枪冷却水温差、氧枪振动、吹炼过程声音、炉壳和钢包壳温度、连铸中包气氛、结晶器铜板温度变化、铸坯表面温度、铸坯鼓肚、铸坯表面裂纹等，都会用于实际生产过程控制，实现炼钢、精炼、连铸生产高度自动化、智能化。

中国钢铁工业炼钢科技经过近四十年快速发展，总体上达到了国际先进水平，与欧美发达国家炼钢科技水平基本相当，在设备现代化、总图布置、生产效率与成本控制等方面具有一定优势，但与日本、韩国所代表的国际最高水平相比尚有较明显差距。目前主要存在以下方面问题：

（1）重大工艺技术创新能力

国内炼钢工艺技术与装备总体上达到了国际先进水平，但所采用的先进装备和工艺技术或者为引进，或者即便为国内制造和自主开发，但大多是国外高水平钢厂已有装备或已采用的工艺技术，国内尚无重大炼钢工艺技术原创成功的案例，炼钢科技进步迄今仍以"学习、跟随"为主。

（2）高端关键钢材品种冶金工艺

国内钢铁业在高端关键钢材品种生产技术方面与日本、韩国、德国、瑞典等国相比存在差距，如国内日系汽车使用高性能 GA 钢板、重要用途超厚钢板、关键机械设备零部件（轴承、轴、齿轮、弹簧等）、高铁轮对（车轮、车轴、轴承）、硅片用切割钢丝等，很大程度上仍依赖进口。

（3）智能控制技术

近年来计算机硬件、网络、大数据等技术发展非常迅速，国外高水平钢厂开始更多地运用大数据、智能控制、无人化生产技术，如阿塞洛米塔尔集团 Dofasco 钢厂采用炉气分析结合高精度数学模型取代了转炉炼钢副枪动态控制系统，该厂还将转炉倾动控制、钢包车定位与移动控制、挡渣控制、合金加入控制等结合为一体，实现了转炉出钢无人化全自动控制。更多运用大数据、云计算、人工智能是炼钢科技发展趋势，国内钢厂在此方面与欧美等国有较明显差距。

（4）环境污染与固体废弃物排放控制

国内钢厂普遍采用了钢渣处理工艺，对炼钢炉渣采用热闷、滚筒、喷吹造粒等方法进行处理。目前存在的主要问题是将钢渣交由外协承包商处理，或钢厂对钢渣进行处理后再外售给外协承包商。而相当多外协承包商是将钢渣细磨，提取其中金属铁后将炉渣违规排放。此外，国内大多数钢厂尚未对炼钢生产使用 CaF_2、含铬耐材等进行严格限制。

4. 本学科发展趋势与对策

1）加强高端关键钢材品种冶金技术的研发，在高端重要用途钢材的洁净度、宏观偏析、大型夹杂物、窄成分控制等关键技术方面取得突破，从根本上扭转高端关键钢材品种依赖进口的局面，满足中国制造业高端化升级发展对钢材需求，并以此引领国产钢材质量全面提升。

2）优化炼钢、精炼、连铸工艺，大幅降低转炉冶炼终点钢水［O］含量、温度，攻克 RH 精炼吹氧脱碳、二次燃烧、喷粉脱硫等关键技术，有效控制连铸二次氧化，厚板连铸采用凝固大压下等，主要工序工艺技术指标总体上达到欧美钢厂水平（国际先进），部分高水平钢厂达到日本、韩国钢厂水平（国际领先）。

3）为了国内废钢供应逐步"富余"形势，及早布局开展全废钢电炉高效冶炼工艺技术、转炉高废钢比冶炼工艺（KOBM、二次燃烧、喷吹煤粉等）、废钢带入混杂元素（Cu、Sn 等）脱除与控制技术等方面研究。

4）加强炼钢"灵活制造"工艺技术研发，以适应用户"个性化""小订单""快交货"

需求转变。除了要充分利用"大数据"、电商平台、用户为中心的钢厂生产系统等技术之外，还须研发适应"个性化"制造工艺技术，如变装入量转炉冶炼和炉外精炼、中间包热更换（再次应用）、规格不同铸坯同时连铸（不同铸流采用不同尺寸）等。

5）生产智能化控制：炼钢、精炼、连铸生产中引入大数据、人工智能等技术，并据此对现有控制模型进行改善，或开发新工艺控制模型；逐步实现转炉炉气分析吹炼控制、转炉全自动无人出钢、板坯铸机全自动无人浇铸、连铸中间包无人喷砌、机器人提取钢水炉渣试样等。

6）固体废弃物基本"零排放"：高CaO、CaS含量的铁水脱硫预处理渣返回炼铁，由高CaO、高P_2O_5含量的炼钢炉渣中提取P、Fe资源，炉外精炼炉渣返回转炉或高炉，连铸中间包覆盖渣、结晶器保护渣（高CaO、CaF_2，Na_2O，Al_2O_3）返回炉外精炼。

7）加强炼钢、精炼、连铸关键工艺技术创新，在长寿转炉底吹高效搅拌技术、高拉速连铸技术、高碳钢大方坯连铸重压下控制中心偏析、薄带连铸生产高级取向硅钢、规格不同铸坯同时连铸等关键工艺技术创新方面取得突破，改变中国钢铁关键工艺技术创新能力弱的局面。

参考文献

［1］ Kuandi Xu，Xinhua Wang. The Challenge and Technological Progress of Steelmaking in China［J］. The 6th International Congress on the Science and Technology of Steelmaking，2015.

［2］ Xinhua Wang. Outlook on Progress of Steelmaking Technology in Transition Period of Chinese Steel Industry［J］. China Symposium on Sustainable Steelmaking Technology，2018.

［3］ Pan Gao. Development and Application of High Efficiency Blowing Technology of Converters in Shougang［J］. The 6th International Congress on the Science and Technology of Steelmaking，2018.

［4］ R. Saito，H. Matsuura，*et al.* Microscopic Formation Mechanisms of P_2O_5-containing Phase at the Interface between Solid CaO and Molten Slag［J］. Tetsu To Hagane，2009，95（3），258-267.

［5］ K. Shimauchi，S. Kitamura，*et al.* Distribution of P_2O_5 between Solid Dicalcium Silicate and Liquid Phases in CaO-SiO_2-Fe_2O_3 System［J］. Tetsu To Hagane，2009，95（3），313-320.

［6］ M. Kami，M. Terasawa，*et al.* The Model Experiment on the Formation of $2CaO \cdot SiO_2$-$3CaO \cdot P_2O_5$ Phase in the Dephosphorization Slag［J］. Tetsu To Hagane，2009，95（3），pp.236-240.

［7］ 吕延春，王海宝，等. 低磷铁水转炉炼钢渣相的磷富集规律［J］. 2016年（第十九届）全国炼钢学术会议，2016.

［8］ 葛君生，许畅，等. 武钢四炼钢工艺布置及设备设计特点［J］. 世界金属导报，2011.

［9］ Ruiyu Yin. Status of Scrap Resources in China and Development Trend of EAF Steelmaking Process in the Future［J］. The 20th CSM Annual Steelmaking Conference. Chinese Society for Metals. 2018.

［10］ 东北大学，鞍钢股份有限公司，等. 表面无缺陷微合金钢板坯连铸新技术［J］. 中国金属学会科技成果评价会，2018.

［11］ 朱苗勇，祭程. 连铸重压下技术及其应用［J］. 第十一届中国钢铁年会，2017.

［12］ M. Jiang，K. Wang. Control of Non-Metallic Inclusions for Decreasing Down-Grade and Rejected Rate in Production of High Grade Steels［J］. The 15th China-Japan Symposium on Science and Technology of Iron and Steelmaking，2019.

［13］ S. Kitamura. The Development of Steelmaking Technology of Japan in These 15 Years［J］. CAMP ISIJ，Sept.25-27.

［14］ N. Kawabata. Competition for Building of Production System of High Grade Steel among the Integrated Steel Companies in East Asia［J］. Bulletin of the Iron and Steel Institute of Japan，2010，15（3），124-133.

［15］ Y. Miki. Progress an Future Prospects of Steelmaking Technologies in JFE Steel［J］. The 14th Japan-China Symposium on Science and Technology of Iron and Steelmaking，2016.

［16］ Y. Ueshima，K. Saito. Recent Advances and Topics of Iron- and Steelmaking Technology in Japan［J］. The 12th Japan-China Symposium on Science and Technology of Iron and Steelmaking，2010.

［17］ T. Miki，S. Kaneko. Separation of Iron Oxide and Phosphorus Oxide from Steelmaking Slag by Solid Phase Precipitation［J］. The 14th Japan-China Symposium on Science and Technology of Iron and Steelmaking，2016.

［18］ D. Liao，S. Sun，*et al.* Integrated KOBM Steelmaking Process Control［J］. The 6th International Congress on the Science and Technology of Steelmaking，2015.

撰稿人：王新华　朱　荣　徐安军

轧制分学科发展研究

1. 引 言

轧制是金属塑性加工成形的主要方法，轧制过程是金属在轧机上通过旋转的轧辊之间产生连续塑性变形，在改变尺寸形状的同时，使组织性能得到改善和控制。其方式和种类很多，有热轧、冷轧、温轧、板带轧制、管材轧制、型线材轧制、周期断面轧制、变厚度轧制、特种轧制等。轧制的生产效率极高，是应用最广泛的金属塑性加工方法，钢铁、有色金属以及复合金属材料等均可以采用轧制进行加工，轧制产品占所有金属塑性加工产品的95%以上。例如，2018年我国粗钢产量9.28亿 t，实际轧制钢材产量为9亿 t（不包括二次轧制材），约为粗钢产量的96.98%。

轧制学科主要研究金属塑性加工力学理论、轧制成形过程中材料的组织演变与形变相变理论、轧件与轧辊接触摩擦界面理论、轧件尺寸形状控制以及连铸凝固与轧制连接界面衔接与系统分析控制理论、相关技术与装备等。

最早的轧制加工是从15世纪末期开始的，经过500多年的发展，轧制技术已发展成为集自动化、高效化、尺寸形状与组织性能高精度控制于一体的现代化钢铁与金属材料加工生产方式，其产品遍及经济建设、国防和国民生活的各个领域。目前，轧制技术正在向着绿色化、数字化、智能化方向发展。

我国的轧制学科近年随着一大批现代化轧制生产线的建设，以及高强韧、高性能钢铁新产品的开发，在塑性变形理论、细晶钢轧制、无头轧制、相变与组织性能控制与超快速冷却技术的结合、多场复杂变形条件下的三维金属流动与组织性能预报、高精度轧制以及智能化、高速化、柔性化轧制等方面发展迅速，呈现现代塑性理论、新材料理论、大规模、系统化、多尺度数值模拟分析技术、现代冶金与凝固控制技术、自动化、信息化与智能化控制等多学科相互融合与交叉的新特征。

2. 本学科国内发展现状

2.1 轧制塑性变形理论与数值模拟分析进展

近年发展和应用于轧制过程塑性变形理论及三维热力耦合数值模拟分析主要有以下几个方面。

（1）全轧程三维热力耦合数值模拟分析优化，多场、多尺度模拟计算分析

随着近年计算机和信息技术的快速发展，以三维有限元法为代表的轧制过程大型数值模拟分析方法得到了迅速发展，有限元法作为一种有效的数值计算方法已经被广泛应用于轧制过程的数值模拟分析。在轧制过程三维变形分析和组织性能分析理论方面，包括板带轧制、型钢轧制、钢管穿孔及轧制变形分析，形成了对全轧程进行三维热力耦合数值模拟分析优化和多场、多尺度模拟计算分析。

（2）高强钢轧材中的残余应力预测分析

在全轧程热力耦合计算结果的基础上，对大型 H 型钢冷却后的残余应力场进行仿真分析，可以得到轧后 H 型钢内部残余应力分布，为将来的 H 型钢控制轧制与控制冷却提供仿真基础；利用三维热力耦合有限元方法模拟钢轨冷却的全过程，得到不同冷却时间的温度和残余应力分布，预测钢轨的弯曲变形，为钢轨的预弯提供了可靠的依据；建立了中厚板在矫直过程中横向残余应力计算的解析模型并进行了数值求解。

（3）热轧、冷轧板形分析

国内学者建立的解析板形理论，可以实现计算机动态设定轧制规程，使无 CVC、PC 的轧制板形控制技术的指标达到国际先进水平；建立了轧件和轧辊一体化仿真模型，通过现场实际，验证了模型的准确性，为在线计算出口辊缝提供了思路和依据；在退火平整板形分析上，建立了 VC 辊系静力学仿真模型，研究了弯辊力、VC 辊油压、轧辊辊径和辊套厚度对连续退火平整机板形控制能力的影响；以四辊 DC 轧机为研究对象，基于影响函数法，建立了 DC 轧机辊系变形数学模型；在差厚板轧制研究方面，提出 VGR–F 和 VGR–S 方程，为变厚度轧制的力学和运动学研究奠定了新的基础。

（4）基于全流程监测与控制技术的板形控制理论

目前采用智能控制方法与现代控制技术互相结合，如自适应的模糊神经网络控制、专家系统的最优控制等都能取得良好的控制效果；研究开发了新型的冷连轧机板形控制系统，将金属三维变形模型、辊系弹性变形模型以及轧辊热变形与磨损模型等进行耦合集成，建立了基于轧制机理的板形数学模型，将影响冷轧板形的轧制工艺、轧机设备和轧件材料三方面的因素有机联系起来，可以准确地进行冷连轧机板形预报与板形在线预设定。

2.2 新一代控轧控冷理论与技术

新一代控轧控冷技术是通过采用适当控轧＋超快速冷却＋后续冷却路径控制来实现资源节约、节能减排的钢铁产品制造过程。在热连轧过程中，通过冷却路径控制可以生产双相钢或复相钢等。在实施新一代控轧控冷技术过程中，通过对冷却路径进行调整控制，可以在更大的范围内按照需要对材料的组织性能进行更有效的控制，并开发出高性能产品。在各区段冷却速率和冷却起始点温度得到精确控制后，即可实现钢铁材料的精细冷却路径控制。

国内大学联合多家钢铁企业近年在新一代控轧控冷技术的工艺原理、装备与控制方面做了大量工作，通过工艺理论创新带动装备创新，实现了热轧钢铁材料的产品工艺技术创新。在系统研究并阐明超快冷条件下热轧钢铁材料组织演变规律及强韧化机理的基础上，开发出具有自主知识产权的热轧中厚板和带钢的超快冷成套技术装备和具有多重阻尼的整体狭缝式高性能射流喷嘴、高密快冷喷嘴及喷嘴配置技术；在此基础上，开发出具有自主知识产权、适用于热轧板带材、具备超快速冷却能力的、可实现无级调节的多功能冷却装置（ADCOS-HM，PM）及自动控制系统，冷却精度和冷却均匀性优于传统层流冷却装置，冷却速度提高 2 倍以上；基于所配置的超快速冷却系统，开发出 UFC-F、UFC-B、UFC-M 等灵活的冷却路径控制工艺，实现了节约型高钢级管线钢、低合金普碳钢、高强工程机械用钢、热轧双相钢及减酸洗钢等热轧产品的批量化生产，产品主要合金元素降低 20% ～ 30%，生产成本大幅降低。该技术已推广应用于我国钢铁企业 30 余条中厚板、热连轧及型钢生产线，在低成本高性能热轧钢铁材料开发方面取得显著成效。

2.3 高性能细晶钢工艺控制机理及技术

通过多家产学研合作，在国内棒线材生产线上成功开发出具有低成本、低能耗、高强度优点的细晶粒钢筋新产品。以细晶粒钢筋生产临界奥氏体控轧工艺理论为基础，突破了生产工艺控制机理、配套装备技术、表征评价及应用技术体系四大技术瓶颈，实现了高性能细晶粒钢筋的规模化生产和应用。

针对细晶粒钢筋生产工艺控制机理，展示了低碳钢筋连轧过程不同阶段微观组织形变细化机理，提出了工艺边界控制机制和细晶粒钢筋微观组织连轧形变控制的临界奥氏体控轧工艺理论；针对细晶粒钢筋生产配套装备技术，建立了细晶粒钢筋生产线全流程控温控轧技术系统及其工艺流程，合金成分与生产工艺耦合控制技术体系，实现了细晶粒钢筋低成本、高性能的规模化生产。应用该项技术，新建、改造细晶粒钢筋生产线 20 余条，形成 2000 万 t 的细晶粒钢筋年产能。成果已应用于深圳平安大厦、上海中心、世界博览会中国馆、昆明长水国际机场、连云港田湾核电站等重大工程。

2.4　大型复杂断面型钢数字化高质量轧制理论与技术

大型异形型钢轧制孔型系统设计、优化、配辊加工及轧制过程产品尺寸形状高精度控制是一个复杂的工艺系统，采用传统的以经验试错方法为主的工艺技术难以满足高质量、高精度大型复杂断面型材生产的要求。近年来，采用先进的大型数值模拟仿真技术进行大型复杂断面异形型钢轧制过程的全轧程热力耦合模拟分析及 CAE 技术、全过程数字化技术已得到迅速发展。北京科技大学联合攀钢、山钢等企业开发了高质量钢轨及复杂断面型钢轧制数字化技术，成功开发出复杂断面型钢制造 CAD–CAE–CAM 数字化集成系统。利用该项技术大幅度提升了钢轨及复杂断面型钢设计制造的科技水平、效率与精度，该技术成功应用于 60kg/m 百米重轨高精度控制、出口 UIC60、75kg/m 重轨、美国一级铁路 115RE 钢轨等的全长尺寸均匀性与精度控制，并开发出 J 形等多种复杂断面型钢，新产品成功应用于大型机械装备制造等领域，使我国在轧制数字化技术的开发与应用进入国际前列。

2.5　薄板坯连铸连轧钢中纳米粒子析出与控制理论

针对薄板坯连铸连轧流程的微合金化技术问题，主要研究了多种微合金化元素在流程各工序的固溶析出规律；各种微合金钢在流程上的组织演变规律和强化机理、各种微合金钢在薄板坯连铸连轧流程上的生产技术以及产品应用取得了一些显著成果。

（1）钢中纳米粒子析出理论、钛微合金化钢中纳米 TiC 析出与控制

近年的研究表明，通过合理的微合金化设计和热轧工艺控制，在热轧带钢的晶内、晶界和相界等位置都可以形成大量的纳米尺寸析出粒子，其尺寸多在几纳米到几十纳米，粒度小于 18nm 粒子的累积频度可以达到 40% ~ 60%，在钢中起沉淀强化作用的析出相主要应为纳米尺寸 TiC、NbC 粒子和铁碳化物粒子。根据分析，由纳米粒子析出强化产生的屈服强度提高可达 200 ~ 300MPa 以上，并且钢板具有良好的综合力学性能和成形性能。

（2）薄板坯连铸连轧 Ti 微合金钢纳米粒子析出控制技术

薄板坯连铸连轧 Ti 微合金钢中含 Ti 析出物的控制技术是生产该类钢种的核心技术。薄板坯连铸连轧工艺条件下，铸坯头部进入轧机，后部仍在均热炉中，避免了温差对 Ti（C、N）析出行为的影响，保证了带钢通板组织均匀、性能稳定。通过合理的成分设计和严格的工艺控制，能够有效控制 TiC 的析出过程。近年来，通过产学研合作进行了系统的工作，如在 CSP 线开发生产了钛微合金化薄规格高强度热轧带钢用作集装箱板等，采用 Ti–Nb 微合金化技术开发出屈服强度 600 ~ 700MPa 级低碳高强结构用钢及 700MPa 级低碳贝氏体高强工程机械用钢，钢板不仅具有高的强韧性，而且成形焊接性能良好；开发并实现屈服强度 700MPa 级厚度 1.2 ~ 1.4mm 高强超薄规格板带批量生产及应用，产品用于汽车及物流等行业，在以热代冷、节能减排方面效果显著。

2.6 钢的组织性能预测、监测与控制理论

目前可通过高速计算机对热轧过程中显微组织的变化和奥氏体 – 铁素体的相变行为进行全程模拟，建立钢的性能和参数关系，使轧后钢材组织性能的预报和控制成为可能。主要理论技术如下。

（1）形变与相变及组织调控理论

在钢的物理和冶金学为基础上，分析变形条件和温度条件对钢在热轧过程中内部微观组织演变和析出规律的影响，并采用数学模型的方法进行描述，开发出了轧制过程的物理冶金模型，其中包括奥氏体静态再结晶模型、动态再结晶模型、晶粒长大模型以及轧后冷却过程中的相变模型等。

（2）组织性能预测模型、监测与控制技术

在组织演变模拟中，按研究的尺度不同，通常可分为宏观、介观和微观尺度，后者包括原子尺度和电子尺度。宏观尺度模拟通常研究材料加工过程显微组织演变的宏观特征（晶粒尺寸演变，相转变体积分数、析出粒子尺寸及体积分数等），一般采用有限元法、FDM 等方法；微观尺度模拟通常研究材料的晶体结构、电子结构、热力学性质等，其典型的建模方法包括第一性原理、分子动力学方法等；介观尺度模拟则介于宏观尺度模拟和微观尺度模拟之间，常用的方法包括元胞自动机、相场法、蒙特卡洛法等。计算机技术的发展，为从宏观、介观、微观以及纳观尺度上认识材料在制备与成形过程中微观组织的演化过程提供了有效的手段。跨（多）尺度计算机模拟（Multi-scale Simulation）可以直观清晰地反映出材料的制备和制造工艺、合金成分、显微组织及结构、性能等参数之间的关系，是实现合金成分与工艺优化的有效方法。

2.7 热带无头轧制工艺控制及超薄规格板带生产控制技术

到 2019 年，中国投产的无头连铸连轧生产线将达到 6~7 条，还有几条线在计划建设中。热带无头轧制是连续、稳定、大批量生产高质量薄和超薄规格宽带钢的热轧板带前沿技术。

主要进展包括：①大批量生产热轧超薄规格板带；②无头轧制超薄低碳/微碳钢工艺与组织性能、强化时效机理与工艺控制技术；③高精度板厚、板形控制；④单卷及批量组织性能高度一致性控制技术；⑤高成材率及低工序能耗生产技术；⑥系列热带高强钢产品品种开发技术；⑦无头轧制薄宽带钢典型产品应用等。

无头轧制工艺条件的技术保证主要包括：①钢水成分保证；②高拉速和连浇炉数保证；③合理的轧制计划安排；④中间坯温度特性保证等。在高精度控制工艺技术方面的保证主要包括：①辊形设计优化与板形控制；②轧辊材质选择；③温度履历设定；④负荷优化分配；⑤轧辊氧化膜控制技术；⑥轧辊冷却技术及策略；⑦轧制润滑技术等。日钢

ESP 线≤1.2mm 薄规格例最高达到月产超过 40%；典型浇次规格分布达到≤1.2mm 占比 65.7%，≤1.5mm 占比 80.2%；ESP 生产的 2.5mm 规格 RE700MC 钢卷长度方向性能，屈服、抗拉强度波动≤20MPa，伸长率波动≤2%；产品合格率均在 98% 以上；与常规产线相比，能耗节省 40%~50%；ESP 线产品广泛应用于制作汽车座椅、加强件等车身零部件，产品成形性能、尺寸公差和表面质量均能满足用户需求。高碳钢产品在厚度精度、性能稳定、通卷性能各向同性、产品表面极薄脱碳层等方面具备优势，尤其凭借热轧薄规格不大于 1.5mm 的独有能力，实现以薄代厚、"以热代冷"，扩大市场占有率，使用的规格多为 1.2~3.5mm。

2.8 冷轧硅钢边部减薄控制技术

边部减薄控制技术是冷轧硅钢生产的关键技术之一，国内大型钢企创新开发了国内第一套短行程工作辊窜辊式六辊冷轧机和具有自主知识产权的高精度冷轧硅钢边部减薄控制系统。其主要技术包括以下几个方面。

1）设计了独特的工作辊辊型，开发了工作辊插入量、窜辊速度、弯辊力等工艺参数和数学模型，形成带钢边部减薄高效控制工艺技术；

2）研发出冷轧硅钢边部减薄所需的短行程工作辊窜辊机电设备系统，提高了轧机轴承使用寿命，并实现带钢跑偏精确控制；

3）研发出冷轧硅钢边部减薄在线控制所需的预设定和反馈控制数学模型。项目成果已成功应用于冷轧硅钢厂 1500 冷连轧机，使冷轧硅钢边部减薄控制精度由原来的 12μm 提高到 5μm，减少了切边量，大幅度提高了成材率，同时还大大节约了设备投资成本。

2.9 多线切分轧制技术

近年来我国切分轧制技术发展较快，四线切分、五线切分和六线切分轧制技术在多家棒线材生产线上成功生产，使我国切分轧制技术位于国际领先水平。切分轧制技术具有解决轧机与连铸机衔接、匹配问题，显著提高生产率和产品尺寸精度，降低能耗和成本，减少机架，节省投资等优点。多线切分轧制工艺与传统单线轧制相比，在钢料控制、导卫调整、速度控制、轧机准备等几个方面都有更大的难度。通过生产性研发，在四切分轧制和五切分轧制技术上已经成功克服这些困难，并且用于生产实践，并已成功开发出螺纹钢六线切分轧制技术。

2.10 高质量特厚钢板制造技术

我国特厚钢板整体生产技术水平比较低，产品总量和规格不能满足市场需求，其中 150mm 以上钢板仍需大量进口。国内某钢企充分利用技术装备优势，通过深入理论研究及生产实践，掌握了大单重、特厚钢板成套生产工艺技术，开发生产出厚度>150mm，最厚至 700mm 高质量特厚钢板，大量替代进口，满足了国家重点工程和重大技术装备项目之急需。

其主要技术包括：①利用大钢锭凝固控制技术，生产最大的单重 50t 的大型扁锭、80t 圆锭（十六棱钢锭），生产的 150mm 以上大厚度钢板内部质量能达到国标 I 级甚至锻件的探伤标准要求；②利用国内唯一大板坯电渣重熔技术，生产 50t 钢质纯净、组织均匀致密的电渣锭；③均热/加热技术，针对大单重钢锭超厚的特点，采用多段式加热技术，保证了大厚度钢锭透烧均匀、表面良好；④特厚钢板锻造—轧制技术，较好地保证了钢板板形及内部质量，轧制钢板厚度最大至 700mm，最大单重达 60t 级；⑤特厚钢板热处理技术，掌握独特的淬火热处理技术，东北大学和舞钢合作自主研发设计国内唯一特厚板辊式淬火装置，能够满足 200mm 以上钢板淬火需求，可以生产适应各种特殊环境下使用的特厚高性能钢板，特厚钢板 Z 向性能保证能力及探伤保证能力均达到国际先进水平，保证了特厚钢板的内部质量。

2.11　大跨度铁路桥梁钢制造技术

为适应国家重大工程的发展需求，突破 Q370qE 钢最大应用板厚仅为 50mm 的瓶颈，在中厚板生产线上开发出更高强度、具有优异低温韧性、焊接性和耐候性的大跨度铁路桥梁钢。

其技术特点包括：①采用超低碳多元微合金化的成分设计，以针状铁素体为主控组织，按 TMCP 工艺生产，获得高强度、高韧性、优异的焊接性能与耐候性能的新型桥梁用钢；②系统研究了超低碳多元微合金化冶炼技术，厚钢板控制轧制与控制冷却技术、厚钢板板形控制技术；③采用连铸机二冷段电磁搅拌，降低中心偏析；加大奥氏体再结晶区压下率，充分细化奥氏体晶粒；较大地扩展了 14MnNbq 钢厚度规格范围，突破了最大应用板厚仅为 50mm 的限制，其实际供货最厚达 64mm；④配套开发了超低碳针状铁素体桥梁钢的高强度高韧性焊接材料，研究了大跨度桥梁结构的系列焊接工艺，为大跨度桥梁建设提供了技术支撑。新产品和相关技术已成功应用于京沪高速铁路南京大胜关长江大桥、济南黄河大桥、武汉天兴洲长江大桥等国家重点工程。

2.12　高牌号无取向硅钢、低温高磁感取向硅钢制造技术

高牌号无取向硅钢是指硅含量 2.6% 以上（铁损 P1.5/50 ≤ 4.00W/kg）的无取向硅钢，这类硅钢主要用于大、中型电机和发电机的制造。从世界范围来看，具备高牌号无取向硅钢生产能力的钢铁企业屈指可数，主要采用常化酸洗 – 单机架可逆轧制，以及常化酸洗 – 冷连轧工艺路径。形成了高牌号无取向硅钢酸连轧通板技术、稳定轧制工艺、生产辅助技术、自动化控制及装备技术、特有缺陷防治技术等所专有的技术集群，使 1550 酸轧机组成为国内首条具备 3.1% 含硅量以上硅钢批量生产能力的酸连轧机组，也是世界上唯一一

条同时具备高等级汽车板和高牌号硅钢生产功能的两用机组，产品覆盖 35A270 以下所有硅钢钢种及高等级汽车板。将高牌号无取向硅钢生产成本降低 70% 以上，生产效率提升 6 倍以上，极大提升了企业硅钢产品的市场竞争力。

2.13　超超临界火电机组钢管制造技术

经过多年研发，我国逐步实现了超超临界火电机组关键锅炉管从无到有、从有到全、从全到先进的历史性跨越，形成了 600℃ 超超临界火电机组全套关键钢管最佳化学成分内控范围、热加工工艺和热处理工艺等关键技术，实现了 600℃ 超超临界机组全套钢管的大批量供货，使我国电站用钢技术跃居国际先进水平，保障了国家能源安全。我国 600℃ 超超临界机组关键高压锅炉管自给率已达到 100%，国产高压锅炉管已占 84% 国内市场份额，并实现大批量出口。

2.14　高性能厚规格海底管线钢及 LNG 储罐用超低温 06Ni9 钢制造技术

南海荔湾工程是我国第一个世界级大型深水天然气项目，其深海管道将在 1500m 的水深进行铺设。目前，国际上仅有极少数钢企有过深海管线钢的供货记录。为满足南海项目用钢需求，国内钢铁企业开展了一系列科技攻关。研发的厚规格海底管线钢产品包括：28～30.2mm 厚 X65 和 31.8mm 厚 X70 海底管线钢，已批量应用南海荔湾海底管道工程。

国内某钢企通过铁水预处理－转炉－LF-RH－连铸－中板轧制－热处理－预制加工技术路线，成功解决了 06Ni9 钢超纯净冶金、匀质化高质量连铸、优良综合性能匹配、预制成形等几十项技术难题，形成一整套生产工艺与应用技术。关键技术指标 -196℃ Akv、预制件尺寸精度、焊接性能等优于国外同类材料，完全满足大型 LNG 储罐建造要求。批量生产出高质量的 06Ni9 钢板，应用于我国多个大型 LNG 储罐的建造，低温内罐材料实现了 100% 国产化。

2.15　热轧板带材表面氧化铁皮控制技术

针对热轧带钢生产工艺过程特性，重点研究了钢材的高温氧化行为及氧化产物特性以及选择性氧化行为、氧化产物的相变行为与力学特性、常见表面缺陷成因及其控制方法、"减酸洗"钢氧化铁皮控制技术、"免酸洗"钢氧化铁皮控制技术等。

热轧板带材表面氧化铁皮控制技术的开发与应用全面提升了我国热轧钢材产品的表面质量，扭转了我国钢铁产品"粗犷"的形象。系列高表面质量产品目前已大批量应用于汽车、家电、工程机械等重点制造企业生产，以汽车用高强钢、工程机械用高强钢等为代表的高附加值产品达到了日本、德国及美国等国外企业对钢材表面质量的苛刻要求，成功助力了我国钢铁行业产品结构的转型升级。运用本技术开发出的"免酸洗"钢和"易酸洗"钢，吨钢酸用量减少 20～40kg，加热温度降低近 50℃、加热时间缩短约 30min，使烧损减少近 0.01%，吨钢生产减少粉尘排放约 0.6kg、减少 SO_2 排放约 0.6kg。热轧板带材表面氧化铁皮控制技术所开发的系列产品在为下游用户实现清洁生产提供了原材料保障的同时，也为促进绿色制造向下游用户的延伸做出了重要贡献。

2.16　轧制复合技术

轧制复合技术可以生产特殊性能复合板，如高耐蚀性（碳钢 – 不锈钢、碳钢 – 镍基合金、碳钢 – 钛合金等）、高耐磨性（碳钢 – 耐磨钢、碳钢 – 马氏体不锈钢等）以及其他不同金属之间的复合材料。与堆焊复合、爆炸复合等方式相比，轧制复合方式可以以较低的成本生产质量更高、尺寸更广、品种更多、批量更大、性能更加稳定均匀的复合板。

目前，我国已有多家企业可以生产轧制复合钢板。利用开发的轧制复合技术平台优势，开发了耐蚀系列复合板，例如：奥氏体不锈钢与碳钢单面及双面，核电用 SA533+304L 系列厚板［厚度 62+7（mm）］，容器用 304L+Q345R［厚度 2 ~ 6+6 ~ 80（mm）］，超级奥氏体不锈钢 + 碳钢单面；钛合金 + 碳钢单面；耐磨系列复合板（如：双相不锈钢 + 碳钢单面；中高级耐磨钢 + 碳钢等）；冷轧极薄、高表面、高耐蚀、超高强易成形冷轧复合板卷等。在生产线上开发出真空轧制复合（VRC）装备，实现最大厚度 400mm 特厚钢板批量化生产，同时开发出幅宽 2m 的高品质 825 镍基合金 /X65 管线钢复合板以及幅宽 1.8m 的钛 / 钢复合板。

2.17　薄带铸轧技术

宝钢经过十余年的持续研究开发，自主集成建设了国内第一条薄带连铸连轧示范线，自主开发了无引带自动开浇、凝固终点控制、表面微裂纹及夹杂物控制、在线变钢级及变规格等系列薄带铸轧工艺技术；直径 800mm 结晶辊系统、侧封及布流系统、双辊铸机 AGC/AFC 控制模式、全线跑偏及张力控制等薄带铸轧装备技术；同时开发出超薄规格低碳钢、耐大气腐蚀钢、微合金钢等系列薄带铸轧产品；实现了装备模块化、高效化、高精度控制。浇铸厚度为 1.6 ~ 2.6mm，单机架最大压下率 45%，轧后产品的厚度规格为 0.9 ~ 2.0mm，表面和铸轧带边部质量良好。

2.18　板形检测与控制技术

过去，板形控制的研究多面向单个工序的独立对象，如热轧机、冷轧机、平整机等，针对某一工序段采取局部的解决措施。越来越多的研究和生产实践表明，板形控制需站在全流程的高度，建立各工序的板形分析模型，采取与工序特点相应的板形监测及控制方法，可取得好的综合效果。目前，采用全套的热轧板形综合控制技术，凸度精度控制在 $18\mu m$ 内可达 96% 以上，平坦度精度控制在 30IU 内可达 98% 以上；冷轧板形（平坦度）可控制在 8IU 内。

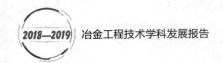

2.19 小方坯免加热直接轧制技术

小方坯免加热直接轧制技术则是充分利用方坯连铸切断后的余热,把方坯快速输送到第一架粗轧机前,直接进行热轧的技术。由于在连铸和轧钢的衔接界面取消了加热炉和方坯感应补热装置,极大地降低了轧钢工序的能耗,大幅降低了二氧化碳的排放。

重点研究了高速连铸的恒温出坯技术,包括拉速对方坯出坯温度的影响、浇注温度对铸坯出坯温度的影响、二冷对铸坯出坯温度的影响、铸坯角部形状对铸坯出坯温度的影响、切割方式对铸坯出坯温度的影响等。同时研究解决了方坯连铸和轧钢过程的衔接技术、低温控制轧制技术、产品的性能稳定性技术,以及免加热直接轧制的相关装备,在广东粤北钢铁联合有限公司年产 120 万 t 钢筋生产线、江苏中天钢铁有限公司 100 万 t 的棒线材等企业产线进行了实施,在节能减排、降低生产成本等方面取得了良好的效果。

3. 本学科国内外发展比较

对比国外先进国家轧制技术及学科发展,可见我国轧制学科理论技术总体上已处于国际先进或部分领先水平。学科方向主要包括:高性能、高强度钢材轧制技术基础问题研究;热宽带钢无头轧制/半无头轧制技术;高精度轧制与在线检测技术;复杂断面型材数字化/智能化设计与高质量轧制技术;棒材多线切分轧制技术;超超临界火电机组钢管制造技术;薄带铸轧技术;薄板及厚板复合轧制技术;高性能厚规格海底管线钢及 LNG 储罐用超低温 06Ni9 钢轧制技术;热轧板带材表面氧化铁皮控制技术等。

3.1 高性能、高强度钢材轧制技术基础问题研究

随着现代冶金材料科学技术的不断发展,高成形加工性能、高耐低温耐高温性能、高耐腐蚀性能、超高强韧性能等高性能、高强度钢得到不断开发和应用。随着航空航天、海洋工程、能源工程、现代交通工程以及进一步节约资源能源的发展需求,更高性能、更高强度、更均匀化稳定化的高性能、高强度钢的研究开发将持续不断地进行。多年来,国内许多冶金科技工作者一直在致力于高性能、高强度钢生产技术相关的应用科学基础研究开发和探索工作,在理论基础及应用技术方面取得显著进展,总体达到国际先进水平。

日本、韩国、欧洲以及北美洲和我国的一些大型钢铁企业、研究院所和高校在高性能、高强度钢的应用基础方面取得了大量的成果,有力地推动了先进高强度钢的开发、生产和应用。但由于实际大生产中的连续、大规模、高速的冶金加工工艺过程是一个十分复杂、系统的冶金工程科学问题,其中的许多基础科学问题与规律尚未得到完整系统的、定量化的分析、描述模型、表征与控制,仍需要紧密结合实际工艺过程进行不断深

入、系统地开展研究，为新的高性能、高强度钢产品开发及其稳定性生产工艺控制提供依据和基础。

3.2 热宽带钢无头轧制 / 半无头轧制技术

国内在 CSP 线上对半无头轧制从超长薄板坯均热温度均匀性控制、流程生产组织模式、工艺、设备及自动化控制等方面进行了系统的研究开发，突破了相关关键技术，进行了系统技术集成，实现了半无头轧制高质量薄规格宽带钢的大批量生产与应用，成效显著，总体技术达到国际先进，部分指标国际领先。我国目前还没有在常规热连轧线上通过中间坯快速连接、在精轧机组无头轧制薄宽带钢的成套技术和生产实例，而我国常规热连轧生产线已有 70 余条，十分需要相关关键技术及设备研发，在这一方面与日本 JFE、新日铁以及韩国浦项均有差距。

近 20 年来，日本 JFE 和 NSC、韩国 POSCO 和欧洲 ARVEDI、DANIELI 等都高度重视热轧薄板全连续无头轧制成套装备技术研究与工业实践。我国山东日照已有 4 条 ESP 线投产，产能 890 万 t，产品以 0.8 ~ 2.0mm 超薄规格为主，钢种除低碳、超低碳普板外，正在进行微合金、低合金钢品种开发及组织性能均匀性、稳定性控制研究，目前正在进行技术消化吸收及超薄带钢品种开发工作。另外，还有 2 ~ 3 条无头连铸连轧线正在建设中。目前，世界上实现热带半无头轧制的有德国、荷兰两个 CSP 厂以及国内的三家钢厂的短流程线，在半无头轧制工艺控制理论与技术集成创新、扩大薄规格产品范围、节能降耗等方面取得显著成效，证明该先进技术值得工程化推广应用。

3.3 高性能取向 / 无取向电工钢制造技术

在国际电工钢生产技术方面，日本钢铁企业一直走在前面。JFE 钢铁公司为满足用户的多样性需求，生产供应 "JG" "JGH®" "JGS®" "JGSD®" "JGSE®" 5 个系列的取向电工钢板。"JGH®" 系列中的厚度为 0.20 ~ 0.35mm 的钢板是高级取向电工钢板，相当于 HGO，铁损小于 "JG" 系列。"JGS®" 系列中的厚度为 0.23 ~ 0.35mm 的钢板是更高级取向电工钢板，相当于 HGO，具有高磁感应强度和低铁损。此外，由于晶粒具有高取向度，有利于变压器的低噪声化。"JGSD®" 系列是钢板表面加工成沟槽的耐热型磁畴细化低铁损取向电工钢板，可用于进行消除应变退火的卷铁芯变压器。"JGSE®" 系列是钢板表面导入局部应变的非耐热型磁畴细化低铁损取向电工钢板，可用于叠铁芯变压器。

JFE 公司已经开发出耐热型、非耐热型磁畴细化取向电工钢板等世界最高水平的取向电工钢板。目前，JFE 钢铁公司正在进行新一代取向电工钢板的研究开发。开发材的铁损比基材 23JGSD080 的铁损 $W_{17/50}$=0.75W/kg 降低了 16%。与传统变压器铁损相比，用开发材制作的卷铁芯变压器在额定电压下（B_m=1.7T），铁损降低 11% ~ 12%，在 110% 额定电压下（B_m=1.91T），铁损降低 21% ~ 23%。

在无取向电工钢研发方面，JFE 公司积极推进适应家电高效率电机和混合动力汽车电机要求的电工钢板的开发。已经开发出高效率电机用磁感应强度铁损综合特性优良的 JNE® 系列产品、高频电机用高频铁损低的薄电工钢板 JNEH® 系列产品、高扭矩电机用高磁感应强度电工钢板 JNP® 系列产品、高速电机转子用高强度电工钢板 JNT® 系列产品。

在高频磁性材料用高硅电工钢研发方面，JFE 公司利用化学气相沉积法（CVD）生产高 6.5%Si 钢板（JNEX），并在世界率先开始高 Si 钢板工业化生产。同时利用 CVD 法工业化生产 Si 梯度钢板 JNHF，通过对 JNHF 钢板厚度方向上的 Si 浓度控制，使钢板表层具有高导磁率，同时降低了钢板的涡流损耗。

从以上国际高性能电工钢制造技术方面来看，我国已在部分钢种的制造技术上达到国际先进或领先水平，但总体综合技术及技术创新能力方面仍有一定差距。

3.4 薄带铸轧技术

进入 21 世纪以来，世界上装备进行半工业化试验和生产的薄带铸轧机组的工厂有德国蒂森克虏伯公司克莱菲尔德厂、美国钮柯克莱福兹维尔卡斯特里普（Castrip）厂、中国宝钢特钢集团薄带铸轧试验厂等，规模分别为 30 万 t/a、50 万 t/a ~ 100 万 t/a 和 50 万 t/a，钢种包括低碳钢、不锈钢、碳工钢和电工钢等，但在作业率、成本和钢带质量上还存在一些问题。目前，已经建成一条 50 万 t/a 的新线。国内以宝钢为代表的薄带铸轧技术开发已形成一套自有知识产权的工艺技术，总体技术已进入国际先进行列，但在技术设备推广、产品品种拓展及进一步提高产品竞争力等方面仍有许多工作要做。

3.5 超超临界火电机组钢管制造技术

在国际上，日本燃煤火力发电从过去的超临界锅炉蒸汽温度 538℃ 或 566℃，发展到目前超超临界（USC）锅炉，发电效率为世界最高，达到 43%。USC 锅炉是由于优良的耐热管材的开发成功才能够实现的，日本制造的锅炉钢管广泛已应用于全世界。其开发的超超临界燃煤火力发电锅炉钢管包括：①开发钢 TP347HFG 的细晶化工艺，在高于固溶处理温度下进行冷拔前的软化处理，用这种方法预先使 Nb 的碳氮化物充分固溶，然后进行高强度的冷拔加工，使钢中产生大量位错；②喷丸处理提高抗水蒸气氧化性；③提高高温强度的含 Cu 锅炉钢管：对于 347H 等奥氏体不锈钢，当钢中含有百分之几的 Cu 时，在 600℃ 的工作温度下，经过长时间，微细的 Cu 相弥散析出，其粗大化进展缓慢，提高了钢的高温蠕变强度；④高强度大口径厚壁高 Cr 钢管：火力发电锅炉主蒸汽管和高温再热蒸汽管为外径 350 ~ 1000mm、壁厚超过 120mm 的大口径厚壁钢管。另外开发出 Gr.92（9Cr-1.6W-Mo-V-Nb）钢管，利用 V、Nb 的复合碳氮化物的析出强化作用和高温下含 W 碳化物、Laves 相的析出强化作用，提高钢的高温强度。

目前，日本、美国、欧洲和中国正在进行新一代 USC（A-USC）锅炉项目的研究开发。

A-USC 锅炉蒸汽温度将达到 700℃，发电效率提高到 46% 以上。A-USC 锅炉最高温度部位的锅炉管和配管需使用具有很高高温强度的新型 Ni 基合金，日本目前正在以官民一体化项目的形式进行研究。

火力发电设备为了提高热效率，需要高温高压，因此对高 Cr 耐热钢的需求激增。日本研究人员和 EPRI（美国电力研究所）共同研究后，提出低 Ni、Al、P 系锅炉用改良 ASME P92 钢，生产 650℃（高压）、650℃（中压）、35MPa、800~1000MW 级的 USC 火力发电设备，可生产出利于环保，且在经济性、应用性方面都具有优势的产品。为使高温强度由 593 ~ 600℃提高至 650℃，需要将 Ni 的添加量由 0.2% 左右减少至 0.01% 左右；Al 含量由 0.01% 左右降低至 0.001% 左右；P 含量由 0.010% 降低至 0.001% ~ 0.002%。

相比而言，我国在超超临界火电机组钢管制造技术方面已进入国际先进行列，并在部分领域达到领先水平。

3.6 钢中夹杂物及析出物控制技术

钢中夹杂物及析出物是影响钢材表面及内部质量性能，尤其是钢的强韧性的关键因素之一，一直是国内外钢铁冶金技术关注的重点。近年来，国内外在钢中夹杂物及析出物研究与控制技术方面不断出现新理论、新技术与相应的新产品。例如，氧化物冶金，夹杂物微细化控制，形变与相变过程中的纳米粒子析出控制技术等。在精细组织控制、提高钢材性能（包括成形加工性能、焊接性能及使用性能等）、节约合金元素、降低钢材成本以及日本开发生产纳米析出强化钢（NANO-HITEN 钢）等效果显著。国内在 CSP 线上开展了系列工作，通过微合金化和控轧控冷技术的有机结合，对纳米 Ti（C、N）析出相在屈服强度 700MPa 级高强超细晶粒铁素体 – 珠光体带钢进行了系统研究，纳米沉淀粒子显著提高了钢的强度，并节约了大量合金。

3.7 高性能厚规格海底管线钢及 LNG 储罐用超低温 06Ni9 钢轧制技术

在国外焊接 HAZ 韧性优良的海洋工程用 TMCP 厚钢板研发方面，新日铁住金在保证焊接接头 CTOD 特性钢的开发方面，已经开发出 Ti-N 钢、Ti-O 钢、Mg-O 钢和 Cu 沉淀硬化钢。利用这些技术开发出屈服强度 355MPa 级以上的高强度钢，并达到实用化。新日铁住金将利用这些微细粒子的 HAZ 高韧性技术总称为 HTUFF®（High HAZ Toughness Technology with Fine Microstructure Imparted by Fine Particles）。新日铁住金将保证焊接接头 –20℃ CTOD 值为目标，以 Ti-O 钢为基钢利用 EMU 技术制造出 YP420MPa 级、100mm 厚钢板（New HTUFF 钢），不仅焊接熔合线附近组织的有效晶粒直径小于传统钢，而且由于低 Si 化和无 Al 化，减少了岛状马氏体组织（MA），以及 Ti-N 配比最佳化，避免了 TiC 脆化。该钢板具有良好的母材和焊接接头力学性能，并已经投入生产。

在国外，新型 LNG 储罐用钢板研发方面，为了降低 LNG 储罐建造费，新日铁住金开发了新型 LNG 储罐用钢（Ni 含量为 6.0% ~ 7.5%）。该钢种的性能与作为 LNG 储罐用钢应用了数十年的 9%Ni 钢相当。降低了 Ni 用量，增加了 Mn 用量，同时添加了 Cr 和 Mo，采用 TMCP–L–T（直接淬火 – 中间热处理 – 回火）工艺。新钢种可以降低成本、减少 Ni 添加量。新型 LNG 储罐用钢在抑制脆性破坏发生和中止裂纹传播方面具有优良的特性，现已被收录于 JIS（JIS G 3127）、ASTM（ASTM 841 Grade G）、ASME（Code Case 2736，2737）中。新型 LNG 储罐用钢具有与 9%Ni 钢相同的性能，并已经投入实际应用。该钢种还可作为资源节约型新型储罐内壁材料使用，进一步扩大了应用范围。另外，为了节省镍合金并提高 LNG 储罐的强度，韩国浦项开发出具有较低成本高性能的 LNG 储罐用高锰钢，其锰含量为 15% ~ 35%，其材料及加工的总费用约为 9% Ni 钢的 1/4，极大地提升了产品竞争力。

我国在产品及技术开发应用的总体技术已达到国际先进水平及部分领先。

3.8 离线及在线热处理强化技术

高强韧钢材的离线及在线热处理强化技术近年在国内外均十分受重视，日本钢铁企业的在线热处理提出和发展最早，包括热轧板带材及棒线材，超快速冷却技术也在多家企业得到应用。因此，通过开发建设先进的离线或在线热处理装备与技术，对生产高强及超高强韧钢材意义重大。

例如，通过科学的合金成分设计及先进的热处理工艺，获得多相组织转变，得到多相组织及钢中析出大量的纳米碳化物，显著提高钢的强韧性。先进的离线热处理装备在美国及欧洲的一些钢铁企业配备完整，一些高性能超高强钢材不仅批量生产且有大量出口。我国近年一些钢铁企业尤其是中厚板企业在离线热处理线的建设上投入很大，也取得了很好的效果。攀钢重轨在线热处理技术已形成自主知识产权，所生产的高强韧重轨有大量出口，近年已将该技术移植到鞍钢重轨生产线，取得良好的效果，该项技术已达到国际领先水平。

3.9 高精度轧制与在线检测技术

主要技术包括：铸坯加热及均热温度均匀化控制技术；中厚板轧制尺寸形状精确控制技术；热连轧板厚、板形高精度控制技术；型材及棒线材尺寸形状精确控制技术；轧辊磨损在线检测及预测技术；热轧、冷轧板形板厚在线高精度检测技术；热轧材轧制过程中的温度高精度检测与控制技术；型材尺寸形状在线高精度检测技术；连轧过程中的智能化控制技术。

这些技术在德国、瑞典、日本等国的先进钢铁企业已有大量成功的应用。国内已有一些企业开发并应用了相关技术，例如中厚板尺寸形状高精度轧制与高精度在线检测，热轧及冷轧薄板板厚及板形高精度轧制与高精度在线检测，型钢及棒线材高精度轧制及高精度在线检测等取得了良好的应用效果，不仅显著提高了轧材质量，而且在提高成材率、降低材料消耗和成本方面效果显著。

3.10　组织性能精确预测及柔性轧制技术

柔性轧制技术是现代化钢材产品减量化、稳定化、高效化、智能化及低成本制造技术的重要组成部分。欧洲、北美和日本等国家和地区的钢铁企业十分重视该项技术的研发与应用，国内钢企近年也投入大量人力财力进行研究，并已取得了良好的效果。此项技术目前还仅限于少数企业和少数钢种，所建立的材料数据库、模型库及软件还远不能满足大规模应用的要求。此项技术需要持续、系统地研发、应用和推广。

4. 本学科发展趋势与对策

4.1　绿色化、数字化、智能化轧制技术成为必然趋势

钢材的轧制过程是集材料、工艺、设备、高精度检测及控制于一体的庞大复杂过程，将这一复杂的多因素交织的过程形成系统的数学模型并进行数字化描述与快速数据传递，是进一步实现智能化的基础。在不同的扁平材及长材轧制过程中，需要根据不同的钢种、轧制工艺、轧制设备以及不同的轧制阶段建立相应的材料模型、几何模型、物理模型、轧制设备及辅助工具模型等，对温度场、力场、金属流动速度场、组织场等进行三维数字化描述与分析，为工艺优化及进一步形成智能化轧制控制技术提供基础。

另外，钢材产品的全生命周期智能化设计、高效、减量化生产、生产过程中的低排放低消耗、由高强韧化带来的结构轻量化与低排放、可循环利用等，成为钢材轧制生产绿色化的必然选择和发展趋势。

4.2　基于大数据的钢材生产全流程工艺及产品质量管控技术已成为现代轧制过程控制的基本手段

保证钢材质量性能一致性的前提是钢材从冶炼到轧制生产全流程的工艺控制的稳定性。在生产全流程过程中将形成海量数据，利用大数据对实现工艺与产品质量的稳定性、一致性控制至关重要。因此，需要建立基于钢材生产全流程的工艺质量大数据平台，形成从冶金成分、铸坯质量到轧制全流程工艺质量数据集成技术，结合钢材表面质量缺陷与内部晶粒组织性能在线检测技术，对各轧制工艺参数、轧件质量进行在线监控、追溯分析与评价、质量在线评级，同时进行工艺参数波动因素分析、为工艺稳定性控制和优化控制提供依据。

4.3　钢结构用超高强韧钢对轧制钢材的质量性能提出了新要求

随着新型建筑结构的发展，对高层、超高层建筑用高强韧钢、耐候耐火抗震钢、大

型桥梁结构及缆索、强力螺栓用钢等的需求将不断增长。日本三大钢企正在加速钢结构用厚板的高端化进程，新日铁住金应用 TMCP 技术开发生产的桥梁用高屈服点钢板"SBHS（Steels for Bridge High Performance Structure）"比普通桥梁用焊接结构钢具有更高强度、更高韧性、焊接性和冷加工性；JFE 开发生产的建筑结构用低屈强比 780MPa 级超高强厚钢板"HBL630–L"具有确保抗震安全性所需的 85% 以下的低屈强比和高焊接性、高韧性；神户制钢开发生产的桥梁用长寿命化涂装用钢板"ECO View"是一种提高钢桥寿命的耐候钢板，可大幅度降低生命周期成本。浦项应用 TMCP 技术开发的 HSB800 系列桥梁专用高性能钢的抗拉强度 ≥ 800MPa，伸长率 ≥ 22%，HSB800W 具有很强的耐候性。目前，桥梁钢的强度已超过 800MPa，建筑结构用钢板的强度已达到 1000MPa，钢缆线强度超过 2000MPa、钢丝的强度达到 4000MPa、抗震钢的屈强比上限在 0.8，今后这些指标将进一步提高。

支撑这些高强度、高性能钢材的生产技术主要包括：钢质的高洁净化、微观组织的精细控制以及通过 TMCP 技术的组织细化与复相化。在轧制 – 控冷工艺过程中，通过改变碳及合金含量和冷却速度与路径，可获得各种不同的相变组织，从而赋予钢材多样的材料特性，据预测，钢材的理想强度可能达到 10000MPa 以上，甚至可以说钢材是还处于发展阶段、其中还隐藏着巨大潜力的"新材料"。

4.4 第三代汽车用钢对板带材轧制技术提出了新要求

第三代汽车用钢的主要特点是其合金含量明显低于第二代汽车用钢，同时具有高强韧性和高的强塑积。近年来，国内外一些大型钢铁企业及研究院校不断致力于第三代汽车用钢的研究开发及应用。在国外，如德国蒂森、日本新日铁住金、JFE、神户制钢、美国 AK 钢铁公司、韩国浦项，国内的多家大型钢铁企业已经开发或正在开发 1000MPa 级、1200MPa 级、1300MPa 级和 1500MPa 级中锰钢、QP 钢、纳米强化钢等第三代汽车用钢，正在进行一定批量的应用，但目前应用量还只限于较小的范围，主要问题在于批量生产产品性能的稳定性、一致性、成本控制以及成形应用控制技术上还需要进一步的研究开发。

4.5 超高强度钢的未来发展对轧制技术提出了新挑战

今后，为了进一步适应环境与绿色化发展的要求、节能减排、实现结构轻量化、节约资源与能源，钢质结构件的强度和性能将进一步提高。据新日铁住金的研究开发计划，钢的理想抗拉强度为 10400MPa，但目前最高仅实现 40%，汽车用钢才达到 15%，抗拉强度还有很大的提升空间。为此，其计划为，到 2025 年，汽车防撞钢梁抗拉强度将由 2015 年的 1760MPa 提升到 2450MPa，发动机舱盖抗拉强度将从 1180MPa 提升到 1960MPa，中柱抗拉强度将从 1470MPa 提升到 1960MPa，车门外板强度将从 440MPa 提升到 590MPa，同时，作为加工性指标，延展性能将和抗拉强度同时得到提高。作为最具代表性汽车结构用钢，热冲压成形用钢将向更高强度的超高强韧性方向发展。目前，1500MPa级热成形钢在汽车上已有较多的应用，而1800MPa级和2000MPa以上级别超高强度热成形薄钢板的研究开发和应用正在进行中。为提高强韧性，重点开发热冲压后原始奥氏体晶粒微细化、提高淬透性的1800MPa级热冲压钢板，其伸长率、淬透性、点焊性、氢脆性等特性与现行热冲压成形钢无明显区别。但其韧性以及成形件的低温弯曲特性等方面还有待于提高，这可能与热轧、冷轧以及热处理工艺控制有关。此外，造船用以及重工业用厚板要求抗拉强度、低温韧性、焊接性能良好，冷轧汽车高强钢力争抗拉强度实现1400～1800MPa，同时延展性达到20%～40%，并同时进行1470MPa钢的高延展性开发及降低全生命周期成本的材料研究。在微观层面进行特性改进，在宏观层面推进工艺优化，进一步开发出优良性能的超高强钢铁材料。

4.6 优质钢材品牌化是轧制技术发展的重要战略目标

目前全球钢铁需求量约15亿t，其中高品质钢材约占20%，但其附加值却占全部钢材的40%以上，除高品质钢材本身具有的附加值外，其品牌优势及其价值是另一重要因素。近年来，国际上许多大型先进钢铁企业十分重视其钢材产品的品牌化发展战略，在提升产品品质品牌、企业品牌的同时，覆盖其更多的产品品种，由此带动和提升企业的所有品种、产生更大的经济效益。如蒂森克虏伯、新日铁住金、神户制钢、JFE、安赛洛－米塔尔、瑞典SSAB、浦项，以及我国的宝钢、鞍钢、太钢的高品质钢材品牌等，在国内外钢材市场竞争并取得较高效益中发挥了十分重要的作用。

蒂森克虏伯不仅在德国内陆杜伊斯堡拥有包括高炉冶炼和热轧、冷轧、热处理及表面处理在内的国际一流的全流程钢铁企业，还在多特蒙德有下游加工厂，并在中国合资建立了热镀锌钢板产线，同时，在海外形成了汽车板完整的销售体系，其产品所占最高比例是汽车板，占年销售额的25%。蒂森克虏伯于2008年启动了名为"InCar®Plus"的汽车用钢战略，为汽车车身、底盘和动力总成提供解决方案，由此发展成为包括提高产品附加值的轻量化和电气化等在内的汽车用钢战略项目，其产品能打入日本汽车企业的优势在于可实现全球化供货及品质、冷成形与热成形两方面的新技术和第三代汽车用钢开发等。

瑞典钢铁公司（SSAB）年粗钢产量为800万t左右，但在高品质钢材市场却占有举足轻重的地位。例如，其开发的系列耐磨钢板Hardox，从0.7～2.1mm的冷轧薄板到40～160mm中厚板享誉世界。Hardox产品的优势是耐磨、使用寿命长、硬度稳定、加工性高，在具有高硬度的同时，还具有较高的韧性，产品不但成分、性能非常稳定，公司还自主开发了相应的焊接工艺，为用户提供包括钢材使用方法在内的一揽子解决方案和附加价值。

4.7 多学科交叉融合的轧制创新体系将不断形成和发展

1）轧制塑性变形理论技术与冶金过程控制、连铸凝固理论技术的融合及一体化

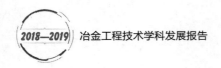

控制。

2）轧制理论技术与现代材料科学、纳米技术、复合材料技术、表面技术、材料基因及材料多尺度设计、预测与控制等技术的融合。

3）轧制理论技术与大数据、计算机技术、数值模拟、现代塑性力学、高精度检测与智能控制等技术的融合。

4）超厚、超薄、超宽、复杂断面、特殊应用环境（超高温、超低温、耐腐蚀等）高性能、高精度轧材成套系统制造技术。

5）材料设计制造与成形应用、综合考虑环境资源及可循环、全生命周期一体化的材料设计理论与制造技术。

参考文献

［1］五弓勇雄. 金属塑性加工の进步［M］. 东京：コロナ社，1978，203–204.

［2］Sina 新浪财经，国家统计局. 中华人民共和国 2015 年国民经济和社会发展统计公报：2015 年我国钢材实际产量 7.795 亿吨，2016.

［3］殷瑞钰. 关于智能化钢厂的讨论—从物理系统一侧出发讨论钢厂智能化［J］. 钢铁，52（6），2016，1–12.

［4］王国栋. 中国钢铁轧制技术的进步与发展趋势［J］. 钢铁，49（7），2014，23–29.

［5］王国栋. 钢铁行业技术创新和发展方向［J］. 钢铁，50（9），2015，1–10.

［6］毛新平，高吉祥，柴毅忠. 中国薄板坯连铸连轧技术的发展［J］. 钢铁，2014，49（7）：49–60.

［7］康永林，朱国明. 中国汽车发展趋势及汽车用钢面临的机遇与挑战［J］. 钢铁，2014，49（12）：1–7.

［8］古原忠，宫本吾郎，纸川尚也. ナノ析出组织による铁钢材料の高强度化［J］. 塑性と加工，2013，54（633）：873–876.

［9］Shengci Li, Yonglin Kang, Guoming Zhu, et al. Microstructure and fatigue crack growth behavior in tungsten inert gas welded DP780 dual–phase steel［J］. Materials and Design，2015（85），180–189.

［10］孟群. 日本钢结构与钢材的开发进展，世界金属导报［J］. 2016，B08–09.

［11］康永林，朱国明，陶功明，等. 高精度型钢轧制数字化技术及应用［J］. 钢铁，52（3），2017–3，49–57.

［12］罗光政，刘相华. 棒线材节能减排低成本轧制技术的发展［J］. 中国冶金，25（12），2015，12–17.

［13］杉本公一，小林纯也. 冷间プレス成形性に优れた先进超高强度低合金 TRIP 钢板［J］. 塑性と加工，2013，54（634）：949–953.

［14］伍策，王鹏. 截至 2016 年年底全国铁路营业里程达 12.4 万公里. 中国网，2017.

［15］刘小江. 热轧无取向硅钢高温氧化行为及其氧化铁皮控制技术的研究与应用［D］. 沈阳：东北大学，2014.

［16］刘鑫，冯光宏，张宏亮，等. 免加热直接轧制工艺对钢筋组织和性能差异性的影响［J］. 钢铁，2018，53（12）：86–93.

［17］Cao G M，Li Z F，Tang J J，et al. Oxidation kinetics and spallation model of oxide scale during cooling process of low carbon microalloyed steel［J］. High Temperature Materials and Processes，2017，36（9）：927–935.

撰稿人：康永林　陈其安　丁　波　宋仁伯

冶金机械及自动化分学科
（冶金机械）发展研究

1. 引　言

"冶金机械及自动化"是冶金工程技术学科下的二级学科，包括"冶金机械"和"冶金机械自动化"两部分，融合了机械、材料、冶金、控制等学科的知识，形成了具有冶金工程特点的知识体系。本学科与"机械工程""材料科学"等一级学科以及"轧制""钢铁冶金""有色金属冶金""自动控制技术"等二级学科有着密切的关系。

1.1　冶金机械的基本概念

冶金机械是冶金生产过程中采用的机械设备的总称，也称冶金设备。生产过程主要包括：冶炼、铸锭（模铸，连铸）、轧制（塑性成型）、轧后处理（热处理，表面涂镀、精整、包装）等。冶金机械品种多、重量大、结构复杂，且多在重载、多尘、高温和有腐蚀的条件下连续工作，属于重型机械或重型装备。

用于有色金属（铝、铜等）生产与黑色金属（钢铁）生产的机械设备具有共同的特点，很多设备相同或相近。由于钢铁生产的规模大、产量大、产品用途广，故机械设备具有数量更多、结构更大、载荷更重、成套性更强、发展更快、技术水平更高等特点，是冶金工程技术领域关注和研究的重点。

广义的冶金设备除了冶金机械，还包括保证机械设备工作、生产工艺执行、运行过程管理的控制和检测等设备，如液压设备、电气设备、检测仪表、工业计算机等，这些设备协同工作以实现冶金机械的自动化。

1.2　冶金机械的研究对象

按钢铁（黑色金属）生产的工艺流程，冶金机械的研究对象主要有以下四种。

1）炼铁设备。包括高炉炼铁设备（含炉体、炉前、炉顶设备等），非高炉炼铁设

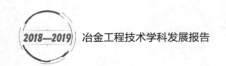

备等。

2）炼钢设备。包括转炉炼钢设备，电炉炼钢设备，炉外精炼设备，连续铸钢设备等。

3）轧钢设备。按生产的产品，有板材、管材、型材、长材（棒材、线材）等的轧制设备；按设备的功能，分主设备（指轧钢机、平整机等承担主要的塑性变形的设备）和辅设备（指剪切机、卷取机、推钢机、翻钢机、辊道、步进梁）两大类。

4）后处理设备。包括轧材的热处理（退火，淬火）、矫直（矫平）、切分（纵切，横切）、表面涂镀（电镀、热镀，镀锌，镀锡，彩涂）、冷床等设备，以及收集、包装等设备。

1.3 冶金机械的主要任务（研究内容）

1.3.1 冶金机械新理论和新技术

冶金机械新理论、新方法和新技术不断取得的进展不仅促进了钢铁生产工艺、技术水平的提高，也为冶金装备现代化提供了新的理念和依据。中华人民共和国成立 70 年来，钢产量的增长、品种的丰富、质量的提升，有力地支撑了国民经济的发展。冶金设备行业是我国基础性行业之一，是为冶金工业生产装备的"母机"行业，处于国家基础工业上游，发挥着重要作用。"十三五"期间，我国经济发展步入速度变化、结构优化、动力转换的新常态，钢铁工业面临着需求下降、产能过剩及有效供给不足等方面的严峻挑战。冶金机械装备的发展需要以推进绿色制造、发展智能制造为目标，越来越趋向大型化、连续化。

1.3.2 冶金装备大型化和连续化

1）大型化。指机械设备的总吨位大、单体设备大、投资大，设备的工作负荷大、能耗大等。设备的大型化是实现高效生产的重要途径，典型代表有：5500m³ 以上的特大型高炉，300t 以上的转炉，Φ1000mm 断面的圆坯连铸机，辊面长度分别达到 5500mm 的中厚板轧机和 2250mm 的宽带钢热连轧机等。大型化的实现，离不开机械装备制造的技术进步和水平提高。

2）连续化。指多个单体设备串联后构成了一个工艺段，如多台轧机串联实现连轧；或多个工艺段串联组成连续的生产线，如连铸段与热连轧段串联组成"连铸连轧"生产线，拉矫、酸洗、冷连轧段串联组成实现"酸轧"生产线，轧件连续退火段与平整段、涂镀段串联，等等。连续化不仅大大提高了生产效率和产量，还对改善产品质量、节能降耗、减轻劳动强度等方面具有重要作用。连续化的实现，不仅依靠工艺改进和自动化控制水平的提高，更与机械装备创新以及其可靠性、耐用性、可维护性的提高密切相关。

1.3.3 冶金成套设备绿色化和智能化

1）绿色化。指在为实现冶金生产绿色化，与一些新工艺、新技术（如高炉余热回收，热卷箱连接，板带无头轧制，在线余热淬火和热处理）配套的机械设备以及设备的长寿运行保障技术等。在"发展低碳经济、倡导绿色发展"的要求下，我国钢铁行业要实现低碳、绿色发展，要不断推进资源利用高效化、生产过程集约化、污染排放最小化的先进工艺技术。要实现这一目标，需要先进、高效的冶金装备，这为冶金装备制造业带来新的发展机遇。

2）智能化。指在冶金生产中，采用信息化、数字化技术对机械设备的运行进行全面的控制与管理，提升冶金机械单体设备和成套设备的运行质量，保障设备运行状态的可靠性和产品质量的稳定性，从而实现钢铁全流程智能化制造。典型的有高炉布料系统的控制，连铸，轧钢机压下、速度控制，轧件冷却系统控制，轧件卷取机踏步控制等。

2. 本学科国内发展现状

伴随中国钢铁工业的发展，我国冶金机械及自动化装备的自主研发和成套装备自主集成能力的显著提升，在冶金装备大型化、自动化、智能化以及重大工程成套装备集成创新方面取得显著进展，代表性成果：4000m³ 和 5000m³ 特大型高炉及配套特大型焦化、烧结、球团设备，世界上最大断面的圆坯连铸机，特大方矩型连铸机、特厚板坯连铸机，新一代控轧控冷装备与技术，2000mm 以上宽带钢连轧机组和 4000mm 以上中厚板生产机组等装备都实现了完全自主研制与集成，已达到国际先进水平。

2.1 冶金机械新理论和新技术

2.1.1 大量炼钢装备新技术研发取得丰硕成果

近年来，我国取得大量炼钢装备新技术研发成果，有些自主技术已达到国际先进水平，一批发明专利技术已推广应用，如炉渣蘑菇头保护底吹透气砖装备技术、超大型转炉的组合法安装技术、转炉炉体下悬挂连接装置与炉壳长寿命技术、转炉氧枪和副枪及其相关设备的设计和控制技术、转炉干法/半干法除尘装备技术、电炉集束氧枪与系统装备技术、钢水真空精炼顶吹多功能装备、机械真空泵系统 RH 装备技术等。

2.1.2 板带轧制领域冶金机械制造方法取得显著进展

在现代化程度、装备水平最高的板带轧制领域，大型板带轧机尤其是宽带钢热、冷连轧机机型与板形控制理论及技术，基于快速图像处理技术的表面缺陷在线监测方法和检测系统，多功能一体化材料热模拟方法与性能检测技术，热轧钢材控制冷却装备技术，基于无线传感器网络的冶金装备状态在线监测系统。现代冶金机械装备系统的以虚拟样机技术、数字化设计与装配为基础的机械设计自动化，以及统筹考虑冶金装备运行中全系统的静力学和动力学行为的机液电系统的耦合动态设计方法、冶金机械制造方法及技术等均取得显著进展。

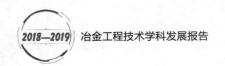

2.1.3 冶金行业数字化仿真设计技术日益成熟

随着计算方法和虚拟实现技术的不断完善，工艺流程的数字化仿真和装备研制的数字化设计技术日益成熟。冶金行业数字化仿真和数字化设计不仅用于静态问题，也应用于动态问题。仿真对象涉及各个工序，包括高炉温度场和流场、连铸过程的水口流场、连铸坯凝固过程、加热炉流场和温度场、板坯加热过程温度场、轧制过程板带形变和相变、冷却线和卷取过程板带温度场和相变、连退炉带钢温度场和相变等。

2.1.4 ASR 等宽带钢热连轧机板形控制技术取得进展

在宽带钢热连轧机板形控制技术方面，结合工作辊长行程窜辊和强力弯辊设备，开发了能够控制不均匀变形和不均匀磨损的 ASR 非对称辊型及轧制技术，提高了设备的能力，改善了产品的板形质量。在冷轧带钢领域，针对四辊、六辊轧机开发的辊型及使用技术，提高了以电工钢为代表的特殊产品的板形质量。

2.1.5 图像冻结技术、快速图像处理和模式识别技术突破创新

我国通过自主开发的图像冻结技术、快速图像处理和模式识别技术等多项创新技术，集成为连铸坯、热轧板带、冷轧板带板带表面缺陷在线监测方法与成套系统向国内钢铁企业进行推广，已经成功应用于热轧带钢、冷轧带钢、中厚板、连铸板坯等生产线，并推广应用到有色行业。

2.1.6 多功能一体化热力模拟试验机应用技术取得进展

我国自主研制的多功能一体化热力模拟试验机，将原来用多台设备才能实现的功能集成为一体，可以模拟温度、应力、应变、位移、力、扭转角度、扭矩等参数，能进行拉伸、压缩、扭转、热连轧、铸造、相变、形变热处理、焊接、拉扭复合、压扭复合等多种实验，为研究材料组织或性能的变化规律、测定热加工过程组织演变规律、评定或预测材料在制备或受热过程中出现的问题、制定合理的加工工艺以及研制新材料提供了重要手段。

2.2 冶金装备的大型化和连续化

冶金装备的现代化支撑了我国钢铁工业的快速发展。目前世界上最现代化、最大型的冶金装备几乎都集中在中国，如 5500m³ 的高炉、5500mm 大型宽厚板轧机、2250mm 宽带钢热连轧机和 2180mm 宽带钢冷连轧机等。近年来，我国大型化和连续化的重大冶金机械装备的自主设计水平和自主集成集成创新能力不断增强，具有自主知识产权的中国冶金装备质量品牌的形成，为我国冶金装备"走出去"奠定了良好基础。自我国发布《国务院关于加快振兴制造业若干意见》起，政府主导的大型冶金装备自主创新目标，推动了我国冶金装备自主化的进程。

2.2.1 大型冶炼高炉技改建造综合技术取得进展

近年来，我国炼铁技术已进入自主创新阶段，加快了高炉大型化的进程，同时也完善了环境友好的高效、安全、长寿的高炉技术，从而实现高炉炼铁技术的转型升级和创新。

我国将高炉炉体纠偏复位方法、高炉炉底更换方法、管道循环酸洗装置、热风炉拱顶耐材拆除方法及装置、高炉炉壳倒装方法、高炉煤气系统上升管及五通球安装方法、高炉煤气系统下降管安装方法等发明专利技术以及自主研发的"大型冶炼高炉技改建造综合技术的研究和应用"已成功应用于多家大型钢厂高炉建造大修项目。

2.2.2 300t 大型转炉实现了转炉炼钢全自动化

我国自主设计制造的300t大型转炉顺利投入生产并实现了转炉炼钢全自动化。通过多年的引进消化与自主创新，完全国产化的100t超高功率电弧炉、120t高阻抗超高功率电炉主体设备均顺利投产，部分技术指标接近国际水平；并且已掌握了自主设计、制造、安装、调试大型二次精炼设备（如300t RH、200t 以上VD和LF钢包精炼炉、300t 转炉铁水"三脱"与少渣冶炼工艺技术）的能力，在国内市场的竞争中已占绝对优势，还有少量出口。

2.2.3 连铸等成套装备自主设计与集成方面取得突出成绩

我国目前已经拥有世界上类型最齐全的连铸机，包括各种断面、形状及技术水平的连铸机，从立式、立弯、直弧、弧形到水平连铸机。经过多年的努力，绝大部分均可立足国内设计与制造。板坯连铸、方坯或异形坯连铸等成套装备自主设计与集成方面取得了突出成绩。如薄带连铸连轧工艺装备技术、板坯连铸机的扇形段技术、结晶器总成、垂直连铸装备、异型坯连铸装备等，不但可立足国内设计与制造，而且已实现部分出口。在大断面、超大断面连铸装备设计制造方面取得较大发展，先后有 Φ1000mm 大型圆坯、480mm×3600mm 特大合金矩形坯、370mm×2600mm 宽厚板、400mm×2700mm 特厚板坯连铸机等多条生产线成功投产、420mm 厚度特厚板坯连铸工艺、装备及控制关键技术，大型高效板坯连铸机自主设计与集成且均立足于国内设计制造。

2.2.4 5000mm、5500mm 等特大型中厚板轧机取得创新发展

我国采用自主集成和引进国外技术相结合的方式，建设了一套5000mm、两套5500mm 等特大型中厚板轧机，在消化、吸收世界上先进的中厚板生产技术和装备的同时，采用了我国自主创新的关键技术和共性技术，使得我国中厚板的工艺、装备和产品已经达到国际先进水平。近年来，我国建成的5500mm 宽度最大的厚板轧机，主轧机实现了强力化和高刚度，采用了厚度自动控制、平面形状控制等先进、实用的计算机控制系统。我国自主开发了控制冷却系统，包括超快速冷却技术和DQ技术，实现了TMCP技术的创新发展。在辅助设备方面，我国引进和自主研发的强力矫直机、滚切式剪切机、超声波探伤、热处理设备等都达到了国际先进水平。目前，我国中厚板生产装备采用的先进技术：板凸度和板形控制、厚度自动控制、直接淬火、回火工艺（辊式淬火、常化快冷、层流冷却、超快冷）。

2.2.5 热浸镀铝钢板工艺装备开发与制造技术取得突破

我国研发的"热浸镀铝钢板工艺装备开发与制造技术"，率先开发出了自主知识产权

的连续热浸镀铝板生产工艺装备，对连续热浸镀铝生产线上的关键设备进行了自主研制开发，设计建设了目前国内唯一的年产 35 万 t 连续热镀铝 / 铝锌硅钢板两用生产线。针对市场需求开发了热浸镀铝硅钢板、单面镀铝钢板、热镀铝硅铜镁钢板、耐指纹电柜专用电板、超高强度热成形用镀铝钢板等多种热镀铝钢板品种，替代进口，填补国内空白，满足了汽车、家电、建筑、太阳能等不同行业的需要，一定程度上缓解了我国热浸镀铝板完全依赖进口的局面。

2.2.6 钢管生产装备打破国外技术垄断，实现国产化

钢管生产装备的国产化工作备受行业的高度关注并取得新进展，打破了国外厂商长期以来对连轧管技术的垄断，也就意味着中国已成为全世界第 3 个能够自主设计建造大型连轧管机组的国家。我国自主设计和制造了各类管坯（钢管）加热炉，穿孔机（如新型大直径无缝钢管多功能穿轧机组，穿孔和轧管两道工序在限定时间内在一套设备上连续完成），Assel 轧管机、Accu Roll 轧管机，顶管机（新型顶管机组，可代替穿孔 + 冷轧或冷拔工艺），二辊、三辊定（减）径机，钢管挤压机，钢管矫直机，高效水压试验机，无损探伤机，测长、称重、喷印设备等。

2.2.7 H 型钢生产技术日益完善，F 型钢产品取得新进展

H 型钢生产技术与设备日益完善，我国已建和在建钢轨和大型 H 型钢生产线，形成鞍钢、包钢、攀钢、宝武、马钢、山钢、津西和山西安泰八大生产基地，最大规格 H 型钢已达 1000mm。我国主要的四家重轨企业生产线均采用万能轧机，形成鞍钢、包钢、攀钢、武钢和邯钢几大重轨生产基地，最长规格重轨已达 100m，可以满足我国高速铁路建设需要。设备与技术不断创新，我国包钢、攀钢建成了专门的钢轨离线热处理生产线，攀钢还具有最现代化的轨长 100m 级的在线热处理装置。F 型钢研制成功并且投入生产，开发出我国第一支具有完全自主知识产权的 F 型钢产品。

大规格棒材连轧均采用高刚度短应力线轧机，连轧实现了无扭、微张力轧制，全部轧机主传动采用交流变频调速技术。线材主要为摩根型 45° 高速无扭线材轧机，高线轧机的布置有 3 种：一是单线标准型 10 机架布置，二是双线布置，三是单线"8+4"型布置。目前，我国棒材生产线的主轧机和飞剪的设计制造技术已与世界先进水平接近，但三辊减定径机组仍需引进；线材生产设备的设计制造技术与世界最先进的水平仍有一定的差距，设计最大速度 140m/s，最大轧制速度 120m/s，还缺乏"8+4"减定径机组的设计和制造经验，这种设备仍需引进。

2.3 冶金装备的绿色化和智能化

2.3.1 宽带钢热连轧自由规程轧制关键技术取得突破

我国自主研发的"宽带钢热连轧自由规程轧制关键技术及应用"，攻克了影响自由规程轧制的关键技术，有效地解决了品种规格跨度大导致的质量控制难题，打破热轧带钢常

规生产技术在生产组织方面的局限性，实现了多品种、多规格的高温坯直装比，节能降耗取得显著效果，并在多条生产线实现成熟运用，其中精轧辊型技术实现了在韩国浦项光阳 4# 热连轧机生产线的技术输出。

2.3.2 快速变频幅脉冲冷却控制技术成功应用取得新成绩

"快速变频幅脉冲冷却控制"在线淬火新原理并自主研发的"快速变频幅脉冲冷却控制模具扁钢在线预硬化"生产线技术装备，结合某特钢基地环保搬迁项目开发出国内外首创、具有独立知识产权的生产线，并一次投产成功。投产三年来，产品遍布亚洲、欧美，4Cr13H 预硬钢已占国内市场 50% 以上。核心发明专利技术获得 2016 年中国专利优秀奖，本技术装备可推广到大规格扁、棒线材和有色金属淬火控冷上。

2.3.3 宽带钢冷连轧机板形控制技术与新机型 ECC 研究应用达到新水平

自主研发的"宽带钢冷连轧机板形控制技术与新机型 ECC 研究及应用"装备技术，开发了薄规格板材轧制技术和特殊辊型磨削技术，在大型连轧机上实现稳定的工业化规模应用，对极限薄规格碳素钢和中低牌号无取向电工钢冷连轧有明显优势，显著降低了冷轧切边率、轧辊辊耗，在带钢边降、凸度及同板差等重要板形指标上达到世界先进水平。

2.3.4 高强钢冶金机械装备、轧制工艺、产品及用户使用技术实现新发展

我国自主研发的先进高强钢冶金机械装备、轧制工艺、产品及用户使用技术，自主集成为一条柔性化的高强度薄带钢专用产线，已实现 24 种先进高强钢批量稳定生产。我国研发的先进高强钢产品在国内车企得到广泛应用并出口欧美，促进了钢铁下游行业技术进步，新一代高强钢显著减轻了汽车等交通运输工具自重，降低油耗，减少排放，改善环境，有巨大的社会效益。

2.3.5 特薄带钢高速酸轧工艺与成套装备研究开发实现快速发展

我国自主研发的"特薄带钢高速酸轧工艺与成套装备研究开发"，已应用到十多条冷轧机组的建设，标志着我国已具备世界先进的冷轧成套装备自主设计、制造、建设的能力，带动了国内冶金装备制造业的进步，改变了国际上高端冷轧成套装备市场的竞争格局。我国自主研制了新型整辊镶块智能型板形仪，以及相配套的板形自动控制系统。采用机器视觉技术检测方案，依靠先进的图像采集、传输和处理技术，实现高速带钢在恶劣环境下，孔洞、边裂检测和宽度测量的功能，成功地开发了高速冷轧带钢多功能在线检测系统等，有力地促进了我国钢铁工业的快速发展。

2.3.6 高牌号无取向硅钢酸连轧工艺技术开发与应用取得发展

1550 酸轧机组是引进投产于 20 世纪 90 年代的酸连轧产线，主要用于生产高等级汽车板和中低牌号无取向硅钢。但由于市场需求，我国自主研发的"高牌号无取向硅钢酸连轧工艺技术开发与应用"技术，形成了高牌号无取向硅钢酸连轧通板技术、稳定轧制工艺、生产辅助技术、自动化控制及装备技术、特有缺陷防治技术等专有技术，使 1550 酸

轧机组成为国内首条具备 3.1% 含硅量以上硅钢批量生产能力的酸连轧机组，也是世界上唯一一条同时具备高等级汽车板和高牌号硅钢生产功能的两用机组，产品覆盖 35A270 以下所有硅钢钢种及高等级汽车板。

2.3.7　高强热轧带钢平整设备取得新成绩

我国实现弯窜集成式结构、高刚度大轧制压力平整机型、高张力卷取机、新型的液压剪及张力装置等创新装备技术，并研发的"高强热轧带钢平整机组关键技术研究及推广应用"，提升产品品质、降低轧辊消耗，形成了具有自主知识产权的专利技术，先进的性能指标保证高强热轧带钢平整产品性能需求，已应用于我国 7 条大型热轧平整工程中。

2.3.8　智能制造试点示范项目开启新发展

冶金装备运行状态和服役质量的实时监测与故障诊断，对保障设备运行可靠性和安全性、提高产品质量的稳定性至关重要。目前，世界上最现代、最大型的冶金装备几乎都集中在中国，但装备的服役质量和运维能力长期落后于装备水平的发展，制约了我国从钢铁大国向钢铁强国的转变。"十二五"期间，在工业 4.0 和"中国制造 2025"规划的引领下，国内多家大型钢铁企业先后开展了以"智能制造"为主题的技术发展规划。"钢铁热轧智能车间试点示范""钢铁企业智能工厂试点示范"等项目入选工业和信息化部 2015 年及 2016 年的智能制造试点示范项目。"北京首钢股份有限公司硅钢－冷轧智能工厂"项目入选工业和信息化部 2016 年智能制造综合标准化与新模式应用项目。智能制造项目的实施，极大地促进了冶金机械及自动化装备技术的发展，工业 4.0 的实施为冶金机械的发展提供了很好的机遇。

3. 本学科国内外发展比较

3.1　冶金装备的大型化和连续化

目前炼钢装备国际上的发展趋势主要体现在能力的大型化、设计的精细化和生产的绿色化，炼钢装备已经基本实现国产化，进一步提高炼钢装备的可靠性、自动化和智能化，这是我国炼钢装备创新的方向。

3.1.1　$3000 \sim 4000m^3$ 的大型化高炉应逐步占主导地位

$3000 \sim 4000m^3$ 的大型化高炉应逐步占主导地位，国外已投产的高炉主要为大于 $4000m^3$ 的超大型高炉。大型炼铁设备的数字化设计与运行可靠的装备与技术需要不断加强轧制装备的大型化主要表现为 2250mm 宽幅热连轧机组、5000mm 以上宽厚板机组、2180mm 宽幅冷连轧机组和强力粗轧机、矫直机与平整机组等。

3.1.2　薄板坯连铸连轧和铸轧一体化装备技术

由于薄带连铸的快速凝固效应和短流程特征，已经被公认为是最有可能颠覆传统钢铁制造流程的一项革命性技术，是当今钢铁业界绿色、环保的发展方向。这为我国钢铁企业摆脱"产能过剩"，转而寻求小规模、低成本的专业化发展之路提供了技术发展方向。在进一步探索和完善薄带连铸工艺技术的基础上，强化薄带连铸中核心装备的精细化设计与制造，重点开发质优价廉的结晶辊、侧封板和水口等核心装备，逐步降低薄带连铸的成本和价格，提高薄带连铸的竞争力。

3.1.3 薄板坯连铸坯凝固末端大压下（重压下）装备技术

连铸坯凝固末端重压下装备技术是充分利用铸坯凝固末端高温、大的温度梯度等有利条件，施加大的压下量，实现变形量向铸坯心部的高效传递，有效降低凝固缩孔、改善中心疏松，从根本上解决了大方坯中心偏析、疏松、缩孔等缺陷的难题，形成了高致密度、高均质度连铸坯的新工艺及装备，以达到有效控制铸坯内部质量的目的。

连铸过程也就是铸坯液芯逐步凝固的过程，因此连铸坯凝固末端位置的不仅是连铸设备设计与连铸工艺参数确定等的主要依据，同时也是实施连铸坯凝固末端重压下技术的重要基础。在完善连铸坯凝固末端位置检测装备的基础上，实现连铸坯凝固末端大压下（重压下）装备的精细化设计与制造。

3.1.4 新一代非对称自补偿轧制轧机机型和板形控制装备与技术

自由规程轧制具有节约能源、提高产量和降低生产成本的优势，是带钢热轧实现柔性生产组织和追求最大生产效率的必由之路。板形控制是制约自由规程轧制实现的主要瓶颈问题。为了解决热轧板带材自由规程轧制带来的板形问题，国内外宽带钢热连轧机均在研发新一代主流机型的各种板形控制方法。

特别是 ASR 轧机、CVC 轧机、K–WRS 轧机和 SmartCrown 轧机等虽然板形控制原理、轧辊辊型、窜辊策略不同，但均采用相同的工作辊液压窜辊系统，并配备有强力液压弯辊系统，在采用计算机控制和数控磨床磨辊的新一代热连轧机生产线上可方便灵活实现在线转换机型集成设计制造。需要重点研发的关键装备与技术主要有以下几个方面：①同时具备不均匀变形凸度控制、边降控制和不均匀磨损控制多重能力的 ASR 轧机机型与板形控制关键核心技术；②新一代热连轧机自由规程轧制全宽度板形控制关键装备适用于 CVC、SmartCrown 和 K–WRS 等多机型在线在役集成设计转换与板形控制关键技术；③新一代热连轧机多种板形控制方法的融合集成效应与集成控制技术；④极薄板轧制板形控制关键技术；⑤全流程板形控制成套装备技术；⑥高精度板形控制新功能、数学模型和高精度磨削技术等。

新一代热连轧 ASR 非对称自补偿轧制轧机机型与自由规程轧制板形控制关键核心装备技术可同时控制不均匀变形和不均匀磨损，显著提升实物质量并降低生产成本，可充分发挥新一代热连轧机多种板形控制方法或装置的融合集成效应，为促进新一代热连轧机多种技术模块协同和板形控制功能强化提供理论与方法，使自由规程轧制极端制造过程板形控制趋于热轧技术创新及装备集成的最大可能，对提高我国高精度板带材节约型绿色制造和大型板材连轧机重大技术装备的研制能力意义重大。

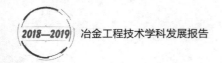

3.1.5　热连轧无头 / 半无头轧制装备与技术

热带无头轧制和半无头轧制技术在减量化板带生产，即低成本、大批量生产薄规格和超薄规格板带，节约能耗、降低消耗、提高成材率及板厚板形精度、实现部分"以热代冷"等方面效果显著，是现代化板带轧制技术发展的方向，在发展资源节约和环境友好的先进冶金生产技术方面具有重要的研究开发价值和广阔的推广应用前景。

热轧无头轧制的代表生产线及技术有以下几个方面：

1）日本川崎钢铁公司（现 JFE 住金）千叶厂于 1996 年开发成功采用感应焊接作为粗轧后的带坯连接方式，该方式要求对带坯接头区进行快速加热，形成热熔区实现对焊连接。

2）日本新日铁大分厂也于 1998 年开始采用大功率激光焊接方式进行中间带坯连接，为得到优质的焊接效果，要求激光焊接对带坯头部、尾部进行精确切割，以实现良好的对焊质量。

3）韩国浦项公司和日本三菱公司于 2007 年年初联合开发成功热轧中间带坯的剪切连接技术，即利用特殊设计的剪切压合设备完成带坯头尾瞬间固态连接。

4）意大利阿维迪（Arvedi）公司在 ISP 基础上开发的 ESP 无头轧制技术，于 2009 年 2 月在意大利 Arvedi 公司克莱蒙纳厂投入工业化生产，标志着连铸连轧技术的又一次进步。

5）依据世界钢铁发展趋势，我国引进了 ESP 全无头轧制技术，为国内钢铁技术的发展迈出重要一步，2015 年年初陆续投产三条 ESP 线的产能为 660 万 t/a，生产 0.8 ~ 2.0mm 超薄带为主，以热代冷很有竞争力。

我国在 CSP 薄板坯连铸连轧生产线上进行了半无头轧制技术集成与创新工作。通过开发建立半无头轧制的新型生产组织模式，保证了长短坯轧制的自由切换；开发出超长连铸坯温度均匀化控制系统及相关工艺技术，可将 100 ~ 200m 的超长连铸坯头尾温差控制在 20℃以下；开发、优化张力控制系统、动态变规格轧制（FGC）和恒规格轧制技术、半无头轧制润滑技术、飞剪精确控制与剪刃国产化等技术，保证了半无头轧制薄和超薄规格板带的大批量、稳定化和低成本生产。

ESP 无头轧制在轧制工序需攻克的关键装备与技术主要有：大压下粗轧机、感应加热炉、高压除磷箱、精轧机组、高速飞剪；常规无头 / 半无头轧制在轧制工序需攻克的关键装备与技术主要有移动式焊接机、去毛刺技术、焊点轧制装备技术、高速剪切机技术、防飘飞技术和高速卷取机技术等。

3.2　冶金成套设备绿色化和智能化

3.2.1　热轧带钢超快冷装备与技术

以超快速冷却为核心的新一代 TMCP 技术特征需要研发的关键装备与技术包括：①实现灵活精准的冷却路径控制；②"成分 – 轧制 – 控制冷却"工艺的最佳匹配；

③基于新一代 TMCP 技术的综合强化机理研究；④新一代 TMCP 技术条件下系列化产品的开发；⑤新一代 TMCP 技术条件下的集约化轧制技术开发；⑥基于新一代 TMCP 技术产品的全生命周期评价技术的开发。为获得较高的冷却强度和冷却均匀性，热轧板带钢超快冷系统采用射流冲击冷却技术代替传统层流冷却技术，以满足不同冷工艺合适超快冷机型（如 UFC/ACC，DQ/UFC/ACC），开发满足超快冷工艺专用喷嘴。如采用缝隙喷嘴特有的狭缝式喷射形式使得冷却水在钢板横向上形成均匀连续的带状冲击区；精准控制及快速响应控制系统，以满足不同冷却路径需要。

3.2.2 无酸除鳞装备技术

表面生态酸洗（EPS）是将水加压至一定的压力，由除鳞喷头高速喷出，利用除鳞喷头高速喷射所产生高压水与供砂系统提供的砂浆高效混合，形成高能砂浆流，高速喷向带钢表面，借助高速砂浆流的打击、冲蚀和修磨作用，将带钢表面的氧化皮、油、锈、清除干净，从而达到清理和暴露缺陷的目的。利用水密度大、冲蚀力强、压缩比小、不易扩散、砂浆加速时间长、扑尘等特点，消除了粉尘和噪声污染，大幅度提高表面清理质量和清理速度。

表面生态酸洗去氧化皮法机理：喷浆技术比普通的干式喷丸法更先进，广泛用于钢材或加工件的除锈，是一种新的非常有效的除鳞方法（"喷浆"法），同时采用了喷丸清理和喷丸硬化处理。砂浆由细金属磨料颗粒和"载流液体"（最常用的一般是水）组成，砂浆被送进旋转的抛浆机，抛浆机将砂浆高速喷出，横穿被清洗件的表面，以完成清洗。将清洗介质混入载流液体以去掉残渣，并且能保留下数微米厚的维氏体层即防锈层，有助于防锈。

为了保证除鳞的连续性，必须不断地供给高压水和砂子，同时不断地处理废液，形成闭路循环并适时补充新砂和水。被处理的材料也必须连续不断地送进输出，这样就需要配备各种专门的传输设备和控制系统，而且所有设备在工作过程中必须可靠运行。采用 EPS 技术，可通过改变磨料特性以及喷丸模式的力度和角度获得指定的表面粗糙度结果。这就可以保证生产特定表面质量的产品，满足涂层或镀层的不同用途，还能保证较高的涂料黏附力。

喷浆除鳞的主要问题是如何使磨料均匀地喷射到连续运动钢带的整个宽度表面上。如不能完全覆盖钢带整个宽度，则会因除鳞不完全而清洗不净；反之，在喷浆流下过度暴露，则可能腐蚀基板，降低表面质量等级。砂浆喷头采用独特设计，以跨越扁平材表面，均匀喷出砂浆。浆液进入抛浆机，精确选择磨料，通过控制浆液离开抛浆机时的能量，实现对喷浆喷射宽度的精确控制。

3.2.3 酸轧联机装备多机型多目标的一体化设计与制造

酸洗 – 冷轧联合机组（PL-TCM：Tandem cold rolling mill combined with pickling line）是目前世界上轧制冷轧薄板最先进的机组，其特点是酸洗机组与轧机机组联合在一起实现高速生产，改变了传统冷轧生产将酸洗和冷轧两个工序分开的方式，实现了无头轧制生产工艺。这种联合机组的方式可提高酸洗、冷轧工序的成材率1%~3%，提高机时产量30%~50%，减少中间仓库，降低投资和生产成本等。酸洗是冷轧前的重要工序，其目的是去除带钢钢卷的表面氧化铁皮和污垢，以保证冷轧机能顺利生产出合格的带钢产品。目前，盐酸浅槽酸洗因其能适应高速度、大产量、自动化水平较高的宽带钢酸洗线上的操作而得到快速发展和广泛应用，成为现代大型带钢酸洗机组的主要发展方向。

需要研发的关键装备与技术主要有：①高效焊机、拉矫机和酸洗工艺装备技术；②全四辊、全六辊和四/六辊冷连轧机组的高精度边降、凸度、同板差与平坦度等多目标全机组一体化板形控制关键核心装备技术；③板形平坦度仪、凸度仪、边降仪和测速仪等高速在线与离线检测仪表；④高精度轧辊磨削技术；⑤高精度数学模型技术等。

3.2.4 冶金生产监测和检测设备

冶金生产过程监测和检测设备是冶金装备的重要组成部分，是冶金生产过程实现智能控制的基础。国际上先进钢铁企业生产过程中主要配备或正在研制的监检测设备包括：高炉炉壁温度非接触在线监测、转炉炉衬厚度检测、铁水/钢液成分现场快速检测系统、基于机器视觉和图像处理技术的铸坯/板带表面质量检测系统，铸坯/板带的厚度、宽度、板形在线监测系统、轧机振动在线监测系统、轧辊位置空间精度的在线检测、板带内部缺陷及组织性能在线检测系统等。

3.2.5 基于大数据和云平台的钢铁智能化制造

工业互联网环境下钢铁制造过程迫切需要向服务型制造转型，需要实现制造与服务的融合以满足日益增长的钢铁制造过程产品大规模个性化定制的需求。随着汽车、高铁、电子及海洋等新兴产业的发展，钢铁产品市场需求逐步向多品种、高档次、小批量方向发展。工业互联网环境下钢铁产品制造过程中服务需求呈现出多种类（生产性服务、成型制造性服务和用户性服务）、多样性和差异性等特点。

智能制造以满足客户要求的性能参数和特殊条件、优化制造工艺流程、监控协调生产制造设备为核心，是服务用户的一种新的制造模式。智能工厂可通过可视化设备监控工厂内所有工艺生产流程的各道工序，通过大数据分析实现智能制造。目前，我国诸多钢铁企业正在积极推进两化融合体系建设，涌现了一批工业机器人、智能制造和两化融合试点，智能在线监测和检验化验设施，以及工业互联网、移动互联网、云计算、大数据在企业经营决策全流程和全产业链的综合集成系统应用等先进技术。

3.3 与国外水平的比较及主要存在的问题

国外冶金机械装备研究热点主要集中在装备能力的大型化、生产过程的连续化、研发方向的绿色化、成套装备的智能化、设计研制的数字化、控制手段的精准化和设备运行的可靠化等。我国自主研发了宽带钢热/冷连轧机产品质量在线监测技术、性能预测方法和质量诊断技术，新一代热连轧机 ASR 非对称自补偿轧制轧机机型与自由规程轧制板形控制关键核心装备技术，热连轧机组机电液耦合振动抑制与系统解耦动态设计方法及技术、热轧板带钢在线热处理和钢板及板坯轧后热处理机械装备技术及系统等具有自主知识产权的原创性或创新性技术。国内各有关单位已针对以薄带坯铸轧一体化为代表的近终型连铸装备技术、以节能高效为特点的半无头或无头轧制技术、短流程薄板坯连铸连轧技术、材料性能在线检测技术、宽带钢热 / 冷连轧机机型在役改进设计与在线制造集成应用、面向超高强度产品的板带钢生产装备技术等前沿热点技术开展跟踪研究，并不断取得进步，技术差距正在逐渐缩小。但目前 3500mm 以上的宽厚板轧机、2000mm 以上的热连轧机、1500mm 以上的酸洗冷轧联合机组等大型装备从国外重复引进过多。随着国内研发能力的不断提高，应当走出一条先进冶金装备的原始创新、自主集成创新和加快冶金装备"走出去"开放合作之路。

3.3.1　冶金装备大型化和连续化水平对比

（1）高炉大型化和长寿化

中国在高炉大型化方面取得了很大的成绩，大于 $1000m^3$ 的高炉由 2003 年的 58 座发展到现在的 100 余座，有多座大于 $4000m^3$ 的超大型高炉投产，但仍有约 500 座的 $300 \sim 1000m^3$ 的高炉都面临着改造问题。国内不同容积高炉运行数据对比见表 1。

表 1　国内不同容积高炉运行数据对比

项目	>4000m³ 高炉	1200 ~ 3999m³ 高炉	<1200m³ 高炉
年产量（万 t）	351	147.23	42.47
煤比（kg/t）	194	163	148
焦比（kg/t）	269	395（含 40kg 焦丁）	427（含 26kg 焦丁）
富氧率（%）	5.84	1.48	3.63
热风温度（℃）	1244	1200	1094
高炉煤气温度（℃）	152	185	173

在高炉大型化的过程中，各厂需要针对具体情况，确定合理的高炉容积。大型高炉对入炉原燃料质量的要求更加严格，但这与品质不断下降的铁矿石和炼焦煤的供应形成尖锐的矛盾。经研究确定适应原燃料条件的最佳高炉容积是一个非常有意义的课题。国外在高炉大型化的过程中，十分重视原有基础设施的利用，以最大限度地减少一次性投资。

高炉长寿是个系统工程，包括高炉设计、材料和设备的选择、施工质量的保证、高炉操作的科学性、炉体的维护和管理、应急事故的处理等，高炉长寿化的理念已被普遍接受。2008 年公布的《高炉炼铁工艺设计规范》中规定：高炉一代炉役的工作年限应达到 15 年以上。依据现已掌握的高炉设计、设备制造、高炉操作和维护等方面的技术发展，高炉寿命已经可以实现高炉一代炉龄在 20 年以上。

此外，世界上主要的气基直原还原铁（DRI）装置主要有两种，即 Midrex 和 XYL（现已改进为 Ⅲ 型）在建或运行。由意大利达涅公司和墨西哥 HYL 公司联合开发的 ENERGIRON 新型直接还原铁装置在阿联酋 Emirates 钢铁公司（ESI）顺利投产，单台装置的设计年产能力为 160 万 t。正在建设的埃及 EZZ 钢厂和苏伊士钢厂的 ENERGION 装置的设计年产能力为 190 万 t，美国纽柯公司已开始建设的同样装置，设计年产能力为 250 万 t。新装置的特点是：①高生产率；②减少 CO_2 和 NO_x 的排放；③节约用水，甚至可做到零补水；④可以将由煤气化设备产生或由其他合成气气源提供的清洁合成气反馈到还原回路。从发展趋势看，ENERG–IRON 装置可用焦炉煤气或煤气化产生气体为还原剂。

（2）炼钢连铸装备的大型化、自动化和可靠性

我国炼钢装备在大型化、使用寿命和可靠性等方面某些指标和世界领先水平还存在一定差距。国内的 100t 以上的大、中型转炉、100t 以上的大型电炉所占比例偏低；大、中型转炉设备寿命有待进一步提高；超高功率电弧炉供电系统、转炉余热利用装备、电炉烟气余热回收装备等仍需改进与提高。目前炼钢装备国际上的发展趋势主要体现在能力的大型化、设计的精细化和生产的绿色化，进一步提高炼钢装备的可靠性、自动化和智能化，这是我国炼钢装备创新的方向。

（3）轧制装备的大型化、连续化和自动化

大型板材连轧机组是轧机中大型化、连续化、自动化程度最高的成套装备，目前 2000mm 以下宽带钢连轧机组，4000mm 以下中厚板机组完全由我国自主设计、集成并实现国产化。冷轧机组国产化已从单机架向连轧机组推进，从中宽带向宽带轧机推进。宝钢梅山 1420 酸洗冷连轧机组建成投产，标志我国酸洗冷连轧技术装备自主集成能力迈上新台阶，国产化率达 100%。

3.3.2 冶金装备绿色化和智能化水平对比

（1）连铸和铸轧装备的绿色化和智能化

国际上连铸装备的绿色化发展趋势主要体现在近终形化与铸轧一体化，包括高速薄板坯连铸连轧装备、薄带连铸产业化、条材高速连铸直轧等；连铸过程检测技术与连铸过程智能控制技术进一步紧密结合发展，自动化和智能化提升提高了过程控制精度。在板坯连铸装备方面，我国虽然已经拥有世界最先进的传统板坯连铸装备，但核心装备的自主开发能力仍显不足，如结晶器振动和辊缝远程自动调整的机电液一体化技术开发、连铸装备的精细化设计与制造。

为了解决传统的生产薄型钢材的板坯连铸法中能耗大、工序复杂、生产周期长、劳动强度大、产品成本高、转产困难等缺点，具有明显的流程短、成本低特点的薄带连铸技术应运而生。薄带连铸技术方案因结晶器的不同分为带式、辊式、辊带式等。其中研究得最多、进展最快、最有发展前途的属双辊薄带连铸技术。双辊铸机依两辊辊径的不同分为同

径双辊铸机和异径双辊铸机，两辊的布置方式有水平式、垂直式和倾斜式三种，其中尤以同径双辊铸机发展最快。

目前双辊薄带连铸典型的开发商有蒂森等组成的 Eurostrip、BHP/纽柯钢等的 Castrip 及新日铁 / 三菱 / 浦项、宝钢集团等。其中国外以美国的纽柯（Nucor）公司为代表的开发的薄带连铸线均已投入工业生产。我国第一条薄带连铸连轧生产线于 2009 年 2 月全线投入试生产。目前我国薄带连铸技术仍处于中试研究与工业应用之间，成套装备技术亟待突破。

（2）轧制装备的绿色化和智能化

在轧制装备的绿色化和智能化方面，我国总体处在国际先进水平，在新一代热连轧 ASR 轧机机型与板形控制、基于工业互联网的装备健康能效监测系统、多功能检测系统与板形仪等方面具有自主知识产权的原创性成果并在大型钢铁企业广泛应用。目前国际上宽带钢热连轧机生产实践广泛采用 CVC、K-WRS、PC、SmartCrown 等主流机型的各种板形控制方法。为了满足板带材日趋严苛的板形质量、节能降耗等要求，通常还需要运用减摩降耗的润滑轧制系统、耐磨的高速钢工作辊技术甚或全段、分段及组合等不同方式的轧辊在线磨辊装置 ORG 等，形成了各种组合方式的控制系统，如我国 2050 宽带钢热连轧机全部七个机架均采用德国 SMS 集团开发的 CVC 机型。为了探索下游机架将 CVC 辊型改为 WRS 平辊加多种窜辊策略以期解决磨损难以控制问题，后来相继试验并工业应用了日本首先开发、后欧美和我国开始广泛使用的高速钢轧辊以提高轧辊耐磨性，与此同时还运用了润滑轧制技术以降低轧制负荷、减少轧辊磨损。德国 TKS、日本丰产、武钢 2250、宝钢 1880 和鞍钢 1580 等均不断尝试并实践各种组合控制方式。目前国内外众多学者对新一代轧机的多种板形控制方法、高速钢工作辊、轧制工艺润滑系统、在线磨辊装置开展基础性研究与工业应用，但是没有从根本上解决电工钢等热轧板带材自由规程轧制极端制造条件与高精度板形控制之间的矛盾。我国原创的新一代热连轧机同时控制不均匀变形和不均匀磨损的 ASR 非对称自补偿轧制原理并自主研制具有完全自主知识产权的宽带钢热连轧机 ASR 系列轧机机型和自由规程轧制板形控制关键核心技术与装备，具有不均匀变形凸度控制、边降控制和不均匀磨损控制等多重功能，使机组全线板形控制能力和控制稳定性显著增强。在电工钢生产中，显著提高了带钢板形质量和轧机生产率，控制效果明显优于德国 CVC 和日本 K-WRS 等国际主流轧机机型。

为了轧制高精度冷轧产品，冷轧机装备技术发展趋势是大多采用小直径工作辊以降低轧制力及轧制力矩、增加变形量，同时使用大直径的支持辊增加轧机的刚性，以保证产品的尺寸精度。常选机型有德国 CVC-4 和 CVC-6 机型、日本 UCM/UCMW 系列机型、T-WRS&C 和 PC 机型、奥地利 SmartCrown 以及我国自主研制的 ECC 机型和基于 UCM 改进的 VCMS 机型等，均已在大型工业轧机稳定规模应用。近年来，国内外建设的宽带钢冷连轧机多采用全 6 辊、全 4 辊和 4/6 辊混合布置轧机形式，通过采用边降、凸度和平坦度等全机组一体化板形控制策略与方法，尤其是无论四辊轧机还是六辊轧机均采用工作辊液压窜辊系统，并配置自主开发的各种工作辊辊型和边降仪、凸度仪与板形平坦度仪等，可满足日趋严苛的冷轧带钢板形质量要求。

精密轧制、高速轧制、无头轧制、柔性轧制过程中的形变、相变与析出的综合控制理论与技术越来越广泛地应用在轧钢生产中。在轧制设备方面，除了大型化（如尺寸大，大厚度热轧 H 型钢相应轧机）、高刚度化、高效率以及更加灵活精确的板形、板厚和板宽控制方式，设备的紧凑化、灵活方便的换辊系统开发等也取得了较大的进步。在冷却技术方面，超快速冷却、选择性冷却、在线热处理等技术的开发和应用，大大提高了冷却效率和温度与组织的均匀性，不仅为高质量、高性能和高强度新品种开发提供了有效的手段，而且为节约合金含量、降低生产成本提供了新的可能性。在新钢种开发方面，用于汽车、大型建筑结构、桥梁、海上运输与能源输送等方面设备的轻量化、高性能和长寿命、高强与超高强、细晶和超细晶钢越来越受到重视。在对产品尺寸、形状与组织精确控制方面则是向着尺寸超薄、超厚、高精度及组织均匀化发展（开发大长度、高精度尺寸的检测设备）；另外，轧钢智能化技术已逐渐成为复杂轧制过程控制的重要手段。

目前，我国棒线材生产线的主轧机和飞剪等关键设备的设计制造技术已达到世界先进水平。未来发展趋势体现为：连铸坯表面检测、连铸坯轻 / 重压下工艺、无头轧制、脱头轧制（脱头轧制在特殊钢棒线材厂得到了较多应用）；高刚度轧机及减定径机组；切分轧制；无孔型轧制；单一孔型轧制（基于减定径机组的应用出现的）；碳钢和不锈钢复合轧制棒材；棒材卷取设备；线材立式卷芯架收集；热机轧制和在线热处理。

为了提高装备的智能化，在设备状态监测与故障诊断方面，"十二五"期间，我国大型钢铁联合企业已逐渐推广设备状态监测和故障诊断技术，设备管理模式正逐步从单纯的计划维修方式向计划维修与预知维修相结合的方式转变，极大地促进了冶金装备服役质量保障技术的发展。具体表现在：①设备状态的大数据平台正逐步建成，无线传感器网络被广泛采用；②现代信号处理和机器学习方法在设备故障智能诊断与趋势预警等广泛应用；③设备状态监测系统的集成化、移动化与远程化。大型钢铁企业已经逐步建立基于云平台和移动终端的设备状态监测与故障诊断系统，为设备的科学运维管理提供了有效的技术手段。

在设备服役质量监督检测方面，近 25 年来，我国在现代连轧机耦合振动研究方面积累了良好的研究基础，特别是近几年总结了一套成熟的抑制轧机振动的措施，在我国大型钢铁集团多条生产线应用取得了良好的效果；大型钢铁制造企业对轧机牌坊精度、轴承座形位精度、结晶器振动等冶金关键设备的服役质量开展了检测工作，但目前以离线检测为主，缺少在线实时检测手段。

3.3.3 主要存在的问题

对比工业 4.0、"中国制造 2025"和国家中长期科技发展规划的发展要求及国外先进水平，分析我国冶金机械及自动化学科方向与装备技术方面的现状，主要存在的问题如下。

1）装备设计研制的数字化研究正朝着多对象、多介质、多机理、多尺度、多目标的方向发展。数字化仿真和虚拟实现技术在冶金领域的应用，有助于工艺流程的创新、工艺参数的优化、新产品的研发和新装备的研制。目前，建立虚拟模型对象与实体物理对象的数字化镜像 – 信息物理系统方面研究我国远落后于国外。

2）在完善传统板坯连铸装备中的核心装备的精细化设计与制造的基础上，还需要完善连铸工序的重压下核心工艺装备，改善铸坯中心偏析和内部质量；进一步探索和完善薄带连铸装备，重点开发质优价廉的结晶辊、侧封板和水口等薄带连铸装备中的核心装备。

3）大型和高端装备的设计制造水平与国外知名企业仍然差距明显。通过近年的发展与技术进步，我国大型板带冷热连轧机组自主研发迈出可喜步伐，板带轧制关键核心装备技术从过去成套引进转变为了"点菜"式引进，集成创新能力不断增强。但是，在大型和高端装备的自主研发设计制造水平上与国外知名企业仍然差距明显：2000mm 以上宽幅带钢热连轧机、超薄热带连铸连轧、全无头连续轧制等成套装备技术还主要依赖国外研发设计与引进；一些工艺装备（如定宽机、高速飞剪等）自主设计和集成的技术尚有待于产业化检验。

4）具有完全自主知识产权的原创性研究成果深化研究和成套推广力度需要加强，如我国原创的新一代热连轧 ASR 轧机机型与自由规程轧制板形控制核心技术与装备已在国家大型骨干工业轧机长期稳定应用，还需要进一步研发大型板材机组多种控制方法的融合集成效应，全流程全服役周期的数字化集成设计、多机型全宽度在线在役柔性制造和系统耦合技术集成设计制造研究和全面成套与国际化推广应用；我国自主研制的板形仪和多功能检测系统等同样需要不断加大推广应用力度。

5）控冷装备技术国内发展较快，以超快速冷却为核心的新一代 TMCP 技术已经在国内应用并推广。但与国外先进技术仍有差距，如日本 JFE 公司开发 Super OLAC+HOP 技术就具有代表性，国内仍需开发高精度、可控超快冷及在线回火装备及相关技术。

6）国内已对免酸洗相关技术进行研究及应用，主要应用磨料水射流来除鳞，已在中宽带生产进行尝试。但与美国研发的表面生态酸洗（EPS）技术有一定差距。EPS 技术去氧化皮法是一种新的非常有效的除鳞方法（"喷浆"法），同时采用了喷丸清理和喷丸硬化处理，并且能保留下数微米厚的维氏体层即防锈层，有助于防锈。

7）设备管理系统的功能以资产管理为主，对设备状态数据的深层分析能力偏弱，缺少全流程的智能分析工具和设备故障诊断与分析平台。一些关键装备参数，如轧辊的空间位置精度等，缺乏在线检测能力，关键装备的设备功能精度保障能力有待进一步提升。在设备运维策略、备件采购计划等方面，仍以人工经验为主，缺乏基于设备状态大数据的设备管理智能决策支持系统。

4. 本学科发展趋势与对策

围绕新一代钢铁流程技术的应用、完善和发展，实现冶金机械装备的大型化、连续化、绿色化和智能化是冶金机械学科的主要发展趋势。通过提升我国在先进冶金机械装备领域，关键核心装备的自主设计、自主制造、自主集成能力，实现大型冶金成套装备的自主化和国产化，以适应钢铁工业转型升级的迫切需要。

4.1 本学科的发展趋势

4.1.1 面临的主要问题

目前，钢铁工业发展规模较大，冶金机械装备具有由大到强的良好基础。行业制约因素增强，冶金机械的装备布局依然存在结构性矛盾。在全球一体化格局下，冶金机械装备到了一个必须向高端化、绿色化、智能化等方向发展的新阶段。

（1）品类质量需要升级，冶金装备需要向高端化发展

实际上我国冶金装备的品种质量能够满足需求，但是是在一种高消费、低标准下满足的需求，是一种粗放式的需求。不同行业都提出了轻量化、高强度用钢需求，减量化用钢也是钢材产品升级的方向。产品质量要明显提高，稳定性增强，高强高韧汽车用钢、硅钢片、船用耐蚀钢、低温压力容器板等高端品种需要实现规模化生产。尽管钢铁工业属于传统产业，但其转型发展需要大量现代化的先进高端装备。在我国现有的冶金装备中，部分装备具有国际先进水平，但属于自主创新、拥有自主知识产权的并不多，而且一些关键的核心技术和部件仍依赖进口。此外，我国还有一批钢铁企业的冶金装备目前处于中低端水平，因此钢铁这一传统产业的升级、转型和技术进步，必须依靠先进的、高端装备来支撑。

（2）能源环境约束增强，冶金装备需要向绿色化发展

能源、环境、原料的约束增强。钢铁行业是耗能大户，解决这个问题要从节能方面入手。原料问题更加突出，下阶段行业内要加强整顿铁矿石市场秩序，探讨保持上下游健康发展的办法和措施。在环保装备上，尽管这些年有较大发展，但与"发展低碳经济、倡导绿色发展"要求相比，就目前的状况而言还有很长的一段路要走。我国钢铁业实现低碳、绿色发展，要不断推进开发设计资源利用高效化、生产过程集约化、污染排放最小化的先进工艺技术；加快推行清洁生产，狠抓重点企业节能降耗和减排治污，提高资源综合利用水平。要实现这一目标，需要先进、高效的冶金装备，这为冶金装备制造业带来新的发展机遇。

（3）自主创新性不强，冶金装备需要智能化发展

目前冶金机械装备自主创新能力较弱，冶金机械装备的转型，关键是靠技术创新。我

国还有很多不足：多数钢铁企业技术创新体系尚未完全形成，缺乏高水平专业带头人才，工艺技术装备和关键品种的创新成果少，研发投入比较低，关键核心技术缺失，基础研究滞后、原始创新不足等一系列问题，是要努力攻克的不足。随着互联网领域推进，冶金机械装备需要向信息化、数字化与制造技术融合发展，不断推进冶金机械装备制造标准化工作。

4.1.2 主要的研究内容

（1）大型化冶金机械装备与技术

$3000 \sim 4000 m^3$ 的大型化高炉、$4000 m^3$ 以上的超大型化高炉、大型化炼钢装备成套系统、2000mm 以上大型宽幅薄板热连轧机成套装备、强力轧机成套装备与技术等。

（2）连续化冶金机械装备与技术

连铸坯凝固末端大压下（重压下）装备技术、液芯动态在线检测技术、自主研发快速超厚板坯连铸和薄板坯连铸成套装备技术等。

（3）绿色化冶金机械装备与技术

环保型大型焦炉成套装备、绿色化烧结成套装备、低碳环保高炉炼铁和非高炉炼铁装备、新一代非对称自补偿轧制轧机机型和板形控制关键装备与技术、热连轧无头/半无头轧制装备与技术、高等级钢材新强韧化机制和超快冷装备与技术、表面处理（热轧带钢免酸洗技术）等。

（4）智能化冶金机械装备与技术

高炉数字化和可视化技术、高炉长寿化和智能化装备、智能化炼钢装备、智能化酸轧联机装备、铸轧流程生产线主设备振动在线监测及抑振、智能化在线测控技术等。

4.1.3 存在的技术难点

针对目前冶金机械关键装备和零部件的自主设计、制造、集成、运维能力的不足，需加强基础和应用基础方面研发，进一步提升我国冶金装备自主创新能力。

1）强化薄带连铸中核心装备的精细化设计与制造能力，重点开发质优价廉的结晶辊、侧封板和水口等核心装备，降低薄带连铸的成本和价格，提高薄带连铸的竞争力。

2）需完善连铸坯凝固末端位置在线精准检测装备、结晶器振动和辊缝远程自动调整等机电液一体化装备的精细化设计与制造。

3）无头/半无头轧制装备的自主研发设计与集成技术、不均匀变形和不均匀磨损的新一代热连轧机板形控制关键核心装备技术有待提高。

4）在板带方面还需要开发高强度钢材超快速技术及装备，尤其是开发新型喷射机构。在热轧型钢、管材控冷等方面，超快冷技术及装备基本处于研究及尝试应用阶段。

5）薄板轧制过程的力学行为、电工钢与超高强带钢等的冶金装备能力评估与提升、快速感应加热炉的热力学行为等理论分析计算与设计方法还需要进一步加强。

6）带钢无酸洗除鳞技术正处于研发阶段，国内采用磨料水射流对热轧带钢进行尝试应用。国外表面生态酸洗（EPS）技术相对成熟，但也面临一系列问题。

7）冶金关键装备的状态测控技术有待完善，重点需开发基于工业互联网技术的设备远程运维技术和工业大数据分析方法的设备服役质量在线监控系统。

8）铁水 / 钢液等成分在线检测、轧辊空间安装精度在线检测、轧机三维振动在线检测、板带内部缺陷 / 组织性能在线检测等新型检测技术仍需突破。

4.1.4　可行的解决方案

（1）绿色化节能环保烧结生产技术

烧结机大型化技术；厚料层烧结技术；烟气余热发电技术；烟气高效处理技术；烧结系统密封技术；余热回收发电技术；"四脱"（脱硫、脱硝、脱二噁英、脱尘）工艺技术；减少漏风率技术。

（2）大型化炼铁与优质焦炭生产技术

完善应用 $3000 \sim 4000m^3$ 的大型化高炉和 $4000m^3$ 以上的超大型化高炉装备与技术；拓展炼焦煤炼焦及其新型焦炉装备技术；焦炉烟道气脱硫、脱硝、余热回收技术；焦炉荒煤气余热利用技术；炼焦煤质评价与炼焦配煤专家系统技术；节能环保新型炼焦炉技术；高品质球团生产技术。

（3）绿色化高炉炼铁和非高炉炼铁装备技术

高炉高风温新型顶燃式热风的设计与研究；高炉混合喷吹燃料技术研究；新型高效氧煤 / 燃料燃烧器开发；提高煤气利用率综合技术；氧气高炉技术及 CCS 技术的开发；回转窑、流化床、竖炉，转底炉等非高炉炼铁装备。

（4）大型化炼钢装备成套技术

完善大型机械真空泵系统 RH、VD、VOD 等成套装备技术的精细化设计与制造；开发高效、低耗（重点是节电）、优质的电炉炉壁冷却装备，以进一步提升这些大型设备的竞争力。

（5）连铸坯凝固末端大压下装备技术

连铸坯凝固末端位置的不仅是连铸设备设计与连铸工艺参数确定等的主要依据，同时也是实施连铸坯凝固末端重压下技术的重要基础。在完善连铸坯凝固末端位置检测装备的基础上，完成连铸坯凝固末端大压下（重压下）装备的精细化设计与制造。

（6）宽幅热连轧机成套装备技术

实现 2000mm 以上大型宽幅薄板热连轧机成套装备完全自主设计制造；研制新一代大型板带热连轧机机型和板形控制关键共性技术；开发适应高强钢、超厚等特殊品种轧制的强力轧机成套装备与技术，特别是热卷箱、卷取机、矫直机等装备技术。

（7）新一代非对称自补偿轧制轧机机型和板形控制关键装备技术

重点研发新一代热连轧机同时控制不均匀变形边降、凸度控制和不均匀磨损控制的 ASR 对称自补偿轧制板形控制成套装备与核心技术；CVC、SmartCrown 和 K-WRS 等多机型全宽度在线在役集成设计转换与板形控制关键技术；新一代热连轧机多种板形控制方法的融合集成控制技术。

（8）热连轧无头 / 半无头轧制装备与技术

实现对热连轧无头 / 半无头轧制装备与技术的消化与吸收，开发具有自主知识产权的相关技术装备，如快速感应加热炉、高速飞剪等；以我国现有十余条薄板坯连铸连轧生产线为依托，完成无头 / 半无头轧制技术的全面研发和批量生产。

（9）高等级钢材超快冷装备与技术

新一代 TMCP 装备的板带控冷技术日益成熟，应针对高等级钢材新强韧化机制，开发满足超快冷工艺要求的喷嘴及合适冷却机型和精准的控制模型，适应高等级钢材快速冷却、组织均匀的需要，并推广应用到型钢、钢管及棒材生产线。

（10）绿色化表面生态酸洗装备与技术

表面生态酸洗（EPS）目前存在主要问题是如何使磨料均匀地喷射到连续运动钢带的整个宽度表面上；除鳞与传统酸洗相比，效率较低，目前与现有冷连轧生产节奏不能匹配。需开发磨料均匀地喷射结构及合理布置机型、高效运行供砂及过滤系统。

（11）智能化酸轧联机装备与技术

高效焊机、拉矫机和酸洗工艺装备技术；全四辊、全六辊和四 / 六辊冷连轧机组的高精度边降、凸度、同板差与平坦度等多目标全机组一体化板形控制关键核心装备技术；板形平坦度仪、凸度仪、边降仪和测速仪等高速在线与离线检测仪表；高精度数学模型技术；先进冷轧、热处理和精整工艺装备与技术等。

（12）铸轧主设备振动在线监测及抑振

建立设备状态在线监测系统，将设备状态数据和工艺数据、质量数据相结合，通过对连铸坯表面状态、热连轧机机电液界耦合振动、冷连轧机机电液界耦合振动及平整轧机振动的全流程在线监测，开展带钢振痕原因分析及抑振措施研究，提高产品的表面质量和轧机生产效率。

（13）关键装备的运程在线运维系统

利用工业互联网和无线传感器网络技术，对关键装备实现运程在线运维，并开展数学形态学、非线性时间序列分析等现代信号处理方法研究，有效提取设备状态信号中的早期故障特征，为设备状态的趋势分析与故障诊断提供基础。利用云技术，实现跨区域、多协议、多平台融合，降低装备状态监测系统的构建成本，提高设备状态监测能力。

（14）关键装备服役状态在线监检测技术

利用无线传感器网络技术，对影响产品质量的关键设备的功能精度开发在线检测系统，通过对关键装备功能精度的实时监测，保障生产过程的稳定性，以提高产品质量的稳定性。主要解决冶金生产复杂环境下设备的形位尺寸、装配精度、空间位置以及振动、应力等关键参数的监检测问题，并挖掘装备服役状态与产品质量之间的内在联系。

（15）产品内部质量在线监检测技术

重点研发：高温、高速和复杂背景下的金属表面缺陷在线检测技术，基于激光诱导击穿光谱的铁水／钢液成分现场快速检测系统，基于多普勒原理的激光非接触测振系统，基于激光超声的板带内部缺陷在线检测系统，基于二维 X 射线衍射的板带组织性能在线检测系统。

4.2 本学科的发展对策

"十二五"时期，我国已建成全球产业链最完整的钢铁工业体系，其生产的钢铁产品为下游用钢企业提供了重要保障，为国民经济发展作出很大贡献。随着冶金机械装备水平的技术提升，钢铁产品产量的大幅增加，产能过剩等问题日益凸显。"十三五"期间，我国经济发展步入速度变化、结构优化、动力转换的新常态，钢铁工业面领着需求下降、产能过剩及有效供给不足等方面的严峻挑战。冶金机械装备的发展需要以推进绿色制造、发展智能制造为目标，不断提高自主创新能力、开展行业基础和相关行业产业化创新工作，推动服务型制造，从而有效提升钢铁产品的供给水平，为国民经济提供重要保障。

4.2.1 发展方向、目标

展望未来，冶金机械装备既有广阔的发展前景，也面临严峻挑战，建设更高水平的钢铁强国，任重而道远，需要不懈奋斗。机械装备的发展要实现三个转变。一是，重在技术创新、优化布局，实现冶金装备高端化转变；二是，资源利用高效化、促进节能减排，实现冶金装备绿色化转变；三是，依靠信息技术、自动化技术、实现冶金装备智能化转变。

（1）重在技术创新、优化布局，实现由大到强的转变

在强化技术创新方面，需要推动冶金机械装备升级，加强技术创新体系的建设。增强冶金科研院所、高校和工程设计单位的创新动力，鼓励大型钢铁企业加大研发投入，推动建立企业、科研院所、高校、工程设计单位和下游用户共同参与的创新战略联盟，巩固和完善产学研用紧密结合的技术创新体系。优化布局主要包括加快产品升级、深入推进节能减排、强化技术创新和技术改造、淘汰落后生产能力、优化产业布局、增强资源保障能力、加快兼并重组、加强钢铁产业链延伸和协同、进一步提高国际化水平等方面。冶金机械装备基本形成比较合理的生产力布局和资源保障能力显著提高，钢铁总量、品种质量满足国民经济发展的需求，具备世界一流的竞争力，初步实现冶金机械装备由大到强的转变。

（2）资源利用高效化，促进节能减排，实现冶金装备绿色化转变

资源利用高效化，在加快产品升级同时，要将提高钢材品种质量、档次和稳定性放在首位，作为冶金机械装备结构调整的重中之重，要加大满足新兴产业需求和一些高精尖的品种的开发，但是这个开发主要应由少部分有实力的企业承担，避免同质化竞争造成资金的浪费。促进节能减排方面，冶金机械装备需要有一些新的技术需要开发，如加快烧结烟气脱硫脱硝设备、高温高压干熄焦设备、高炉高效喷煤设备、能源管理中心的综合利用等。冶金机械装备的创新的着力点在于绿色发展，要突出共性技术的研发，推动企业的技术创新和技术进步。

（3）依靠信息技术、自动化技术、实现冶金装备智能化转变

发展以先进装备、先进材料、先进工艺有机融合的冶金机械装备制造技术，以智能传感器、人工智能、数字孪生、大数据与云计算为核心的智能化技术群，以及第五代移动通信、物联网、工业互联网技术，将形成推动冶金机械装备智能制造发展的"三驾马车"，其迅猛发展必将给钢铁产业带来翻天覆地的转变。要充分把握新一代信息技术带来的产业革命契机，将智能化融入钢铁制造和运营决策过程中，推动冶金机械设备智能制造"五化"（环保智慧化、制造智能化、产品绿色化、产业生态化、企业人本化），做到"精准、高效、优质、低耗、安全、环保"，全面提升发展水平，实现冶金机械装备的高质量发展。

4.2.2 发展的主要任务

（1）推动服务型制造，提升相关行业供给水平

正确认识钢铁企业与相关行业链接发展关系，推进服务型制造钢铁企业与下游用钢企业主动对接，由制造商向服务商转变。结合研发介入，后续跟踪改进模式，创造高端行业需求。重点推进高技术船舶、海洋工程装备、先进轨道交通、电力、航空航天、机械等领域重大技术装备所需高端钢材品种的研发和产业化，力争每年突破几个关键品种，持续增加有效供给。例如：

1）海洋工程装备及高技术船舶领域。大线能量焊接钢，高止裂性能厚板，极寒与超低温环境船舶用钢，高锰耐蚀钢，LNG船用殷瓦钢，海洋平台桩腿结构用钢及配套焊材。

2）先进轨道交通装备领域。高铁轮对用钢，高速重载高强度钢轨，车辆车体用耐候耐蚀钢。

3）节能与新能源汽车领域。新一代超高强汽车钢，热冲压用镀层板，超高强帘线钢等。

4）电力装备领域。超超临界火电机组用耐热钢，汽轮机和发电机用大锻件与大叶片用钢，核电机组压水堆内构件用钢，水电机组用大轴锻件钢与蜗壳用钢。

5）关键基础零部件领域。先进制造业用高性能轴承钢、齿轮钢、弹簧钢，传动轴用超高强度钢，高强韧非调质钢，12.9级以上高强度紧固件用钢等。

6）其他高品质特殊钢。高品质冷墩钢，机床滚珠丝杠专用钢，复杂刀具用易切削工具钢，特种装备用超高强度不锈钢，节能环保装备与化工装备用耐蚀钢，高效率、低损耗及特殊用途硅钢，大截面，高均匀，高性能模具钢，高性能冷轧辊用钢，高温合金，轧制复合板等。

（2）提高自主创新能力，改进生产工艺产品质量的关键技术

冶金机械装备需要进一步加强创新力度，不断改进生产工艺质量，提高关键性技术。例如：复杂难选矿综合选用技术，低能耗高炉冶炼技术，高效绿色电炉冶炼技术，高效低成本洁净钢冶炼技术，铸坯直接轧制技术，超快速冷却技术，节能高效轧制及后续处理技术。全连续自动跟踪产品表面质量缺陷检测技术，连铸坯大尺寸截面洁净度检测技术，产

品组织性能在线检测与精确预报技术，全流程工艺质量数据集成和质量在线综合评价技术，产品工艺质量参数采集与存储、追溯分析技术，产品质量交互分析与异常诊断技术。

围绕低能耗冶炼技术，节能高效轧制技术，全流程质量检测、预报和诊断技术、钢铁流程智能控制技术、高端装备用钢等升级需求，支持现有科技资源充分整合，发挥企业的创新主体作用、设计单位的桥梁和推广作用、大学和科研院所的基础先导作用，实施产学研用相结合的创新模式，通过市场化运作机制和多元化合作模式，在钢铁领域建设国家级行业创新平台，开展行业基础和关键共性技术产业化创新工作。优势钢铁企业与科研院校、设计单位和下游用户的协同创新，加大创新投入，引领相关民生链接发展的新局面。

（3）实施绿色改造升级，保障相关民生发展

加快推广应用和全面普及先进适用以及成熟可靠的节能环保工艺技术装备。全面完成烧结脱硫、干熄焦、高炉余压回收等改造，淘汰高炉煤气湿法除尘、转炉一次烟气传统湿法除尘等高耗水工艺装备。全面建成企业厂区主要污染物排放的环保在线监控体系。研发推广先进节能环保技术，开展焦炉和烧结烟气脱硫脱硝、综合污水回用深度脱盐等节能环保难点技术示范专项活动。在环境影响敏感区、环境承载力薄弱的钢铁产能集中区，加快实施封闭式环保原料场、烧结烟气深度净化等清洁生产技术改造。在钢铁产业集聚区，积极探索和实施物流集中铁路运输方案，系统优化物流体系，减少物流过程中无组织排放。

（4）夯实智能制造基础，相关行业实现产业信息化

加快推进冶金机械装备信息化、数字化与制造技术融合发展，把智能制造作为两化深度融合的主攻方向。支持钢铁企业完善基础自动化、生产过程控制、制造执行、企业管理四级信息化系统建设。支持有条件的钢铁企业建立大数据平台，在全制造工序推广知识积累的数字化、网络化。支持钢铁企业在环境恶劣、安全风险大、操作一致性高等岗位实施机器人替代工程。全面开展钢铁企业两化融合管理体系贯标和评定工作，推进钢铁智能制造标准化工作。

全面推进智能制造。在全行业推进智能制造新模式行动，鼓励优势企业探索搭建钢铁工业互联网平台，汇聚钢铁生产企业、下游用户、物流配送商、贸易商、科研院校、金融机构等各类资源，共同经营，提升效率。支持有条件的钢铁企业在汽车、船舶、家电等重点行业，以互联网订单为基础，满足客户多品种、小批量的个性化需求。鼓励优势钢铁企业建设关键装备智能检测体系，开展故障预测、自动诊断系统等远程运维新服务。总结示范经验和模式，提出钢铁智能制造路线图。

4.2.3 发展的基本保障

近年来，我国钢铁工业加快供给侧结构性改革，推进冶金装备制造发展，是实现质量变革、效率变革、动力变革高质量发展的基础保障，也是实现转型升级的突破口。在市场经济的前提下，通过强化国家行政力量，加强前沿技术创新平台，制定相对稳定的冶金机械装备技术标准，为冶金装备技术的稳定发展提供基本保障。

（1）强化国家行政干预手段

在市场经济的前提下，实现政府调控与市场引导相结合，才能有装备制造业的振兴，才能有冶金装备的国产化。冶金设备的发展必须开拓创新，对冶金装备制造业的关键技术进行研究，形成具有自主知识产权的技术和产品，实现为产业化提供标准化技术支撑。因此，加强政策和发展规划建设，提升行业自主创新能力，是冶金机械装备稳定发展的基础保障。事实证明，国家的产业政策和发展规划对行业的发展起到了主导作用。组织相关专家商讨行业振兴计划的实施方案和行业中长期发展规划，得到国家的支持，形成行业的共识，落实依托工程，并组织实施发展规划，提升行业自主创新能力。

（2）加强前沿技术创新平台建设

目前，冶金装备的发展主要集中于引进技术，在关键性的技术问题上投入深度不足，使得缺乏创新力及自主研发水平。加强前沿技术创新平台建设可整合各方资源，整合多学科优势，以科研驱动商业利益为目标，对一些关键、共性、前沿技术进行科学研究及深入探讨，突破自主创新技术的瓶颈，为冶金机械装备的发展注入新的动力。前沿技术创新平台建设需要科研精力的大量投入，建立产学研联盟是一条可行的途径，但产学研联盟需要有一个好的运行机制来吸引企业、设计单位、制造单位、研发单位和高校共同参与，真正实现共享共赢。因此，建议重点支持有条件的高校或科研院所建设行业公共创新平台，整合多学科优势、选择有限目标、加强产学研合作，在一些关键、共性、前沿技术上取得突破。

（3）制定相对稳定的冶金机械装备技术标准

当前国际上冶金设备正朝着大型化、连续化、自动化方向发展，进而要求设备要具有高精度、高速度、高可靠性。这些高端技术的发展，必须要有先进标准的支撑。制定行业共同标准和推动技术示范应用，避免不良竞争，逐步构建产业信任链，以真正保证技术创新型企业的发展空间，才能整体提升国内冶金装备技术水平和核心竞争力，加快冶金装备向朝阳行业迈进。目前冶金设备专业在国际标准化技术委员会（ISO）中没相应的专业技术委员会（IC）和分技术委员会（SC），也没有相应的国际标准。但是国外一些大型冶金设备制造企业，都有各自的企业标准化体系，例如德国的马克公司、日本的三菱重工、意大利的达涅利等。这些先进的企业，保证了它们具有优势的冶金设备产品。我国冶金设备制造行业通过技术引进和合作生产，采用一批国外先进标准，基本保持了与国外同类产品的技术水平的同步。为了适应国家装备制造业发展规划中关于振兴重大装备制造业的要求，跟上国际相关领域的发展形势，冶金设备制造行业今后将继续跟踪国外先进技术，加强自主创新和科研成果的转化，保持标准的先进性，应用先进的标准服务于冶金设备的制造，使标准成为科技创新转化为先进生产力的桥梁。

4.2.4 发展的线路规划

冶金机械装备技术的创新发展必须进行多领域的技术交会和融合，构建以基础理论为先导的知识创新，以面向生产为核心的技术创新和以信息化为载体的管理创新，形成科学研究、技术研发、管理与制度创新互相交会，相互促进的新业态，实现以企业生产经营全过程和企业发展全局的制造过程智能化、制造流程绿色化、产品质量品牌化为核心目标的钢铁智能制造。

服务型制造是制造与服务融合发展的新型产业形态，是钢铁制造业转型升级的重要方向。钢铁企业还需要通过优化生产组织形式、运营管理方式和商业发展模式，不断增加服务要素在投入和产出中的比重，从以制造为主向"制造＋服务"转型，从单纯出售产品向出售"产品＋服务"转变。针对钢铁行业下游用户对产品的质量和性能要求日益提高的趋势，通过将制造过程与产品服务进行精细化控制，延伸和提升价值链，提高产品附加值和市场占有率。在这个转型过程中，还需要对钢铁制造业的产品质量稳定性和质量控制过程进一步强化，是实现制造与服务融合过程的核心环节。

（1）制造过程智能化

要实现钢铁工业的智能化制造，钢铁行业必须将机器人、工业互联网、大数据、云计算等技术充分应用在钢铁产品设计、制造、管理、服务等各环节，以实现我国钢铁行业向智能化转型升级。今后冶金装备领域，工业机器人和智能机器人将广泛应用于钢铁企业，如无人天车、智能转炉、智能连铸机、取样机器人、换辊机器人、自动喷号机器人、无人化仓储装备等，实现生产过程的无人化／少人化和智能化。在冶金装备设计、制造、安装过程，广泛采用数字化技术、云计算技术和大数据分析技术，实现冶金装备制造过程的智能化。利用大数据分析和工业互联网技术，构建设备管理与运维智能决策支持系统，实现设备远程监测与运维。将设备状态的科学管理与提升产品质量的稳定性相结合，在运维成本最优的前提下，通过智能化决策技术，制定科学合理的设备管理与运维方案，提高产品质量及稳定性。

（2）制造流程绿色化

制造过程的绿色化是钢铁工业可持续发展的必然趋势。今后30年，一批绿色化新工艺、新装备技术将主导冶金装备领域的发展，如采用能源梯度利用的大型焦炉装备、环保型大型烧结机、节能环保型大型高效电炉、新型氧气高炉、高效低成本脱硫脱硝装备等被广泛应用。无头轧制和半无头轧制技术在减量化板带生产，即低成本大批量生产薄规格和超薄规格板带，节约能耗、降低消耗、提高成材率及板厚板形精度、实现部分"以热代冷"等方面效果显著，是现代化板带轧制技术发展的方向。新一代TMCP装备的板带控冷技术将更加成熟，应对高等级钢材新强韧化机制的控制模型和控制装备更精准，使厚板的内部组织均匀性、板形质量大幅提升，并推广应用到型钢、钢管及棒材生产线。

（3）产品质量品牌化

根据制造与服务融合的发展趋势，针对目前钢铁制造在产品质量设计与管控方面所存在共性问题，以及客户产品质量个性化要求，建立基于大数据的产品质量管控云服务平台，并在此基础上实现基于云服务平台的产品质量设计方法、全流程质量管控方法、制造与服务协同的质量管控集成方法等各种集成方法，实现产品与服务的融合，加快我国钢铁行业的转型升级。在设备状态大数据的基础上，通过深度学习、数据融合、智能推理、时空挖掘等大数据分析技术，研究设备故障的智能诊断技术，实现设备故障的早期预警、智能预警，为钢铁生产过程的智能制造提供设备状态保障。产品内部质量在线监检测技术将广泛应用于生产线，尤其是复杂背景下的金属表面三维缺陷在线检测技术，激光诱导击穿光谱的原料、钢液成分快速检测系统，激光和电磁超声的板带内部缺陷在线检测系统，二维 X 射线衍射的板带组织性能在线检测系统。

制造过程智能化、制造流程绿色化、产品质量品牌化是钢铁制造业综合实力的集中反映，是制造强国的核心竞争力。冶金机械是钢铁制造业的基石，与世界先进水平相比，我国冶金装备领域仍存在差距，今后任务紧迫而艰巨。

1）坚持结构调整。以化解过剩产能为核心，改进冶金机械装备的发展方向，以智能制造为重点，推进产业转型升级，以兼并重组为手段，深化区域布局协调发展。

2）坚持创新驱动。强化企业创新主体地位，完善产学研用协同创新体系，激发创新活力和创造力，以破解冶金机械设备研发难题为突破点，全面引领行业转型升级。

3）坚持绿色发展。以降低能源消耗、减少排放为目标，全面实施冶金机械设备升级改造，大力发展循环经济，积极研发、推广全生命周期冶金设备，构建钢铁制造与社会和谐发展新格局。

4）坚持质量为先。强化企业质量主体责任，以提高产品实物质量稳定性、可靠性和耐久性为核心，加强冶金机械装备的技术应用，增设备可靠性，实现质量效益型转变。

5）坚持开放发展。以开放促改革、促发展、促创新，充分利用国内外两个市场和两种资源，坚持"优进优出"，积极引进境外投资和先进技术，全面推动冶金机械装备的高端化发展。

参考文献

[1] 中国金属学会，中国钢铁工业协会. 2011—2020 中国钢铁工业科学与技术发展指南［M］. 北京：冶金工业出版社，2012.

[2] 殷瑞钰，张慧. 新形势下薄板坯连铸连轧技术的进步与发展方向［J］. 钢铁，2011，46（4）：1-9.

[3] Mao X P, Chen Q L, Sun X J. Metallurgical Interpretation on Grain Refinement and Synergistic Effect of Mn and Ti in Ti-microalloyed Strip Produced by TSCR［J］. Iron Steel Res Int. 2014，21（1）：30-40.

[4] 徐金梧. 世界冶金装备技术发展呈五大趋势［N］. 中国冶金报，2011-10-13（A03）.

[5] 曹建国. 薄板坯连铸连轧工艺与设备［M］. 北京：化学工业出版社，2017.

[6] 高金吉，杨国安. 流程工业装备绿色化、智能化与在役再制造［J］. 中国工程科学，2015，（7）：54-62.

［7］张勇军，何安瑞，郭强．冶金工业轧制自动化主要技术现状与发展方向［J］．冶金自动化，2015，39（3）：1-9．

［8］刘宏民．三维轧制理论及其应用：模拟轧制过程的条元法［M］．北京：科学出版社，1999．

［9］曹建国，张杰，宋平，等．无取向硅钢热轧板形控制的 ASR 技术［J］．钢铁，2006，41（6）：43-46．

［10］Cao J G，Liu S J，Zhang J，et al. ASR work roll shifting strategy for schedule-free rolling in hot wide strip mills［J］．Journal of Materials Processing Technology，2011，211（11）：1768-1775．

［11］Cao J G，Chai X T，Li Y L，et al. Integrated design of roll contours for strip edge drop and crown control in tandem cold rolling mills. Journal of Materials Processing Technology，2018，252（2）：432-439．

［12］陈金山，李长生，曹勇．轧辊粗糙度对不锈钢板带表面和工艺参数的影响［J］．机械工程学报，2013，49（4）：30-36．

［13］Zhang B，Zhang L，Xu J W. Degradation Feature Selection for Remaining Useful Life Prediction of Rolling Element Bearing［J］．Quality & Reliability Engineering International，2016，32（2）：547-554．

［14］何安瑞，邵健，孙文权，等．适应智能制造的轧制精准控制关键技术［J］．冶金自动化，2016，40（5）：1-8，18．

［15］刘锋，徐金梧，阳建宏，等．大型设备监测用新型无线传感器网络［J］．北京理工大学学报，2010，30（10）：1184-1188．

［16］徐金梧．中国冶金装备技术现状及发展对策思考［J］．中国冶金，2009，19（11）：1-4．

［17］周鹏，徐科，刘顺华．基于剪切波和小波特征融合的金属表面缺陷识别方法［J］．机械工程学报，2015，51（6）：98．

［18］骆宗安，苏海龙，魏谨，等．多功能热力模拟实验机的研制与应用［J］．机械工程材料，2006，（12）：60-61，65．

［19］张建良．国内外炼铁新技术现状与未来发展［N］．世界金属导报，2014-12-02（B08）．

［20］李刚，毕学工，刘威，等．世界炼铁技术的发展现状［J］．炼铁，2015，34（5）：57-62．

［21］闫晓强．热连轧机机电液耦合振动控制［J］．机械工程学报，2011，（17）：61-65．

［22］王国栋．钢铁行业技术创新和发展方向［J］．钢铁，2015，50（9）：1-10．

［23］曹建国，张杰，张少军．轧钢设备及自动控制［M］．北京：化学工业出版社，2010．

［24］中国钢铁工业协会，中国金属学会，冶金科学技术奖奖励委员会.2010—2016 年冶金科学技术奖获奖项目简介［M］．北京：冶金工业出版社．

［25］曹建国，轧楠，米凯夫，等．宽带钢热连轧机自由规程轧制的板形控制技术研究［J］．北京科技大学学报，2009，31（4）：481-486．

［26］黄庆学，杨小容，周存龙，等．制坯工艺对热轧不锈钢／碳钢复合板复合效果的影响［J］．材料热处理学报，2014，35（S1）：62-66．

［27］Li Y L，Cao J G，Kong N，et al. The effects of lubrication on profile and flatness control during ASR hot strip rolling［J］．The International Journal of Advanced Manufacturing Technology.2017，91（7）：

［28］Peng Y，Liu H M，Wang D C. Simulation of type selection for 6-high cold tandem mill based on shape control ability［J］．Journal of Central South University of Technology，2007，14（2）：278-284．

［29］陆小武，彭艳，刘宏民．DC 轧机板厚板形控制策略［J］．中南大学学报，2011，42（8）：2309-2317．

［30］刘洋，王晓晨，杨荃，等．基于预测函数算法的冷连轧边降滞后控制研究［J］．机械工程学报，2015，51（18）：64-70．

［31］张清东，周岁，张晓峰，等．薄带钢拉矫机浪形矫平过程机理建模及有限元验证［J］．机械工程学报，2015，51（2）：49-57．

［32］蔺永诚，陈明松，钟掘．形变温度对 42CrMo 钢塑性成形与动态再结晶的影响［J］．材料热处理学报，2009，30（1）：70-74．

［33］ Zhang J，Li C S，Li B Z，*et al*. Effect of Cooling Rate on Microstructure and Mechanical Properties of 20CrNi2MoV Steel ［J］. Acta Metall. Sin. 2016，29（4）：353–359.

［34］ 王国栋. 新一代控制轧制和控制冷却技术与创新的热轧过程［J］. 东北大学学报，2009，30（7）：913–922.

［35］ 朱冬梅，刘国勇，李谋渭，等. 在线淬火后回火工艺对塑料模具钢组织和性能影响［J］. 材料热处理学报，2016，37（1）：66–70.

［36］ 李小琳，王昭东，邓想涛，等. 超快冷终冷温度对含 Nb–V–Ti 微合金钢组织转变及析出行为的影响［J］. 金属学报，2015，51（7）：784–790.

［37］ 康永林，朱国明. 热轧板带无头轧制技术［J］. 钢铁，2012，47（2）：1–6.

［38］ 王利民. 热轧超薄带钢 ESP 无头轧制技术发展和应用［J］. 冶金设备，2014，212（s1）：61–65.

［39］ 刘玉堂. 无酸除鳞技术浅析［J］. 钢铁技术，2013，（3）：8–13.

撰稿人：徐金梧　张　杰　曹建国　尹忠俊　阳建宏

杨　荃　秦　勤　刘国勇　李洪波　谭俊强

冶金机械及自动化分学科
（冶金自动化）发展研究

1. 引　言

　　冶金自动化学科以系统科学、控制理论和信息技术为支撑，与冶金材料、工艺、生产、运营等技术深度融合，研究冶金生产过程自动控制、钢铁制造流程计算机管控和冶金企业信息化管理的新方法、新技术，研发相关新产品、新系统，并实现工程集成应用。

　　冶金自动化学科主要范畴包括冶金生产过程控制、冶金生产管控和企业管理信息化。

　　（1）冶金生产过程控制

　　其目的是在较少人参与或无人参与的情况下，对冶金装备、过程或系统进行控制和操作，并使之达到工艺预期的状态，包括工艺过程变量和质量指标的在线检测、冶金设备和过程自动控制、工业机器人、过程模型和操作优化等。

　　（2）冶金生产管控

　　研究冶金生产物流跟踪、计划调度、质量控制、设备维护、能源调控等技术，研发制造执行系统（MES）和能源管理系统（EMS）等冶金生产管控系统，实现冶金生产的高效化、绿色化。

　　（3）企业管理信息化

　　研究企业资源计划（ERP）、客户关系管理（CRM）和供应链管理（SCM）关键技术，对企业运营管理提供决策支持，实现产供销一体化和上下游供应链协同优化。

　　目前，随着大数据、工业互联、人工智能等新兴技术发展，以及经济新常态下钢铁工业转型升级对两化深度融合和智能制造系统的需求，冶金自动化学科的范畴不断拓宽。

2. 本学科国内发展现状

2.1 百米高速重轨超声波在线检测系统关键技术与应用

武钢等单位研究了水淋超声探伤原理及误判机理，开发了国内首套紧密随动式超声波在线检测系统，该系统可根据待检轨面的形状变化和位置波动进行自适应调整，满足了高速重轨在线、精准、快速探伤要求，取得了复杂表面在线无损快速检测技术的重大突破。提出了随动探伤理念，创建了随动探伤工艺流程及活动探头灵敏度的校正方法，发明了一种环绕工字型钢轨四面，并在其轴向空间，交叠布置的活动组合探头，解决了重轨表面探头全包络及充分耦合问题，实现了重轨检测范围全覆盖，杜绝了漏判。建立了随动探伤三维数据模型，发明了一种抗冲击、耐磨损的探头跟踪系统和专用双晶探头，提升探伤精准度4.7%，并实现了超声波在线检测设备自主国产化。提出了重轨低速咬入、中速探伤、高速抛出的速度控制策略，开发了声光机电一体化的多通道超声波在线测控系统，解决了高速探伤过程中信号检测的稳定性和控制系统的可靠性问题，提升在线检测速度15.4%。

2.2 高炉、烧结及焦化原料成本协同智能系统研发与应用

太原钢铁（集团）有限公司等单位完成的该项目具有高炉、烧结及焦化三种工序关联动态优化和任意单工序原料成本动态优化的双重功能，在冶炼多工序关联模型、原料成本协同优化及多参数智能优化等关键技术方面取得了较好的成果，在太钢取得了较好的经济效益和管理效益。

2.3 高炉热风炉节能燃烧智能控制技术的研究与应用

河钢集团承钢公司等单位开发了通用燃烧优化控制技术（BCS），借助于燃烧效果的软测量、最佳运行工况的自动寻优、智能软伺服接口以及滚动持续优化等多项技术，实现了热风炉的燃烧的自动优化控制。在满足高炉所需热风温度及流量的前提下，降低了煤气的消耗，延长了设备的安全性和使用寿命，提高了控制系统的自动化水平。

2.4 高炉热风炉节能燃烧优化系统

中冶南方等单位针对高炉能耗大户热风炉人工烧炉过程相对粗放，煤气消耗较高、送风温度不稳定等问题开发了"高炉热风炉节能燃烧优化系统"，利用热风炉格子砖的蓄热、放热特性和煤气燃烧机理，创新开发了"基于传热原理的煤气量设定模型""基于拱顶温度变化的空燃比自寻优模型""蓄热体大阻力烧炉模型""煤气压力波动控制模块"等，使热风炉能按照计算的最优烧炉强度曲线进行烧炉，精确计算并控制空燃比例，其他模型也保证了系统能够在各种工况下稳定运行，实现了精细化烧炉，保证了高送风温度，降低了

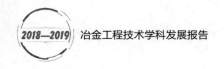

煤气消耗。

2.5 高品质钢洁净化智能控制的多维多尺度数值模拟仿真技术及应用

北京科技大学等单位完成了高品质钢洁净化智能控制的多维多尺度数值模拟仿真技术及应用项目，显著提升了高品质钢精炼和连铸过程反应器的冶金效率，以及提升了高品质钢洁净度和连铸坯质量，降低了生产成本。

2.6 连铸坯自动化清理设备的开发与应用

中冶宝钢技术服务公司针对现有连铸坯在线清理设备存在的无法清理连铸坯角部、需要人工清理、劳动强度大、工作环境恶劣等问题，自主研发了一种连铸坯自动化清理技术与设备，通过超声波传感器自动扫描连铸坯的侧面，接触式气压浮动拉线传感装置扫描铸坯上表面，扫描信息处理后生成三维运行轨迹，吹扫枪自动点火后以高温火焰对连铸坯角部进行快速预热，预热点熔化时，设备自动开启高压氧引燃连铸坯角部及表面，数控系统自动控制并驱动吹扫枪追踪轨迹清理，吹扫清理的同时侧吹氧辅助枪同步清理翻边的铁水与毛刺，达到自动去除铸坯角部与表面缺陷的目的。

2.7 高精度热轧带钢全流程模型及控制技术

中冶赛迪电气技术有限公司针对热轧带钢高精度控制需求，研发了一套集软硬件平台、核心装备、核心工艺控制模型、虚拟仿真于一体的全流程模型及控制技术，包括：热轧控制核心硬件及网络平台、核心工艺控制技术、工艺策略知识库及新产品开发支撑平台等，形成了高精度热轧带钢控制的工程解决方案。以该成果为核心形成的工程技术方案已经在燕钢、济钢、宁钢等多个企业获得成功应用，系统运行稳定可靠、产品实物质量明显改善，取得了显著的经济和社会效益。

2.8 F400 冷弯型钢生产线中轧辊智能调整及质量检测技术的研发与应用

天津理工大学等单位将智能控制、机器视觉、深度学习等技术应用于 F400 冷弯型生产线的轧辊调整和质量检测领域，对传统大型方矩管的加工设备进行智能化改进，解决了现有生产过程的换型效率低、配辊参数设定难、劳动强度大、人工成本高、产品质检误差大的问题，显著提升了企业生产效率和管理水平。

2.9 热镀锌带钢镀层质量控制核心技术研发与工业应用

鞍钢股份有限公司以镀层厚度工艺控制系统为研究对象，针对其核心技术进行了理论研究、系统实验、关键技术研发和应用，研制了国内首套拥有自主知识产权的冷轧带钢热镀锌在线镀层厚度控制系统。主要工作如下：①采用数值模拟方法研究分析气刀流场因素对镀层厚度的影响规律，国际上首次进行在线气刀喷吹压力实验，得到带钢表面气刀压力实际分布曲线，为镀层厚度控制确定理论依据。②基于对数空间的非线性最小二乘回归算法，建立长短周期相结合的参数自适应预设定模型，提高了复杂生产条件下镀层厚度控制预设定模型精度。③研发出基于人工智能和鲁棒控制相结合的镀层厚度控制系统，解决了镀层厚度控制过程中系统时变大滞后、强非线性和多变量影响的控制难题。④开发了热镀锌带钢镀层平均厚度和偏差厚度联合控制系统，提高镀层控制精度，实现镀锌板双面镀层差厚控制，并通过挡板形状设计、开口宽度调节和扭转控制，实现横向镀层均匀性的精确控制。镀层厚度质量控制系统在鞍钢冷轧镀锌线得到稳定应用，实际镀层平均厚度偏差小于 $3.2g/m^2$，比国际先进水平提高 1.13%；镀层均匀度 2σ 为 $1.25g/m^2$，比国际先进水平提高 10.7%。实现镀锌板双面镀层差厚控制，大幅减少了锌的消耗，提高了镀锌板质量。

2.10 基于工业互联的钢铁全流程质量管控技术

针对钢铁流程质量管控制中存在的数据孤岛、多工序关联性弱、事中控制有效性差、多维质量原因分析手段缺乏、工艺边界优化靠经验等痛点问题，北京科技大学开发了基于工业互联技术的钢铁全流程质量管控技术，并在鞍钢、马钢、新钢、沙钢、淮钢、建龙等大中型企业得到应用。主要技术要点如下：①建立从炼钢到冷轧的全流程工艺质量大数据平台，以物料为核心，实现多粒度数据接入、高效数据存储、数据时空变换、数据空间建设、数据判异及数据通用访问接口等。②开发了基于规则表达式引擎、曲线智能识别、图像等级智能分类、过程质量评价的在线实时判定技术。③实现了不同维度的过程监控方法，包括过程统计监控、多模态分析监控、规则监控、工艺组合监控等。④研发了以单块物料和物料谱系为核心的全流程数据追溯模型，可快速实现数字钢卷展示及多场景比对。⑤以工艺规则为基础，形成质量知识图谱，实现质量缺陷的自动分析。⑥集成回归、关联、分类、聚类等多种机器学习算法，对未知质量类型（如仪表无法检测、检测滞后）实现在线预测，并可以实现工艺参数的自动寻优和逆向优化。⑦基于数据中台和业务中台技术，可以快速实现产品性能预报、过程状态评价、上下游协调分析、个性化报表等批量定制化功能，实现装备、质量、模型等的协同控制。该成果可为质量的一贯制管控的实现提供有力支撑，系统功能完善、先进，扩展性强，可提升人员效率 35% 以上，质量次品率下降 25% 以上。和国外同类技术相比，在数据采集平台的介入能力与稳定性、应用功能的完整性方面都具有明显的优势，推动行业质量管控的智能化进程。

2.11 客户驱动的冶金企业全流程协同制造系统开发与应用

宝山钢铁股份有限公司本着从客户需求出发，运用云计算、物联网、工业大数据等新技术，对钢铁企业进行管理和系统集成创新，建成了多制造基地协同、面向战略客户的协同供应链、智慧物流、冶金全流程工序质量一贯管理等应用系统以及一个制造云平台，构成了一个完整的"客户驱动的冶金企业全流程协同制造系统"。①在国内首次基于制造云平台技术，设计和实现了多层次、跨平台大规模异构计算机协同制造系统，覆盖全部钢铁产线，实现了跨地域、多制造基地的信息实时处理与在线生产管控。②基于多源异构海量数据融合技术及大数据处理技术，实现了运营数据的可靠、实时处理，提高了在线数据分析能力。在国内钢铁企业中首创了基于工业大数据的全流程工序质量数据在线分析，通过动态质量设计，优化改善现场的制造工艺、质量，为提高产品质量做出了贡献。③研发了供应链计划的协同技术，实现了钢铁制造企业与汽车、家电、工程制造等大客户间生产计划信息的贯通对接，以客户生产计划直接驱动钢铁企业制造、物流等过程，实现了真正意义上客户驱动的供应链协同。

2.12 面向产品多样化需求的 CSP 生产流程柔性制造管控平台

武汉钢铁（集团）公司构建适用于 CSP 生产工艺的产销一体化协同体系，实现 CSP 生产管控业务与硅钢、冷轧制造过程业务管理无缝集成，保证个性化需求与规范化生产之间有机统一，并将其平台化，形成 CSP 生产流程一体化管控技术平台。设计了订单驱动的"拉动"式铸轧批量计划模型及算法，并研发了适用于半无头轧制、双铸机同钢种供料、双铸机异钢种交叉供料等模式下批量计划模块，实现根据客户多样化需求及工艺规范要求组织与控制生产。基于抽象的 CSP 制造过程作业监控与预测平台，突破在线调控技术难题，实现根据实时物流及预测信息的进行动态作业指令控制，有效解决了 CSP 制造过程不确定性因素和异常工艺对面向订单生产组织的影响，并保证了制造过程稳定性。根据 CSP 生产流程工艺特点，突破了双铸机、多品种批量计划模型、制造过程监控与预测、在线调控、全流程质量管控、全流程订单追踪等技术难题。

2.13 大型钢铁联合企业能源优化管理控制系统的自主研究开发与应用

马鞍山钢铁股份有限公司等单位基于"三流一态"能源管控理论，实现了能量流，物质流，价值流和设备状态间的耦合。①针对钢铁企业流程特点，创造性地提出了基于"三流一态"能源精益化管控理论，通过钢铁企业"能量流""物质流""价值流"和"设备状态"的有机集成、高效对接、"主辅联动"等，实现能源综合优化管理和控制，建立了"三流一态"能源集成管控系统，促进大型钢铁联合企业系统节能，提升能源精益化管控能力和能源利用效率。②构建了多介质、多层次能耗模型体系：首次系统性地采用区域性用能工序解析，突破了能流、物流耦合条件下的煤气、蒸气等能源介质动态平衡控制等关键技术；构建了多介质、多层次、多视图的能耗模型体系。主要包括：建立关键用能设备能耗优化数学模型；工序能量流、物质流耦合模型；工序间、系统间关系模型。③研发了企业级能源管控系统：自主集成了设备数据采集、数据挖掘技术，解决了基础数据采集、数据转换、多时间尺度数据共享等技术难题，实现了多层次模型耦合，多工序模型对接，实现全局系统节能；应用研发成果构建了马钢能源管控系统示范平台，形成示范基地。依托自动化信息集成技术、传感网技术，完善、拓展了钢铁企业能源中心管理系统，实现能量流、物质流的高效对接、在线调整与动态优化。

2.14　钢铁制造流程系统集成优化技术研发及应用

中冶赛迪工程技术股份有限公司等单位将冶金流程集成理论的原理与现代信息科学紧密结合，对钢铁制造流程的能源流、物质流、铁素流、排放流、时间流等多项"流"的系统进行全面的研究，研发了细胞自动机仿真模型方案、ActiveX 组件技术、可视化技术，以及各系统的设计优化方法、模型、工具和信息化平台，形成了比较完整的钢铁制造流程系统集成优化技术方法体系。在南钢、日钢、梅钢等企业升级改造再设计，宝钢湛江钢铁基地、越南台塑河静钢厂总体设计中得到全面应用，为冶金工程系统设计起到了示范作用。

2.15　钢铸轧少人化智能排程系统

宝山钢铁股份有限公司针对宝山基地复杂的产品结构与物流交叉特点，运用智能优化、人工智能、机器学习等新技术，研制了成套的钢铸轧少人化智能排程系统。其中炼钢–连铸智能排程系统将转炉、精炼炉、连铸机等工序设备进行综合考虑，对组炉、组中包、组浇次进行整体优化，应用独创的分步优化模型设计方法，实现了模型优化与人机交互完美结合，极大提高了模型对现场各种复杂场景的适应能力。1580 热轧智能排程系统首次挑战"少人化、值守式"自动排程技术，在精确高效智能优化求解的基础上，利用人工智能算法对优秀排程模式进行自学习，使排程系统具备了学习进化的能力，初步实现了少人值守式自动排程，代表智能排程的先进方向和技术制高点。宝钢铸轧智能排程系统目前在宝山基地成功投运，极大地提高了宝钢的生产组织水平，产生了数千万的经济效益。

2.16　合金采购决策支持系统

为提高炼钢合金综合管控水平，降低合金采购成本，宝山钢铁股份有限公司以冶金机理计算、智能优化技术、大数据技术、网络抓取技术等为主要手段，结合采购专家领域知识，通过建立较为完整的合金标准计算、预测与优化数学模型，研制了炼钢合金综合管理与采购决策支持系统。具体来说，通过分析炼钢合金消耗机理，在合金最优控制模型和生产数据的基础上，将统计与机理建模相结合，研制出了出钢记号与合金消耗的对应智能模型群；再根据一定生产周期的合同与销售计划信息，开发了炼钢合金需求预测模型；以此为基础结合库存理论，综合考虑订购费、存储费、采购批量等，以总费用最小为目标，研制出采购智能优化决策模型。该系统已经在宝钢的宝山基地合金采购、财务成本管理、现场合金管理等多方面开始应用，经济效益明显，极大地提升了宝钢的合金管理水平，目前

正在向青山基地推广。

2.17 板材后加工纵横切机组套裁优化决策系统

宝山钢铁股份有限公司在不断提高制造水平和产品质量的基础上，逐步向提高客户服务能力上下功夫，通过在全国各地建立加工配送服务中心，为用户提供一揽子剪切套裁和物流配送服务，从而提高用户黏性和满意度，保持产品竞争力。宝钢股份针对加工中心剪切套裁优化问题，借助大规模组合优化算法，以提高成材率和工作效率为主要目标，综合考虑订货信息、设备产能、客户特殊要求等因素，研制了纵横切套裁智能决策系统，实现了不同规格的订单在钢卷的组合拼装，相比人工套裁方案来说，套裁效率、成材率都有了较大的提升。目前该系统已经成功在宝钢国际广州宝井昌应用，使成材率从97%提升到99%，同时使加工中心库存下降30%，并减少大量人力。

3. 本学科国内外发展比较

我国冶金自动化信息化技术取得了长足进步，在过程控制技术、制造执行系统、能源管控系统、企业经营管理信息化等方面总体处于国际先进水平。

3.1 高端设备

一些高端检测装置如高精度板形仪、表面缺陷检测装置主要依赖进口，国内也开发出样机并有成功示范应用，但在恶劣环境的适用性、应用可靠性、性能稳定性方面还有一定差距。

3.2 过程控制

在炼铁、炼钢、轧钢等工艺过程的数学模型和优化控制方面，国内将工艺知识、数学模型、专家经验和智能技术结合，应用于炼铁、炼钢、连铸和轧钢等典型工位的过程模型和过程优化，达到国际先进水平。

与国外领先水平相比，过程模型对不同工况的适应性和优化控制精度稳定性方面还需要进一步提升。此外，国外在过程控制系统研发的多专业协同、多素材融合，值得借鉴学习。如日本为开发高炉运行三维可视化和数值分析系统（Visual Evaluation and Numerical Analysis System of Blast Furnace operation），采用了高炉各区域解剖（物理）、安装大量在线测量高炉内部工况的探头和传感器（数据）、三传一反和计算流体力学数学模型（机理）等综合手段，使得研究非常深入，通过可视化炉内变化，有助于实际高炉稳定操作。

此外，一些国外先进过程控制系统的功能综合性和完整性方面，值得借鉴学习。如意大利 Tenova 开发的智能电炉 Tenova Melt Shops EAF，集成了先进的 Consteel 连续加料和废钢预热技术、EFSOP 废气分析控制专家系统、iEAF 智能化动态过程控制和实时管理系统、TDRH 数字电极调节器和 KT 喷吹系统，形成一套完整电弧炉过程控制解决方案。

3.3 多工序多目标协同优化

国内在炼铸轧一体化计划编制、高级计划排产等算法研究和企业应用方面取得了具有国际先进水平的科技成果，宝钢板材产线智能排程走在国际领先位置。但在其他产线产品方面还有很多工作要做，尤其是整条产线甚至整个制造基地的多目标协同优化方面还有一定的差距。

如 AMS 和 PTG 开发的 TOTOPTLIS 技术（Multi-criteria through-process optimisation of liquid steelmaking），研究炼钢全过程链多目标优化方法。基于实时监控、预测和控制模型，汇聚炼钢、精炼、连铸等各工序工艺过程、检测数据并连续评估钢水温度、钢和渣成分和纯净度，并考虑不同工艺路径、物流运输和钢包周转，综合考虑能源、材料和资源消耗以及生产率的多目标优化策略，当偏离与质量相关参数的标准处理工艺时，进行动态优化。每一工序结束后，测量值与目标值比较，允许范围内，进入下一工序；否则，提出应对方案，并从多个方案中找出最优方案。

德国 BFI 等开发的 TECPLAN 技术（Technology-based assistance system for production planning in stainless mills），开发一种新的生产计划辅助系统，依据预测板坯质量适用指数数值（平直度、截面弯曲度，厚度／延展容许误差，表面缺陷等），轧机能力（如执行机构和控制设备）和顾客需求，确定优化的不锈钢生产路径（热轧、冷轧、退火、平整、精整），减少二次处理次数、降低次品率、节能。主要内容包括：研究基于遗传算法多目标优化技术，更容易更可靠地解决生产计划问题；采集每一工序的过程数据，特别是在线质量测量数据，建立全过程质量预测模型；集成测量数据、全过程预测模型和多目标优化算法开发基于工艺的生产计划系统。

3.4 数据驱动的全流程质量管控

国内在质量一贯制管控、基于数据挖掘离线分析产品缺陷等方面取得了具有国际先进水平的科技成果，但在全流程质量在线监控和优化、基于数据的全流程产品质量自动分析方面与国外先进水平还有一定差距。

如 BFI 等单位研究开发了基于数据挖掘的全厂质量相关的在线生产监控技术（Factory-wide and quality-related production monitoring by data-warehouse exploitation）。提出了操作实绩分析、控制图和基于数据的质量模型等在线质量监控方法，自动跟踪全流程各工序设备、过程、质量变化的影响，质量出现问题时，快速找出变化原因（全流程设备、过程或操作），评估、跟踪已知跨工序关系，给出全流程过程链的可视化报告（控制图）。

BFI 等单位研究开发了 AUTODIAG 工具软件，针对工艺工程师和质量管理人员对数据

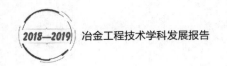

分析和挖掘算法不熟悉的问题，提供不同解决方案，隐藏了复杂数据挖掘技术，通过可视化模块支持用户选取数据，指导用户选择最合适的方法解决特定的问题。

4. 本学科发展趋势与对策

4.1 本学科发展趋势

结合钢铁工业强国战略和钢铁工业调整升级规划，在现有过程控制、生产管控和企业信息化基础上，进行内涵提升和外延拓展，形成具有冶金工业特色的智能制造体系结构，将物联网、大数据、云计算、人工智能、运筹学等技术与钢铁流程设计、运行、管理、服务等各个环节深度融合，建立多层次多尺度信息物理模型（CPS），实现信息深度自感知、智慧优化自决策、精准控制自执行，逐步提升智能制造能力成熟度，推动钢铁产业智能化、绿色化可持续发展。

4.1.1 冶金流程在线检测

面向钢铁生产的新型传感器、智能仪表和精密仪器能够增强员工对工厂的感知能力，借助于嵌入应用环境的系统来对多种模式信息（光、电、热、化学信息等）的捕获、分析和传递，极大地拓展员工对钢铁企业的各类装置、设备的了解和监测能力，促进生产活动的合理化和精细化控制。

采用新型传感器技术、光机电一体化技术、软测量技术、数据融合和数据处理技术、冶金环境下可靠性技术，以关键工艺参数闭环控制、物流跟踪、能源平衡控制、环境排放实时控制和产品质量全面过程控制为目标，实现冶金流程在线检测和连续监控系统。

4.1.2 钢铁复杂生产过程智能控制系统

钢铁生产制造全流程是由多个生产过程有机连接而成的，其具有多变量、变量类型混杂、变量之间强非线性强耦合的特点，受到原料成分、运行工况、设备状态等多种不确定因素的干扰，其特性随生产条件变化而变化。

钢铁复杂生产过程的智能控制系统将采用分层或分级的方式建立许多较小的自治智能单元。每个自治智能单元可以通过协调机制对其自身的操作行为做出规划，可以对意外事件（如制造资源变化、制造任务货物要求变化等）做出反应，并通过感知环境状态和从环境中获得信息来学习动态系统的最优行为策略，对环境具有自适应能力，具有动态环境的在线学习能力。通过多个自治智能单元的协同，使各种组成单元能够根据全局最优的需要，自行集结成一种超柔性最佳结构，并按照最优的方式运行。

4.1.3 全流程动态有序优化运行

面向钢铁生产的运行环节，综合应用现代传感技术、网络技术、自动化技术、智能化技术和管理技术等先进技术，通过企业资源计划管理层、生产执行管理层和过程控制层互联，实现物质流、能源流和信息流的三流合一，达到钢铁企业安稳运行、质量升级、节能减排、降本增效等业务目标。生产管控实现对综合生产指标→全流程的运行指标→过程运行控制指标→控制系统设定值过程的自适应的分解与调整，满足多品种个性化市场需求，提升生产管控的协同优化能力；能源管控通过能量流的全流程、多能源介质综合动态调控，形成能源生产、余热余能回收利用和能源使用全局优化模式，提升全流程能源效率。生命周期质量管控实现工艺规程、质量标准的数字化，基于大数据的全流程产品质量在线监控、诊断和优化，构建产品研发—工艺设计—产品生产—用户使用全生命周期多 PDCA 闭环管控体系。

4.1.4　钢铁供应链全局优化

面向原燃料采购及运输、钢材生产加工、产品销售及物流等供应链全过程优化，提高对上游原燃料控制能力，深化与下游客户业务协同，实现优化资源配置、动态响应市场变化、整体效益最大化。加强与下游客户供应链深度协同，建立电子商务和供应链协同信息 EDI 规范，迅速响应客户需求，及时提供合格产品，减少库存、中间环节和储运费用。

4.2　发展对策

为了发展冶金工业数字化、网络化、智能化，实现智能制造，需要规划引导、财税政策、产学研用模式等方面保障条件。通过编制行业标准或者研发指导，提高行业智能制造科学性和效率。通过龙头企业的率先研究和试点，给出工业大数据等新技术的经验和范畴，推动行业既积极又谨慎地引进新技术，使得智能制造能够大面积且有效地解决企业的痛点和难点。

4.2.1　统一规划，指导冶金工业数字化智能化发展

结合冶金工业需求，在国家层面上组织制定冶金智能标准体系和技术路线图，制定冶金工业数字化、网络化、智能化制造行动计划和实施指南，对冶金工业智能装备、数字化工厂、关键技术等深化应用进行引导和支持。

4.2.2　建立专项资金，出台积极的财税政策，支持关键环节数字化智能化建设

建立专项资金，支持冶金工业数字化、网络化、智能化制造关键应用基础研究、关键技术研发、示范应用和产业化。

4.2.3　推动产学研研究模式，促进自主创新成果产业化

以市场需求为导向，以产学研用结合的形式，整合企业、高等院校、科研机构等单位资源，建立冶金工业智能制造产业技术联盟，共同致力于冶金工业数字化智能化制造关键技术研究、智能装备和数字化工厂开发、应用示范和推广。

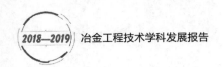
参考文献

［1］殷瑞钰. 从开放系统、耗散结构到钢厂的能量流网络化集成［J］. 中国冶金，2010.

［2］殷瑞钰. 关于智能化钢厂的讨论——从物理一侧出发讨论钢厂智能化［J］. 钢铁，2017.

［3］殷瑞钰. "流"、流程网络与耗散结构——关于流程制造型制造流程物理系统的认识［J］. 中国科学：技术科学，2018.

［4］中国钢铁工业协会、中国金属学会冶金科学技术奖奖励委员会. 2015 年冶金科学技术奖获奖项目简介. 2015.

［5］中国金属学会. 2016 年冶金科学技术奖获奖项目综合评述. 2017.

［6］中国金属学会. 2017 年冶金科学技术奖获奖项目综合评述. 2017.

［7］中国金属学会. 2018 年冶金科学技术奖获奖项目综合评述. 2018.

［8］中国金属学会. 中国钢铁企业智能制造发展现状与需求调查研究报告. 2017.

［9］中国金属学会. 冶金工程技术学科方向预测及技术路线图［M］. 北京：中国科学技术出版社，2018.

［10］王柏村，臧冀原，屈贤明，等. 基于人－信息－物理系统（HCPS）的新一代智能制造研究［J］. 中国工程科学，2018，20（4）.

［11］柴天佑，丁进良. 流程工业智能优化制造［J］. 中国工程科学，2018，20（4）.

撰稿人：孙彦广　闫晓强

冶金流程工程学分学科发展研究

1. 引　言

冶金流程工程学是冶金工程学科一个新的分支，经过 30 多年的探索和发展，逐渐形成了较为成熟的学科知识体系。冶金物理化学和冶金传输原理是冶金工程专业基础学科，旨在奠定本学科化学反应和传输原理层面的基础。冶金反应工程学把冶金工程的研究范围扩展到工序装置层面。而冶金流程工程学则是以冶金制造流程为对象进行整体性和集成性研究的工程学科分支。

冶金流程工程学以已有冶金学科的基础科学研究和技术开发为基础，吸收物理学（包括耗散结构理论、协同学等）和化学（包括物质转化过程中的多尺度效应等）的新进展和新概念，运用系统科学的概念和方法（包括复杂性科学等），在不同尺度和层次上对冶金制造流程进行解析与优化集成，研究其整体结构和动态运行的物理本质、功能和效率，使其实现高效优质的产品制造、能源高效转换与充分利用、大宗社会废弃物消纳处理 – 再资源化三大功能。冶金流程工程学是研究和揭示生产流程动态运行的宏观物理本质和规律的科学。从宏观上将冶金流程中各工序串联起来，协调和优化各工序的生产节奏，实现冶金制造流程的动态、有序运行。

冶金流程工程学的概念是由殷瑞钰院士于 20 世纪 80 年代提出的，学科体系的形成和不断完善反映在殷瑞钰院士的两本专著中——《冶金流程工程学》（第 1 版，2005 年；第 2 版，2009 年；英文版 2011 年）和《冶金流程集成理论与方法》（2013 年）。师昌绪院士在《冶金流程工程学》的序言中，指出殷瑞钰院士"创造性地提出钢铁制造流程中的工程科学问题"，在全球钢铁工业面临着市场竞争力和可持续发展的双重挑战下，"重要的对策之一是以工程科学的知识推动钢厂的结构调整和优化"以及"对钢铁制造流程物理模型的描述，将有利于引导信息技术高度集成地进入钢铁制造流程的整体调控和智能化"，他称该书"对指导我国钢铁工业沿着更健康的道路发展有着重要意义"。徐匡迪院士在《冶金流程集成理论与方法》一书的序中，同样对殷瑞钰院士"冶金流程的集成理论与解析方法进行了前瞻性的、缜密的思考与研究"，提出把钢铁厂转变成具有"优质钢材生产线—高效率能源转化器—社会废弃物消纳者"三个功能的新型流程工业，"这一全新的资源节约型和环境友好型钢铁生产理念，已在首钢搬迁后的曹妃甸京唐钢铁公司的设计、建设、运行中得以体现，第一次打破了我国钢铁厂设计传统照抄、照搬国外钢厂的模式，也改变了以单体生产装置的产能来静态'拼图'，凑成一个零乱而不流畅的生产系统的钢铁厂设计方法。"徐匡迪院士称《冶金流程集成理论与方法》一书是钢铁流程工业功能转变的"基本理论与指导思想"，是殷瑞钰院士"对21世纪中国钢铁工业发展的一个新的重大贡献，是中国人自己创业的新兴学科分支。"

2. 本学科国内发展现状

2.1　2012—2013年学科发展回顾

《2012—2013年冶金工程学科发展报告》第一次将冶金流程工程学作为学科分支写入学科发展研究报告。在当时的报告中，总结了冶金流程工程学学科分支形成的工程实践、科学理论发展和哲学思考背景，详细介绍了学科分支的形成过程。初步系统地归纳了冶金流程工程学的主要研究内容包括：①冶金流程动态运行的物理本质研究；②冶金生产流程中基本变量和派生参数的研究；③冶金制造流程中时间因素的研究；④现代电炉炼钢冶炼周期综合控制理论的研究；⑤界面技术的研究；⑥钢铁制造流程的动态运行研究；⑦流程网络及其物质流－能量流耦合控制理论研究；⑧流程宏观运行动力学的机制和运行规则研究；⑨钢铁厂动态精准设计理论和方法研究；⑩现代钢厂功能拓展和循环经济研究。初步建立了冶金流程工程学研究方法特点：①应用耗散结构与自组织理论，建立钢铁制造流程中开放的、远离平衡、合理涨落和非线性相互作用的流程系统，将钢厂作为开放的、不可逆的、远离平衡的复杂系统，通过选择相关的异质的工序单元，进而构建工序单元之间的非线性相互作用和动态耦合，或者流程系统与单元工序之间的非线性相互作用，获得自组织性，并优化其自组织程度，形成不同类型的耗散结构。②应建立工程设计理念与运行理论体系。从开放系统的理论体系出发，以钢铁制造流程的整体论、层次论、耗散论为基础，进一步探索工程设计和工程运行的理论体系，探索以下理论和方法：结构论、连续论、动力论、嵌入论、协同论、功能论、决定论和随机论等。同时，从学术专著、大学课程、学术梯队、学术交流和工程应用五个方面对比了国内外对应或相近领域的研究现状，指出冶金流程工程学应从概念的科学定义、理论体系的完善、方法论的具体化等几个方面进一步深入研究，建立流程的动态仿真系统，在钢厂优化实践中建立典型实例，并加强教学与科普工作。

在《2012—2013年冶金工程学科发展研究报告》中，对冶金厂设计发展研究单独作为一个学科分支内容组织了撰写。明确定义冶金厂设计以冶金工厂设计为对象，将冶金工程技术基础科学、技术科学、工程科学的研究成果集成应用并将其实现工程化的学科。着重展示了在冶金流程工程学理论研究、冶金厂动态 – 精准设计研究等领域取得的具有创新性的研究成果，以及以冶金流程工程学为理论指导的冶金厂设计实践取得的显著的应用成果为后续研究进展奠定坚实基础，明确研究方向。

学科进展主要体现在以下七个方面：①指出冶金厂工程设计兼具流程制造业与装备制造业双重属性。②对钢铁厂工程设计的作用和意义有了新的认识，建立了新的工程理念和技术理念。③新一代钢铁厂的功能设计拓展为先进钢铁产品制造、高效能源转换和消纳废弃物并实现资源化的"三个功能"。④钢铁厂工程设计实现了静态设计向动态 – 精准设计的转变。⑤形成了对钢铁制造流程动态运行过程物理本质的新认识。⑥将钢铁生产流程中的界面技术引入钢厂设计。⑦冶金厂工程设计面临工程设计人员思维方式的转变，新一代冶金厂的设计将改变设计人员的设计理念和设计思维。

通过对首钢京唐、首钢迁钢、鞍钢鲅鱼圈等大型钢铁厂全流程高效快节奏生产工艺与质量控制技术集成的研究，探索了全流程高效快节奏生产工艺与运行规律研究开发出各工序间的工艺衔接与界面匹配技术、炼钢 – 精炼 – 连铸 – 连轧高效快节奏运行模式，建立全流程信息化集成系统和大批量、低成本洁净钢生产体系与质量保证体系，并取得了重大科技成果。冶金关键单元技术和工程化技术集成主要在以下方面得到突破：①构建先进的工艺流程；②建立集中 – 紧凑的生产布局；③开发高效 – 短捷的界面技术；④自主研发先进的大型工艺装备；⑤关键、共性单元工艺技术取得重点突破。

2.2　2013 年以来学科发展最新进展

2.2.1　本学科发展的形势和外部环境

自 2013 年之后的五年中，冶金工程学科发展的形势和外部环境发生了一系列显著变化。主要体现在以下几个方面：

（1）智能化、绿色化和品牌化在冶金生产领域方兴未艾

当今世界，移动互联网、大数据、云计算、物联网、5G 通信技术等新一代信息技术飞速发展，正推动新一代人工智能呈现深度学习、跨界融合、人机协同、群智开发、自主操控等新特征，使新一代人工智能成为新一轮科技革命和产业革命的战略技术。先进制造技术与新一代人工智能技术深度融合，形成了新一代智能制造技术，正推动传统制造业不断向智能化方向发展。我国经济已由高速增长阶段转向高质量发展阶段，正处在转变发展方式、优化经济结构、转换增长动力的攻关期，迫切需要新一代人工智能等重大创新添薪续力；要深入把握新一代人工智能发展的特点，加强人工智能和产业发展融合，为高质量发展提供新动能。"中国制造 2025"明确提出，要以新一代信息技术与制造业深度融合为主线，以推进智能制造为主攻方向，实现制造业由大变强的历史跨越。流程制造业包括钢

铁、石化、建材、化工、有色金属等工业，是制造业的重要组成部分，是我国实体经济的基石，是我国经济持续增长的重要支撑力量。经过数十年的发展，我国流程制造业工艺技术水平得到了大幅提升，整体实力增长迅速，国际影响力显著提高，已成为世界上门类最齐全、规模最庞大的流程制造业。然而，与世界制造强国相比，我国流程制造业还存在能耗物耗较高、资源与能源利用率偏低、产品结构不尽合理、产能过剩较为严重、高端制造水平亟待提高、安全环保水平有待提升等问题，未来发展还面临着更加严峻的资源、市场、环保、竞争等挑战，这些问题和挑战逼迫我国流程制造业必须加快转型升级、提质增效，必须加快向绿色化和智能化方向的发展进程。

（2）"新工科"教育和"双一流"建设成为冶金工程学科新的未来方向

根据教育部《统筹推进世界一流大学和一流学科建设总体方案》等文件具体要求，高等院校进一步明确各学科在人才培养、科学研究、社会服务、文化传承创新、师资队伍建设、国际化等方面的具体目标和建设内容，设定指标，提出有效的措施和进度安排，切实推进世界一流学科建设。对冶金工程学科而言，应坚持"突出优势特色，凝练领域方向，优化结构布局，注重内涵发展"的方针，构建"传统优势特色学科世界一流、工科主干学科国内一流、理科特色鲜明、人文社科在国内具有一定影响力"的学科布局，为建设世界一流大学奠定学科基础。为此，冶金类大学围绕冶金全流程的智能化和绿色化、国际化，以"冶金＋"为特点的冶金工程"新工科"学科体系，建立和完善若干新理论，其中就包括系统集成与优化等主要方向的基础理论研究、信息技术与智能冶金新技术。对钢铁生产过程的物质流、能量流进行关键参数的检测技术研究，突破高温、粉尘、强磁、振动、高湿等冶金特有环境下信息测试设备的可靠性问题，实时、在线获取物质生的信息流。围绕以上方向，建设若干世界一流的研究群体和科研团队。冶金新理论研究群体包括：高温过程反应机理及动力学、冶金流程工程学与模拟仿真、洁净钢与非金属夹杂物；高端钢铁冶金研究群体包括：高炉富氧喷煤与长寿技术、高品质特殊钢、高效轧制与过程精准控制；绿色冶金研究群体包括：绿色高效轻金属冶金、多元复杂资源高效提取、二次资源循环利用、钢铁工业能源重构；信息与智能冶金研究群体包括：全流程智能制造、冶金流程智能感知与精准控制。

（3）冶金流程设计方法亟待改进

传统设计方法主要存在的问题：①工程理念方面："征服自然""人定胜天"工程理念；②工程思维方面：还原论思维模式；③工程系统观方面：以机械还原论与模糊整体论为基础；④传统钢铁冶金工程设计方法内容的缺失：采用基础科学和技术科学的思维方式来解决工程科学。注重单元装备/装置设计方法的研究，忽视对全流程设计方法的研究，缺乏系统性、整体性。而现代冶金流程设计需要对钢铁冶金工程设计问题进行识别与定义，深入研究其物质、能量和信息在合理的时间–空间尺度上流动/流变的过程，实现多目标的优化，进行动态精准设计。

2.2.2 本学科发展取得的最新进展

针对学科发展的新形势，冶金流程工程学科分支的最新进展主要体现在以下四个方面：

（1）完善学科体系

在原有研究背景、研究内容和研究方法的基础上，明确提出针对冶金企业和冶金学科所涉及的纷繁复杂而又动态交织的各类过程和过程群，在其集成运行中凝练出简单的规律性认识，必须进行流程动态运行过程的物理本质及其本构特征的理论研究，特别是要在理论上，突破传统热力学中"孤立系统"概念的束缚，以整体论、开放矢量性、网络化、时–空协同等概念来描述冶金制造流程动态运行过程的物理本质，导出了"流"的概念（物质流、能量流、信息流——"三流"），及其流动/流变过程所依附的实体性"流程网络"、协同–耦合的"运行程序"等相关要素。在模型上论述了输入负熵流（包括物质性负熵流、能量负熵流和信息负熵流）驱动"流"的流动/流变过程——耗散过程及其耗散结构。以耗散结构理论为基础，提出了冶金流程动态运行过程中耗散结构的工程化模型，并指出了制造流程的本构特征。

1）在概念上创新性地提出：①冶金制造流程中存在着"三个层次"的科学问题；②冶金制造流程动态运行的物理本质；③冶金制造流程动态运行的本构特征；④冶金制造流程应具有三个功能；⑤冶金制造流程追求的目标应是"三流（物质流、能量流、信息流）""一态（动态–有序、协同–连续运行状态）"和"三网（物质流网、能量流网和信息流网络）"协同，适应"智能化""绿色化"时代潮流；⑥要通过"三个集合"优化（工序功能集合解析–优化、工序之间关系集合协同–优化、流程内工序集合重构–优化）等技术措施来支撑制造流程结构优化；⑦时间因子对制造流程动态运行的重要性和时间因子的不同表现形式；⑧冶金制造流程宏观运行动力学及其运行规则。

2）在技术创新上提出：①"界面技术"——硬件与软件；②高效率、低成本洁净钢平台技术；③能量流网络技术和能源管控中心建设；④冶金制造流程动态–精准设计的理论和方法；⑤钢厂模式分类与创新。

3）在研究思路和方法上提出：①不能局限碎片化地研究局部工序/装置的"实"，必须进一步上升到制造流程全局性的"流"，以"实"引"虚"，以"虚"领"实"；②流乃本体，"以流观化"，化中有动，动者依"网"（流程网络），程序化协同——这是工程逻辑；③"三个集合"优化（工序功能集合解析–优化、工序之间关系集合协同–优化、流程内工序集合重构–优化）形成"三流"（物质流、能量流、信息流）动态–有序、协同–连续运行，虚实结合，集成–解析相互反馈，优化工程设计理论和生产运行规则；④在思维方法上，从还原论方法为主导，转变为还原论–整体论相互结合的开放、动态整体论为主导。

（2）明确冶金流程工程学与冶金制造流程智能化、绿色化的关系

当前，制约我国钢铁工业可持续发展的瓶颈问题是能效低、物耗高、污染重及品牌缺失。解决该瓶颈问题的根本出路在于实现钢铁流程绿色化与智能化制造。与国际先

进钢铁流程相比，我国钢铁流程能效低约 10%，能耗高 10%～14%，气体污染物排放高 15%～20%，产品质量波动大。有必要围绕钢铁流程的物质流、能量流、信息流等关键要素，研究基于冶金流程工程学的钢铁流程综合能效提升及绿色化智能化协同理论，重点对污染重和能耗高的铁前区段的集成技术开发与优化、能效提升潜力显著的典型工序间动态有序衔接界面技术的深度开发、制约产品质量提升的炼钢区段内工序合理定位及过程参数窄窗口稳定控制，以及基于全流程大数据和调控规则的质量一贯制管控、多工序一体化调度、能源与生产协同调配的智能化集成等开展攻关，实现钢铁流程绿色化与智能化的高度融合。

（3）加强学术交流

从科学社会学观点看，是否连续召开本学科的学术会议，是学科形成的重要标志之一。1993 年，认识到在技术进步推动下工序功能的演进和钢厂生产流程结构的优化，殷瑞钰院士在《金属学报》上发表了"冶金工序功能的演进和钢厂结构的优化"的论文，这是发论的开端。1994—1998 年：提出钢铁制造流程存在三个层次的科学问题，提出多维物流管制的认识，继而研究了钢厂制造流程动态运行的物理本质，提出"流""流程网络"和"运行程序"等要素的概念，进而将多维物流概念明确地转化为物质流／能量流／信息流，并用耗散结构理论、协同论等观点加以阐述。于 1999 年举办了第 125 次香山科学会议讨论"钢铁制造流程的解析与集成"。于 2009 年举办了第 356 次香山科学会议讨论"钢铁制造流程中能源转换机制和能量流网络构建"。自 2013 年以来，陆续开展了若干次冶金流程工程学学术研讨和培训。

（4）以冶金工程设计为核心开展钢铁冶金工程知识案例研究

钢铁冶金工程创新和产业进步，不仅依赖于冶金学科的创新，更有赖于高素质工程技术人才的培养和造就，其前提是冶金工程知识的不断创新、完善，使其体系化、集成化、理论化，成为冶金工程技术人员就职前教育和继续工程的持续获取新的工程知识的重要来源和途径。卓越的工程师不但要有精深的专业知识，还要有宽阔的知识视野和系统的工程思维，不能成为"专业分工的奴隶"，不能局限于"碎片化"的知识，卓越工程师要具有综合集成的创造力，还应有高瞻远瞩的工程理念、卓越非凡的创新精神、强烈的社会责任感和历史使命感。新时代呼唤着新冶金学，21 世纪应该有新冶金学问世，对此中国冶金学人应当仁不让，不应沿着老路迷失在细节之中，不应在老框框内打转转，要看到大潮流、大方向，要看到更上一层楼的上升通道，建立新的冶金工程知识体系，开辟学科发展新路径。

2.2.3 本学科发展取得的主要成果

（1）出版《冶金流程集成理论与方法》中、英文版专著

2013 年《冶金流程集成理论与方法》出版，该书是《冶金流程工程学》的姊妹篇，是一部关于冶金过程工程理论与工程运行实践并重的专著。殷瑞钰院士对冶金流程动态运行的物理本质进行了深入的理论探索，以三类物理系统为理论基础，阐述了流程动态运行

的基本概念、要素和规律，讨论了制造流程中物质流、能量流、信息流相互作用和协同运行的关系，提出了建立新一代钢铁制造流程的理论框架和钢厂动态精准设计的概念、理论和方法。从理论上论证了新一代钢铁制造流程应具有三个功能，即钢铁产品制造功能、能源转换功能、废弃物消纳—处理和再资源化功能。创新性地提出了钢铁制造流程动态运行规律，高效率、低成本洁净钢生产"平台"，能量流行为和能量流网络，动态精准设计理论和方法等新概念并加以系统阐述。通过若干案例分析后，最后归结为工程思维和新一代钢铁制造流程的创新，具有工程哲学和工程科学相结合的特色，有益于读者进一步拓展到其他流程工程范围中加以运用和活跃发展工程科学的思维境界。该书也是一部关于新型钢铁厂总体设计与生产运行的理论专著，并有效地应用于首钢京唐钢铁公司的设计、建设和生产过程中。该书可作为高等院校冶金专业师生的教学参考书，并可供设计、研究单位的中高级科技人员，以及钢铁生产企业的管理者进修之用。

（2）"冶金流程工程学"名词进入《中国大百科全书》（矿冶卷）词条

是以冶金制造流程为对象，进行整体性和集成性研究的工程学科。冶金流程工程学以已有冶金学科的基础科学研究和技术开发为基础，吸收物理学（包括耗散结构理论、协同学等）和化学（包括物质转化过程中的多尺度效应等）的新进展和新概念，运用系统科学的概念和方法（包括复杂性科学等），在不同尺度和层次上对冶金制造流程进行解析与优化集成，研究其整体结构和动态运行的物理本质、功能和效率，使其实现高效优质的产品制造、能源高效转换与充分利用、大宗社会废弃物消纳处理 – 再资源化三大功能。冶金流程工程学是流程整体系统尺度上的学问，是中国学者开创的新的冶金工程学科分支。

本学科分支源自钢铁工业发展的实际过程。20 世纪 70 年代中期到 80 年代期间，以大型高炉、铁水预处理、顶底复吹转炉、钢水二次精炼、全连铸和宽带热连轧机等关键技术和装备为核心的钢铁制造流程投入生产，使钢铁生产过程时间大大缩短，过程连续化程度大幅度提高，导致钢铁制造流程中工序功能集和工序关系集的变化，进而引发了制造流程工序集的重构性优化。突出体现为连铸机取代了模铸和初轧机，氧气转炉取代了平炉等，钢厂模式由以初轧机为核心的万能型厂向以全连铸为核心的专业化方向转变。具体表现为以长材和以扁平材为主要产品的钢厂逐渐分化为不同的专业化生产模式。相应的制造流程运行方式由间歇、停顿、相互等待和随机匹配，向整体准连续 / 连续的方向转变，形成了流程结构紧凑、物流通畅、节奏均衡的准连续 / 连续运行方式。20 世纪 90 年代以后，现代钢铁企业面临的挑战，已不再限于单一的产品质量 / 性能问题，而是产品质量、制造成本、生产效率、过程服务和过程排放等多目标群。因此，必须从整体上研究钢铁制造流程的本质、结构和运行特征，并在工程实践的基础上进行理论拓展，达到整体多目标优化的目的。

在冶金流程工程学科理论的指导下，从整体上研究钢铁制造流程的本质、结构和运行特征；在工序功能集合解析、工序之间关系集合协同、流程内工序集合重构三个方面，优化铁素物质流运行过程的工艺、装备及管理模式；在理论逐步丰富的基础上进行工程实践，为我国钢铁工业的快速健康发展，提供了关键的理论支撑和指导（见表1）。

表1 中国粗钢产量、钢材累积量和连铸比发展变化

指标＼年份	1980	1990	1995	2000	2005	2010	2015	2016
粗钢（万 t）	3712	6635	9535.99	12850	35323.98	63722.99	80382.5	80760.94
钢材累积量（万 t）	2716	5153	8979.8	13146	37771.14	80276.58	112349.6	113460.74
连铸比（%）	6.2	22.37	46.48	87.3	96.98	98.12	99.65	99.66

同时，从钢铁制造流程"三大功能"角度研究能源高效转换与充分利用，优化钢铁企业能量流网络结构和余热余能高效回收及转换，直接推动了钢铁企业余热余能自发电比由原来的几乎为零，发展到行业自发电率近50%，开拓了企业能源集中管控和分布式利用的新局面。

随着工程实践和理论探索的深入，冶金生产过程，特别是钢铁联合企业的制造流程，是一类开放的、远离平衡的、不可逆的复杂过程系统。在本质上属于耗散结构的自组织问题。耗散结构理论中关于负熵的概念、普利高津（I.llya Prigogine，1917—2003）对耗散结构中三个互相联系的方面（包括系统功能、时空结构和涨落）的叙述以及哈肯（Hermann Haken，1927）提出的协同学理论，在一定程度上为这类复杂系统的研究提供了理论支撑。工程实践和理论探索的结合，促进了冶金学、材料学与物理学、化学、系统科学以及信息科学等学科的交叉，构成了科学－技术－工程－产业的知识链，使冶金学科成为由三个层次的科学构成的学问，即基础科学——主要解决分子、原子尺度上的问题；技术科学——主要解决工序、装置、场域尺度上的问题；工程科学——主要解决制造流程整体尺度上的问题以及流程中工序/装置之间关系衔接匹配、优化的问题。

进入21世纪后，中国钢铁工业在钢铁制造流程应该具有高效优质产品制造、能源高效转换与充分利用、社会大宗废弃物消纳－处理－再资源化三大功能的指导思想引导下，建设了新一代钢厂，提出了低成本、高效率洁净钢生产平台的概念，进而开展了绿色制造和智能制造方面的探索，丰富了冶金流程工程学的理论体系。同时，在工程实践和理论探索过程中，逐渐升华到对于过程工程做进一步哲学思考的高度。开展了关于科学、技术和工程的关系，关于工程演化论，关于还原论的不足，以及关于规律和事件的关系等方面的研究，为冶金制造流程整体优化理念的普适性提供了基础。以工程实践、理论发展和哲学思考三个方面的融合为背景，形成了冶金流程工程学学科分支，并逐步为冶金工程界所接受。

　　该学科分支由中国工程院院士殷瑞钰首次提出。20 世纪 90 年代初，殷瑞钰在经历了数十年的钢铁生产实践和理论研究之后，逐步认识到钢铁制造流程内的诸多工序功能已经或正在发生解析 – 优化，可导致上下游工序之间关系的协同 – 优化，进而触发整个钢铁制造流程的重构优化。这些演变和优化还可引起钢铁制造流程动态运行机制的变化，进而推动钢厂模式变化。1993 年，殷瑞钰通过研究现代钢铁生产流程的演变及其单元工序的功能转化进程，在《金属学报》1993 年第 7 期上发表了《冶金工序功能的演进和钢厂结构的优化》专题论文，由此开创了冶金流程工程学的研究。2004 年，殷瑞钰《冶金流程工程学》专著问世，其内容主要研究了冶金流程运行的动力源和宏观动力学机制，揭示了冶金制造流程运行的物理本质和运行规律，强调冶金制造流程应以动态 – 有序运行、协同 – 连续 / 准连续运行为指导思想，以提高钢铁生产过程中的各项技术经济指标。2013 年，殷瑞钰新著《冶金流程集成理论与方法》问世，在《冶金流程工程学》的基础上，对冶金流程的集成理论和方法进行了前瞻性的、缜密的思考与研究，提出：流程动态运行的概念和理论基础，钢铁制造流程动态运行的物理本质和基本要素，钢铁制造流程动态运行的特征分析，钢厂的动态精准设计理论并充实了案例分析。由此标志着本学科分支领域的理论与工程应用的结合渐趋成熟，在钢铁企业的新建和改造中发挥越来越大的指导作用。

　　同时，经过 20 多年的发展，北京科技大学、钢铁研究总院、重庆大学、主要冶金工程设计院所和部分钢厂形成了一批较为成熟的研究队伍。

　　学科的基本内容包括以下几方面。

　　1）冶金流程工程学理论基础与基本概念。指出冶金制造流程是一类远离平衡的、不可逆的开放系统，其动态运行的物理本质为：物质流在能量流的驱动和作用下，按照设定的"程序"，沿着特定的流程网络做动态 – 有序运行，并实现多目标优化。指出流程动态运行的三要素为"流""流程网络"和"流程运行程序"。冶金制造流程属于耗散结构的自组织过程，包含着加热、冶炼、精炼、凝固和塑性形变、相变等工序过程。各单元工序 / 装置之间具有异质 – 异构性、非线性相互作用和动态耦合性，流程系统和环境之间进行着多种形式的物质、能量、信息的交换，整个流程形成动态 – 有序运行的耗散结构。引入耗散结构理论，用负熵流的概念解释冶金制造流程系统自组织过程和系统 – 环境信息交换过程。分析了过程与流程的关系、过程的时 – 空层次性，应用协同学理论，使制造流程集成为有序化的自组织结构。

　　2）冶金制造流程的演进与框架的构成优化。通过解析冶金制造流程中各工序的功能集合，引入工序间"界面技术"的概念，通过过程构成单元的选择、组合和演进，以物质量、时间和温度为基本变量，对制造流程中各类异质 – 异构 – 多元 – 多层次之间的过程进行协同与集成，进而研究冶金制造流程多因子物质流管控，实现工序功能集解析优化、工序之间关系集的协同优化和流程工序集的重构优化，以达到冶金制造流程系统物质流的衔

接、匹配、连续和稳定。

3）作为目标函数来研究冶金制造流程基本变量——时间因子。研究指出，在制造流程的构成过程和动态运行过程中，时间不仅是一个自变量，还是一个重要的目标值。为了揭示时间因子在流程动态协调运行中的作用，将时间因子在制造流程中的表现形式定义为时间点、时间序、时间域、时间位、时间周期、时间节奏等概念。研究认为，将时间因子作为目标函数研究，有助于促进由不同操作方式的工序所构成的复杂生产流程实现稳定、连续/准连续运行。

4）冶金制造流程物质流–能量流–信息流耦合控制。钢铁制造流程一般以铁素物质流为运行主体，在碳素能量流的驱动和作用下运行。铁素物质流与碳素能量流的关系是相互作用且相伴而行的，而从碳素能量流为主体的角度看，则碳素能量流与铁素物质流的关系则是既相伴而行，又时合时分的。因此，在流程中不仅存在物质流网络及相关运行程序，还存在与物质流有关的能量流网络及其运行程序。要突破物料平衡、热平衡的概念性束缚，正确认识和实施能量流的动态–有序、协同–高效运行，将促进能量转换效率的提高，减小流程运行过程中的能量耗散和有害物的排放。

5）冶金制造流程动态–有序、协同–连续/准连续运行和调控。通过分析冶金流程的总体运行规律，即基于工序/装置运行参数的"涨落"和工序/装置之间动态耦合为基础的弹性链谐振和追求耗散"最小化"趋势，揭示流程总体运行过程中的推力–缓冲–拉力特征，构建时空系统–集成优化与动态 Gantt 图，实现能量流与物质流网络的协同优化运行。

6）冶金流程动态精准设计方法研究与应用。提出了从传统设计方法向动态精准设计方法的演变，进行总图规划与图论方法、静态结构设计与动态运行结构的有机结合，规定了流程动态运行规则，划分不同钢厂的模式与类型，引入工序/装置之间的匹配–协同界面技术，将能量流网络的概念导入设计过程，讨论了适用未来钢铁生产流程建设与改造的新型设计理论与方法体系。

7）流程宏观运行动力学的机制和运行规则。为了使各工序/装置能够在流程整体运行过程中实现动态–有序、协同–准连续/连续运行，提出流程生产运行过程中较为完整的规则体系，以规范设计方法，并指导生产运行。这些动态运行的规则是：①间歇运行的工序/装置要适应和服从准连续/连续运行的工序/装置动态运行的需要；②准连续/连续运行的工序/装置要引导和规范间歇运行的工序/装置的运行行为；③低温连续运行的工序/装置服从高温连续运行的工序/装置；④在串联–并联的流程结构中，要尽可能多地实现"层流式"运行，以避免不必要的"横向"干扰导致的"紊流式"运行；⑤上、下游工序/装置之间能力的匹配对应和紧凑布局是"层流式"运行的基础；⑥制造流程整体运行应建立起推力源–缓冲器–拉力源的动态–有序、协同–连续运行的宏观运行动力学机制。

8）论证了冶金制造流程应具有优质高效的产品制造、能源高效转换与充分利用、社会大宗废弃物消纳—处理—再资源化三项功能。强调要从产品制造链、商品价值的演变出发，研究冶金流程过程中的节能、清洁生产和产品绿色度问题，通过节能—清洁生产—绿色制造过程逐步实现环境友好，展望相应的循环经济示范园区和低碳生态工业链。

作为典型流程制造业的钢铁工业，必须面对环境生态，融合信息化、智能化技术。这不仅需要原有的原子/分子层次和工序/装置层次的知识，更需要将冶金学的知识拓展到流程的层次。本学科分支是制造流程结构优化和动态运行的新知识，是引导21世纪冶金制造流程绿色化和智能化发展的学科分支。

（3）编写出版《冶金流程工程学基础教程》教材

为拓展冶金工程教育的视野，促进学科领域创新，北京科技大学从21世纪初由田乃媛教授开始在冶金工程专业研究生和本科生中开设"冶金流程工程学"课程，并逐渐成为冶金专业本科生必修课。重庆大学、上海大学、安徽工业大学、华北理工大学等高校也在研究生或本科生中开设了类似课程。经过多年教学实践，冶金流程工程学的理念已在广大师生和冶金工作者中深入人心。近年来，随着"中国制造2025"等相关国家发展愿景规划的提出，智能制造以极快的速度受到冶金工程学科的关注。由于冶金流程工程学研究制造流程集成的优化和全流程运行的整体优化，也是智能制造的理论基础之一，正因为此，在国家高等教育启动"一流大学，一流学科"建设之际，冶金流程工程学也被纳入国内主要冶金院校"双一流"建设的内容中，成为冶金工程学科的重要组成部分。以往教学都是以殷瑞钰院士两本专著作为参考书和教材，两本著作在过去的教学中起到了很好的作用。但多年教学实践也表明，在本科教学层面，急需一本较为基础的入门教材。经过协商，决定以《冶金流程工程学》和《冶金流程集成理论与方法》两本专著为基础，由北京科技大学、重庆大学、东北大学、华北理工大学、钢铁研究总院和首钢工程技术公司的相关专家组成教材编写小组，编写《冶金流程工程学基础教程》。从2016年年底开始筹划至今，先后召开了五次研讨会，殷瑞钰院士亲自参加会议，给予直接指导，并向编写人员讲授冶金流程工程学的研究进展。经过一年多时间的编写、讨论和修改，教材得以出版。本教材将作为冶金工程专业本科必修教材，可作为研究生和冶金工程技术人员、管理人员的参考书，也可作为其他相关工程领域的入门参考书。

（4）国家自然科学基金和"十三五"国家重点研发计划立项并进行工程应用示范

体现冶金流程工程学学科分支研究内容的科研项目立项开始进入国家自然科学基金和国家重点研发计划。国家自然科学基金项目包括："面向工序装置尺度的钢铁制造流程一体化智能调度建模与仿真"（项目编号：51674030）、"基于能源分布式利用的钢铁流程能量流多尺度建模与动态仿真"（项目编号：51574032）。在"十一五"国家科技支撑计划项目"新一代钢厂精准设计技术和流程动态优化研究"（课题编号：2006BAE03A07）和"973"计划课题"钢铁流程系统的能耗排放特征及其广义热力优化"（课题编号：

2012CB720405）的基础上，国家科技支撑计划课题"钢铁企业关键界面物质流、能量流协同优化技术与工程示范"（课题编号：2013BAE07B01）、"十三五"重点研发计划课题"钢铁生产流程工序匹配与系统节能"（课题编号：2016YFB0601301）、"钢铁 – 化产 – 建材多联产过程耦合节能减排系统构建与评价"（课题编号：2016YFB0601305）、"钢铁流程综合能效提升及绿色化智能化协同机制"（课题编号：2017YFB0304001）和"多目标优化的炼铁 – 炼钢界面智能化闭环控制技术"（课题编号：2017YFB0304002）成功立项；研究成果及示范工程在曹妃甸京唐钢铁公司得到应用。

（5）《冶金流程工程学与智能制造》成为冶金工程专业核心课程

自 2001 年开始，北京科技大学开设研究生选修课《冶金流程多维物流管制》，2008年开始在本科生中开设选修课《冶金流程工程学》。随着钢铁生产领域的智能化、绿色化和品牌化趋势的增强，以及新工科教育和冶金工程认证的需要，以北京科技大学、重庆大学、上海大学、华北理工大学和辽宁科技大学等开始在本科生和研究生中开设冶金流程工程学相关内容的课程。北京科技大学在 2018 版《本科教学培养方案》中将《冶金流程工程学与智能制造》设置为专业核心课，地位等同《钢铁冶金学》和《有色冶金学》，并以此作为"新工科"教育的主要特色课程之一。

（6）"面向 2035 的流程制造业智能化目标、特征和路径战略研究"咨询报告

随着数字化、网络化、智能化等新一代信息技术的不断发展，先进信息技术与传统制造业开始加快深度融合，正推动传统制造业不断向智能化方向发展。流程制造业包括钢铁、石化、建材、化工、有色金属等工业，属传统制造业，现普遍面临"转型升级"的问题，未来发展还面临着更加严酷的资源、市场、环保、竞争等挑战，流程制造业今后的发展方向主要是绿色化和智能化。绿色化的高级阶段必然是需要以制造流程智能化为基础的。由于企业生产方式和产品类型的不同，智能制造会有不同的模式。初步看来可分为：离散型智能制造、流程型智能制造、网络协同型智能制造、大规模个性化定制、远程运维服务。从物理本质上看，主要是前两类。行业不同，企业类型不同，智能化的体现方式和与绿色化的关联度应有所不同。流程制造业的智能化不同于离散型制造业的智能化。目前，国内外研究较多的智能化主要是针对离散型制造业的，如德国工业 4.0。在离散制造中，机械零件、部件及其运动都可以用三维模型来描述离散制造过程，尤其是组装、运行过程一般只发生几何形状和时 / 空变化，而很少发生物理和化学变化，描述多个部件的运动关系，计算量也往往只是部件数量的线性或指数关系。因此，只要计算机的能力足够强，算法得当，离散型机械加工过程、运动过程的物理机制和模型就较易数字化、网络化，这是离散型制造较易智能化的本质所决定的。而流程制造业的制造过程是以在制造流程的时 – 空边界内发生物质 – 能量的流动 / 流变的过程为特征的，既有时 / 空、几何形状变化，又有涉及物理 – 化学变化的状态、成分、性质变化，工艺参数众多而又互相关联、互相作用、互相制约，而且与绿色化紧密关联；不少事物难以有确定解，难于数字化。因

此，必须深入理解制造流程的本构性特征及其动态运行的物理本质和机理，必须认识到异质–异构工序（节点）之间的非线性相互作用和动态耦合的关键参数，必须充分理解制造流程动态–有序、协同–连续运行过程的耗散过程和耗散特征。为此，构建流程型的智能制造系统，必须既要从数字信息一侧推进，又要从物理系统优化一侧推进，才能厘清思路，事半功倍。重点研究制造流程的本构特征、耗散结构、耗散过程和建模机理等物理本体问题，并以石化产业和钢铁产业为主要对象，将智能化与信息物理融合系统的概念相对接，突出"流""流程网络"和"运行程序"的概念，特别是优化的物质流网络、能量流网络和信息流网络之间如何协同运行，如何实现全厂性动态运行、管理、服务等过程的自感知、自决策、自执行、自适应，研究如何构建基于信息物理融合系统的智能化工厂。

研究内容及目标：利用一切相关的数字化、网络化手段，注入优化了的流程工业物理系统之中，形成具有自感知、自决策、自执行、自适应的动态–有序、协同–连续运行的智能化流程企业，有效地推动流程制造业智能化发展。本课题从理论研究出发，结合石化、钢铁两大典型的流程制造业的特征，研究顶层的概念架构、方法、步骤等内容，具有战略性、导向性，有利于厘清思路，找准切入点。

主要研究内容包括：①流程制造业实现智能化的迫切性；②流程型智能制造的特征；③流程制造业智能化发展目标及战略；④推进流程制造业智能化的思路；⑤推动流程制造业智能化的路径。

（7）举办冶金流程工程学学科发展及教学研讨会

由中国金属学会主办、马鞍山钢铁股份有限公司和安徽工业大学共同承办的"冶金流程工程学学科发展及教学研讨会"于 2019 年 6 月 29 日—7 月 1 日在安徽省马鞍山市安徽工业大学召开。殷瑞钰、毛新平、李文秀、王天义、温燕明等著名学者莅临会议。来自30 个单位近 90 名代表参加了本次会议的学习和研讨。钢铁研究总院殷瑞钰院士做了题为《冶金流程工程学的认识思路、内涵和创新》的主题报告，指出作为学科分支的冶金流程工程学的核心可总结如下：三流一态是基础、三个要素表本质、流程拓展三功能、动态运行六规则、动态精准搞设计、绿色智能是方向、探索学科新分支。首钢集团公司副总工程师张福明，北京科技大学教授徐安军、姜泽毅、贺东风、汪红兵，重庆大学教授郑忠，钢铁研究总院教授级高级工程师郦秀萍、周继程等，围绕《冶金流程工程学基础教程》的各章节内容进行了辅导授课。围绕冶金流程工程学的实际工程应用，本次会议邀请河钢集团研究总院教授级高级工程师李杰、马钢股份公司制造部长刘国平、泰山钢铁集团有限公司副总经理陈培敦、钢铁研究总院副总工程师曾加庆、冶金自动化院副院长孙彦广和华北理工大学副教授韩伟刚分别结合本单位的应用实践对冶金流程工程学的理论、方法和实践成果进行了诠释。本次会议可视为冶金流程学科发展过程中里程碑性质的会议。

（8）完成钢铁冶金工程知识案例研究报告

主要内容包括：①钢铁冶金工程的基本属性；②钢铁冶金工程的主要特征；③冶金学

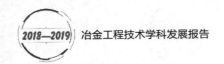

和冶金工程知识体系及其发展；④工程演化、技术进步与冶金工程知识创新；⑤工程哲学对冶金学、冶金工程思维进程的引领性。

3. 本学科国内外发展比较

3.1　冶金流程工程学研究的比较

目前国外没有正式提出"冶金流程工程学"方面的系统研究，相关内容的研究报道较多，但研究角度不一样。

1）国外没有研究冶金流程的专门学科，流程整体优化的研究体现在流程调控和钢厂整体运营中。流程调控由自动控制和智能化技术完成，钢厂整体运营一般由系统工程方法或管理学科完成。

2）近年来，由于智能制造的快速发展，国际上关于流程整体优化的系统研究有所加强。但目前国外都是将设备加工等离散制造业的理念和方法照搬到冶金制造流程。而实际上，冶金生产属于流程制造业，流程制造业的制造过程是以在制造流程的时 – 空边界内发生物质 – 能量的流动 / 流变的过程为特征的，既有时 / 空、几何形状变化，又有涉及物理 – 化学变化的状态、成分、性质变化，工艺参数众多而又互相关联、互相作用、互相制约，而且与绿色化紧密关联，难于数字化。

3.2　冶金厂设计研究的比较

对于冶金厂设计而言，国内外的立足点和看问题的角度相对一致。

3.2.1　国外冶金厂设计研究的发展现状

1）国外先进的设计企业具有核心的技术产品。国外从事冶金厂设计的企业大多都是工程公司，都拥有核心设计技术和相关装备核心制造技术能力，其设计思想以工艺装备的形式体现。目前，世界上具有完整冶金设备生产线制造能力的工程技术公司主要集中在欧洲，具有代表性的冶金工程技术公司包括德国西马克 – 德玛克公司集团公司（SMS）、德国西门子奥钢联集团公司（Siemens–VAI）和意大利达涅利集团公司（Danieli）。达涅利的研究报告显示，全球 50% 以上的市场份额由上述三家冶金设备公司所控制（其中，意大利达涅利占 15%、德国西门子奥钢联占 18%、德国 SMS 占 18%），且三大公司均在欧洲。除此之外，日本新日铁住金、JFE 等冶金工程技术公司也占据了 9% 的全球市场份额。

2）国外先进的设计企业能够满足钢铁企业对设备可靠性和稳定性的第一要求，借助先进的信息化技术和装备制造技术，将工艺、技术、设备、自动化控制等多种要素集成为一个整体，形成自主技术或产品，在市场竞争中具有较强的优势。

3）国外先进的冶金工程设计企业具有完备的计算机硬件平台，计算机三维仿真设计基本达到普及阶段，新型冶金装备的设计开发采用现代计算机信息化技术，通过数值模拟仿真技术手段，以"数字化样机"开发为基础进行新产品的开发研制，同时具有完备的对装备（产品）测试手段、产品中试试验条件和产品工业化试验条件，具有企业的研发中心和工程技术中心等坚实的研发基础。

4）国外大学、研究机构、冶金企业在研究开发方面各有分工，在设计理论研究方面以高等院校为依托，大学和设计企业结合紧密，运用先进的设计理论和设计方法，使设计水平得到持续提升。

3.2.2 我国冶金厂设计与国外先进水平的比较

1）我国冶金厂设计企业的优势在于现代特大规模钢铁联合企业的设计和建设，以及将新产品、工艺、装备技术为一体的集成创新。这是因为工程是在特定自然和社会条件下，由诸多基本经济要素和技术集成系统组合 - 集成在一起的系统。其中，技术集成系统体现着相关的、但功能又不同的异质技术群通过动态 - 有序的集成所形成的特定结构和动态运行的特征。而且这一特定的技术集成系统必须要与特定的自然、社会条件下诸多经济基本要素（如资源、土地、资本、劳动力、市场、环境等）互相协同作用，并通过构建和运行，形成工程系统，并使之产生特定的、预期的功能和价值。如果所选择的技术不能恰当地、有效地"嵌入"到工程系统中去，不仅会降低该技术本身的功能与效率，往往也会影响工程系统的功能、结构和效率。所以，我国在冶金厂工程设计领域，特别是钢铁厂整体设计以及全流程动态运行的实践经验和认识更为丰富，在冶金厂动态 - 精准设计理论和设计方法研究方面我国目前正处于积极探索之中，国际文献中并未检索到冶金流程工程研究的相关报道。

2）冶金厂动态 - 精准设计理论和方法已在一些新建钢铁厂设计和老厂技术改造过程中得到应用或验证。基于循环经济理念设计的新一代可循环钢铁工艺流程在首钢京唐等21世纪钢铁厂中得到成功应用；鞍钢鲅鱼圈钢铁厂、重钢新区钢铁厂、邯钢新区钢铁厂、马钢技术改造等工程设计也都借鉴或应用了冶金厂动态 - 精准设计理念和方法，取得了很好的实践应用效果。

3）近期我国在现代冶金厂的功能解析与集成研究领域具有突出成就，在国际上率先提出了基于洁净钢制造流程的设计理论和设计体系。但在设计模型、设计工具和信息技术应用等方面与国际先进水平，如日本、欧洲等发达国家相比仍存在较大差距。尽管我国采用的绘图软件和分析软件绝大部分都是引进国外最先进的工具软件，但从行业认可、市场推广、设计人员使用情况来看，目前设计人员仍普遍采用二维绘图工具，仅在少量工程中采用三维设计，这与国外普遍采用三维设计具有较大的差距，而且兼顾设备设计和工厂设计并适合冶金工程的三维设计软件都很不完善。在钢铁制造流程动态仿真设计方面与国外相比也差距较大，欧洲阿赛洛 - 米塔尔公司通过二次开发，对冶金过程的生产运行系统实现了流程仿真，在炼钢、二次冶金、连铸等主要工序基本实现了三维动态仿真运行。目前国内还处于研发阶段，中冶京诚、北京科技大学、中冶赛迪、首钢国际工程公司等单位投入了很大的力量正在从事这方面的开发研究工作。在基于时间管理和计划网络控制技术的动态设计软件开发应用、冶金厂三维仿真设计等领域，我国与国际先进水平仍存在较大差距。

4）尽管我国冶金厂工程设计近年来取得突出成就，运用动态–精准设计体系设计建成了首钢京唐钢铁厂等新一代钢铁厂，但仍缺少普遍推广应用的成果，传统的"静态–分割设计"体系仍在沿用，总体上与国际先进水平仍有差距。

4. 本学科发展趋势与对策

1）推广大学冶金流程工程学教学。
2）召开冶金流程和智能化香山科学会议。
3）成立全国性冶金流程工程学术交流组织。
4）以学术组织机构名义定期召开冶金流程工程学教学和科研学术研讨会。
5）加大冶金流程工程学理论在钢铁企业的普及，推动企业绿色化和品牌化建设。

参考文献

[1] 殷瑞钰. 冶金流程工程学（第2版）[M]. 北京：冶金工业出版社，2009，1–10.
[2] 殷瑞钰. 冶金流程集成理论与方法[M]. 北京：冶金工业出版社，2013，14–16.
[3] 殷瑞钰. 冶金流程工程学（第1版）[M]. 北京：冶金工业出版社，2004.
[4] 张春霞，殷瑞钰，秦松，等. 循环经济社会中的中国钢厂[J]. 钢铁，2011，46（7）：1–6.
[5] 张春霞，王海风，张寿荣，等. 中国钢铁工业绿色发展工程科技战略及对策[J]. 钢铁，2015，50（10）：1–7.
[6] 吴国盛. 科学的历程（第二版）. 北京：北京大学出版社，2002，559–562.
[7] 徐匡迪. 20世纪——钢铁冶金从技艺走向工程科学[J]. 上海金属，2002（1）：1–10.
[8] 鞭岩，森山昭. 冶金反应工程学[M]. 北京：科学出版社，1981.
[9] 殷瑞钰，汪应洛，李伯聪. 工程哲学（第1版）[M]. 北京：高等教育出版社，2007.
[10] 殷瑞钰，汪应洛，李伯聪. 工程哲学（第2版）[M]. 北京：高等教育出版社，2013.
[11] 徐匡迪. 中国钢铁工业的发展和技术创新[J]. 钢铁，2008，43（2）：1–13.
[12] 张寿荣. 论21世纪中国钢铁工业结构调整[J]. 冶金丛刊，2000（1）：39–44.
[13] 殷瑞钰，汪应洛，李伯聪. 工程演化论[M]. 北京：高等教育出版社，2011.
[14] 张福明，颉建新. 冶金工程设计的发展现状及展望[J]. 钢铁，2014，49（7）：41–48.
[15] 李喜先. 工程系统论[M]. 北京：科学出版社，2007.
[16] 王鸿生. 科学技术史. 北京：中国人民大学出版社，2011，184–185.
[17] 殷瑞钰. 关于新一代钢铁制造流程的命题[J]. 上海金属，2006，28（4）：1–5，13.

［18］殷瑞钰. 中国钢铁工业的崛起与技术进步［M］. 北京：冶金工业出版社，2004.

［19］殷瑞钰. 节能、清洁生产、绿色制造与钢铁工业的可持续发展［J］. 钢铁，2002，37（8）：1-8.

［20］殷瑞钰. 以绿色发展为转型升级的主要方向. 中国冶金报，2013-10-31（1）.

撰稿人：徐安军

ABSTRACTS

Comprehensive Report

Report on Metallurgical Engineering and Technology

The discipline of metallurgical engineering technology is an engineering technology discipline devoted to researching how to extract the metal or compound from the resources such as ore and make them into various materials with excellent performance and economic value. At present, China has formed a disciplinary system covering basic-science-metallurgical technology-engineering application as well as raw materials-iron making-steel making-steel rolling-complete applications. The new discipline of metallurgical process engineering created by the academician Yin Ruiyu has been recognized and was listed as a specialized core course of the University of Science and Technology Beijing in 2018.

In recent years, some innovative theories, views and new applications have been proposed in the fields of basic theories and application foundation theories. Featuring the high-efficiency and low-cost clean steel product manufacturing function, the function of high-energy energy conversion and recycling as well as the function for absorbing, treating and re-energizing large social wastes, the idea of the new-generation steel process has been utilized successfully by joint steelworks in coastal areas such as Bayuquan (Yingkou Economic-Technological Development Area), Caofeidian District and Zhanjiang City. New forms of ordered interstitial complexes in alloy have been found. The new theory of organizational regulation combining multiphase, metastable and multiscale has been proposed and the strengthening-and-toughening alloy design

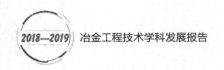

concept which passes the high-density nano precipitation and reduces lattice mismatch has been also put forward.

Some internationally leading breakthroughs have been made in various technologies and products, including micro-fine particle red magnetic mixed iron ore sorting technology, strip continuous casting and rolling process/equipment and control technology, super-volume top-charging coke oven technology, Gpa steel plates for lightweight automobile, 0.02mm-width ultra-thin precision stainless steel strip, materials for main equipment of nuclear power plants, wheel / axle / bogie materials of high-speed EMU (electronic multiple units) at the speed of 250km/350km per hour as well as thin ultra-low-loss and high-performance silicon steel. China has occupied a world-leading position for the technologies, such as green mining and comprehensive utilization of low-grade refractory ore, blast-furnace iron making, high-efficiency, low-cost and high-quality steel making, thin-slab continuous casting and rolling, large-scale continuous automation of metallurgical equipment, new-generation rolling and cooling control technology, ultra-low emission of multi-pollutants in flue gas, high-temperature flue-gas recycle, graded purification and utilization, comprehensive utilization of iron and steel wastes as well as intelligent manufacturing for metallurgical production process control/metallurgical production control/enterprise management informatization. In the metallurgical frontiers such as hydrogen reduction and low-temperature reduction, China has made strategic layout in advance. According to the data released by the China Iron and Steel Industry Association, the fund devoted to the research and experiment in the whole industry increased from RMB 56.123 billion in 2015 to RMB 63.875 billion in 2017. The proportion of the fund to the operating revenue rose from 0.89% to 0.95%. The comprehensive energy consumption per ton of steel of key iron and steel enterprises surveyed in 2018 was reduced to 555 kg standard coal. Sulphur dioxide emissions per ton of steel were reduced to 0.53 kg and smoke and dust emissions were reduced to 0.56 kg. According to the ARWU world university ranking in 2019, three Chinese universities ranked among top 3 in terms of metallurgical engineering discipline, namely the University of Science and Technology Beijing, Central South University and Northeastern University.

However, China still falls behind the advanced international standards in terms of the experimental research on metallurgical thermodynamics and kinetics, steel scrap processing and utilization, basic theories on the recovery of residual heat and energy, powder metallurgy material preparation/precision forming and sintering, vacuum special smelting equipment technology, efficient large-scale electromagnetic field constraints and smelting and forming of suspended liquid metal, mechanism on magnetoplasticity effect, numerical simulation of electromagnetic metallurgy, non-blast furnace iron making technology, technological innovation in smelting/ solidification/continuous casting, personalized/small order/fast delivery steel production technology, hot wide stripe steel endless rolling/semi-endless rolling and metallurgical equipment technology.

At present, China is faced with many problems, including the high dependence on foreign iron resources, large quantity of lean ores, reliance on coal energy, low proportion of electric furnace steel, lack of key materials and technologies, large emissions, lack of high-end talents as well as limited input into relevant disciplines. Therefore, China should make great efforts to carry out theoretical and technological research on optimizing steel production, such as direct reduction/ smelting reduction, hydrogen reduction, solidification/processing, green metallurgy and intelligent metallurgy. Besides developing metallurgical process and metallurgical ecology, China should also research production technologies for key materials under the idea of product life cycle management and all-round management, improve the metallurgical engineering discipline system featuring metallurgy plus, promote the interdisciplinary integration and cluster development between metallurgical engineering and other disciplines such as energy, environment, information and artificial intelligence as well as transform China from a large metallurgical power into a strong metallurgical power.

Written by Hong Jibi, Ding Bo

Reports on Special Topics

Report on Advances in Physical Chemistry of Metallurgy

The subject of physical chemistry on metallurgy includes the following five main branches: metallurgical melts and solution theory, the thermodynamics and kinetics of metallurgical processes, the electrical chemistry of metallurgy, the physical chemistry of resources and environments, as well as computational-physical chemistry on metallurgy.

Since 2014, metallurgical melts and solution theory, the electrical chemistry of metallurgy, as well as the physical chemistry of resources and environments have acquired obvious achievements and progresses; the research of thermodynamics and kinetics of metallurgical processes has reached a comparatively higher level. While the computational- physical chemistry of metallurgy obtained a progress in a certain extent.

Compare the branches of physical chemistry on metallurgy of China with those in the world now, the research of the physical chemistry of resources and environments has reached world advanced level. The developments of metallurgical melts and solution theory, the electrical chemistry of metallurgy as well as thermodynamics and kinetics of metallurgical processes have reached or nearly reached the world front level. For the computational-physical chemistry of metallurgy, a certain obvious difference exists with the world advanced research level.

It is estimated that the researches of following branches or sub-branches will be enhanced and emphasized. These include the thermos-physical and thermodynamic properties, the refining physical chemistry of non-ferrous alloy, nickel alloys and titanium alloys, the extraction of rare earth metals, as well as the new approaches of iron ore reduction. The researches on following branches will be developed faster which include the physical chemistry of resources and environments metallurgical-electrical chemistry as well as the computational metallurgical physical chemistry.

Written by Zhang Jiayun, Yan Baijun

Report on Advances in Metallurgical Reaction Engineering

Metallurgical reaction engineering is used for investigating the metallurgical reactors, the various transfer processes as well as the chemical reactions inside these reactors. It focuses on analyzing the operating rules of the metallurgical reactors and systems to achieve the optimal operation, optimal design, and scale-up. Importantly, metallurgical reaction engineering is the key foundation of designing and developing the new technologies and processes, optimizing and improving the existing processes. The main achievements in recent years are as follows.

The new model of metallurgical gas-solid reaction kinetics can quantitatively predict the influence of various factors on the isothermal / variable temperature reaction rate. The isothermal / non-isothermal nuclear contraction mechanism, the nucleation and growth mechanism are systematically researched. However, the *in situ* experiments and the experimental analysis of the early reaction mechanism have a large gap with the foreign research. The physicochemical properties of high aluminum /titanium-containing blast furnace slag, the viscosity and structure of chromium-containing melts, and the transmission parameters of the scrap melting have been deeply analyzed. A prediction model for the thermophysical properties of slag was established. However, the production tests and evaluation system of the scrap melting process should be further researched due to the background of large scrap ratio smelting. The numerical simulation

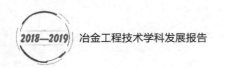
for iron and steel production processes, the traditional mass balance and heat equilibrium models, and the kinetic model for characterizing reactor process have been systematically analyzed. However, the mathematical model of blast furnace is less successfully applied. The study of 3D full-process modeling of solidification process has still a certain gap with the foreign. Furthermore, the new technologies and processes, such as the electro-flux remelt (EFR) and advanced electric furnace treatment of high titanium slags have been developed. In particular, the numerical simulation of EFR considering electromagnetism, slag-metal flow, and heat transfer has introduced the microstructure parameters. The new method based on lateral cooling uniformity to significantly reduce center segregation is proposed. Therefore, the further development of metallurgical reaction engineering can be achieved based on the following perspectives in the next five years. To build a model of specific reactors and promote the *in situ* characterization to improve the study of metallurgical reaction engineering; The database for the thermophysical properties of metallurgical melts containing Ti/V/Re/Cr/Nb and other elements should be established. Moreover, the evaluation system of scrap melting rate can be comprehensively investigated and improved to achieve the large scrap ratio smelting; In order to achieve the intelligent manufacturing, digital reactor, digital production, and artificial intelligence of iron and steel industry, more accurate and precise numerical model of full reactor and phenomenon should be established based on the computer software and hardware such as the big data technology. For example, the intelligent blast furnace based on big data technology, the 3D full-process modeling of continuous casting billet based on the GPU (graphics processor) high-performance computing, and the thermodynamics / dynamics models of coupling numerical simulation, etc. The following are the important directions for further improving the existing new technologies and processes. For example, the multiscale simulation of metallurgical reaction engineering, the application of new research methods (molecular dynamics, first-principles, and phase field method, etc) in reaction engineering, the research and engineering applications of unconventional metallurgical reaction engineering coupled with different physical or multiple fields, the further development of electro-flux remelt model considering the mass transfer between the molten metal drop and slag and the phenomenon of slag-metal emulsification, etc.

Written by Zhang Yanling, Guo Zhancheng, Zou Zongshu, Zhu Miaoyong, Chu Mansheng,

Chen Dengfu, Lv Xuewei, Li Guangqiang, Li Qian

Report on Advances in Waste Steel

Waste steel is (e.g. cutting ends, edges, corners, etc.) scrap produced during steel production but not produced as products, including iron and steel contained in used equipment or components. China's scrap industry had developed slowly until it entered this century, and then it showed a relatively rapid development trend. With the development of iron and steel production process, two main flow had been formed: one was the blast furnace-converter long process, and the other was the scrap-electric arc furnace short process. Scrap was mainly used as cooling material in converter smelting process and as main raw material in electric arc furnace smelting process. As an excellent renewable resource for steel recycling, scrap was the only important raw material that could replace iron ore for steelmaking. In 2018, the national crude steel output was 928 million tons, accounting for 51.3% of the world's total. The amount of scrap resources was 220 million tons, the total scrap consumed in steelmaking was 188 million tons, and the scrap ratio used in steel production was about 20.2%, which was improved compared with the previous two years. In the next 5 to 10 years, China's scrap resources will be gradually released, the scrap recycling system and the scrap processing, recycling and distribution industry chain will be gradually improved, and the scrap industry, as the main raw material for electric arc furnace steelmaking, will usher in significant development opportunities and broad market prospects.

The development of scrap discipline in China is relatively late. Before 2008, the scale and production capacity of China's steel enterprises were at a stage of rapid development, and the utilization of scrap was in the stage of extensive mode. In the past decade, with the rapid increase of scrap resources, especially the rise of short process steelmaking of all scrap electric furnace, the demand for scrap in iron and steel enterprises has increased significantly, and the quantity and quality of scrap has received more and more attention. Steel enterprises put forward higher requirements for the classification, processing, testing, distribution and utilization of scrap, so it is imperative to strengthen the construction and research of scrap discipline. At present, the research in the field of scrap mainly focuses on the application. For example, detection and classification, pretreatment process, processing equipment, industrial

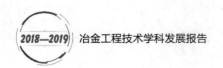

layout, trend prediction, etc. In recent years, with the increasing demand for scrap, domestic metallurgical universities, scientific research institutes and steel enterprises have begun to conduct in-depth research on the pretreatment of scrap. The next step is to pay more attention on the behavior, reaction law and melting mechanism of scrap in the molten pool, as well as the scrap fast sorting on line and the dioxin treatment during its heating.

Judging from the current situation at home and abroad, the development of scrap in China has the following problems: the scrap ratio of steelmaking is far from the advanced foreign level, the standard system for scrap products needs to be improved, the mechanization of the scrap processing industry is lower than that in developed countries, purchased scrap lacks systematic and effective classification and statistics, and lacks basic research on the nature of scrap itself, etc. Professional institutions and professionals are urgently required to conduct in-depth research on such issues. Therefore, it is necessary to take the applied research of scrap resources as a new discipline. There are both industry development needs and a lot of work to do, which should attract widespread attention from the society. This discipline can be positioned to study the strategic prediction of the purchased scrap accumulation and resource utilization market timing, the continuous tracking and information collection of the source, quantity and nature of various types of scrap, the orderly classification, recycling, and processing of purchased scrap, distribution, utilization, and development and utilization of solid waste resources of metallurgical slag, optimization of scrap processing equipment, improvement of testing equipment and other fields.

Written by Zeng Jiaqing and Yao Tonglu

Report on Advances in Metallurgical Thermal Energy Engineering

Metallurgical thermal energy engineering is a branch of metallurgical engineering technology subject, and its main task is to comprehensively study the theory and technology of energy conversion and utilization in metallurgical industry. Over the years, the subject has persisted in serving the major needs of national, local and industrial construction, constantly attracting new academic ideas, keeping pace with the times, forming a complete theoretical system, and showing a good development trend among the same subjects in the country.

The current research target of metallurgical thermal energy engineering subject is: (1) the operation law of "energy flow" and the optimization of "energy flow network" in steel enterprises, as well as the relationship and collaborative optimization of energy and material flow (including the production, recovery, purification, storage, distribution, use of energy and the construction of pipe network) ; (2) the development and application of "interface technology" between the upper and lower processes, so as to realize "hot connection" between adjacent processes; (3) high efficient recovery, conversion and cascade utilization of residual heat and energy in steel production process.

Based on original metallurgical furnace discipline, metallurgical thermal engineering discipline started to form and develop in the deepening process of metallurgical industry energy conservation step by step. On the background of metallurgical industry, metallurgical thermal engineering serves the significant demand for the national construction. It also focuses on interdisciplinary and grasps the frontier, setting a unique identity in similar disciplines. Great contributions have been made on energy conservation of China's iron and steel industry, including the coupled operation of material, energy and information flows, and the synergized material, energy and information flow networks. In the past 40 years of reform and opening up, the energy consumption index of China's steel industry has been significantly improved, and remarkable achievements have been made in energy saving and consumption reduction. A number of clean production and environment-friendly enterprises with international advanced level have been built, and the production environment of enterprises have been significantly improved.

The report summarizes the energy conservation course of China's iron and steel industry and reveals the variation of the energy consumption per ton of crude steel, the potential energy conservation, and the gap between domestic and abroad. The essential issues of the iron and steel industry are the reduction of steel output, the elimination of outdated capacity, and the solvent of the imbalance and insufficient development. The future directions of the next five years are the energy-saving optimization of the production process, increase of the steel scrap ratio, studying the energy statistical system and methods, and the development of the energy consumption evaluation index and system. This report could be useful reference for global policy makers, researchers, and industrial energy managers and help create a strong awareness of energy savings in the iron and steel industry.

Written by Wang Li, Du Tao, Sun Wenqiang

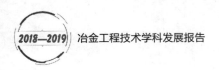

Report on Advances in Powder Metallurgy

Powder metallurgy is a technology that using metal powder (or a mixture of metal powder and non-metal powder) as raw materials, by grinding (mixing), compacting, sintering and subsequent processing, manufacturing metal materials, composites and various products.

Powder metallurgy has a unique chemical components and mechanical and physical properties that cannot be obtained by traditional melt casting methods. The use of powder metallurgy technology can directly make porous, semi-dense or fully dense materials and products, such as oilless bearings, gears, cams, guide rods, tools, etc.

The powder metallurgy industry is in the line with China's basic national policy of a ECO development, with the basic national policy of adhering to resource conservation and environmental protection, and with the principle of establishing a clean water and green mountain is golden and silver ones.

Our powder metallurgy should seize the opportunities brought by the national industrial structure adjustment and upgrading, and focus on the needs to the new powder metallurgy materials, new technologies and new products around our automotive, marine, aerospace, machinery, national defense and other industries. To solve the bottlenecks that restrict the development of high-performance, high-precision, and complex powder metallurgy parts in the country, to carry out innovative research on new materials, new technologies, and new products for powder metallurgy, and to realize the strategic change of powder metallurgy technology from focus tracking to imitation to innovation. Comprehensively improve the level of powder metallurgy parts manufacturing, increase the competitiveness of domestic powder metallurgy parts in the international market, and put the powder metallurgy technology level into the forefront of the world.

We should develop and improve advanced powder preparation technology, powder metallurgy precision forming technology, powder metallurgy sintering technology, advanced powder metallurgy equipment manufacturing technology, and establish technical specifications and standards for subsequent processing and quality control of powder metallurgy. To realize the development of powder metallurgy towards high efficiency, high quality and low energy consumption, and promote the widespread application of powder metallurgy.

Report on Advances in Vacuum Metallurgy

When metal materials is smelted under normal pressure, atmospheric pressure will hinder the vaporization of volatile impurities in the metal. Oxygen in the atmosphere will also cause oxidation of the metal. In addition, the liquid metal will dissolve some components in the atmosphere to form bubbles. These problems will seriously affect the performance of metal materials. Therefore, for metal materials with high performance requirements, it is very necessary to smelt under vacuum conditions.

Vacuum metallurgy is a physicochemical process for the smelting, purification, refining, processing and treatment of metals and alloys under conditions of less than one atmosphere. The vacuum metallurgy technologies involved in the steel and alloy fields mainly include vacuum induction melting, vacuum arc remelting, vacuum electroslag remelting, vacuum electron beam melting, vacuum ladle refining, vacuum cycle degassing, vacuum arc refining, vacuum decarburization refining, argon-oxygen decarburization refining, vacuum casting, vacuum sintering, vacuum reduction, vacuum welding, vacuum coating, vacuum surface treatment, vacuum heat treatment, and so on.

This report focuses on vacuum induction melting, vacuum secondary refining (VD, VOD, AOD, RH), vacuum electron beam melting, vacuum arc melting, vacuum electroslag remelting, summarizing the development status of these technologies in China, and the international advanced level has been compared and analyzed from different perspectives such as theoretical research, equipment level and operation technology. The results show that China's vacuum metallurgy technology has approached or reached the international advanced level in some areas. For example, vacuum smelting and refining equipment equipped in large enterprises in China, as well as some theoretical research, have reached a high level. However, due to the influence of China's overall scientific and technological development level and industrial base, as well as the constraints of scientific research conditions, there is still a certain gap in most

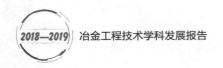

areas of vacuum metallurgy and international advanced level.

Through comparison, the advantages and disadvantages of the development of vacuum metallurgy technology in China are clarified, and the problems and difficulties in China's vacuum metallurgy technology are summarized. For example, the domestic vacuum special smelting equipment and technology are relatively backward, the scientific research talents in the vacuum metallurgy field are relatively short, the basic research of vacuum metallurgy application is still weak, the research funding is insufficient, the research conditions and ways are relatively lacking, and the relevant staff members have insufficient innovation awareness. The company's technical strength is weak, the process and equipment are backward, the management level is low, the product quality is poor and unstable, and the difficulty in the process of industrialization of results is relatively large.

Finally, this report makes a scientific and reasonable prediction for the future development trend of China's vacuum metallurgy technology, and puts forward some specific targets and implementation measures for recent development. For example, the basic research of vacuum metallurgy application has reached the international advanced level, and the vacuum metallurgical equipment has been modernized. The research on VIM process technology with ultra-pure smelting technology as the core, and the process of vacuum consumable arc remelting to prepare large ingot high-quality ingots have made remarkable progress. It provides direction and ideas for the future work of relevant researchers.

Written by Jiang Zhouhua, Dong Yanwu

Report on Advances in Electromagnetic Metallurgy

The development of the electromagnetic metallurgy in China in recent years is reviewed, and comparing to the development of the field around the world.Recently, several valuable technologies has been invented and developed. The technology of flow control mold by multi-mode electromagnetic field has been developed and put in practice. The electromagnetic field is applied in tundish and ESR for refining of the molten metals and ingots. The magnetic field induced undercooling during solidification of metal in magnetic field has been observed and investigated experimentally, with the result of more than 20°C undercooling was obtained in solidification of aluminium alloys. The thermoelectric-magnetic (TEM) force during solidification in magnetic field and it's influence on solidification have been studied extensively. It is shown that the TEM force could induce convection in the molten and stress in the solid. which lead to refining of the solidification structure and redistribution of solute. The TEM force may play a role in continous casting of alloys and other castings. The technology of additive manufactures of metal under electromagnetic field hans been put out based on the TEM force. Electromagnetic levitating melting is Priory In melting, refining and casting of highly lure and active metals. Up to now, the capacity and efficiency of the technology are limited, Along with development of the electric engineering technology, the capacity and efficiency of the electromagnetic levitating melting are increasing. Magnetic field was found to induce plastics in metals and salt crystal. which is named magnetoplastics. Magneticplastics has attracted much attention. due to the potential application in processing of brittle alloys. Electromagnetic field presents strong influence on microstructure of alloys in heat treatment process. It is found that the alternative electromagnetic field accelerates the process and the static electromagnetic field delays the process with modification of the microstructure.

In China, all above research areas are participated. and in several areas Chinese researchers are in leading position. Several advanced technologies about application of electromagnetic field in metallurgy have been investigated and show promising future in practice.

Finally, suggestions for prompting development of electromagnetic metallurgy are proposed.

Written by Ren Zhongming

Report on Advances in Ironmaking Metallurgy

With the continuous development of the iron discipline innovation and metallurgical concepts, ironmaking technology advances and equipment levels have been improved significantly. The technological advances in ironmaking raw materials are the update of sintering process system

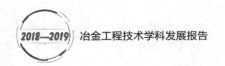

theory, the use of low-quality iron ore technology, the intelligent sinter control systems, the large-scale pellet equipment, the hematite oxide pellet production technology, the roasting production technology, etc; the tamping coke production technology, the new methods of the high reactivity coke, the coal briquette coking technology. The technological advances in blast furnace are the blast furnace charging equipment in China and burden distribution control technology, the blast furnace gas dry dust, the blast furnace longevity technology, the high blast temperature technology, the oxygen pulverized coal injection technology, the blast furnace operation integrated technology, the expert systems and monitoring technology, the low temperature metallurgy technology theory and applications. Great achievements have been made in the process energy consumption reduction and pollutant emission reduction in the iron smelting system of key iron and steel enterprises in China. The research on other ironmaking processes including direct reduction and smelting reduction of non-blast furnace ironmaking technology is also deepening.

In recent years, China's ironmaking industry has shifted from the stage of rapid growth to the stage of high-quality development, but there are still some problems: the quality and evaluation system of blast furnace raw fuel need to be further improved, the difference of blast furnace coke ratio and fuel ratio is large, the development of blast furnace longevity is not balanced, and the utilization of iron smelting resources and environmental protection. The countermeasures for the development of ironmaking are as follows: adopt new technology to further improve the quality of blast furnace raw fuel, optimize sintering, pellet and coking process parameters, and reduce process energy consumption. Further optimize the iron industry structure, eliminate backward production capacity, develop new efficient production process. Continuously improve the level of environmental protection technology to meet national standards. Precision protection, continuous improvement of blast furnace longevity technology, to extend the average life of China's blast furnaces. To improve the high value-added utilization of secondary resources and efficient utilization of waste heat resources in iron smelting process. To develop non-blast furnace ironmaking technology suitable for China's national conditions and improve the theory of non-blast furnace ironmaking in China.

Written by Zhang Jianliang, Sha Yongzhi, Shen Fengman, Feng Gensheng,

Liu Zhengjian, Jiao Kexin, Li Yang

Report on Advances in Steelmaking Metallurgy

The external conditions for Chinese iron and steel industry have changed largely in recent years mainly as follows: (1) GDP growth rate of the country has lowered from 10.3% on average in 2000-2010 to 6.0%~6.5% in 2018. (2) Fixed assets investment growth has been decreased from two times of GDP growth rate in rapid development period to currently 6%~8%. (3) Most sectors of manufacturing industry are in excessive production situation, including those sectors largely consuming steel products, such as industry of automotive, home appliance, shipbuilding, etc. (4) Sustainable development has been highly stressed. More strict environmental protection laws and regulations have been promulgated by central and local governments.

The above changes in external conditions have made certain difficulties to the steel industry. But on the other hand, they have also largely accelerated the technological progress of the industry. In order to further enhance the production efficiency, make steels with ever higher properties and more friendly to environment, remarkable technological progress in steelmaking has been achieved, such as the wide application of mechanical stirring desulfurization pretreatment of hot metal, stronger bottom blowing BOF, higher degree of dephosphorization in BOF steelmaking, fast RH vacuum degassing, high scrap ration steelmaking, high speed and operation rate continuous casting, control of surface cracks of micro alloying steel CC slabs, mold electro-magnetic stirring in slab CC, heavy reduction for large size continuous casters, production of high Si electric steels with thin slab casters, control of non-metallic inclusions for high grade special steels, semi-dry dedusting equipment for BOF steelmaking, wet typed electrostatic precipitator dedusting equipment for BOF steelmaking, etc.

Compared with Japan, South Korea, etc. which represent the highest level of the steelmaking technology in the world, there still exist some gaps for China in field steelmaking science and technology, such as the ability of making key and important technological innovations, technology for high grade special steels of important uses, application of AI technology, control of environment pollution and solid wastes emission, etc. In the next 3 ~ 5 years, the

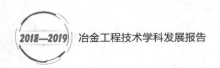

development direction and objectives of steelmaking discipline are: steelmaking technology of high-grade and key special steels, ever-higher efficient secondary refining and casting technologies, high efficient EAF steelmaking with 100% scraps, flexible steelmaking process to meet requirement of "small batch and fast delivery", application of AI technologies in steelmaking production, zero emission of solid wastes in steelmaking, etc.

Written by Wang Xinhua, Zhu Rong, Xu Anjun

Report on Advances in Rolling Science

Firstly, the basic concept and primary research scope of rolling subdiscipline are briefly described, and the latest research process of rolling theory and technology in China is emphatically introduced, which includes: (1) Development of rolling plastic deformation theory and numerical simulation analysis; (2) Theory and technology of new generation thermal mechanical control process; (3) Mechanism and technology of process control for high-performance fine-grain steel; (4) Theory and technique of digital high-quality rolling for large complex section steel; (5) Theory of precipitation and control of nanoparticles in thin slab continuous casting and rolling steel; (6) Prediction, monitoring and control theory of steel structure and performance; (7) Control technique of hot endless rolling process and ultra-thin strip production; (8) Control technology of strip edge drop of cold-rolled silicon steel; (9) Multi-line split rolling technology; (10) Manufacturing technique of high-quality ultra-thick steel sheet; (11) Long-span railway bridge steel manufacturing technology; (12) Manufacturing technology of high grade non-oriented silicon steel and low temperature high magnetic induction oriented silicon steel; (13) Ultra-supercritical fossil power unit steel pipe manufacturing technology; (14) Manufacturing technology of high performance-thick submarine pipeline steel and LNG storage tank ultra-low temperature 06Ni9 steel; (15) Control technology of oxide scale on hot-rolled strip surface; (16) Rolling composite technology; (17) Thin strip casting and rolling technology; (18) Shape detection and control technology; (19) Small billet free heating and direct rolling technology, etc.

Secondly, the development of this subject at home and aboard is briefly analyzed and compared, mainly including: basic research on rolling technology of high-performance and high-strength steel; endless rolling or semi-endless rolling technology of hot broad steel; manufacturing technology of high-performance oriented/non-oriented electrical steel; thin strip casting and rolling technology; ultra-supercritical fossil power unit steel pipe manufacturing technology; control technology of inclusions and precipitates in steel; manufacturing technology of high-performance thick submarine pipeline steel and LNG storage tank ultra-low temperature 06Ni9 steel; off-line and on-line heat treatment strengthening technology; high-precision rolling and on-line detection technology; accurate prediction of microstructure and properties and flexible rolling technology, etc.

Finally, the development trend and strategy of this subject are analyzed, including: green, digital and intelligent rolling technology is the inevitable trend; the whole steel manufacturing process and product quality control technology based on big data have become the primary methods of modern rolling process control; the ultra-high strength and toughness steel for steel structure puts forward new requirements for the quality and performance of rolled steel; the third generation of automotive steel puts forward new requirements for rolling technology; the future development of ultra-high strength steel poses new challenges to rolling technology; the branding of high-quality steel is an important strategic goal for rolling technology development; the rolling innovation system of interdisciplinary integration will continue to form and develop.

Written by Kang Yonglin, Chen Qi'an, Ding Bo, Song Renbo

Report on Advances in Metallurgical Machinery

This report describes the current state of development in the country, as well as the outstanding achievements, key technologies and research results achieved in core technologies in recent years. Mainly consider three aspects, including new theories and new technologies in the field of metallurgical machinery, large-scale and continuous metallurgical equipment, and green

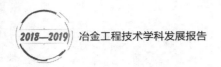
and intelligent metallurgical equipment. For example：4000m³ and 5000m³ extra large blast furnaces and supporting large-scale coking, sintering and pelletizing equipment；the world's largest cross-section round billet continuous casting machine, extra large square-type continuous casting machine, extra-thick slab continuous casting machine；Rolling and controlling cold equipment and technology；equipment for wide-band steel continuous rolling mills of 2000mm or more and medium and heavy plate production units of 4000mm or more are completely independently developed and integrated.

The report focuses on the application, improvement and development of a new generation of steel process technology. In the context of large-scale, continuous, green and intelligent development of metallurgical machinery and equipment, it compares the advanced level of foreign countries and analyzes the direction of China's metallurgical machinery and automation disciplines, current status and problems in equipment technology. For example：the application of digital simulation and virtual realization technology in the field of metallurgy, the core process equipment under the pressure of continuous casting process, the core equipment in thin strip continuous casting equipment, the design and manufacturing level of large and high-end equipment, super fast cooling and online tempering equipment and related technologies, acid pickling-free technology, full-process intelligent analysis tools and equipment fault diagnosis and analysis platform. the report points out that China's urgent need in the field of advanced metallurgical machinery and equipment, that is, to enhance the independent design, independent manufacturing, and independent integration capabilities of key core equipment, to achieve the autonomy and localization of large-scale metallurgical equipment to adapt to the transformation and upgrading of the steel industry.

Under the development requirements of Industry 4.0, China Manufacturing 2025 and National Medium- and Long-term Science and Technology Development Plan, combined with the status quo of China's metallurgical machinery and automation disciplines and equipment technology, the new development direction and research focus of metallurgical machinery and automation disciplines are proposed. In view of the development trend of this discipline, propose development plans, clarify the main tasks, and propose solutions. The report proposes a plan for the development prospects of metallurgical machinery and automation disciplines, that is, three transformations. The first transformation focuses on technological innovation, optimizing layout, and realizing the high-end transformation of metallurgical equipment；the second transformation is to use resources efficiently, promote energy conservation and emission reduction, and realize the green transformation of metallurgical equipment；the third transformation depends on information technology, automation technology, and achieve intelligent transformation of metallurgical equipment.

Written by Xu Jinwu, Zhang Jie, Cao Jianguo, Yin Zhongjun, Yang Jianhong,
Yang Quan, Qin Qin, Liu Guoyong, Li Hongbo, Kongning, Li Yanlin

Report on Advances in Metallurgical Automation

This report summarizes the new theories, principals, standpoints, methods, achievement and techniques in the fields of metallurgical automation, as well as the great application and remarkable achievement in the development of iron & steel industry during the past years. The subjects of this report are focused on process automation, production execution management and enterprise information system. From above mentioned subjects, the current status is summarized including technical awards, research achievement and applications in steel enterprises that reflect the subject development by authority and landmark events. The future development trends and prospect of metallurgical automation is discussed through comparing home and abroad.

Written by Sun Yanguang, Yan Xiaoqiang

Report on Advances in Metallurgical Process Engineering

Metallurgical Process Engineering is an engineering branch of metallurgical manufacturing process. Since the proposal of this concept by the academician Yin Ruiyu in the 1980s, system of this subject has been constantly improved with the publication of two monographs, *Metallurgical*

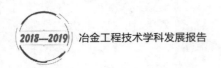

Process Engineering and *Theory and Method of Metallurgical Process Integration.* In 2012-2013, the main research contents of metallurgical process engineering were summarized in a preliminarily systematic way, and innovative research results and application were obtained in fields such as dynamic-precision design research in steel plants, and systematic breakthroughs were made in the integration of metallurgical key unit technology and engineering technology.

Since 2013, the intelligent, green and branding has become the new trend of the development of the process industry, emerging engineering education and the construction of "Double First-Class disciplines " raise new requirements on metallurgical subject. The design of metallurgical process and operation optimization needs new idea, metallurgy process engineering got further development under the new situation.

Firstly, a systematic and comprehensive discipline system was established to innovate concepts and technologies, as well as research ideas and methods. Secondly, the relationship between metallurgical process engineering and intelligent greening of metallurgical manufacturing process was clarified, and the high integration of green and intelligent steel process is being tackled. Thirdly, academic exchanges were strengthened and several academic seminars and trainings on metallurgical process engineering were carried out. Fourthly, case studies of iron and steel metallurgical engineering knowledge were carried out with metallurgical engineering design as the core. It is an important source of new engineering knowledge in pre-employment and continuous education for metallurgical engineering technicians . It establishes a new knowledge framework on metallurgical engineering, and open up a new path of the subject development.

Based on the above work, the main achievements are as follows: First, the monograph *Theory and Method of Metallurgical Process Integration* in Chinese and English is published, which can be used as teaching reference for teachers and students of metallurgical specialty in institutions of higher education, and can be used for advanced study by middle and senior scientific and technological personnel of design and research institutions, as well as managers of steel production enterprises. Second, the term "metallurgical process engineering" became an entry in the encyclopedia of China (mining and metallurgy volume). Third, the compilation and publication of *The Basic Course of Metallurgical Process Engineering* will be used as a compulsory learning material for metallurgical engineering undergraduates. Fourth, related research projects are being set up in the National Natural Science Foundation of China and the National Key Research and Development Plan during the 13th five-year plan period and demonstration projects are being conducted. Fifth, *Metallurgical Process Engineering and*

Intelligent Manufacturing has become the core course for metallurgical engineering major in University of Science and Technology Beijing, Chongqing university, Shanghai university, North China University of Science and Technology and University of Science and Technology Liaoning have started to offer courses related to metallurgical process engineering for undergraduate and graduate students. Sixth, consultation report "research on the goal, characteristics and path strategy of intelligentization of process manufacturing oriented toward 2035" was compiled and written. Seventh, the development and teaching seminar of metallurgical process engineering was held. Eighth, the steel metallurgical engineering knowledge case study report was completed.

Compared with the research and application in related fields from abroad, metallurgical process engineering has a significant theoretical advantage in terms of process industry, and took the lead in putting forward the design theory and design system based on clean steel manufacturing process. However, there are still some gaps in the overall application. In the next three to five years, further development is needed in promoting teaching, strengthening academic exchanges and seminars, and popularizing applications.

Written by Xu Anjun

索 引

AOD 精炼　33，152，154，155

Corex　184，185

RH 精炼　13，25，26，30，31，37，150，
152，155，159，197，198，201，206

B

板带钢　27，31，237，239

板坯连铸　5，14，15，19，23，26，27，
31，33，71，72，198−201，207，212，
229，231，234−236，239，240，243，
245，247，305

棒线材　211，214，218，222，233，242，
303

薄板坯连铸连轧　14，19，26，27，31，33，
201，212，234，236，239，240，247，
305

薄带铸轧　5，14，33，37，217，218，220

不可逆热力学　29，48，52

C

超高强度钢　15，36，151，160，224，249

超厚料层烧结　30，178

处理工艺　22，25，28，73，92，177，182，
186，196，206，216，222，225，263

磁致过冷　30，163，164，169，173

D

带式焙烧机　37，179，180，193

捣固焦　30，181

等离子冷床炉　36，159

第一性原理　35，36，56，83，213

电池电解质材料　47

电磁场控制流动　37，164，173

电磁搅拌　13，68，71，82，162−165，169，
200，215，292

电磁流体力学　30，169，172

电磁冶金　13，22，30，33，36，51，162−
164，168，172，174

电磁制动　26，71，162，163，199

电工钢　25，31，33，150，198，201，219，
220，230，233，241，245，305

电化学冶金　47，56

电炉流程　99，103，126−129，133，137，
203

电子枪 152，153，155

电子束冷床炉 36，159

顶底复吹 19，69，70，77，196，273

动力学 4，5，22，23，29，30，32，36，
45，47，48，51，52，54，56，62-65，
67-70，72-76，78-81，83，99，162，
166，170，188，195，213，229，268，
270，271，275，276

短流程 31，91，93-95，99，109-111，127，
141，159，203，219，234，239，305

综合能耗 6，17，116，136，303

E

二噁英 16，17，23，36，93，98，99，111，
121，124，177，185，246

F

反应工程 22，29，32，36，62-64，67，
72，80，82，83，162，176，195，267

仿真模拟 85

非高炉炼铁 24，33，68，176，177，184，
193，228，245，246

非金属夹杂物 25，31，157-159，201，270

废钢比 13，23，34，37，79，91，93，101，
104，107，109，110，125，126，129，
133，135-137，198，206

复合造块 179

G

感应加热 33，37，150，162，163，165，
166，170，171，173，201，236，245，
247

干熄焦 6，16，32，119-121，248，250

钢液脱氧反应 48

高风温 5，13，24，33，37，183，184，
191，246

高炉煤气 6，16，17，24，30，31，35，
119-121，184，190，191，231，250

高炉喷吹煤粉 3，37，193，303

高炉长寿 3，13，24，30，33，180，187，
190，193，239，245

高炉-转炉流程 111，127-129，203

工序能耗 117，118，136，137，178，179，
182，193，213

供应链 28，38，256，259，260，265

固相烧结 141

管线钢 31，160，197，211，216-218，221

过程控制 6，18，25，28，31，37-39，52，
54，56，64，66，81，150，153，154，
162，177，205，223，225，240，242，
250，256，262-264

H

还原焙烧 50

含钛含镁球团 180

含铁尘泥利用 6，17，37

活度 4，22，46，47，51，70，83，105，
195

J

计算冶金物理化学 22，32，45，50，53，
54，56

焦化 15，16，18，31，32，94，117，118，
120，125，128，134，180，185，186，
229，257

焦炉煤气 6，16-18，24，69，184，192，
240

节能技术 117，119，124，303，306

洁净钢生产 5，13，29，31，48，52，159，
　269，273，274

金属粉末 139，141，143，146，147，173

金属注射成形 14，140，143

精炼 4，13，14，22，23，25，26，29-33，
　35-37，45-48，50-52，54，55，63，
　64，66，68-70，76，77，81，82，105

精料 37，95，102，108，188，189

K

控轧控冷 5，16，31，211，221，229

L

兰炭 37，181，189

冷坩埚熔炼炉 36，159

连铸保护渣 29，35，46，51，52，55

流程工程 4，11，28，31，34，38，40，
　116，267-275，277-282，303-306

绿色清洁能源 49，53

绿色冶金 16，270

M

镁铝比 13，183

N

耐火材料 13，19，24，30，33，47，48，
　52，97，117，151，152，155，159，
　190，204

能量流 4，6，24，28，30，36，115，116，
　120，134，260，261，265，268，270，
　275-279，304-306

能源优化 260

Q

气液反应动力学 48

汽车用钢 15，19，38，224，225，244

强磁场 30，37，162，163，166，169-
　171，173

强韧机理 12

切分轧制 31，214，218，242

氢冶金 18，37，185，188，192，304

球团 15，16，30，37，94，116，118，124，
　125，176，179，180，183，187-189，
　191-193，229，246

全废钢电炉 37，93，94，99，103，109-
　111，206

全封闭料场 185

全流程协同 259，260

R

热电磁力 13，30，163-165，168-170

溶液模型 46，51

熔剂性球团 37，179，180，183，193

熔炼和精炼过程 45，47

熔盐电解 47-49，53，56

S

三联冶炼工艺 151

烧结料面喷吹蒸汽 177

烧结漏风率 178，191

烧结烟气循环 177，178

设备大型化 150，177，179，193

社会废钢 32，34，91，92，100，102，108，
　110，135

数学模型 23，26，28，30，36，50，64，
　69，70，73，75，77，79-81，172，195，
　204，206，210，213，214，223，235，

238，247，260-262

数值模拟　22，23，26，30，32，37，63，
64，66-70，72-77，79-82，103，164，
172，209，210，212，226，258，281

T

碳排放　18，34，35，55，94，100，110，
124，135，192，202

陶瓷过滤器　150

铁钢比　125，126

铁焦　35，181，182

V

VD 精炼　14，151，154

VOD 精炼　151，154

W

无头轧制　5，27，31，33，38，72，209，
213，218，219，229，236，238，239，
242，245，247，252，260

物理模拟　62，63，67，72

物质流　11，24，28，30，36，38，115，
116，120，134，260，261，264，268，
270-276，278，279，303，305，306

雾化制粉技术　142

X

系统节能　23，24，115，116，260，261，
278，288，306

相平衡　29，35，46，47，52，54，55

相图　22，32，35，47，50，51，54，55

协同优化　24，33，115，256，257，263，
265，275，276，278，305，306

信息流　30，36，38，116，134，264，270-

273，276，279，304

型钢　4，5，12，15，16，26，28，39，72，
106，127，128，132，133，203，210

Y

烟气净化　185

氧化铁皮　27，31，216-218，238

冶金工艺　11，34，36，45，49，62，145，
146，160，162，203，206

冶金过程模拟　54，56

冶金技术　3，5-7，11，13，14，16，19，
24，30，31，33，34，36，37，68，139-
141，144，149，150，154，156，158-
160，162-164，168，173，174，185，
206，221，289-292

冶金热能工程　23，24，30，32，36，114，
134，288

冶金渣利用　288

硬质合金　14，140，141，145，290，291

预报模型　29，47，51，66，74，152

Z

再生资源　17，91，102，111

在线检测　27，31，33，38，92，168，218，
222，223，233，238，239，243，245-
248，250，253，256，257，264

轧制　4，5，14，18，26，27，31，33，37，
38，72，118，127，209，210，212-
219，221-230，232-243，245-250，252，
260，270，304

真空电弧加热脱气精炼炉　153

真空电弧重熔　149，151，153，156，292

真空电渣重熔　30，149，150，153，156，
292

真空电子束熔炼　149，152，155

真空感应熔炼　149-151，154，157，292

真空凝壳炉　36，153，159

真空悬浮熔炼炉　36，159

真空冶金　13，30，32，36，149，150，154，156-160，290-292

直接轧制　5，218，249

质量管控　223，252，253，259，260，263，265

致密化　143-145

智能排程　261，263

智能制造　6，11，17，18，38-40，79，80，123，184，192，228，234，238，248-250，252，253，256，264，265，269，

270，274，277-280，306

中间包冶金　68，150

转炉　3-6，13，15-17，19，22-26，28，30-32，34，36-38，48，50，66-70，74，76，77，81，91-94，102-104，106，109-111，117-120，122，126

转炉煤气　6，16，17，24，119，120

重压下　37，200，207，235，242，243，245，246

组织调控　12，16，27，83，213

组织性能　26，27，33，38，209-211，213，219，223，238，246，248，250，253